U0658997

ANQUAN GAOXIAO
XIN NONGYAO 300 ZHONG

安全高效
新农药300种

农业农村部农药检定所　组编

中国农业出版社
北京

农药是重要的农业生产物资，对于防治农作物病虫草鼠害发挥了极其重要的作用。据联合国粮食及农业组织统计，农药可使粮食减损30%～50%。我国是一个有14亿人口的农业大国，从2015年开始连续9年粮食总产量达到1.3万亿斤以上。连年丰收，农药功不可没。同时，农药在林业、卫生上都发挥了重要的作用。为保障农产品质量安全、保护生态环境，促进农药产业绿色、高质量发展，近年来，农业农村部持续推进农药减施增效和使用量负增长，其中推广使用高效、低毒、低残留、环境友好的农药品种，逐步淘汰高毒、剧毒农药是一项重要措施。

当前我国农药创制水平不断提高，研发能力不断增强，农药新品种不断增加。高效、低风险农药逐步替代高毒、高风险农药，农药品种结构不断优化。为进一步推进绿色防控、科学用药，普及农药合理使用技术，受中国农业出版社的邀请，农业农村部农药检定所药效审评处组织国内农药、植保领域的一线专家学者，选定安全、高效新农药300余种，以推广应用的实用性为出发点，重点介绍每种农药的作用特点、主要产品、应用技术及注意事项等，编写了《安全高效新农药300种》。

本书编写注重实用性，重点突出，第一章到第九章主要介绍农药基础知识，包括农药基本概念、农药剂型与应用、农药毒力和药效、农药药害、农药毒性与农药中毒、农药环境毒性，以及农药选购与识别、正确选择施药器械与配制农药、农药安全施用、施药安全防护及农药废弃物处置等。第十章到第十三章分别介绍了杀虫剂（包括杀螨剂、杀鼠剂）、杀菌剂（包括杀线虫剂）、除草剂、植物生长调节剂等302 个农药品种，重点介绍作用特点、主要单剂及混剂产品、主要适用作物、防治对象和使用方法，以及注意事项等。 为方便读者对照田间症状确定病虫害种类，收集并选取了主要农作物常见病虫害症状照片，还收录了典型药害照片、农药产品标签示例等图片。 附录中整理收录了禁止使用和部分范围禁止使用的农药名录。 为方便查阅和检索，还增加了按拼音顺序排列的农药名称索引、农药防治对象索引。

本书对从事农药研究、生产、应用及营销等领域的科研、管理和技术人员具有很好的指导作用和参考意义，也可作为植物保护、农药学、生物学等相关专业师生的参考用书。

本书的编写得到了浙江农林大学、中国农业科学院、扬州大学、浙江省农业科学院、山东省果树研究所、中国农业大学以及部分省级药检机构等单位的鼎力支持。 在此表示衷心的感谢。

由于编者水平有限，加之编写时间仓促，书中如有遗漏和不足之处，恳请读者批评指正。

编　者

2024 年 6 月

CONTENTS ■ 目 录

安 全 高 效 新 农 药 3 0 0 种

■ 第十一章　杀菌剂（包括杀线虫剂） / 127

■ 第十二章　除草剂

■ 第十三章　植物生长调节剂 / 369

农 药 基 本 概 念

一、农药定义及其使用范围

《农药管理条例》（中华人民共和国国务院令第 677 号，第三次修订，2017 年 6 月 1 日起施行）对农药的定义和类别进行了规定，即农药是指用于预防、控制危害农业、林业的病、虫、草、鼠和其他有害生物以及有目的地调节植物、昆虫生长的化学合成或者来源于生物、其他天然物质的一种物质或者几种物质的混合物及其制剂。

根据不同防控目的、场所等，农药防控范围包括：

① 预防、控制危害农业、林业的病、虫（包括昆虫、蜱、螨）、草、鼠、软体动物和其他有害生物；

② 预防、控制仓储以及加工场所的病、虫、鼠和其他有害生物；

③ 调节植物、昆虫生长；

④ 农业、林业产品防腐或者保鲜；

⑤ 预防、控制蚊、蝇、蜚蠊、鼠和其他有害生物；

⑥ 预防、控制危害河流堤坝、铁路、码头、机场、建筑物和其他场所的有害生物。

二、农药分类

我国现有农药 750 多种，常用品种有 300 多种。根据农药的防治对象、作用方式、材料来源，其分类方式存在差异。按照农药主要防治对象划分，农药可分为杀虫剂（包括杀螨剂、杀软体动物剂、卫生杀虫剂）、杀菌剂（包括杀线虫剂）、除草剂、植物生长调节剂、杀鼠剂等；按照农药作用方式划分，可分为胃毒性农药、触杀性农药、内吸性农药、保护性农药、熏蒸性农药、特异性农药（驱避、引诱、拒食、生长调节等）；按照材料来源划分，可分为矿物源农药、化学合成农药、生物源农药（包括微生物农药、动物源农药、植物源农药）；按照化合物类型划分，则可分为有机磷类、拟除虫菊酯类、氨基甲酸酯类、有机硫类、有机氯类、酰胺类、甲氧基丙烯酸酯类、三唑类、杂环类、苯氧羧酸类、酚类、脲类、醚类、酮类、三氮苯类、苯甲酸类、香豆素类等多种类型。

三、农药名称

为保护农药生产者、使用者的合法权益，《农药登记资料要求》（中华人民共和国农业部 2569 号公告，2017 年 11 月 1 日起施行）对于农药名称命名原则进行了规定。

① 农药单制剂名称用"有效成分中文通用名称"表示。

② 农药混配制剂名称用"有效成分中文通用名称或简化通用名称"表示。混配制剂名称原则上不多于 9 个字，超过 9 个字的应使用简化通用名称。中文通用名称多于 3 个字的，在混配制剂中可以使用简化通用名称。有效成分中文通用名称或简化通用名称之间插入间隔号"·"，按中文通用名称拼音顺序排列。例如，"苄嘧磺隆"与"二甲戊灵"的混配制剂名称简化为"苄嘧·二甲戊"。

③ 简化通用名称不得与医药、兽药、化妆品、洗涤品、食品、食品添加剂、饮料、保健品等名称混淆；不得与其他农药有效成分的通用名称、俗称、剂型名称混淆。

④ 例外的情形包括卫生用农药、植物源农药等。如，直接使用的卫生用农药，以功能描述词语加剂型作为农药名称；植物源农药名称可以用"植物名称加提取物"表示。

四、农药标签

为了规范农药标签和说明书管理，让使用者易于区分农药类别，农业农村部制定了《农药标签和说明书管理办法》（2017 年农业部令第 7 号，自 2017 年 8 月 1 日起施行），规定了农药产品应在包装物表面印刷或者贴有标签，以文字、图形、符号说明农药内容（彩图 1）。由于产品包装尺寸过小、标签无法标注相关内容的，还要附具相应的说明书。并且规定：农药类别采用相应的文字和特征颜色标志带表示，不同类别的农药采用在标签底部加一条与底边平行的、不褪色的特征颜色标志带表示。例如，杀虫（螨、软体动物）剂用"杀虫剂"或"杀螨剂"、"杀软体动物剂"字样和红色带表示；杀菌（线虫）剂用"杀菌剂"或"杀线虫剂"字样和黑色带表示；除草剂用"除草剂"字样和绿色带表示；植物生长调节剂用"植物生长调节剂"字样和深黄色带表示；杀鼠剂用"杀鼠剂"字样和蓝色带表示；杀虫/杀菌剂的混剂用"杀虫/杀菌剂"字样、红色和黑色带表示（彩图 2）。

另外，随着信息化发展，规定了标签上应当以 32 位阿拉伯数字组装的二维码形式标注可追溯电子信息码，用手机扫描就可以查到农药真假以及农药生产相关信息。

2017 年后有些农药品种限制在一定范围或作物上使用，被称为"限制使用农药"。对于一些限制使用的农药品种，要求在农药标签正面右上角或者左上角以红色标注"限制使用"字样，与背景颜色形成强烈反差，提醒使用者。

农药剂型与应用

由专门的化工企业生产合成的农药，含有高含量的农药有效成分及少量相关杂质。未经过加工的农药称为原药。农药原药一般不能直接使用，需根据其特性和使用要求与一种或多种农药助剂配合加工或制备成某种特定的形式，这种加工后的农药形式就是农药剂型。

一、农药的主要剂型

农药剂型主要有原药和母药、可湿性粉剂、可溶粉剂、水分散粒剂、乳油、悬浮剂、微乳剂、水乳剂、颗粒剂、种子处理干粉剂、种子处理悬浮剂、气雾剂、烟剂和超低容量液剂等。相关的国家标准对各种剂型都给出了明确规范的中文名称、英文名称、代码和说明。农药剂型名称及代码如下表：

剂型种类		剂型名称	剂型英文名称	代码	说明
原药和母药 technical materials and technical concentrates		原药	technical material	TC	在制造过程中得到有效成分及有关杂质组成的产品，必要时可加入少量的添加剂（稳定剂）
		母药	technical concentrate	TK	在制造过程中得到有效成分及有关杂质组成的产品，可能含有少量必需的添加剂（如稳定剂）和适当的稀释剂
固体制剂 solid formulations	直接使用固体制剂 solid formulations for direct use	粉剂	dustable powder	DP	适用喷粉或撒布含有效成分的自由流动粉状制剂
		颗粒剂	granule	GR	具有一定粒径范围、可自由流动、含有效成分的粒状制剂
		球剂	pellet	PT*	含有效成分的球状制剂（一般直径大于 6 毫米）
		片剂	tablet	TB	具有一定形状和大小、含有效成分的片状制剂（通常具有两平面或凸面，两面间距离小于直径）

（续）

剂型种类		剂型名称	剂型英文名称	代码	说明
固体制剂 solid formula-tions	直接使用固体制剂 solid formulations for direct use	棒剂	plant rodlet	PR	含有效成分的条状或棒状制剂（一般长为几厘米，宽度/直径几毫米，即长度大于宽度/直径）
	可分散固体制剂 solid formulations for dispersion	可湿性粉剂	wettable powder	WP	有效成分在水中分散成悬浮液的粉状制剂
		油分散粉剂	oil dispersible powder	OP	有效成分在有机溶剂中分散成悬浮液的粉状制剂
		乳粉剂	emulsifiable powder	EP	有效成分被有机溶剂溶解、包裹在可溶或不溶的惰性成分中，在水中分散形成水包油乳液的粉状制剂
		水分散粒剂	water dispersible granule	WG	在水中崩解、有效成分分散成悬浮液的粒状制剂
		乳粒剂	emulsifiable granule	EG	有效成分被有机溶剂溶解、包裹在可溶或不溶的惰性成分中，在水中分散形成水包油乳液的粒状制剂
		水分散片剂	water dispersible tablet	WT	在水中崩解、有效成分分散成悬浮液的片状制剂
	可溶固体制剂 solid formulations for dissolution	可溶粉剂	water soluble powder	SP	有效成分在水中形成真溶液的粉状制剂，可含有不溶于水的惰性成分
		可溶粒剂	water soluble granule	SG	有效成分在水中形成真溶液的粒状制剂，可含有不溶于水的惰性成分
		可溶片剂	water soluble tablet	ST	有效成分在水中形成真溶液的片状制剂，可含有不溶于水的惰性成分
液体制剂 liquid formula-tions	溶液制剂 simple solution formulations	可溶液剂	soluble concentrate	SL	用水稀释成透明或半透明含有效成分的液体制剂，可含有不溶于水的惰性成分
		可溶胶剂	water soluble gel	GW	用水稀释成真溶液、含有效成分的胶状制剂
		油剂	oil miscible liquid	OL	用有机溶剂稀释（或不稀释）成均相、含有效成分的液体制剂

（续）

剂型种类		剂型名称	剂型英文名称	代码	说明
液体制剂 liquid formulations	溶液制剂 simple solution formulations	展膜油剂	spreading oil	SO	在水面自动扩散成油膜、含有效成分的油剂
	分散液体制剂 solution formulations for dispersion	乳油	emulsifiable concentrate	EC	用水稀释分散成乳状液、含有效成分的均相液体制剂
		乳胶	emulsifiable gel	GL	用水稀释分散成乳状液、含有效成分的乳胶制剂
		可分散液剂	dispersible concentrate	DC	有效成分溶于水溶性的溶剂中，形成胶体液的制剂
		膏剂	paste	PA	含有效成分、可成膜的水基膏状制剂，一般直接使用
	乳液制剂 emulsion formulations	水乳剂	emulsion, oil in water	EW	有效成分（或其有机溶液）在水中形成乳状液体制剂
		油乳剂	emulsion, water in oil	EO	有效成分（或其水溶液）在油中形成乳状液体制剂
		微乳剂	micro-emulsion	ME	有效成分在水中呈透明或半透明的微乳状液体制剂，直接或用水稀释后使用
		脂剂	grease	GS	含有效成分的油或脂肪基黏稠制剂，一般直接使用
	悬浮制剂 suspension formulations	悬浮剂	suspension concentrate	SC	有效成分以固体微粒分散在水中呈稳定的悬浮液体制剂，一般用水稀释使用
		微囊悬浮剂	capsule suspension	CS	含有效成分的微囊分散在液体中形成稳定的悬浮液体制剂
		油悬浮剂	oil miscible flowable concentrate	OF	有效成分以固体微粒分散在液体中呈稳定的悬浮液体制剂，一般用有机溶剂稀释使用
		可分散油悬浮剂	oil-based suspension concentrate (oil dispersion)	OD	有效成分以固体微粒分散在非水介质中呈稳定的悬浮液体制剂，一般用水稀释使用

（续）

剂型种类		剂型名称	剂型英文名称	代码	说明
液体制剂 liquid formulations	多相制剂 multi-character liquid formulations	悬乳剂	suspo-emulsion	SE	有效成分以固体微粒和水不溶的微小液滴形态稳定分散在连续的水相中呈非均相液体制剂
		微囊悬浮-悬浮剂	mixed formulations of CS and SC	ZC	有效成分以微囊及固体微粒分散在水中呈稳定的悬浮液体制剂
		微囊悬浮-水乳剂	mixed formulations of CS and EW	ZW	有效成分以微囊、微小液滴形态稳定分散在连续的水相中呈非均相液体制剂
		微囊悬浮-悬乳剂	mixed formulations of CS and SE	ZE	有效成分以微囊、固体颗粒和微小液滴形态稳定分散在连续的水相中呈非均相液体制剂
种子处理制剂 seed treatment formulations	种子处理固体制剂 seed treatment solid formulations	种子处理干粉剂	powder for dry seed treatment	DS	直接用于种子处理、含有效成分的干粉制剂
		种子处理可分散粉剂	water dispersible powder for slurry seed treatment	WS	用水分散成高浓度浆状、含有效成分的种子处理粉状制剂
		种子处理液剂	solution for seed treatment	LS	直接或稀释用于种子处理、含有效成分、透明或半透明的液体制剂，可能含有不溶于水的惰性成分
		种子处理乳剂	emulsion for seed treatment	ES	直接或稀释用于种子处理、含有效成分、稳定的乳液制剂
		种子处理悬浮剂	suspension concentrate for seed treatment (flowable concentrate for seed treatment)	FS	直接或稀释用于种子处理、含有效成分、稳定的悬浮液体制剂
其他制剂 other formulations	带有应用器具的制剂 formulations prepared as devices	气雾剂	aerosol dispenser	AE	按动阀门在抛射剂作用下，喷出含有效成分药液的微小液珠或雾滴的密封罐装制剂
		电热蚊香片	vaporizing mat	MV	以纸片或其他介质为载体，在配套加热器中加热，使有效成分挥发的片状制剂

（续）

剂型种类	剂型名称	剂型英文名称	代码	说明
带有应用器具的制剂 formulations prepared as devices	电热蚊香液	liquid vaporizer	LV	在盛药液瓶与配套加热器配合下，通过加热芯棒使有效成分挥发的均相液体制剂
	防蚊片	proof mat	PM*	以合成树脂或其他介质为载体，在配套风扇等的风力作用下，使有效成分挥发的片状或粒状制剂
挥散制剂 volatile formulations	气体制剂	gas	GA	有效成分在耐压容器内压缩的气体制剂
	发气剂	gas generating product	GE	以化学反应产生有效成分的气体制剂
	挥散芯	dispensor	DR*	利用载体释放有效成分、用于调控昆虫行为的制剂
烟类制剂 smoke formulations	烟剂	smoke generator	FU	通过点燃发烟（或经化学反应产生的热能）释放有效成分的固体制剂
	蚊香	mosquito coil	MC	点燃（熏烧）后不会产生明火，通过烟将有效成分释放到空间的螺旋形盘状制剂
诱饵制剂 bait formulations	饵剂	bait（ready for use）	RB	为引诱靶标有害生物取食直接使用、含有效成分的制剂
	浓饵剂	bait concentrate	CB	稀释后使用、含有效成分的固体或液体饵剂
空间驱避制剂 spatial repellent formulations	防蚊网	insect-proof net	PN*	以合成树脂或其他介质为载体，释放有效成分的网状制剂
	防虫罩	insect-proof cover	PC*	以无纺布或其他介质为载体，释放有效成分的网状制剂
	长效防蚊帐	long-lasting insecticidal net	LN	以合成纤维或其他介质为载体，释放有效成分，以物理和化学屏障防治害虫的蚊帐制剂

其他制剂 other formulations

（续）

剂型种类		剂型名称	剂型英文名称	代码	说明
其他制剂 other formulations	涂抹制剂 paint formulations	驱蚊乳	repellent milk	RK*	直接涂抹于皮肤、具有驱避作用、含有效成分的乳液制剂
		驱蚊液	repellent liquid	RQ*	直接涂抹于皮肤、具有驱避作用、含有效成分或可有黏度的清澈液体制剂
		驱蚊花露水	repellent floral water	RW*	直接涂抹于皮肤、具有驱避作用、含有效成分的清澈花露水液体制剂
		驱蚊巾	repellent wipe	RP*	直接擦抹于皮肤、具有驱避作用、含有效成分药液的湿无纺布或其他载体制剂
	使用方式制剂 use formulations	超低容量液剂	ultra low volume liquid	UL	直接或稀释后在超低容量设备上使用的均相液体制剂
		热雾剂	hot fogging concentrate	HN	直接或稀释后在热雾设备上使用的制剂

* 我国制定的农药剂型英文名称及代码。

二、不同剂型农药的使用方法

常用的农药剂型和使用方法如下：可湿性粉剂、乳油、悬浮剂、微乳剂、水乳剂、水分散粒剂等一般采用喷雾方法使用；颗粒剂、细粒剂、大粒剂多采用撒粒方法使用；种子处理剂则采用种子处理方法（包衣、拌种）使用；熏蒸剂和烟剂采用熏蒸处理方法使用。另外，有些剂型如可湿性粉剂、乳油、悬浮剂等也可用于灌根、浸种、浸果等。一般情况下，原药（母药）产品不得直接使用，并应在产品标签上特别说明，少数品种经登记批准允许直接使用的除外。

农药毒力和药效

农药是一种功能性产品，农药的使用目的是控制农林作物病、虫、草、鼠等有害生物。农药作为有毒制剂，其意义在于投入较少的含毒物质，就会造成有害生物有机体的死亡，或抑制其生长发育、干扰破坏其生理生化各个系统的正常功能，甚至引起某些生物学特性的遗传变异。农药的毒力和药效是比较和评估农药应用效果最基本、最重要的指标。

一、农药的毒力

农药能防治农林作物病、虫、草、鼠，是由于对这些有害生物具有毒杀致死的能力，通常用毒力表示农药这种毒杀能力的大小。农药的毒力指药剂本身对病、虫、草、鼠等有害生物发生毒害作用的性质和程度，是药剂对有害生物所具有的内在致死能力。测定农药毒力，应排除其他影响因素，在实验室内可控条件（如光照、温度、湿度等）下，使用标准化饲养或培养出的供试靶标生物，根据药剂对靶标生物的作用方式采用适当的方法进行生物测定。

农药毒力大小通常有以下几种表示方法：

① 致死中量（LD_{50}）：能使供试生物群体中50％个体死亡所需的药剂用量，以供试生物体单位质量所接受到药剂的量为单位，如毫克/千克或微克/克；或以供试生物个体所能接受的药量为单位，如毫克/个或微克/个。

② 致死中浓度（LC_{50}）：能使供试生物群体中50％个体死亡的药剂浓度，以单位体积的药剂中含有有效成分的量表示，常用单位为毫克/升或微克/毫升。

③ 有效中量（ED_{50}）：能使供试生物群体中50％个体产生某种药效反应所需的药剂用量，某种药效反应是指能使供试生物产生不正常反应的表现，如昆虫被击倒，病原菌孢子不能萌发、菌丝生长减慢、杂草种子不能发芽以及叶片褪绿、卷曲等，以供试生物体单位质量所接受到药剂的量为单位，如毫克/千克或微克/克。

④有效中浓度（EC_{50}）：能使供试生物群体中50％个体产生某种药效反应的药剂浓度，以单位体积的药剂中含有有效成分的量表示，常用单位为毫克/升或微克/毫升。

二、农药的药效

农药的药效通常指药剂在田间生产条件下对农林作物的病、虫、草、鼠等有害生物产生的实际防治效果。常以调查防治前后有害生物种群数量变化、危害程度变化、作物长势及产量的变化等进行评价。

杀虫剂通常调查虫口数量、不同时期或植株不同部位被害情况，通过虫口减退率、植株被害率的变化等计算防治效果；杀菌剂通常调查发病程度、发病率，通过病情指数的变化、发病率的变化等计算防治效果；除草剂通常调查杂草数量或鲜重，通过杂草数量或鲜重的变化计算防治效果。通过防治效果的大小衡量药剂药效的高低。药效是反映农药毒力、有害生物群体与环境条件之间相互作用的结果，影响农药药效的因素包括：①农药的理化性质，如药剂的溶解性、润湿性、展着性、分散性、稳定性等均可影响药剂药效的发挥。②靶标生物的生物行为，如某些害虫具有钻蛀、卷叶的特点，或易受惊扰、长有蜡质层等特点，使药剂不易达到作用靶标，从而影响药效。③靶标生物的抗药性，在农药长期使用的选择压力下，有害生物对农药产生越来越高的耐受能力，从而影响药效。④环境因素，如温度、湿度、光照、降雨、风等。⑤施药时期，施药时期不恰当也是影响药效的重要因素。如对于钻蛀或卷叶型害虫，如果选用无内吸性的药剂，宜在钻蛀或卷叶之前施药；保护性或诱导植物抗病性的杀菌剂防治病害宜在发病前施药。为克服以上影响药效的因素，通常采用以下方法提高农药药效：①轮换用药或混合用药。②改良施药器具。③添加助剂等优化药剂理化性质。

药效是在田间生产条件下或接近田间生产条件时实测所得，对农业生产中防治有害生物具有重要指导意义。农药毒力和药效的概念虽然有不同，但在大多数情况下是一致的，也就是说药剂毒力大，药效相应也比较高。

农 药 药 害

随着我国农药工业与农业技术的发展，在农业上使用的农药品种逐渐增加，应用范围不断扩大，保护了农作物免受病、虫、草、鼠的危害，提高了农业现代化水平，解放了农业劳动力，取得了良好的经济效益与社会效益。然而，农药对应用技术、环境条件等方面的要求较高，使用不当也可能造成农作物药害、危及有益生物、影响生态环境。

农药药害是指因施用农药不当而引起农作物发生的各种病态反应，通常表现为组织损伤、生长受阻、植株变态、减产、绝产甚至死亡等一系列非正常生理变化。

一、农药药害症状

农药对农作物典型的药害症状主要有：

① 斑点。主要发生在作物叶片上，有时也发生在茎秆或果实表皮上，常见的如褐斑、黄斑、枯斑、网斑等。

② 褪绿。主要发生在作物茎、叶部位，叶片的褪绿、黄化等较为常见，严重时可危及全株，主要原因是作物正常的光合作用受到阻碍。

③ 畸形。可发生在作物根、茎、叶、花、果实等部位，常见的如根肿、丛生、卷叶、畸形穗、畸形果等。

④ 生长停滞。农作物正常生长受到抑制，植株生长缓慢。

⑤ 枯萎。通常表现为作物植株萎蔫、失绿甚至死亡。

⑥ 不孕。通常表现为作物雄性不育、空秕粒等，主要是作物生殖生长期用药不当造成的。

⑦ 脱落。通常表现为果树或作物落叶、落花、落果等。

⑧ 劣果。通常表现为果实体积变小、表皮异常、品质下降等。

常见的农药药害症状见彩图 3 至彩图 13。

二、药害产生的原因

农药药害产生的原因多种多样，主要有以下三方面：

① 药剂。药害产生和农药的特性有关，有的农药品种本身就容易产生药害。但更重要的是使用技术问题，施药浓度过高、剂量过大，或施药时间、方法、次数等不合理均易造成药害。也有农药质量问题，质量不合格的农药产品容易造成药害。另外，施药器械清洗不干净或喷出的雾滴大小不均匀等都可造成药害。

② 作物。误将农药用于敏感的作物种类、敏感的作物品种、作物敏感的生育时期或敏感的部位都可造成药害。此外，药液飘移或土壤残留等问题也可能对敏感的邻近或后茬作物造成药害。

③ 环境。因温度、湿度、降雨、风力、土壤类型、耕作条件等不适于使用农药时，可造成药害。

三、控制药害的措施

① 坚持先试验后推广原则。在当地没有用过的农药，不要贸然大面积推广。

② 严格遵守农药正确使用要求。通过科学对症选用农药、准确称量配制药剂、合理选择用药适期与方法，保证施药质量，以减少或避免药害发生。

③ 做好施药后的避害措施。施药后彻底清洗喷雾器械，妥善处理剩余药液，做好田间管理措施，以防控药害风险。

④ 药害的补救措施。如果产生了药害，可在当地植保部门工作者的指导下，通过合理的施肥补救、排灌洗田，或施用植物生长调节剂等措施缓解药害。

农药毒性与农药中毒、环境毒性

一、农药毒性

农药属于特殊的有毒物质，它既可以防治农林作物的病、虫、草、鼠害，同时也对人、畜有一定的毒性。农药毒性越大越容易引起中毒事故。农药可以通过人、畜的口、皮肤或呼吸道进入体内，造成器官或生理功能损伤，或者使人、畜中毒甚至死亡。农药以接触、食入、吸入动物体内引起危害的性质及可能性即为农药的毒性。农药毒性大小常通过产生损害的性质和程度表示，可分为急性毒性、慢性毒性、迟发性神经毒性、致畸作用、致癌作用、致突变作用等。生产实践过程中与人类密切相关的主要是农药急性毒性和慢性毒性。

急性毒性：是指药剂经供试动物皮肤、口、呼吸道一次性进入动物体内较大剂量，在短时间内引起急性中毒。

慢性毒性：是指供试动物在长期反复多次小剂量口服或接触一种农药后，经过一段时间药剂累积到一定量所表现出的毒性。

根据动物半数致死剂量或浓度（LD_{50} 或 LC_{50}）大小，农药毒性分为剧毒、高毒、中等毒、低毒。农药的 LD_{50} 或 LC_{50} 值越小，毒性越大，见下表。

毒性指标	剧毒	高毒	中等毒	低毒	微毒
经口 LD_{50}（毫克/千克）	<5	5～50	>50～500	>500～5 000	>5 000
经皮 LD_{50}（毫克/千克）	<20	20～200	>200～2 000	>2 000～5 000	>5 000
吸入 LC_{50}（毫克/米³）	<20	20～200	>200～2 000	>2 000～5 000	>5 000

不同毒性级别的农药在农药产品标签上分别以下列标志表示：

剧毒：以❀图表示，并用红字注明"剧毒"。

高毒：以❀图表示，并用红字注明"高毒"。

中等毒：以◆图表示，并用红字注明"中等毒"。

低毒：以◉图表示，并用红字注明"低毒"。

二、农药中毒

农药可通过呼吸道、皮肤和消化道引起人、畜中毒。人、畜农药中毒有急性中毒、亚急性中毒和慢性中毒。急性中毒是指人、畜误服或通过皮肤接触及呼吸道吸入体内一定量的药剂后在短时间内表现中毒或死亡；亚急性中毒是指在一段时间内（30～90天）连续接触一定剂量（较低剂量）的药剂后出现与急性中毒类似的中毒症状；慢性中毒是指长期接触农药引起的中毒现象，或指由于长期（6个月以上甚至终生）接触低微剂量农药后逐渐引起内脏机能受损，阻碍正常生理代谢过程而表现出的慢性病理反应。中毒事故还可以分为生产性中毒和生活性中毒。生产性中毒是指农药生产过程中、农民使用农药时发生的中毒，生活性中毒主要指口服农药或人为投毒。

（一）农药中毒症状

因农药的类别不同，农药中毒会有各种各样的症状，急性中毒症状表现为头昏、恶心、呕吐、抽搐、痉挛、惊厥、昏迷、哮喘、急性呼吸衰竭、大小便失禁、肺水肿、休克、心律不齐、心脏骤停、急性肾功能衰退等。亚急性中毒症状与急性中毒症状类似。慢性中毒可引起头痛、头晕、咳嗽、食欲减退、恶心、呕吐等症状。

（二）农药中毒救治

① 农药溅到皮肤上，应立即脱去被污染衣裤，迅速用温水冲洗干净，如果溅到眼睛里，立即用清水冲洗至少10分钟，然后滴入2％可的松和0.25％氯霉素眼药水。

② 吸入引起的头痛、恶心、呕吐等中毒症状，应立即停止施药，离开现场，转移到通风良好的地方，脱掉防护用品，用肥皂水清洗污染部位，必要时携带农药标签就医。

③ 如果当事人已经昏迷，在场人员要协助急救，解开衣领、腰带，保持呼吸道畅通，保存农药标签并及时送医治疗。当事人恢复后数周内不能使用农药，以防发生更严重的症状。

▌ 三、环境毒性

现代农业生产离不开农药的使用，但长期、大量使用农药也会对生态环境和人类健康造成负面影响。农药施用后，可通过挥发、沉降、地表径流、飘移、吸附、淋溶等途径进入地表水、地下水、土壤、空气等环境中，进而影响生态系统。同时，也会对水生生物（鱼、藻、溞）、陆生生物（蜂、鸟、蚯蚓）等非靶标生物造成影响。

为降低农药使用对人体健康和生态环境的危害与风险，积极预防和控制农药污染越来越受到重视。对农药使用进行健康风险评估、环境风险评估或生态风险评估，是量化评估农药生态风险的重要手段，对农药使用的环境安全风险管理具有重要作用。

农药选购与识别

一、科学对症选购农药

合理使用农药首先从选购农药开始。一是根据需要防治的作物病、虫、草种类对症选购合适的农药产品，如果选购的药剂不对症，不但达不到防治目的，还会造成浪费，甚至会造成其他危害。如防治蚜虫等刺吸式口器害虫可以选择内吸性杀虫剂，而不能选择胃毒剂；防治真菌性病害不能选择防治细菌、病毒的药剂等。如果购买者自己搞不清楚到底该买什么农药，可以咨询当地的植保技术人员、农药经销商或者查阅技术资料。二是到正规农药销售门店购买农药，购买时首先查看门店的营业执照、税务登记证、机构代码证、农药经营许可证是否齐全。三是要查验需要购买的农药产品包装袋，正规厂家的农药无论是包装、封口以及标识都是比较正规的，合格的农药包装袋上注有农业农村部签发的农药登记证、省级农业农村部门签发的生产许可证和市场监管部门签发或备案的产品质量标准证。四是要看产品是否在有效期内（存放得当的农药一般有效期为两年），产品外观有没有分层、沉淀或结块，包装有没有破损等。五是购买后要向销售者索取发票，以备出现问题时核查。

二、认真识别假劣和失效农药

假劣农药是农药市场混乱的根源。那么如何识别？简单归纳起来可以叫作"三看一化验"。

一看农药的外包装有没有破损，尤其注意封装的瓶塞是否被打开或松动，是否有药液溢出，粉剂的包装有无破裂。二看有没有产品标签，标签有没有残缺不全，标签上的内容是否齐全，应含有：农药名称、剂型、有效成分及其含量；农药登记证号、产品质量标准号以及农药生产许可证号；农药类别及其颜色标志带、产品性能、毒性及其标识；使用范围、使用方法、剂量、技术要求和注意事项；中毒急救措施；贮存和运输方法；生产日期、产品批号、质量保证期、净含量；农药登记证持有人名称及其联系方式；可追溯电子信息码等。三看农药的外观质量。液体产品如乳油、水剂，应该是均匀一致，没有分层、浮油、沉淀的透明液体，出现浑浊、分层、沉淀等现象的为假劣产品；可湿性粉剂应该是粗细均匀、颜色一致的疏松粉末，有结块成团的为假劣产品；颗粒剂应该是大小、颜色均匀的颗粒，颗粒大小相差很大、包装袋中有很多粉末的为假劣产品；悬浮剂、悬乳剂应该是均匀、可流动的液态混合物，长期存放可能出现分层，但经摇晃后可恢复原状，出现明显分层，经摇动后不恢复原状或者仍有结块的为假劣产品；粉状制剂如已受潮结块、熏蒸剂的片剂如已成为粉末状，农药产品可能已经失效了。

如果对产品质量有怀疑，最准确、最可靠的办法是送样品到法定的农药质量检验机构进行检验，通过检验数据证明其是否合格。

正确选择施药器械和配制农药

一、正确选择施药器械

喷雾器是使用最广泛的施药器械，有手动、机动、背负式、担架式等多种类型。喷雾器不仅对农药的效果有影响，也与使用者的人身安全、环境质量等密切相关。国家要求喷雾器要通过中国强制性认证。只有通过强制性认证的喷雾器才可以在市场上销售。使用者在购买喷雾器时一定要注意喷雾器上是否有强制性认证（CCC）标志。

在使用喷雾器前要进行检查清洗，检查使用的喷头是否正确，一般喷施杀虫剂和杀菌剂使用锥形雾喷头，喷施除草剂使用扇形雾喷头，另外要对行走速度、流量、压力等进行校准，以免松动、滴漏等。注意喷施杀虫剂和杀菌剂的喷雾器械不能用于喷施除草剂，以免清洗不净引发药害事故。

二、正确配制农药

（一）安全准确称量农药

除少数可以直接使用的农药外，一般农药在使用前都需要经过配制。农药的配制就是把商品农药配制成可以施用的状态。例如：乳油、可湿（溶）性粉剂、悬浮（乳）剂、水剂、水乳剂、微乳剂、水分散粒剂等剂型的农药产品，必须兑水或拌土（沙）稀释成所规定浓度的药液才能施用。除草剂及部分高活性的杀虫、杀菌剂需二次稀释后才能施用。

农药配制一般要经过农药和稀释剂（水、土等）取用量的计算、量取、混合等步骤。正确配制农药是科学安全合理使用农药的重要环节。使用者可按照农药标签上的规定，或请教农业植保技术人员，根据单位面积农药制剂用量、需要防治的面积计算用药量和用水量、用土量。注意要使用称量器具（推荐使用感量为0.1克的台秤或带刻度的量器）准确称量农药制剂，不要使用无刻度的瓶盖、勺子等器皿，不可随意、超量称取，也不要凭经验估计用量。称量农药时要穿戴防护用品，如手套、口罩、帽子等。戴手套前应保持双手清洁干燥，不要用手直接接触农药，要准确、小心，不可粗放乱洒。不要用手搅拌药液，也不要用牙咬撕农药包装，不要用污水配制农药，污水中杂质多，易堵塞喷雾器的喷头，同时还会破坏药液的均匀性和稳定性，甚至产生沉淀。

（二）用药量及稀释剂用量的计算

用药量计算公式

① 根据用药面积求用药量（毫升或克）。

制剂用量［毫升（克)］＝单位面积农药制剂用量［毫升（克）/米^2］×施药面积（米^2）

例如：防治小麦蚜虫每平方米用 10％吡虫啉可湿性粉剂制剂 0.03 克，现有 534 米^2 小麦需要进行防治，求需要 10％吡虫啉可湿性粉剂制剂多少克？

解：0.03 克/米^2×534 米^2＝16.02 克

即：534 米^2 小麦需用 10％吡虫啉可湿性粉剂制剂量 16.02 克。

② 根据已定浓度计算所需药剂制剂用量（毫升或克）。

制剂用量＝所配药剂重量÷稀释倍数

例如：要配制 25％多菌灵可湿性粉剂 500 倍液 100 千克防治苹果树轮纹病，求需要用 25％多菌灵可湿性粉剂制剂量为多少？

解：100 千克÷500 ＝ 0.2 千克＝200 克

即：需称 25％多菌灵可湿性粉剂 200 克。

③ 稀释剂（水、土等）用量计算。

稀释剂用量（升或千克）＝制剂重量×稀释倍数

例如：用 40％稻瘟灵乳油 100 毫升加水稀释成 600 倍液防治稻瘟病，求需加多少千克水？

解：100 毫升×600 ＝ 60 000 毫升 ＝ 60 升 ＝ 60 千克

即：需加水 60 千克。

农 药 安 全 施 用

安全合理使用农药，是有效防治病、虫、草、鼠害，提高农药利用率，保证农产品质量安全的关键，应重点关注以下内容。

一、对症下药

施药前，必须弄清要防治的病、虫、草、鼠害的种类，有针对性地选择药剂。一般应根据植保部门发布的病虫情报，或查阅相关资料、咨询有关专家，明确防治对象并获得指导性防治意见后，选择合适的农药品种进行施药防治。如果某一时期作物上发生的病、虫、草和其他有害生物比较单一，应选择对防治对象专一性强的农药品种；如果同时发生多种病虫害，则可以考虑采用混配制剂或混合几种对防治对象有效的药剂进行防治，但应注意药剂间的兼容性以及对作物是否存在药害风险等问题。生产中主要农作物的常见病虫草害症状可参见彩图14至彩图115。

二、选择适宜的施药时期

正确的施药时期是安全合理使用农药的关键，需按照农药产品的标签规定的用药时期施药。通常选择防治靶标对药剂相对敏感的时期也就是所谓的"施药窗口期"用药。施药时期要避开作物的敏感期和天气的敏感时段，以避免发生药害。使用杀虫剂防治害虫，应遵循治早治小的原则，一般掌握在害虫发生初期、低龄幼虫期、若虫期施药；具有杀卵作用的药剂应在成虫产卵高峰或卵孵化期施药。使用杀菌剂防治作物病害，一般在发病前或始见病斑的发病初期施药，因为大部分杀菌剂为保护性药剂，一旦错过最佳施药时期，就不能有效防治作物病害。使用除草剂防治作物田杂草，一般在播后苗前，或杂草3～5叶期施药。使用植物生长调节剂调节植物生长，则需根据药剂的特性和使用目的，按照标签规定的施用时期和施药方法施药，切不可随意乱用。另外，还要注意施药时的天气条件，应避开刮风、下雨和高温时段施药。

三、严格按照推荐剂量和次数施药

严格按照标签推荐的用药量和用药次数施药，标签规定的用药剂量和用药次数是经过不同年份、不同地点的田间药效试验验证得出的，是根据药剂的特性和病、虫、草、鼠害的发生危害规律确定的，是经过效果及安全性评价的既有效又安全的使用技术。当然，可以根据用药时的作物生育期、靶标病虫草鼠害的发生程度，在标签规定的用药剂量范围内选择低量、中量或高量。同时还要切实执行农药使用安全间隔期，即最后一次施用农药的时间到农产品收获时相隔的天数。随意超出标签规定范围加大剂量或增加施药次数，不遵守农药使用安全间隔期，易导致作物药害、农产品农药残留超标、污染环境、危害人体健康、影响农产品外贸出口等一系列问题。

四、保证施药质量

高质量的施药才能收到理想的防治效果，要综合考虑防治对象、防治场所、作物种类和生长情况、农药剂型、施药方法、防治规模等情况。施药务必保证均匀，并尽量到达防治靶标。如茎叶喷雾施药时，一般应喷至药液欲滴未滴为宜；种子处理、颗粒剂撒施等施药方法也必须通过有效手段保证均匀施药，否则易导致药害，造成药剂浪费、降低农药利用率。施药时还应特别注意药剂对作物的安全性，避免产生药害。严格控制施药飘移对邻近敏感作物的影响，如 2,4 -滴飘移可影响百米外的葡萄；注意长残效除草剂对后茬敏感作物的影响。

五、兼顾抗性治理，合理轮换用药

任何一种农药经过重复使用，都可能会产生抗药性，导致用药量增加，防治效果下降，因此应避免连续单一用药，合理交替、轮换使用不同作用机理的药剂，可延缓抗药性发展，达到防治效果。

交替、轮换使用农药应遵循的原则和要求：

① 在一个作物生长周期中轮换使用不同作用机理、无交互抗性的药剂。

② 一个作物生长周期有多个"施药窗口期"时，一个"施药窗口期"结束后，下一个"施药窗口期"应轮换使用不同作用机理的药剂。

③ 除非没有已登记的药剂或有效的替代品，应避免轮换使用相同作用机理下不同亚族的产品。

④ 在杀菌剂中，一般内吸性杀菌剂比较容易引起抗药性，保护性杀菌剂不易产生抗药性。因此，除了不同作用机理药剂间的轮换使用外，内吸性杀菌剂与

保护性杀菌剂也是较好的轮换组合。

六、把握好其他影响农药使用效果的因素

环境条件不同，植物和有害生物对所用药剂的反应也不同。在使用同一种药剂防治同一种病、虫、草、鼠害时，由于环境条件不同，药效差别很大。主要原因是温度、湿度、雨水、光照、风力及土壤性质等环境条件不同。

① 温度可以影响农药药效的发挥，有的药剂高温条件下效果好，如溴甲烷、吡虫啉等，这类药剂应在夏季或一天中温度高一些的时段使用；有的药剂低温条件下效果好，如菊酯类杀虫剂，这类药剂应在春季、秋季或一天中的傍晚使用。

② 光照易造成对光敏感的农药分解，致使药效降低。如在光照下，辛硫磷易降解失效；氟乐灵等二硝基苯胺类除草剂容易分解，影响药效。使用这类药剂时从使用方法和使用时间上应尽量避免光照的影响。

③ 风力和降雨更是影响农药效果的重要因素。雨天不可以喷洒农药，喷洒农药后短时间内降雨需要重新喷施。人脸上感觉有一点轻风和微风可以喷施农药，风大不能喷施。

在使用农药时一定要注意充分利用一切有利因素，控制不利因素，以使农药在防治病、虫、草、鼠等有害生物时更大限度地发挥作用。

施药安全防护及农药废弃物处置

一、施药安全防护及注意事项

由于农药属于特殊的有毒物质，如果使用不当，不但不能达到预期效果，反而会污染农产品和环境，甚至产生药害和人、畜中毒事故。因此，使用者在使用农药时在了解药剂特性的基础上，一定要特别注意安全防护，避免由于不规范的操作而带来安全隐患。具体要注意以下几点：

① 在农药的储存、运输、配制、施药等过程中，要穿戴必要的防护用具，尽量避免与农药直接接触。

② 老、弱、病、残、孕、儿童和哺乳期妇女一般应禁止接触和施用农药。

③ 施药人员应穿戴防护服、胶鞋、手套、口罩等；与农药有接触的人员应严禁进食、饮水、吸烟；施药时如喷药机械发生故障，不得用嘴吹堵塞的喷杆、喷头等。

④ 施药前要检查药械是否完好，以免在施药过程中出现跑、冒、滴、漏。

⑤ 施药前根据施药地区的情况，应告知当地蜂农、蚕农，做好警示；熏蒸和放烟施药现场应醒目警示，严禁无关人员进入；刚施药后的区域防止人、畜进入。

⑥ 严禁将杀鼠剂的诱饵、拌农药的种子与粮食、饲料混放在一起，以免误食；施用颗粒剂或种子处理剂，要严格覆土，以免鸟类取食。

⑦ 施药应严格按照农药标签规定的施药方法，在相应的登记作物上用药。不得将高毒、剧毒农药用于蔬菜、果树及中草药。此外，应严格执行安全间隔期，不可违反安全间隔期规定进行施药和采收农产品。

⑧ 刮风、下雨、高温、作物上有露水、沿海地区遇海雾不可施药，施药时操作人员要站在上风向位置，不要逆风施药，以防药雾飘移中毒。

⑨ 不可在河流、小溪、池塘、井边施药，也不可在以上地区冲洗施药器械及其他施药用物品，以免污染水源。

⑩ 施药后要及时更换防护服、衣物等，并清洗手、脸等暴露部分的皮肤；脱除的防护用品、施药器械要及时清洗干净，并与其他衣物、生活用品分开存放；用过的容器应妥善处理，不可做他用，也不可随意丢弃。

⑪ 发生农药中毒时要立即送往医院，并携带所使用的农药产品标签，以便医生采取有效的急救措施。

二、农药废弃物的处置

农药废弃物是指农药使用后被废弃的与农药直接接触或含有农药残余物的包装材料，主要由塑料、玻璃、铝箔、纸板等材料制成，包括农药瓶、桶、罐、袋、箱等农药包装物。在农业生产中使用农药后，存在随手将农药包装废弃物丢弃在田间地头、池塘、河流、沟渠旁等地方的现象。这些农药废弃物中有些农药具有高残留性质，有的易挥发，污染大气；有的毒性稳定，可以在土壤中长期存在，污染土壤时间长；有的经雨水冲刷渗入地下，流入沟渠、河流中，污染水质。这些废弃物既造成"视觉污染"，又对环境造成不良影响，同时也会引发作物药害，人、畜中毒等问题。因此，为了保护人、畜和环境安全，要注意以下几点：

① 农药生产者、经营者、使用者应严格执行《农药包装废弃物回收处理管理办法》，对不按规定执行或履行回收责任和义务的行为进行严肃查处。

② 农药使用者不可将剩余农药倒入河流、沟渠、池塘，不可自行掩埋、焚烧、倾倒，以免污染环境。

③ 农药使用者不可将剩余的农药药液随意喷洒到农作物上，以免产生药害和造成农药残留超标。

④ 农药使用者施药后的空包装袋或包装瓶应妥善放入事先准备好的塑料袋中带回处理，不可做他用，也不可乱丢、掩埋、焚烧，应送农药废弃物回收站。

杀 虫 剂
（包括杀螨剂、杀鼠剂）

辛 硫 磷
Phoxim

1. 作用特点

辛硫磷属于有机磷类低毒杀虫剂，作用机制是抑制昆虫体内乙酰胆碱酯酶活性，使昆虫的肌肉及腺体持续兴奋、麻痹至死亡。具有较强的触杀和胃毒作用，无内吸作用，对多种鳞翅目害虫和地下害虫有较好的防治效果，对卵也有一定的杀伤作用。因其对光不稳定，易分解，叶面施药应选择傍晚或阴天时进行，但其在土壤中较稳定，持效期较长，适用于土壤处理防治地下害虫。

2. 主要产品

【单剂】颗粒剂：0.3%、1.5%、3%、5%、10%；乳油：15%、40%、70%；微囊悬浮剂：30%；微乳剂：20%；水乳种衣剂：3%。

【混剂】阿维·辛硫磷、吡虫·辛硫磷、丙溴·辛硫磷、除脲·辛硫磷、哒螨·辛硫磷、敌百·辛硫磷、敌畏·辛硫磷、丁硫·辛硫磷、啶虫·辛硫磷、毒·辛、二嗪·辛硫磷、氟铃·辛硫磷、高氯·辛硫磷、甲氰·辛硫磷、甲维·辛硫磷、氯氰·辛硫磷、马拉·辛硫磷、氰戊·辛硫磷、三唑·辛硫磷、辛硫·高氯氟、辛硫·矿物油、辛硫·三唑磷、溴氰·辛硫磷等。

3. 应用

【适用作物】棉花、花生、玉米、小麦、水稻、甘蔗、甘蓝等。

【防治对象】蚜虫，菜青虫、玉米螟、棉铃虫、稻纵卷叶螟、三化螟等鳞翅目害虫，以及蛴螬、金针虫、地老虎、蝼蛄、蔗龟、韭蛆、蒜蛆等地下害虫。

【使用方法】以喷雾施药为主；防治地下害虫时多用撒施、沟施、穴施、灌根等。

甘蓝菜青虫	于卵孵盛期至低龄幼虫期，使用 40% 辛硫磷乳油 60～80 毫升/亩，兑水对叶片正反面均匀喷雾。在甘蓝上安全间隔期为 7 天，每季最多使用 2 次。

玉米玉米螟	于玉米喇叭口期，使用3％辛硫磷颗粒剂300～400克/亩，均匀撒施于心叶内。在玉米上每季最多使用1次。
花生地下害虫（蛴螬、金针虫、地老虎等）	在花生播种时开沟撒施，使用3％辛硫磷颗粒剂6 000～8 000克/亩。在花生上安全间隔期为42天，每季最多使用1次。
棉花棉铃虫	于卵孵盛期至低龄幼虫期，使用40％辛硫磷乳油75～100毫升/亩，兑水对植株均匀喷雾。

4. 注意事项

（1）避免飘移到高粱、黄瓜、菜豆和甜菜等对辛硫磷敏感的作物上，以免产生药害。

（2）对家蚕有毒，蚕室与桑园附近禁用。蜜源作物花期禁用，施药期间应密切注意对附近蜂群的影响。对鱼类等水生生物有毒，远离水产养殖区施药，禁止在河塘等水域中清洗施药器具。对七星瓢虫的卵和幼虫有杀伤作用，禁止在天敌放飞区使用。

丙 溴 磷

Profenofos

1. 作用特点

丙溴磷属于有机磷类中毒杀虫、杀螨剂，作用机制是抑制昆虫、螨类体内胆碱酯酶活性，为胆碱酯酶抑制剂。具有触杀、胃毒作用，在植物叶片上有较好的渗透性，但无内吸性。对鳞翅目害虫的幼虫有较好的防治效果，且速效性较好，同时具有一定杀卵作用。

2. 主要产品

【单剂】乳油：20％、40％、50％、500克/升、720克/升；颗粒剂：10％；水乳剂：50％；微乳剂：20％。

【混剂】阿维·丙溴磷、丙·虱螨脲、丙溴·敌百虫、丙溴·毒死蜱、丙溴·氟铃脲、丙溴·矿物油、丙溴·炔螨特、丙溴·辛硫磷、丙溴磷·螺螨酯、氟啶·丙溴磷、甲维·丙溴磷、氯氰·丙溴磷、氰戊·丙溴磷等。

3. 应用

【适用作物】棉花、水稻、十字花科蔬菜、苹果、柑橘等。

【防治对象】主要为棉铃虫、稻纵卷叶螟、二化螟、小菜蛾、斜纹夜蛾等鳞翅目害虫以及红蜘蛛、盲蝽等。

【使用方法】喷雾。

棉花棉铃虫	在卵孵盛期至低龄幼虫钻蛀危害前,使用 40% 丙溴磷乳油80~100毫升/亩,兑水对植株均匀喷雾。根据防治效果,间隔 10 天左右再施 1 次药。在棉花上安全间隔期为 21 天,每季最多使用 2 次。
水稻稻纵卷叶螟、二化螟	于卵孵盛期至低龄幼虫期,使用 40% 丙溴磷乳油 80~100 毫升/亩,兑水对水稻均匀喷雾。在水稻上安全间隔期为 28 天,每季最多使用 2 次。
甘蓝小菜蛾	于卵孵盛期至低龄幼虫期,使用 40% 丙溴磷乳油 60~75 毫升/亩,兑水对植株均匀喷雾。在甘蓝上安全间隔期为 14 天,每季最多使用 2 次。

4. 注意事项

(1) 避免飘移到苜蓿、高粱等对丙溴磷敏感的作物上,以免产生药害。

(2) 对蜜蜂、水生生物、家蚕和鸟类有毒,施药期间应避免对周围蜂群的影响,蜜源植物开花期、赤眼蜂等天敌放飞区域、蚕室和桑园附近禁用。远离水产养殖区施药,禁止在河塘等水体中清洗施药器具。避免在珍稀鸟类保护区及其觅食区使用。

毒 死 蜱
Chlorpyrifos

1. 作用特点

毒死蜱是一种有机磷类中毒杀虫剂,作用于昆虫的神经系统,为胆碱酯酶抑制剂。杀虫谱广,具有触杀、胃毒和熏蒸作用,但无内吸性,持效期长达 30 天以上。

2. 主要产品

【单剂】乳油:40%、45%、50%、480 克/升;颗粒剂:0.5%、3%、5%、15%、20%;水乳剂:30%、40%;微乳剂:15%、30%、40%;微囊悬浮剂:30%、36%。

【混剂】啶虫·毒死蜱、噻嗪·毒死蜱、螺虫·毒死蜱、毒·矿物油、氯氰·毒死蜱、阿维·毒死蜱、唑磷·毒死蜱、高氯·毒死蜱、吡虫·毒死蜱、甲维·毒死蜱等。

3. 应用

【适用作物】水稻、小麦、棉花、玉米、柑橘、苹果等。

【防治对象】主要为稻飞虱、蚜虫、棉铃虫、红蜘蛛、介壳虫、蛴螬等。

【使用方法】以喷雾施药为主;防治地下害虫时多为撒施或灌根。

水稻稻飞虱	于卵孵至低龄若虫高峰期，使用45％毒死蜱乳油60～90毫升/亩，兑水均匀喷雾。在水稻上安全间隔期为21天，每季最多使用2次。
小麦蚜虫	于蚜虫发生始盛期，使用45％毒死蜱乳油26.7～37毫升/亩，兑水均匀喷雾。在小麦上安全间隔期为14天，每季最多使用2次。
棉花棉铃虫	于卵孵化盛期至低龄幼虫钻蛀前，使用40％毒死蜱乳油75～150毫升/亩，兑水均匀喷雾。视虫害发生情况，每10天左右施药1次。在棉花上安全间隔期为21天，每季最多使用4次。
花生蛴螬	在花生播种时，每亩使用15％毒死蜱颗粒剂1 200～1 600克，均匀撒施于播种沟内。在花生上每季最多使用1次。
苹果树苹果绵蚜	于苹果树开花前后、套袋前后苹果绵蚜始盛期，使用40％毒死蜱乳油1 500～2 000倍液，对植株叶片正反面均匀喷雾施药，每10天左右施药1次。在苹果树上安全间隔期为30天，每季最多使用2次。
柑橘树柑橘矢尖蚧	于低龄若虫高峰期，使用40％毒死蜱乳油800～1 600倍液喷雾施药1次。在柑橘树上安全间隔期为28天，每季最多使用1次。
苹果树桃小食心虫	于卵孵盛期，使用45％毒死蜱乳油1 400～1 800倍液喷雾施药1～2次，每次施药间隔7天。在苹果树上安全间隔期为30天，每季最多使用2次。

4. 注意事项

（1）毒死蜱属于限制使用农药，禁止在蔬菜上使用。避免飘移到烟草、莴苣、瓜类（苗期）等对毒死蜱敏感的作物上，以免产生药害。

（2）对蜜蜂、家蚕和鱼有毒，施药期间应避免对周围蜂群的影响，开花植物花期、蚕室和桑园附近禁用。远离水产养殖区、河塘等水体施药，禁止在河塘等水域中清洗施药器具。赤眼蜂等天敌放飞区域、鸟类保护区域禁用。

三 唑 磷

Triazophos

1. 作用特点

三唑磷属有机磷类中毒杀虫、杀螨剂，为胆碱酯酶抑制剂。具有触杀和胃毒作用，在植物上有较强的渗透性，无内吸性，持效期长。对鳞翅目害虫的幼虫具有较好的防治效果，同时对虫卵也有较高的活性。

2. 主要产品

【单剂】乳油：20％、30％、40％、60％；微乳剂：8％、15％、20％、25％；水乳剂：15％、20％；微囊悬浮剂：20％。

【混剂】阿维·三唑磷、吡虫·三唑磷、敌百·三唑磷、高氯·三唑磷、甲氰·三唑磷、甲维·三唑磷、乐果·三唑磷、联苯·三唑磷、氯氰·三唑磷、马拉·

三唑磷、三唑·辛硫磷、唑磷·高氯氟、唑磷·杀虫单、唑磷·仲丁威、唑磷·毒死蜱等。

3. 应用

【适用作物】水稻、棉花、甘薯等。

【防治对象】主要为二化螟、三化螟、红铃虫、棉铃虫等鳞翅目害虫。

【使用方法】喷雾。

水稻二化螟、三化螟	在卵孵盛期至低龄幼虫期，使用 20%三唑磷乳油 100～150 毫升/亩，兑水对水稻均匀喷雾。在水稻上安全间隔期 30 天，每季最多使用 2 次。
棉花棉铃虫、红铃虫	在卵孵盛期至低龄幼虫期，使用 20%三唑磷乳油 125～150 毫升/亩，兑水对棉花均匀喷雾。在棉花上安全间隔期 40 天，每季最多使用 3 次。

4. 注意事项

（1）三唑磷属于限制使用农药，禁止在蔬菜上使用。对甘蔗、玉米、高粱等作物敏感，施药时应防止飘移产生药害。

（2）对蜜蜂、水生生物、家蚕和鸟类有毒，施药期间应避免对周围蜂群的影响，开花植物花期、蚕室和桑园附近禁用。远离水产养殖区施药，禁止在河塘等水体中清洗施药器具。避免在珍稀鸟类保护区及其觅食区使用，赤眼蜂等天敌放飞区域禁用。

高效氟氯氰菊酯

Beta - cyfluthrin

1. 作用特点

高效氟氯氰菊酯属于拟除虫菊酯类中毒杀虫剂，是神经轴突毒剂，通过改变昆虫神经膜的通透性，抑制昆虫神经轴突部位的传导，通过与钠离子通道作用破坏神经元功能，导致靶标害虫过度兴奋、痉挛、麻痹，最终死亡。具有触杀和胃毒作用，无内吸作用和渗透性。杀虫谱广，击倒迅速，持效期长，除对咀嚼式口器害虫（如鳞翅目幼虫）和鞘翅目的部分甲虫有效外，还可用于刺吸式口器害虫的防治，如梨木虱。

2. 主要产品

【单剂】悬浮剂：2.5%、4%、5%、6%、7.5%、12.5%；乳油：25 克/升、2.5%、2.8%；水乳剂：5%、2.5%；微囊悬浮剂：2.5%、10%；微乳剂：2.5%、5%。

【混剂】吡虫·高氟氯、呋虫胺·高氟氯、氟氯·吡虫啉、氟氯·残杀威、氟氯·毒死蜱、氟氯·噻虫啉、高氟氯·氯氟醚、高氟氯·噻虫胺、高氟氯·虱螨脲、高氯·马、氯氟·甲维盐等。

3. 应用

【适用作物或场所】甘蓝、棉花、小麦、苹果、烟草、柑橘等作物，也可用于室内卫生杀虫。

【防治对象】菜青虫、棉铃虫、红铃虫、金纹细蛾、桃小食心虫、烟青虫等鳞翅目害虫，蚜虫、木虱、跳甲等害虫，金针虫、地老虎等地下害虫，蚊、蝇、蜚蠊、蚂蚁、跳蚤、臭虫等卫生害虫。

【使用方法】大田作物主要以喷雾施药为主，防治地下害虫主要采用种子包衣、拌种、撒施等方式，用作卫生杀虫剂时施药方式主要为滞留喷洒。

甘蓝菜青虫	在卵孵盛期至低龄幼虫高峰期，使用2.5%高效氟氯氰菊酯水乳剂20～30毫升/亩，兑水均匀喷雾。在甘蓝上安全间隔期为14天，每季最多使用2次。
棉花棉铃虫、红铃虫	在卵孵盛期至低龄幼虫高峰期，使用2.5%高效氟氯氰菊酯水乳剂20～30毫升/亩，兑水均匀喷雾。在棉花上安全间隔期为15天，每季最多使用3次。
苹果树金纹细蛾	在叶片初现虫斑时施药，使用25克/升高效氟氯氰菊酯乳油1 500～2 000倍液，对树冠均匀喷雾。在苹果树上安全间隔期为15天，每季最多使用3次。
小麦蚜虫	在蚜虫发生始盛期，使用5%高效氟氯氰菊酯水乳剂8～10毫升/亩，兑水均匀喷雾。在小麦上安全间隔期21天，每季最多使用2次。
柑橘树柑橘木虱	在木虱发生初期或新梢生长期，使用2.5%高效氟氯氰菊酯水乳剂1 500～2 500倍液，均匀喷雾，视危害情况间隔10～15天再喷1次。柑橘上安全间隔期为21天，每季最多使用2次。
蚊、蝇、蜚蠊	可用2.5%高效氟氯氰菊酯悬浮剂按0.6～1.4克/米^2，兑水稀释摇匀，全面均匀滞留喷洒于室内蚊、蝇、蜚蠊出没或栖息处。

4. 注意事项

对蜜蜂有毒，施药期间应密切注意对附近蜂群的影响，避免在蜂群附近施药，禁止在蜜源作物花期使用。对家蚕有毒，蚕室与桑园附近禁用。对鱼类等水生生物有毒，远离水产养殖区施药，禁止在河塘等水域中清洗施药器具。赤眼蜂、七星瓢虫（或其他代表性天敌）等天敌放飞区域禁用。

高效氯氰菊酯
Beta－cypermethrin

1. 作用特点

高效氯氰菊酯属于拟除虫菊酯类中毒杀虫剂，属于神经轴突毒剂，通过改变昆虫神经膜的通透性，抑制昆虫神经轴突部位的传导，通过与钠离子通道作用破坏神经元功能，导致靶标害虫过度兴奋、痉挛、麻痹，最终死亡。高效氯氰菊酯具有触杀和胃毒作用，无内吸性，杀虫谱广、击倒速度快。可有效防治鳞翅目或鞘翅目害虫，对半翅目、双翅目等害虫也有较好防效。

2. 主要产品

【单剂】乳油：2.5%、4.5%、10%；微乳剂：4.5%、5%、10%；水乳剂：0.12%、3%、4.5%、5%、10%；悬浮剂：4.5%、5%、6%、8%、10%、20%；可湿性粉剂：4.5%、5%、6%、8%；粉剂：0.05%、0.1%、0.2%、0.6%、1%；烟剂：2%、3%、5%、6%；热雾剂：1%；颗粒剂：1%、2%；饵剂：0.1%；微囊悬浮剂：3%；油剂：5%；烟片：5%。

【混剂】阿维·高氯、高氯·甲维盐、高氯·啶虫脒、高氯·吡虫啉、高氯·溴氰、高氯·氟啶脲、高氯·氟铃脲、高氯·甲嘧磷、高氯·残杀威、高氯·吡丙醚、高氯·毒死蜱、高氯·灭多威、高氯·灭幼脲、高氯·杀虫单、高氯·辛硫磷、高氯·马、高氯·仲丁威、高氯·胺·苯氰、戊·氯·吡虫啉等。

3. 应用

【适用作物或场所】十字花科蔬菜、棉花、韭菜、烟草、茶树、苹果、柑橘、梨、烟草、辣椒、小麦、马铃薯、豇豆、番茄、黄瓜等作物，以及室内卫生害虫。

【防治对象】菜青虫、小菜蛾、棉铃虫、烟青虫、桃小食心虫、豆荚螟、尺蠖等鳞翅目害虫，天牛、瓢虫等鞘翅目害虫，也可防治蚜虫、木虱、韭蛆、白粉虱、介壳虫、红蜘蛛等害虫，以及蚊、蝇、蜚蠊、蚂蚁、跳蚤等卫生害虫。

【使用方法】大田作物主要为喷雾处理，防治地下害虫主要为撒施、沟施、药土法等方式。用作卫生杀虫剂时施药方式多样，主要为滞留喷洒，其次还有点燃、撒布、涂抹、拌粮等。

甘蓝菜青虫、小菜蛾	在卵孵盛期至低龄幼虫高峰期，使用4.5%高效氯氰菊酯乳油15～30毫升/亩兑水均匀喷雾。在甘蓝上安全间隔期7天，每季最多使用2次。
棉花棉铃虫、红铃虫	在卵孵盛期至低龄幼虫高峰期，使用4.5%高效氯氰菊酯乳油20～40毫升/亩兑水均匀喷雾。在棉花上安全间隔期7天，每季最多使用2次。
萝卜蚜虫	在蚜虫发生始盛期，使用4.5%高效氯氰菊酯乳油20～30毫升/亩，兑水对植株叶片正反面均匀喷雾。在萝卜上安全间隔期14天，每季最多使用2次。
茶树茶尺蠖	在卵孵盛期至低龄幼虫高峰期，使用4.5%高效氯氰菊酯乳油20～30毫升/亩，兑水均匀喷雾。在茶树上安全间隔期10天，每季最多使用1次。
辣椒烟青虫	在卵孵盛期至低龄幼虫高峰期，使用4.5%高效氯氰菊酯乳油20～30毫升/亩，兑水均匀喷雾。在辣椒上安全间隔期7天，每季最多使用2次。

梨树梨木虱	在梨树梨木虱卵孵盛期至低龄幼虫期间施药，使用4.5%高效氯氰菊酯乳油1 800～2 700倍液，均匀喷雾。在梨树上安全间隔期为21天，每季最多使用3次。
韭菜迟眼蕈蚊	前茬韭菜收割后2～3天，迟眼蕈蚊成虫发生盛期，使用4.5%高效氯氰菊酯乳油10～20毫升/亩，对韭菜地面均匀喷雾。在韭菜上安全间隔期10天，每季最多使用2次。
豇豆豆荚螟	在卵孵初期用药，使用4.5%高效氯氰菊酯乳油30～40毫升/亩，兑水对豇豆均匀喷雾。在豇豆上安全间隔期7天，每季最多使用1次。
马铃薯二十八星瓢虫	初孵幼虫盛期用药，使用4.5%高效氯氰菊酯乳油20～40毫升/亩，兑水对马铃薯植株均匀喷雾。视虫害发生情况，隔7～10天可再施药1次。在马铃薯上安全间隔期14天，每季最多使用2次。
茶树茶小绿叶蝉	在低龄若虫始盛期用药，使用4.5%高效氯氰菊酯乳油30～50毫升/亩，兑水对茶树叶片正反面均匀喷雾使用。在茶树上安全间隔期10天，每季最多使用1次。
蚊、蝇、蜚蠊	可用5%高效氯氰菊酯悬浮剂按1克/米²，兑水稀释摇匀，全面均匀滞留喷洒于室内蚊、蝇、蜚蠊出没或栖息处。

4. 注意事项

对蜜蜂有毒，施药期间应密切注意对附近蜂群的影响，避免在蜂群附近施药，禁止在蜜源作物花期使用。对家蚕有毒，蚕室与桑园附近禁用。对鱼类等水生生物有毒，远离水产养殖区施药，禁止在河塘等水域中清洗施药器具。赤眼蜂、七星瓢虫（或其他代表性天敌）等天敌放飞区域禁用。

高效氯氟氰菊酯

Lambda - cyhalothrin

1. 作用特点

高效氯氟氰菊酯属于拟除虫菊酯类中毒杀虫剂，作用于昆虫神经系统，通过与钠离子通道作用破坏神经元功能，导致靶标害虫过度兴奋、痉挛、麻痹，最终死亡。杀虫谱广，击倒迅速，具有触杀和胃毒作用，也有驱避作用，无内吸作用，耐雨水冲刷。对鳞翅目、鞘翅目、半翅目、双翅目等多种农业害虫和卫生害虫有较好的防治效果。

2. 主要产品

【单剂】乳油：2.5%、25克/升、50克/升；水乳剂：2.5%、5%、10%、25克/升；微囊悬浮剂：2.5%、10%、25克/升、75克/升；微乳剂：2.5%、5%、7%、8%、15%、25克/升；悬浮剂：2.5%、5%、10%；可湿性粉剂：2.5%、10%、15%、25%；水分散粒剂：2.5%、10%、24%；可溶液剂：15%。

【混剂】氯氟·吡虫啉、唑磷·高氯氟、氯氟·啶虫脒、吡蚜·高氯氟、阿维·高氯氟、除脲·高氯氟、稻散·高氯氟、丁醚·高氯氟、高氯·噻虫嗪、高氯·甲维盐、高氯·辛硫磷、甲维·高氯氟、氯氟·丙溴磷、氯氟·敌敌畏、氯氟·噻虫胺等。

3. 应用

【适用作物或场所】十字花科蔬菜、棉花、茶树、烟草、柑橘、苹果、梨、荔枝、榛子等作物，也可用于室内卫生杀虫。

【防治对象】菜青虫、棉铃虫、红铃虫、小菜蛾、桃小食心虫、烟青虫、茶尺蠖等鳞翅目害虫，蚜虫、茶小绿叶蝉、潜叶蛾、象甲等害虫以及蛴螬、地老虎等地下害虫，蚊、蝇、蜚蠊等卫生害虫。

【使用方法】大田作物主要为喷雾处理，防治地下害虫主要为拌种，用作卫生杀虫剂时施药方式主要为滞留喷洒。

甘蓝菜青虫	在卵孵盛期至低龄幼虫高峰期用药，使用 25 克/升高效氯氟氰菊酯乳油 20～30 毫升/亩，兑水均匀喷雾。在甘蓝上安全间隔期 7 天，每季最多使用 3 次。
棉花棉铃虫、红铃虫	在卵孵盛期至低龄幼虫高峰期用药，使用 25 克/升高效氯氟氰菊酯乳油 40～60 毫升/亩，兑水均匀喷雾。在棉花上安全间隔期 21 天，每季最多使用 3 次。
苹果树桃小食心虫	在卵孵化盛期施药，使用 25 克/升高效氯氟氰菊酯乳油 1 500～4 000 倍液，均匀喷雾。在苹果树上安全间隔期为 7 天，每季最多使用 3 次。
茶树茶尺蠖	在卵孵盛期至低龄幼虫高峰期用药，使用 25 克/升高效氯氟氰菊酯乳油 15～20 毫升/亩，兑水均匀喷雾。在茶树上安全间隔期 7 天，每季最多使用 1 次。
甘蓝蚜虫	在蚜虫发生始盛期施药，使用 25 克/升高效氯氟氰菊酯微乳剂 15～20 毫升/亩，兑水均匀喷雾。在甘蓝上安全间隔期 14 天，每季最多使用 2 次。
榛子树榛实象甲	在卵孵化盛期施药，使用 2.5% 高效氯氟氰菊酯水乳剂 600～830 倍液，均匀喷雾。在榛子树上安全间隔期 28 天，每季最多使用 2 次。
茶树茶小绿叶蝉	在茶小绿叶蝉发生始盛期施药，使用 25 克/升高效氯氟氰菊酯乳油 60～100 毫升/亩，兑水均匀喷雾。在茶树上安全间隔期 7 天，每季最多使用 1 次。
柑橘树柑橘潜叶蛾	在发生初期施药，使用 25 克/升高效氯氟氰菊酯乳油 800～2 000 倍液，均匀喷雾。在柑橘树上安全间隔期 7 天，每季最多使用 3 次。

| 蚊、蝇、蜚蠊 | 可用 2.5% 高效氯氟氰菊酯悬浮剂按 0.8～1.2 毫升/米²，兑水稀释摇匀，全面均匀滞留喷洒于室内蚊、蝇、蜚蠊出没或栖息处。 |

4. 注意事项

对蜜蜂有毒，施药期间应密切注意对附近蜂群的影响，避免在蜂群附近施药，禁止在蜜源作物花期使用。对家蚕有毒，蚕室与桑园附近禁用。对鱼类等水生生物有毒，远离水产养殖区施药，禁止在河塘等水域中清洗施药器具。赤眼蜂、七星瓢虫（或其他代表性天敌）等天敌放飞区域禁用。

联苯菊酯

Bifenthrin

1. 作用特点

联苯菊酯是一种拟除虫菊酯类中毒杀虫、杀螨剂，作用于昆虫、螨类神经系统，通过与钠离子通道作用破坏神经元功能，导致靶标害虫过度兴奋、痉挛、麻痹，最终死亡。具有触杀和胃毒作用，无内吸和熏蒸作用。杀虫谱广，作用迅速，持效期长，在土壤中不移动，对环境安全。

2. 主要产品

【单剂】乳油：25 克/升、100 克/升；水乳剂：2.5%、4.5%、5%、7.5%、10%、20%、100 克/升；悬浮剂：0.5%、5%、10%、15%、25 克/升；微乳剂：2.5%、4%、10%；微囊悬浮剂：5%、10%；颗粒剂：0.2%、0.5%。

【混剂】联苯·啶虫脒、氟啶虫酰胺·联苯菊酯、联苯·噻虫胺、联苯·虫螨腈、阿维·联苯菊、吡丙醚·联苯菊酯、联苯·吡虫啉、联苯·哒螨灵、联苯·呋虫胺、联苯·甲维盐、联苯·螺虫酯、联苯·炔螨特、联苯·噻虫啉、联苯·噻虫嗪、联苯·三唑磷、联苯·丁醚脲、联苯·茚虫威、烯啶·联苯等。

3. 应用

【适用作物或场所】茶树、苹果、柑橘、棉花、小麦、木材等，也可用于室内卫生杀虫。

【防治对象】茶小绿叶蝉、茶尺蠖、茶毛虫、棉铃虫、桃小食心虫、潜叶蛾、白粉虱、蚜虫、叶螨、白蚁等害虫。

【使用方法】大田作物主要为喷雾处理；防治白蚁时施药方式多为浸泡、涂刷或喷洒。

| 茶树茶小绿叶蝉、茶尺蠖 | 茶小绿叶蝉在低龄若虫期施药，使用 25 克/升联苯菊酯乳油 80～100 毫升/亩，兑水对茶树叶片正反面均匀喷雾。茶尺蠖在卵孵盛期至低龄幼虫高峰期用药，使用 25 克/升联苯菊酯乳油 20～40 毫升/亩，兑水对茶树均匀喷雾。有兼防茶毛虫的效果，在茶树上安全间隔期 7 天，每季最多使用 1 次。 |

柑橘树红蜘蛛	在红蜘蛛发生始盛期用药，用25克/升联苯菊酯乳油800～1 200倍液，对植株均匀喷雾。在柑橘树上安全间隔期21天，每季最多使用1次。
苹果树桃小食心虫	在卵孵盛期用药，用100克/升联苯菊酯乳油3 000～4 000倍液，对植株均匀喷雾。在苹果树上安全间隔期10天，每季最多使用3次。
番茄白粉虱、烟粉虱	在粉虱发生始盛期施药，使用25克/升联苯菊酯乳油20～40毫升/亩，兑水对植株叶片正反面均匀喷雾。在番茄（保护地）上安全间隔期4天，每季最多使用3次。
棉花棉铃虫	在卵孵盛期至低龄幼虫高峰期用药，使用25克/升联苯菊酯乳油110～140毫升/亩，兑水均匀喷雾。在棉花上安全间隔期14天，每季最多使用3次。
小麦蚜虫	在蚜虫发生始盛期施药，25克/升联苯菊酯乳油50～60毫升/亩，兑水均匀喷雾。在小麦上安全间隔期21天，每季最多使用1次。
白蚁	防治木材上的白蚁，使用5%联苯菊酯水乳剂80～200倍液，浸泡或涂刷使用。防治土壤中的白蚁，使用5%联苯菊酯水乳剂50～75毫升/米²，兑水喷洒使用。

4. 注意事项

对蜜蜂有毒，施药期间应密切注意对附近蜂群的影响，避免在蜂群附近施药，禁止在蜜源作物花期使用。对家蚕有毒，蚕室与桑园附近禁用。对鱼类等水生生物有毒，远离水产养殖区施药，禁止在河塘等水域中清洗施药器具。赤眼蜂、七星瓢虫（或其他代表性天敌）等天敌放飞区域禁用。

溴氰菊酯

Deltamethrin

1. 作用特点

溴氰菊酯属于拟除虫菊酯类中毒杀虫剂，作用机制与其他拟除虫菊酯类杀虫剂类似，具有触杀和胃毒作用，对害虫有一定驱避和拒食作用，无内吸和熏蒸作用。杀虫谱广，击倒速度快，对鳞翅目幼虫活性高，但对螨类基本无效。

2. 主要产品

【单剂】乳油：2.5%、2.8%、25克/升、50克/升；悬浮剂：2.5%、10%、25克/升、50克/升；可湿性粉剂：2.5%、5%；水乳剂：2%、2.5%；粉剂：0.01%；微乳剂：2.5%；笔剂：0.4%、0.5%；驱蚊帐：0.3%。

【混剂】阿维·溴氰、吡丙醚·溴氰菊酯、残杀·溴氰、呋虫胺·溴氰菊酯、氟啶虫酰胺·溴氰菊酯、噻虫胺·溴氰菊酯、溴氰·吡虫啉、溴氰·敌敌畏、溴氰·马拉松、溴氰·噻虫嗪、溴氰·噻虫啉、溴氰·辛硫磷、溴氰·仲丁威等。

3. 应用

【适用作物或场所】十字花科蔬菜、棉花、苹果、柑橘、烟草、茶树、小麦等作物，以及用作卫生杀虫（室内、室外）。

【防治对象】蚜虫，菜青虫、棉铃虫、烟青虫、桃小食心虫、梨小食心虫、茶尺蠖、小菜蛾等鳞翅目害虫，以及蚊、蝇、蜚蠊等卫生害虫。

【使用方法】大田作物主要为喷雾处理；作为卫生杀虫剂时施药方式多样，有滞留喷洒、涂抹、投放等。

棉花蚜虫	在蚜虫发生始盛期施药，使用 25 克/升溴氰菊酯乳油 8～12 毫升/亩，兑水对植株叶片正反面均匀喷雾。在棉花上安全间隔期 28 天，每季最多使用 3 次。
甘蓝菜青虫	在卵孵盛期至低龄幼虫高峰期用药，使用 25 克/升溴氰菊酯乳油 30～50 毫升/亩，兑水对叶片正反面均匀喷雾。在甘蓝上安全间隔期 5 天，每季最多使用 2 次。
棉花棉铃虫	在卵孵盛期至低龄幼虫钻蛀前，使用 25 克/升溴氰菊酯乳油 40～50 毫升/亩，兑水对棉花均匀喷雾。在棉花上安全间隔期 28 天，每季最多使用 3 次。
烟草烟青虫	在卵孵盛期至低龄幼虫高峰期用药，使用 25 克/升溴氰菊酯乳油 20～30 毫升/亩，兑水对植株均匀喷雾。在烟草上安全间隔期 15 天，每季最多使用 3 次。
苹果树桃小食心虫	在卵孵盛期至低龄幼虫钻蛀前，使用 25 克/升溴氰菊酯乳油 1 500～2 000 倍液，兑水对果树均匀喷雾。在苹果树上安全间隔期 5 天，每季最多使用 3 次。
蚊、蝇、蜚蠊	使用 2.5% 溴氰菊酯悬浮剂 0.2～0.8 克/米^2，在蚊、蝇、蜚蠊、臭虫等经常停息、聚集或藏匿的地方全面喷洒，若隐蔽处不易直接喷洒到，也可喷洒其周围区域，喷洒后不要擦洗。

4. 注意事项

对蜜蜂、鱼类等水生生物、家蚕有毒，施药期间应避免对周围蜂群的影响，开花植物花期、蚕室和桑园附近禁用。远离水产养殖区施药，禁止在河塘等水体中清洗施药器具。

氰戊菊酯

Fenvalerate

1. 作用特点

氰戊菊酯属于拟除虫菊酯类中毒杀虫剂，作用机制与其他拟除虫菊酯类杀虫剂类似，具有触杀和胃毒作用，无内吸和熏蒸作用。杀虫谱广，对鳞翅目、半翅目、直翅目害虫有较好的防治效果，但对螨类基本无效。

2. 主要产品

【单剂】乳油：20%、25%、40%；水乳剂：20%、30%；粉剂：0.9%。

【混剂】阿维·氰戊、氰·鱼藤、氰戊·倍硫磷、氰戊·吡虫啉、氰戊·丙溴磷、氰戊·敌百虫、氰戊·敌敌畏、氰戊·喹硫磷、氰戊·马拉松、氰戊·杀螟松、氰戊·辛硫磷等。

3. 应用

【适用作物】棉花、蔬菜、果树、烟草、大豆、小麦等作物。

【防治对象】蚜虫、棉铃虫、菜青虫、红铃虫、潜叶蛾、食心虫、黏虫、豆荚螟、甘蓝夜蛾以及白蚁、蜚蠊等害虫。

【使用方法】大田作物主要为喷雾处理；防治白蚁时有木材喷洒、土壤处理等施药方式。

棉花蚜虫	在蚜虫发生始盛期施药，使用 20% 氰戊菊酯乳油 20～40 毫升/亩，兑水对植株均匀喷雾。在棉花上安全间隔期 7 天，每季最多使用 3 次。
棉花红铃虫、棉铃虫	在卵孵盛期至低龄幼虫高峰期用药，使用 20% 氰戊菊酯乳油 25～50 毫升/亩防治红铃虫，使用 20% 氰戊菊酯乳油 40～50 毫升/亩防治棉铃虫，兑水均匀喷雾，在棉花上安全间隔期 7 天，每季最多使用 3 次。
甘蓝菜青虫	在卵孵盛期至低龄幼虫高峰期用药，使用 20% 氰戊菊酯乳油 12.5～25 毫升/亩，兑水均匀喷雾。在甘蓝上安全间隔期夏季为 5 天，冬季为 12 天，每季最多使用 3 次。
柑橘树柑橘潜叶蛾	在柑橘新梢放梢初期用药，使用 20% 氰戊菊酯乳油 10 000～20 000 倍液均匀喷雾。在柑橘树上安全间隔期 20 天，每季最多使用 3 次。
桃树梨小食心虫	在卵孵盛期至低龄幼虫高峰期用药，使用 20% 氰戊菊酯乳油 2 000～4 000 倍液均匀喷雾。在桃树上安全间隔期 14 天，每季最多使用 3 次。
烟草烟青虫	在卵孵盛期至低龄幼虫高峰期用药，使用 20% 氰戊菊酯乳油 3.6～5 毫升/亩，兑水均匀喷雾使用，在烟草上安全间隔期 21 天，每季最多使用 3 次。
白蚁	在白蚁发生期施药，使用 20% 氰戊菊酯乳油 40～80 倍液在木材表面均匀喷洒或用药液浸泡木材；土壤中的白蚁使用 20% 氰戊菊酯乳油 40～80 倍液在蚁穴或白蚁活动区域进行土壤处理。

4. 注意事项

（1）氰戊菊酯属于限制使用农药，禁止在茶树上使用。

（2）对蜜蜂、家蚕、鱼虾等毒性高，施药时应远离水产养殖区、河塘等水体，周围开花植物花期禁用，蚕室及桑园附近禁用，赤眼蜂等天敌放飞区禁用。

胺 菊 酯
Tetramethrin

1. 作用特点

胺菊酯属于拟除虫菊酯类低毒杀虫剂，作用机制与其他拟除虫菊酯类杀虫剂类似。具有触杀作用，主要用于防治卫生害虫，对蚊、蝇等卫生害虫具有快速击倒效果，但致死性一般，害虫有复苏现象，因此常与其他杀虫剂混配使用。对蜚蠊具有一定的驱避作用。

2. 主要产品

【单剂】在我国暂无单剂产品登记使用。

【混剂】胺·氯菊、苯醚·胺菊酯、苯氰·右胺菊、高氯·胺菊、氯氰·胺菊等。

3. 应用

【适用作物或场所】室内或室外卫生害虫滋生场所。

【防治对象】蚊、蝇、蜚蠊、蚂蚁、跳蚤、尘螨、臭虫等卫生害虫。

【使用方法】主要为喷雾处理，还有喷射、滞留喷洒、撒布等施药方式。

蚊、蝇、蜚蠊	使用胺菊酯气雾混剂直接对准蚊、蝇、蜚蠊或在其活动区域适量喷雾，喷后勿抹去药液。使用后人、畜立即离开房间，关闭门窗，20 分钟后打开门窗，充分通风后方可再次进入房间。

4. 注意事项

在一个房间内请勿同时使用多种气雾剂，使用前请移走或覆盖暴露在外的食物并关闭火源，避免近火使用。

仲 丁 威
Fenobucarb

1. 作用特点

仲丁威属于氨基甲酸酯类中毒杀虫剂，作用机制为抑制昆虫体内的乙酰胆碱酯酶，使传导昆虫神经冲动的乙酰胆碱无法水解，在突触处大量积累，干扰正常神经传导，使害虫中毒死亡。具有强烈的触杀作用，并具有一定的胃毒、熏蒸和杀卵作用。对飞虱、叶蝉等害虫有特效，速效性好，但持效期较短。

2. 主要产品

【单剂】乳油：20%、25%、50%、80%；微乳剂：20%；水乳剂：20%。

【混剂】吡虫·仲丁威、阿维·仲丁威、仲威·毒死蜱、仲丁·吡蚜酮、吡蚜·仲丁威、噻嗪·仲丁威、甲维·仲丁威、溴氰·仲丁威、乐果·仲丁威、稻丰·

仲丁威、敌百·仲丁威、敌畏·仲丁威、氯氰·仲丁威、高氯·仲丁威、唑磷·仲丁威、丁硫·仲丁威、啶虫·仲丁威、辛硫·仲丁威等。

3. 应用

【适用作物】主要为水稻。

【防治对象】对飞虱、叶蝉等半翅目害虫具有较好的防治效果，对二化螟、稻纵卷叶螟、菜青虫等鳞翅目害虫也有一定防治效果。

【使用方法】喷雾。

水稻稻飞虱	在低龄若虫始盛期，使用 20％仲丁威乳油 150～200 毫升/亩，兑水喷雾施药，重点喷施植株中下部。在水稻上安全间隔期 21 天，每季最多使用 4 次。
水稻叶蝉	在叶蝉卵孵盛期或若虫高峰期，使用 25％仲丁威乳油 150～200 毫升/亩，每亩兑水 50～70 千克喷雾。

4. 注意事项

（1）水稻田施药前后 10 天避免使用敌稗，以免发生药害。

（2）对家蚕有毒，使用时应特别注意。蚕室与桑园附近禁用。蜜源作物花期禁用，施药期间应密切注意对附近蜂群的影响。对鱼类等水生生物有毒，远离水产养殖区施药，禁止在河塘等水域中清洗施药器具。

（3）使用时用水稀释后均匀喷洒，不可用毒土法施药。

异 丙 威

Isoprocarb

1. 作用特点

异丙威属氨基甲酸酯类中毒杀虫剂，作用机制为抑制昆虫体内的乙酰胆碱酯酶，使传导昆虫神经冲动的乙酰胆碱无法水解，在突触处大量积累，干扰正常神经传导，使害虫中毒死亡。具有触杀、胃毒和熏蒸作用，击倒力强，速效，但持效期较短。

2. 主要产品

【单剂】乳油：20％；粉剂：2％、4％；烟剂：10％、15％、20％；可湿性粉剂：40％；悬浮剂：20％、30％。

【混剂】吡蚜·异丙威、吡虫·异丙威、噻嗪·异丙威、噻虫·异丙威、哒螨·异丙威、烯啶·异丙威、呋虫·异丙威、氟啶·异丙威、马拉·异丙威、异威·矿物油、丙威·毒死蜱等。

3. 应用

【适用作物】常应用于水稻、黄瓜等。

【防治对象】对稻飞虱、叶蝉、白粉虱有良好的防治效果。

【使用方法】喷雾、点燃放烟。

水稻稻飞虱	在若虫高峰期，使用 20％异丙威乳油 150～200 毫升/亩，兑水喷雾施药，重点喷施植株中下部。在水稻上的安全间隔期为 30 天，每季最多使用 2 次。
水稻叶蝉	在若虫高峰期，使用 20％异丙威乳油 150～200 毫升/亩，兑水喷雾，施药时田间保持浅水层 2～3 天，视虫害发生情况，每 5 天左右施药 1 次，可连续施药 2 次。
黄瓜白粉虱	在害虫发生始盛期，于傍晚施药，均匀布置烟点，闭棚点燃烟剂，从里到外依次点燃成烟即可。6 小时后打开门窗通风，放风后方可进棚操作。20％异丙威烟剂用药量为 200～300 克/亩。在黄瓜上的安全间隔期为 3 天，每季最多使用 1 次。

4. 注意事项

（1）对鱼类和蜜蜂毒性较高，避免污染。清洗药衣、药械等注意不要污染水源和水系，不要污染食物和饲料。

（2）对蜜蜂、家蚕有毒，施药期间应避免对周围蜂群的影响，开花植物花期、蚕室和桑园附近禁用。

（3）对薯类有药害，不宜在薯类作物上使用。

（4）库房必须备足干粉灭火器及沙土用于消防。万一着火用沙土、泡沫、干粉扑救，用水灭火无效。

残 杀 威

Propoxur

1. 作用特点

残杀威为氨基甲酸酯类中毒杀虫剂，主要抑制昆虫乙酰胆碱酯酶活性。具有触杀、胃毒和熏蒸作用，无内吸作用，速效，持效期长。

2. 主要产品

【单剂】饵剂：1.5％；乳油：20％；微乳剂：10％；可湿性粉剂：8％。

【混剂】无。

3. 应用

【适用作物或场所】桑树，室内或室外卫生害虫滋生场所。

【防治对象】桑象虫和蝇、蜚蠊等卫生害虫。

【使用方法】投放、喷粉、喷雾。

蝇	在使用时将 1.5％残杀威饵剂 1～2 克/米² 分点均匀投放或投放在苍蝇栖息及出没处，可引诱苍蝇取食，将其陆续杀死。
蜚蠊	将 20％残杀威乳油按 0.25 克/米² 稀释 100 倍后，滞留喷洒于蜚蠊经常出入停留的地方。饵剂使用方法同蝇。

| 桑树桑象虫 | 在成虫盛发期，使用8%残杀威可湿性粉剂1 000～1 500倍液喷雾防治。每季最多使用1次，安全间隔期7天，用药7天后才可摘桑叶喂蚕。 |

4. 注意事项

对鱼等水生动物、蜜蜂、蚕有毒，使用时注意不可污染鱼塘等水域及饲养蜂、蚕的场地。蜜源作物花期、蚕室内及其附近禁用。周围开花植物花期禁用。赤眼蜂等天敌放飞区禁用。

吡 虫 啉

Imidacloprid

1. 作用特点

吡虫啉属新烟碱类低毒杀虫剂，作用于烟碱乙酰胆碱受体，干扰害虫运动神经系统，使化学信号传递失灵。具有触杀、胃毒、内吸作用，根部内吸传导效果优异。害虫接触药剂后，中枢神经正常传导受阻，使其麻痹死亡。速效性好，药后1天即有较高的防效，持效期长达25天左右。药效和温度呈正相关，温度高，杀虫效果好。

2. 主要产品

【单剂】乳油5%、10%、20%；可湿性粉剂：25%、50%、70%；水分散粒剂：40%、65%、70%；悬浮剂：350克/升、480克/升、600克/升；悬浮种衣剂：600克/升、1%、30%；可溶液剂：5%、18.3%、20%、100克/升、200克/升；种子处理可分散粉剂：70%。

【混剂】阿维·吡虫啉、氯氟·吡虫啉、吡虫·杀虫单、哒螨·吡虫啉、吡虫·噻嗪酮、高氯·吡虫啉、吡虫·辛硫磷、吡虫·异丙威、吡虫·毒死蜱、马拉·吡虫啉、戊唑·吡虫啉、吡虫·三唑磷、苏云·吡虫啉、敌畏·吡虫啉、联苯·吡虫啉等。

3. 应用

【适用作物】水稻、玉米、小麦等禾谷类作物，甘蓝、萝卜等十字花科蔬菜，苹果、桃、梨、柑橘等果树及其他经济作物。

【防治对象】对半翅目害虫效果明显，对部分鞘翅目、双翅目和鳞翅目害虫也有效。可有效防治飞虱、蚜虫、粉虱、叶蝉及蓟马等害虫，还可用于防治金针虫等地下害虫及鞘翅目害虫如稻水象甲、马铃薯甲虫等，但对线虫和红蜘蛛无效。

【使用方法】喷雾、种子处理。

| 水稻稻飞虱 | 在水稻分蘖期到拔节期平均每丛有虫0.5～1头；孕穗、抽穗期（主害代）每丛有虫10头；灌浆乳熟期每丛有虫10～15头；蜡熟期每丛有虫15～20头时用药防治。使用10%吡虫啉可湿性粉剂15～20克/亩兑水喷雾，对水稻蚜虫也有很好的兼治作用。喷药时务必将药液喷到稻丛中、下部，田间保持3～5厘米水层3～5天。在水稻上安全间隔期为14天，每季最多使用2次。 |

水稻蓟马	在水稻播种前，将600克/升吡虫啉悬浮种衣剂以药种比（1∶500）～（1∶250）与水稀释成拌种液，与种子充分拌匀，晾干后播种。
小麦蚜虫	在小麦蚜虫发生初盛期，使用10%吡虫啉可湿性粉剂40～70克/亩兑水均匀喷雾。在小麦上安全间隔期为20天，每季最多使用2次。
棉花蚜虫	用70%吡虫啉种子处理可分散粉剂处理种子，100千克棉种用量为400～600克，加水1.5～2升，将药剂调成糊状后进行拌种，晾干后播种。
烟草蚜虫	烟草蚜虫盛发初期，使用70%吡虫啉水分散粒剂2～4克/亩兑水均匀喷雾。在烟草上安全间隔期为14天，每季最多使用3次。
冬枣树盲蝽	于盲蝽发生始盛期，使用70%吡虫啉水分散粒7 500～10 000倍液均匀喷雾。在冬枣上安全间隔期为28天，每季最多使用2次。
柑橘树柑橘潜叶蛾	重点是保护秋梢，在潜叶蛾危害初期，使用10%吡虫啉乳油1 000～2 000倍液喷雾，通常喷药1～2次，间隔10～15天。在柑橘树上安全间隔期为14天，每季最多使用2次。
苹果树苹果黄蚜	在虫口上升时用药，用5%吡虫啉可溶液剂2 000～4 000倍液喷雾。在苹果树上安全间隔期为14天，每季最多使用2次。
梨树梨木虱	春季越冬成虫出蛰而又未大量产卵和第一代若虫孵化期防治，使用5%吡虫啉可溶液剂2 500～3 333倍液喷雾。在梨树上安全间隔期为14天，每季最多使用2次。
番茄白粉虱	在若虫虫口上升时喷药，用200克/升吡虫啉可溶液剂15～20毫升/亩兑水喷雾。在番茄上安全间隔期为3天，每季最多使用2次。
玉米、花生、马铃薯等作物蛴螬	使用600克/升吡虫啉悬浮种衣剂进行种子包衣防治蛴螬，每100千克种子用量为玉米蛴螬200～600毫升、花生蛴螬200～400毫升，每100千克种薯用量为马铃薯蛴螬40～50毫升。根据种子量确定制剂用药量，加适量清水，混合均匀调成浆状药液，倒在种子上充分搅拌，待均匀着药后，摊开于通风阴凉处晾干。

4. 注意事项

（1）对蜜蜂、家蚕有毒，花期蜜源作物周围禁用，施药期间应密切注意对附近蜂群的影响，蚕室及桑园附近禁用。对鱼类等水生生物有毒，养鱼稻田禁用，施药后的田水不得直接排入河塘等水域；远离水产养殖区施药，禁止在河塘等水域内清洗施药器具。

（2）褐飞虱危害为主的水稻田，不建议使用吡虫啉。

噻虫啉

Thiacloprid

1. 作用特点

噻虫啉属新烟碱类中毒杀虫剂，通过干扰昆虫神经系统正常传导，使昆虫全身痉挛、麻痹而死。具有较强的内吸、触杀和胃毒作用，既可以用于茎叶处理，也可以进行种子处理。速效性好、活性高、持效期长，是防治刺吸式口器害虫的高效药剂之一。土壤半衰期短，对环境安全。

2. 主要产品

【单剂】悬浮剂：40％、48％；微囊悬浮剂：2％、3％；可湿性粉剂：25％；水分散粒剂：25％、36％、50％；可分散油悬浮剂：21％；微囊粉剂：1％、2％。

【混剂】氟啶·噻虫啉、联苯·噻虫啉、氯氟·噻虫啉、螺虫·噻虫啉、溴氰·噻虫啉、吡蚜·噻虫啉、丁醚·噻虫啉等。

3. 应用

【适用作物】林木、甘蓝、水稻、黄瓜、花生等。

【防治对象】对刺吸式口器害虫有优异的防效，如蚜虫、稻飞虱等。

【使用方法】喷雾。

甘蓝蚜虫	在蚜虫发生始盛期，使用50％噻虫啉水分散粒剂10～14克/亩，兑水均匀喷雾。在甘蓝上安全间隔期为7天，每季最多使用3次。
杨树天牛	在天牛羽化盛期用药，使用1％噻虫啉微囊粉剂200～300克/亩，拌滑石粉喷粉，用粉量6 000克/公顷。
水稻稻飞虱	在稻飞虱发生始盛期，使用50％噻虫啉水分散粒剂10～14克/亩，兑水均匀喷雾，视虫情必要时进行第二次施药，间隔7～10天用药1次。在水稻上安全间隔期为28天，每季最多使用2次。
黄瓜蚜虫	在蚜虫发生始盛期，使用36％噻虫啉水分散粒剂9～19克/亩，兑水均匀喷雾。在黄瓜上安全间隔期为2天，每季最多使用2次。
花生蛴螬	于蛴螬发生期施药，使用48％噻虫啉悬浮剂55～70克/亩，兑水灌根。在花生上安全间隔期为20天，每季最多使用2次。

4. 注意事项

（1）对家蚕高毒，在蚕室及桑园附近禁止使用，使用时要注意对蜜蜂和鸟类的影响。

（2）对鱼和水生生物有毒，勿将药剂及废液弃于池塘、河流、湖泊中，不能在河塘等水域及水产养殖区和养鱼的水稻田中施用，施药后的田水不得直接排入水体。赤眼蜂及天敌放飞区域禁用。作物开花期禁用。

噻虫胺
Clothianidin

1. 作用特点

噻虫胺属新烟碱类低毒杀虫剂。其作用机理是结合位于神经后突触的烟碱乙酰胆碱受体，广谱、高效、渗透性好，具有内吸、触杀和胃毒作用，持效期长。对半翅目、鞘翅目、双翅目和部分鳞翅目害虫均有效。

2. 主要产品

【单剂】悬浮剂：10%、20%、30%；颗粒剂：0.1%、0.5%、1%、5%；水分散粒剂：50%、75%；可湿性粉剂：5%；种子处理悬浮剂：8%、10%、18%、48%。

【混剂】氯氟·噻虫胺、联苯·噻虫胺、灭蝇·噻虫胺、氟啶虫酰胺·噻虫胺、吡蚜·噻虫胺、咯菌腈·噻虫胺·噻呋、氯虫·噻虫胺、杀单·噻虫胺、螺虫乙酯·噻虫胺、吡唑醚菌酯·噻虫胺、虫螨腈·噻虫胺、氟氯氰菊酯·噻虫胺、精甲霜·噻虫胺·噻呋、咯菌·噻虫胺等。

3. 应用

【适用作物】水稻、小麦、玉米、马铃薯、花生、甘蔗、韭菜、兰花和观赏月季等。

【防治对象】可有效防治半翅目、鞘翅目等害虫，如稻飞虱、蚜虫、蓟马、小地老虎、金针虫及蛴螬等。

【使用方法】喷雾、撒施、灌根、种子包衣、拌种。

水稻稻飞虱	稻飞虱卵孵盛期或低龄若虫盛发期，使用30%噻虫胺悬浮剂15～25毫升/亩，兑水均匀喷雾。在水稻上安全间隔期为21天，每季最多使用1次。
水稻蓟马	浸种催芽后，每100千克种子使用18%噻虫胺种子处理悬浮剂500～900毫升，加少量水稀释（每千克水稻种子药液量以20毫升为宜），与浸种、催芽露白的种子充分搅拌均匀，使药剂均匀附着在稻种表面，再摊晾25分钟左右播种。
马铃薯蛴螬	蛴螬发生期，用48%噻虫胺种子处理悬浮剂拌种薯，每100千克种薯用60～80毫升药剂，用适量水将产品稀释为药浆，然后将药浆与种子充分搅拌，直到药液均匀分布到种子表面，晾干后即可，每季作物最多使用1次。
韭菜韭蛆	韭蛆初盛期，使用10%噻虫胺悬浮剂225～250毫升/亩，兑水进行灌根。在韭菜上的安全间隔期为14天，每季最多使用1次。
甘蔗蔗龟	于蔗龟发生期，每亩使用0.5%噻虫胺颗粒剂2 000～3 000克，拌土均匀撒于播种沟内，施药后覆土。每个作物周期最多使用1次。

小麦蚜虫	于小麦蚜虫始盛期，使用20％噻虫胺悬浮剂8～16毫升/亩，兑水均匀喷雾。在小麦上安全间隔期为21天，每季最多使用2次。

4. 注意事项

（1）鸟类保护区附近禁用。对蜜蜂高毒，开花植物花期禁用，使用时应密切关注对附近蜂群的影响。勿将废液弃于池塘、河溪、湖泊等，以免污染水源。禁止在河塘等水域清洗施药器具。

（2）处理过的种子必须放置在有明显标签的容器内。勿与食物、饲料放在一起，不得饲喂禽畜，更不得用来加工饲料或食品。

（3）播种后必须覆土，严禁畜禽进入。

噻 虫 嗪

Thiamethoxam

1. 作用特点

噻虫嗪属新烟碱类低毒杀虫剂，可选择性地抑制昆虫神经系统烟酸乙酰胆碱酯酶受体，进而阻断昆虫中枢神经系统的正常传导，造成害虫出现麻痹而死亡。具有良好的胃毒、触杀活性，强内吸传导性和渗透性，活性高、安全性好、杀虫谱广、作用速度快、持效期长，对刺吸式口器害虫有良好的防效。

2. 主要产品

【单剂】可湿性粉剂：15％、25％、30％；水分散粒剂：25％、70％；悬浮剂：21％、24％、30％；颗粒剂：0.12％、1％、2％；种子处理悬浮剂：30％；悬浮种衣剂：10％、29％、35％、40％、48％；种子处理可分散粉剂：70％。

【混剂】阿维·噻虫嗪、氟啶·噻虫嗪、戊唑·噻虫嗪、氯虫·噻虫嗪、联苯·噻虫嗪、氟环菌·嘧菌酯·噻虫嗪、丁硫·噻虫嗪、溴氰·噻虫嗪、螺虫·噻虫嗪、吡唑酯·噻虫嗪、中生素、氟酰胺·嘧菌酯·噻虫嗪、吡丙·噻虫嗪、嘧·咪·噻虫嗪、噻虫嗪·虱螨脲、呋虫·噻虫嗪、杀单·噻虫嗪、咯菌腈·咪鲜胺·噻虫嗪等。

3. 应用

【适用作物】番茄、辣椒、茄子、大豆、玉米、水稻、茶树、柑橘等。

【防治对象】可有效防治鞘翅目、缨翅目害虫，对半翅目害虫高效。如蚜虫、茶小绿叶蝉、白粉虱、飞虱、蛴螬、黄条跳甲等。

【使用方法】土壤灌根、叶面喷雾、种子包衣。

柑橘树介壳虫	介壳虫发生初期，使用25％噻虫嗪水分散粒剂4 000～5 000倍液均匀喷雾。在柑橘上安全间隔期为14天，每季最多使用3次。
番茄、辣椒、茄子白粉虱	于白粉虱发生初期，使用25％噻虫嗪水分散粒剂2 000～4 000倍液，对植株均匀喷雾。在番茄、辣椒、茄子上安全间隔期为3天，每季最多使用2次。

水稻稻飞虱	在若虫发生初盛期，使用 25％噻虫嗪水分散粒剂 2～4 克/亩，兑水均匀喷雾。在水稻上安全间隔期 28 天，每季最多使用 2 次。
茶树茶小绿叶蝉	在茶小绿叶蝉发生初盛期，使用 25％噻虫嗪水分散粒剂 4～6 克/亩，兑水均匀喷雾。在茶树上安全间隔期 5 天，每季最多使用 2 次。
苹果树蚜虫	在蚜虫始盛期，使用 21％噻虫嗪悬浮剂 4 375～7 000 倍液，均匀喷雾。在苹果上安全间隔期 14 天，每季最多使用 2 次。
观赏玫瑰蓟马	在蓟马若虫盛发初期，使用 25％噻虫嗪水分散粒剂 15～20 克/亩兑水喷雾。
玉米灰飞虱	玉米播种前，按 100 千克玉米种子使用 40％噻虫嗪悬浮种衣剂 240～480 克，将制剂按 1∶1 兑水稀释，将稀释液与种子按 1∶（41.6～83.4）的比例混匀，待种子均匀着药后，摊开晾于通风阴凉处，晾干后即可播种。
小麦蚜虫	每 100 千克种子使用 30％噻虫嗪悬浮种衣剂 400～533 克进行种子包衣，药剂加适量清水溶解，一般每千克小麦种子加药液量 10～20 毫升，与种子充分搅拌，待均匀着药后，摊开晾于通风阴凉处，晾干后即可播种。
油菜黄条跳甲	每 100 千克种子使用 40％噻虫嗪悬浮种衣剂 280～350 克进行种子包衣，将制剂按 1∶1 兑水，充分混匀后，将稀释液与种子按 1∶（57～71.4）的比例混匀，待均匀着药后，摊开晾于通风阴凉处，晾干后即可播种。

4. 注意事项

对蜜蜂、家蚕有毒，禁止在开花植物花期、桑园、蚕室等场所及其周围使用，以免对蜜蜂、家蚕等有益生物产生危害。远离水产养殖区施药，禁止在河塘等水域中清洗施药器具。药液及其废液不得污染各类水域、土壤等环境。

氯 噻 啉

Imidaclothiz

1. 作用特点

氯噻啉属新烟碱类低毒杀虫剂，其作用机理是作用于烟酸乙酰胆碱酯酶受体，进而阻断昆虫中枢神经系统的正常传导，使其出现麻痹而死亡。杀虫谱广，有较强的触杀和内吸活性，可以用于防治多种作物上的蚜虫、叶蝉、蓟马、粉虱、飞虱等刺吸式口器害虫。

2. 主要产品

【单剂】可湿性粉剂：10％；水分散粒剂：40％；可分散油悬浮剂：20％。

【混剂】无。

3. 应用

【适用作物】水稻、小麦、番茄、烟草、甘蓝、柑橘、茶树等。

【防治对象】蚜虫、稻飞虱、白粉虱、茶小绿叶蝉等。

【使用方法】喷雾。

水稻稻飞虱	在低龄若虫高峰期施药，使用40%氯噻啉水分散粒剂4～5克/亩，兑水喷雾。在水稻上安全间隔期45天，每季最多使用1次。
烟草蚜虫	在低龄若虫高峰期施药，使用40%氯噻啉水分散粒剂4～5克/亩，兑水喷雾。在烟草上安全间隔期14天，每季最多使用3次。
小麦蚜虫	在小麦蚜虫发生始盛期施药，使用20%氯噻啉可分散油悬浮剂15～25毫升/亩，兑水均匀喷雾。在小麦上安全间隔期14天，每季最多使用1次。
茶树茶小绿叶蝉	在低龄若虫高峰期施药，使用10%氯噻啉可湿性粉剂20～30克/亩，兑水均匀喷雾。在茶树上安全间隔期5天，每季最多使用2次。
番茄白粉虱	在低龄若虫高峰期施药，使用10%氯噻啉可湿性粉剂15～30克/亩，兑水均匀喷雾。在番茄上安全间隔期7天，每季最多使用2次。
柑橘树蚜虫	在低龄若虫高峰期，用10%氯噻啉可湿性粉剂4 000～5 000倍液，整株均匀喷雾。在柑橘树上安全间隔期14天，每季最多使用3次。

4. 注意事项

对蜜蜂、家蚕有毒，施药时避开作物开花期，蚕室与桑园附近禁用。水产养殖区、河塘等水体附近禁用，禁止在河塘等水域清洗施药器具。禁止在赤眼蜂等天敌放飞区域施用。

烯啶虫胺

Nitenpyram

1. 作用特点

烯啶虫胺为新烟碱类低毒杀虫剂，主要作用于昆虫神经系统，对突触受体具有神经阻断作用，在自发放电后扩大隔膜位差，并使突触隔膜刺激下降，结果导致神经轴突触隔膜电位通道刺激消失，致使害虫麻痹死亡。具有触杀和胃毒作用，并具有很好的内吸活性和渗透作用，高效、低毒、持效期长、对作物安全。对各种蚜虫、稻飞虱、茶小绿叶蝉有优异防效。

2. 主要产品

【单剂】可湿性粉剂：20%、50%、60%；水分散粒剂：20%、30%、50%；水剂：5%、10%、20%；可溶液剂：10%、20%、30%；可溶粒剂：50%；可溶粉剂：50%；超低容量液剂：5%。

【混剂】氟啶虫酰胺·烯啶虫胺、烯啶·吡蚜酮、烯啶·呋虫胺、阿维·烯啶、烯啶·噻嗪酮、烯啶·噻虫嗪、烯啶·联苯。

3. 应用

【适用作物】水稻、甘蓝、柑橘和茶树等。

【防治对象】蚜虫、飞虱、叶蝉。

【使用方法】喷雾。

水稻稻飞虱	在稻飞虱始盛期施药，使用 10％烯啶虫胺水剂 20～40 毫升/亩，兑水均匀喷雾。在水稻上安全间隔期为 14 天，每季最多使用 2 次。
甘蓝蚜虫	在蚜虫发生始盛期施药，使用 50％烯啶虫胺水分散粒剂 2～4 克/亩，兑水均匀喷雾。在甘蓝上安全间隔期为 7 天，每季最多使用 2 次。
棉花蚜虫	在蚜虫发生始盛期施药，使用 10％烯啶虫胺水剂 10～20 毫升/亩，兑水均匀喷雾。在棉花上安全间隔期为 21 天，每季最多使用 2 次。
茶树茶小绿叶蝉	在若虫发生始盛期施药，使用 50％烯啶虫胺可溶粒剂16 667～25 000 倍液均匀喷雾。在茶树上安全间隔期为 3 天，每季最多使用 1 次。

4. 注意事项

对蜜蜂、鱼等水生生物、家蚕有毒，施药期间应避免对周围蜂群的影响，禁止在开花植物花期、蚕室和桑园附近使用。赤眼蜂等天敌放飞区禁用。

呋 虫 胺

Dinotefuran

1. 作用特点

呋虫胺是含有四氢呋喃环的新烟碱类微毒杀虫剂，为烟碱乙酰胆碱受体激动剂，使昆虫异常兴奋、全身痉挛、麻痹而死。具有触杀、胃毒作用，根部内吸性强、速效、持效期长达 4～8 周。杀虫谱广，主要用于防治小麦、水稻、棉花、蔬菜、果树、烟草等多种作物上的鞘翅目、双翅目、鳞翅目和半翅目害虫，并对蜚蠊（蟑螂）、蚂蚁、家蝇等卫生害虫高效。

2. 主要产品

【单剂】超低容量液剂：3％；水分散粒剂：20％、50％、65％、70％；可溶粒剂：0.06％、20％、40％；颗粒剂：0.05％、0.1％、0.4％、3％；可湿性粉剂：25％、50％；悬浮剂：20％、30％；微乳剂：10％；干拌种剂：10％；种子处理可分散粉剂：70％；展膜油剂：4％；可分散油悬浮剂：25％；可溶液剂：35％；饵剂：0.05％、0.1％、0.15％、0.2％、0.5％。

【混剂】吡蚜·呋虫胺、阿维·呋虫胺、烯啶·呋虫胺、呋虫胺·杀虫单、氯氟·呋虫胺、吡丙·呋虫胺、螺虫·呋虫胺、联苯·呋虫胺、噻呋·呋虫胺、呋虫胺·氯虫苯甲酰胺、丁醚脲·呋虫胺、呋虫胺·唑虫酰胺、呋虫胺·灭蝇胺、呋虫胺·溴氰菊酯、呋虫胺·氟啶虫酰胺、噻嗪·呋虫胺等。

3. 应用

【适用作物或场所】水稻、黄瓜等，蝇或蜚蠊滋生场所。

【防治对象】蚜虫、稻飞虱、茶小绿叶蝉、蝇、蜚蠊等。

【使用方法】喷雾、投饵。

水稻稻飞虱	于稻飞虱卵孵化盛期至低龄若虫高峰期，使用20％呋虫胺可溶粒剂30～40克/亩，兑水喷雾。在水稻上安全间隔期为21天，每季最多使用3次。
水稻二化螟	于二化螟卵孵高峰期至低龄幼虫期，使用20％呋虫胺水分散粒剂30～37克/亩兑水喷雾。
茶树茶小绿叶蝉	于发生初期或低龄若虫始发盛期，使用20％呋虫胺可溶粒剂30～40克/亩，兑水均匀喷雾。在茶树上安全间隔7天，每季最多使用1次。
黄瓜白粉虱（保护地）	于白粉虱低龄若虫高峰期，使用20％呋虫胺可溶粒剂30～50克/亩，兑水均匀喷雾。在黄瓜上安全间隔期3天，每季最多使用2次。
黄瓜蓟马（保护地）	于蓟马发生初期，使用20％呋虫胺可溶粒剂20～40克/亩，兑水均匀喷雾。在黄瓜上安全间隔期3天，每季最多使用2次。
蝇	将0.5％呋虫胺饵剂直接投放在蝇喜欢活动或栖息的场所。根据蝇的密度适当增减用药量；在食品加工场所使用时需配合饵站使用。
蜚蠊	将0.5％呋虫胺饵剂饱和投放于蜚蠊活动和危害场所。药要施在角落、缝隙等人不易接触的位置。

4. 注意事项

对蜜蜂和虾等水生生物有毒。施药期间应避免对周围蜂群的影响，开花植物花期及花期前7天禁用。远离水产养殖区、河塘等水体附近施药，禁止在河塘等水体中清洗施药器具。对家蚕有毒，蚕室和桑园附近禁用，赤眼蜂等天敌放飞区禁用，虾蟹套养稻田禁用。施药后的田水不得直接排入水体。在土壤渗透性好或地下水位较浅的地方慎用。

啶虫脒

Acetamiprid

1. 作用特点

啶虫脒属新烟碱类中毒杀虫剂，主要作用于昆虫神经结合部后膜，通过与乙酰胆碱受体结合使昆虫异常兴奋，全身痉挛、麻痹而死。具有触杀、胃毒作用，较强的内吸性和渗透性，用量少、速效、活性高、持效期长。杀虫谱广，能有效防治对有机磷类、氨基甲酸酯类及拟除虫菊酯类杀虫剂产生抗性的害虫，尤其适合刺吸式害虫的防治。

2. 主要产品

【单剂】乳油：5％、10％、25％；可湿性粉剂：5％、20％、70％；水分散粒剂：36％、40％、50％、70％；可溶粉剂：20％、40％；微乳剂：3％、10％；可溶液剂：20％、40％；水乳剂：10％。

【混剂】氯氟·啶虫脒、阿维·啶虫脒、杀虫·啶虫脒、丁硫·啶虫脒、联菊·啶虫脒、高氯·啶虫脒、氟啶·啶虫脒、啶虫脒·氟啶虫酰胺、啶虫脒·联苯菊酯、氯氰·啶虫脒、氰虫·啶虫脒、甲维·啶虫脒、杀螟·啶虫脒、顺氯·啶虫脒、虫螨腈·啶虫脒等。

3. 应用

【适用作物】水稻、甘蓝、黄瓜、萝卜、豇豆、烟草、莲藕、苹果、茶树等。

【防治对象】主要用于防治半翅目害虫，如蚜虫、茶小绿叶蝉、粉虱等，鞘翅目害虫如黄条跳甲，缨翅目害虫如蓟马等。

【使用方法】喷雾。

莲藕莲缢管蚜	莲缢管蚜发生初期，使用5％啶虫脒乳油20～30毫升/亩，兑水均匀喷雾。在莲藕上安全间隔期为14天，每季最多使用1次。
苹果树蚜虫	蚜虫发生初盛期，使用5％啶虫脒乳油2 500～3 300倍液进行喷雾。在苹果上安全间隔期为30天，每季最多使用1次。
烟草蚜虫	蚜虫发生始盛期，使用5％啶虫脒乳油18～24毫升/亩，兑水均匀喷雾。在烟草上安全间隔期为15天，每季最多使用3次。
棉花蚜虫	蚜虫发生始盛期，使用70％啶虫脒水分散粒剂1.5～2.5克/亩，兑水均匀喷雾。在棉花上安全间隔期为21天，每季最多使用3次。
甘蓝蚜虫	蚜虫发生始盛期，使用40％啶虫脒水分散粒剂3～4克/亩，兑水均匀喷雾。在甘蓝上安全间隔期为7天，每季最多使用2次。
黄瓜蚜虫	蚜虫发生始盛期，使用5％啶虫脒乳油24～30毫升/亩，或20％啶虫脒可溶液剂6～10毫升/亩，兑水均匀喷雾。在黄瓜上安全间隔期为3天，每季最多使用2次。
萝卜黄条跳甲	在黄条跳甲发生初期，使用5％啶虫脒乳油60～120毫升/亩，兑水均匀喷雾。在萝卜上安全间隔期为21天，每季最多使用2次。
豇豆蓟马	低龄若虫始盛期，使用5％啶虫脒乳油30～40毫升/亩，兑水均匀喷雾。在豇豆上安全间隔期3天，每季最多使用1次。
茶树茶小绿叶蝉	茶小绿叶蝉发生初期，使用20％啶虫脒可溶液剂5～7.5毫升/亩，兑水均匀喷雾。在茶树上安全间隔期为5天，每季最多使用1次。
黄瓜白粉虱	白粉虱盛发期，使用10％啶虫脒可溶液剂10～13.5毫升/亩，兑水均匀喷雾。在黄瓜上安全间隔期为3天，每季最多使用1次。

4. 注意事项

对蜜蜂、家蚕有毒，花期开花植物周围禁用，施药期间应密切注意对附近蜂群的影响，蚕室及桑园附近禁用；对鱼类等水生生物有毒，远离水产养殖区施药，禁止在河塘等水域内清洗施药器具。

氟啶虫胺腈

Sulfoxaflor

1. 作用特点

氟啶虫胺腈属于砜亚胺类低毒新型杀虫剂，作用于烟碱类乙酰胆碱受体内独特的结合位点而发挥杀虫功能。具有胃毒作用，并具有良好的渗透及内吸作用，速效性好，持效期长。可用于防治多种作物上的刺吸式口器和咀嚼式口器害虫。

2. 主要产品

【单剂】悬浮剂：22%；水分散粒剂：50%。

【混剂】氟虫·乙多素、氟啶·毒死蜱等。

3. 应用

【适用作物】水稻、小麦、马铃薯、苹果、桃、柑橘、棉花、白菜等。

【防治对象】稻飞虱、蚜虫、盲蝽、烟粉虱等。

【使用方法】喷雾。

水稻稻飞虱	在虫口达到防治指标百丛 800~1 000 头且稻飞虱处于低龄若虫期时施药，使用 22%氟啶虫胺腈悬浮剂 15~20 毫升/亩，兑水均匀喷雾。在水稻上安全间隔期为 14 天，每季最多使用 1 次。
桃树蚜虫	在蚜虫发生始盛期，使用 22%氟啶虫胺腈悬浮剂 5 000~10 000 倍液均匀喷雾。在桃树上安全间隔期为 7 天，每季最多使用 2 次。
白菜蚜虫	在蚜虫发生始盛期，使用 22%氟啶虫胺腈悬浮剂 7.5~12.5 毫升/亩兑水均匀喷雾。在白菜上安全间隔期为 7 天，每季最多使用 2 次。
棉花盲蝽	在盲蝽低龄若虫期，使用 50%氟啶虫胺腈水分散粒剂 7~10 克/亩，兑水对棉花茎叶均匀喷雾施药 1~2 次，施药间隔 7 天。在棉花上安全间隔期为 14 天，每季最多使用 2 次。
棉花烟粉虱	在烟粉虱成虫始盛期或卵孵始盛期，使用 50%氟啶虫胺腈水分散粒剂 10~13 克/亩，兑水对棉花叶片背面均匀喷雾施药 2 次，施药间隔 7 天。在棉花上安全间隔期为 14 天，每季最多使用 2 次。
柑橘树矢尖蚧	在第一代矢尖蚧低龄若虫始盛期，用 22%氟啶虫胺腈悬浮剂 4 500~6 000 倍液，对叶片均匀喷雾。在柑橘树上安全间隔期为 14 天，每季最多使用 1 次。

4. 注意事项

（1）对蜜蜂、家蚕等有毒。施药期间应避免影响周围蜂群，禁止在蜜源植物花期、蚕室和桑园附近使用，施药期间应密切关注对附近蜂群的影响。赤眼蜂等天敌放飞区域禁用。

（2）开启包装物时应使用合适的安全防护用品。在空气流通区域操作，某些工序需要使用局部抽风装置。

环氧虫啶
Cycloxaprid

1. 作用特点

环氧虫啶为顺硝烯氧桥杂环新烟碱类低毒杀虫剂，属于乙酰胆碱受体拮抗剂，其化学结构新颖，作用位点与常规杀虫剂不同，具有良好的触杀毒性及内吸性，杀虫谱广。

2. 主要产品

【单剂】可湿性粉剂：25％。

【混剂】无。

3. 应用

【适用作物】水稻、甘蓝。

【防治对象】稻飞虱、蚜虫。

【使用方法】喷雾。

水稻稻飞虱	在卵孵高峰期至低龄幼虫盛发期施药（避开水稻扬花期），使用25％环氧虫啶可湿性粉剂16～24克/亩，兑水均匀喷雾。在水稻上安全间隔期为21天，每季最多使用2次。
甘蓝蚜虫	在蚜虫发生期施药，使用25％环氧虫啶可湿性粉剂8～16克/亩，兑水均匀喷雾。在甘蓝上安全间隔期为5天，每季最多使用2次。

4. 注意事项

对鸟类、家蚕等生物毒性高，对天敌赤眼蜂风险高，桑园和蚕室附近禁用，开花作物花期、蜜源作物及赤眼蜂等天敌放飞区禁用，水稻扬花期禁用，勿用于靠近蜂箱的田地，远离河塘等水域施药，禁止在河塘等水体中清洗施药器具。鸟类保护区附近禁用。

氟吡呋喃酮
Flupyradifurone

1. 作用特点

氟吡呋喃酮是新烟碱类低毒杀虫剂，为新型丁烯酸内酯类药剂，具有全新化学结构，可用于许多作物，可有效防治刺吸式口器害虫。氟吡呋喃酮是烟碱乙酰胆碱受体（nAChR）激动素，可选择性地作用于昆虫中枢神经系统的烟碱型乙酰胆碱受体，结合受体蛋白，随后激活受体产生生物反应，使神经细胞处于激动状态，但氟吡呋喃酮不会被乙酰胆碱酯酶结合而失活，因此受体通道持续开放，导致昆虫神经系统崩溃。

2. 主要产品

【单剂】可溶液剂：17％。

【混剂】无。

3. 应用

【适用作物】柑橘、番茄、茄子、辣椒等。

【使用方法】喷雾。

辣椒、番茄、茄子烟粉虱	在辣椒、番茄、茄子烟粉虱成虫发生初期，使用 17％氟吡呋喃酮可溶液剂 30～40 毫升/亩，兑水叶面均匀喷雾。在番茄上的安全间隔期为 3 天，每季最多使用 1 次。在辣椒和茄子上安全间隔期 3 天，每季最多使用 2 次。
柑橘树柑橘木虱	在柑橘树木虱发生初期，使用 17％氟吡呋喃酮可溶液剂 3 000～4 000 倍液，进行叶面均匀喷雾。在柑橘上的安全间隔期为 21 天，每季最多使用 1 次。

4. 注意事项

（1）药品及废液严禁污染各类水域、土壤等环境；严禁在河塘等水域清洗施药器械。花期开花植物周围禁用。

（2）对家蚕有毒，桑园及蚕室附近禁用。

氯虫苯甲酰胺

Chlorantraniliprole

1. 作用特点

氯虫苯甲酰胺为邻甲酰氨基苯甲酰胺类低毒杀虫剂，能高效激活昆虫鱼尼丁受体，致使昆虫过度释放细胞内钙离子，导致肌肉活动受阻、瘫痪死亡。主要以胃毒作用为主，具有很强的渗透性和内吸传导性，害虫摄入后迅速停止取食，慢慢死亡。杀虫谱广，可用于防治多种鳞翅目害虫。

2. 主要产品

【单剂】悬浮剂：5％、30％、200 克/升；水分散粒剂：35％；颗粒剂：0.01％、0.03％、0.4％、1％；种子处理悬浮剂：50％；超低容量液剂：5％。

【混剂】阿维·氯虫苯、氯虫苯·噻虫胺、氯虫苯·氟氯氰、氯虫苯·三氟苯、甲氧肟·氯虫苯、虫螨腈·氯虫苯、氯虫苯·高氯氟、甲维盐·氯虫苯、氯虫·噻虫嗪、氯虫·吡蚜酮、呋虫胺·氯虫苯、氯虫·啶虫脒等不同有效成分含量及剂型的产品。

3. 应用

【适用作物】甘蓝、棉花、玉米、马铃薯、水稻、甘蔗、荔枝、草坪等。

【防治对象】黏虫、棉铃虫、小菜蛾、斜纹夜蛾、玉米螟、甜菜夜蛾、苹果蠹蛾、桃小食心虫、二化螟、三化螟、大螟、稻纵卷叶螟等。

【使用方法】喷雾、拌种、撒施。

水稻稻纵卷 叶螟	于卵孵高峰期至低龄幼虫期，使用200克/升氯虫苯甲酰胺悬浮剂5～10毫升/亩，兑水均匀喷雾。在水稻上安全间隔期7天，每季最多使用2次。
水稻二化螟	于卵孵高峰期至低龄幼虫期，使用200克/升氯虫苯甲酰胺悬浮剂5～10毫升/亩，兑水均匀喷雾。在水稻上安全间隔期7天，每季最多使用2次。
玉米小地老虎	于玉米2～3叶期，小地老虎发生早期，使用200克/升氯虫苯甲酰胺悬浮剂3.3～6.6毫升/亩，兑水对玉米茎基部均匀喷雾。在玉米上安全间隔期为21天，每季最多使用2次。
荔枝树荔枝 蒂蛀虫	于成虫产卵期至卵孵盛期，使用200克/升氯虫苯甲酰胺悬浮剂3 000～6 000倍液均匀喷雾。在荔枝上安全间隔期10天，每季最多使用1次。
棉花棉铃虫	于棉铃虫卵孵盛期，使用200克/升氯虫苯甲酰胺悬浮剂6.67～13.3毫升/亩，兑水均匀喷雾。在棉花上安全间隔期14天，每季最多使用2次。
花椰菜斜纹 夜蛾	于斜纹夜蛾卵孵化盛期，使用5%氯虫苯甲酰胺悬浮剂45～54毫升/亩，兑水均匀喷雾。在花椰菜上安全间隔期为5天，每季最多使用2次。
甘蔗蔗螟	在甘蔗种植时或蔗螟卵孵化前10天培土施药，使用1%氯虫苯甲酰胺颗粒剂400～800克/亩拌细沙土撒施于种植沟或垄沟内，覆土。

4. 注意事项

（1）为延缓抗性的产生，建议每季作物使用不得超过2次，推荐与不同作用机理的农药轮换使用。如种子处理时使用该杀虫剂，则在播种后60天内不得使用相同作用机理的农药。

（2）对家蚕和溞高毒，施药期间应避免对周围蜂群的影响，蚕室和桑园附近禁用，开花植物花期禁用，禁止在河塘等水域内清洗施药器具。

硫虫酰胺

Thiotraniliprole

1. 作用特点

硫虫酰胺属于邻甲酰氨基苯甲酰胺类低毒杀虫剂，能高效激活昆虫鱼尼丁受体，致使昆虫过度释放细胞内的钙离子，导致肌肉活动受阻、瘫痪死亡。具有胃毒、触杀和根部内吸活性，能够有效防治小菜蛾等鳞翅目害虫。

2. 主要产品

【单剂】悬浮剂：10％。

【混剂】无。

3. 应用

【适用作物】甘蓝。

【防治对象】小菜蛾。

【使用方法】喷雾。

| 甘蓝小菜蛾 | 于小菜蛾低龄幼虫期，使用10％硫虫酰胺悬浮剂30～40毫升/亩，兑水叶面均匀喷雾。在甘蓝上安全间隔期为7天，每季最多使用2次。 |

4. 注意事项

（1）应避免与高锰酸钾等氧化剂接触。

（2）蚕室及桑园附近禁用，远离水产养殖区、河塘等水体施药，禁止在河塘等水域清洗施药器具。

溴氰虫酰胺

Cyantraniliprole

1. 作用特点

溴氰虫酰胺为邻甲酰氨基苯甲酰胺类微毒杀虫剂，作用机理同氯虫苯甲酰胺。以胃毒作用为主，兼具触杀作用，内吸活性高，杀虫谱广，可有效防治咀嚼式和刺吸式口器害虫，对粉虱（包括B型、Q型烟粉虱等）、潜叶蝇和甲虫等活性较好。

2. 主要产品

【单剂】种子处理悬浮剂：48％；可分散油悬浮剂：10％；饵剂：0.5％；悬浮剂：19％；悬乳剂：10％。

【混剂】溴酰·三氟苯、吡蚜酮·溴氰虫酰胺、丁醚脲·溴氰虫酰胺、溴酰·噻虫嗪。

3. 应用

【适用作物】玉米、甘蔗、棉花、水稻、辣椒、黄瓜、豇豆、小白菜等。

【防治对象】粉虱、蓟马、蚜虫、二点委夜蛾、美洲斑潜蝇、甜菜夜蛾、稻纵卷叶螟、二化螟、三化螟等。

【使用方法】喷雾、种子包衣、苗床喷淋。

甘蓝小菜蛾甜菜夜蛾	于卵孵化盛期至低龄幼虫期，使用10％溴氰虫酰胺悬乳剂13～23毫升/亩，兑水均匀喷雾。在甘蓝上安全间隔期7天，每季最多使用3次。
甘蓝蚜虫	于蚜虫发生初期，使用10％溴氰虫酰胺悬乳剂20～40毫升/亩，兑水均匀喷雾。在甘蓝上安全间隔期7天，每季最多使用3次。

辣椒棉铃虫	于卵孵盛期，使用10%溴氰虫酰胺悬乳剂10～30毫升/亩，兑水均匀喷雾。在辣椒上安全间隔期3天，每季最多使用3次。
黄瓜烟粉虱	于烟粉虱初发期，使用10%溴氰虫酰胺可分散油悬浮剂33.3～40毫升/亩，兑水均匀喷雾。在黄瓜上安全间隔期3天，每季最多使用3次。
辣椒蓟马	于蓟马初发期，使用10%溴氰虫酰胺悬乳剂40～50毫升/亩，兑水均匀喷雾。在辣椒上安全间隔期3天，每季最多使用3次。
豇豆美洲斑潜蝇	于美洲斑潜蝇初发期，使用10%溴氰虫酰胺可分散油悬浮剂14～18毫升/亩，兑水均匀喷雾。在豇豆上安全间隔期3天，每季最多使用3次。
小白菜黄条跳甲	于黄条跳甲初发期，使用10%溴氰虫酰胺可分散油悬浮剂24～28毫升/亩，兑水均匀喷雾。在小白菜上安全间隔期3天，每季最多使用3次。
玉米草地贪夜蛾、二点委夜蛾、甜菜夜蛾	于玉米播种前，每100千克种子使用48%溴氰虫酰胺种子处理悬浮剂120～240毫升，加适量水稀释后（每100千克干种子加水0.8～2.0升），与种子充分搅拌，直到药液均匀分布于种子表面，晾干后及时播种。

4. 注意事项

（1）直接施用于开花作物或杂草时对蜜蜂有毒。在作物花期或作物附近有开花杂草时，施药应避开蜜蜂活动，或者在蜜蜂日常活动后使用。避免喷雾液滴飘移到大田外的蜜蜂栖息地。

（2）为延缓抗性的产生，建议每季作物使用不得超过2次，推荐与不同作用机理的农药轮换使用。

（3）禁止在河塘等水体内清洗施药器具，蚕室和桑园附近禁用。

四氯虫酰胺

Tetrachlorantraniliprole

1. 作用特点

四氯虫酰胺为邻甲酰氨基苯甲酰胺类低毒杀虫剂，作用机理同氯虫苯甲酰胺。具有一定的内吸传导性，持效期长。对甜菜夜蛾、稻纵卷叶螟等鳞翅目害虫防效较好。

2. 主要产品

【单剂】悬浮剂：10%。

【混剂】无。

3. 应用

【适用作物】水稻、玉米、甘蓝等。

【防治对象】稻纵卷叶螟、玉米螟、甜菜夜蛾等。

【使用方法】喷雾。

甘蓝甜菜夜蛾	于低龄幼虫盛发期，使用10％四氯虫酰胺悬浮剂30～40毫升/亩，兑水均匀喷雾。在甘蓝上安全间隔期7天，每季最多使用1次。
水稻稻纵卷叶螟	于卵孵高峰期至二龄幼虫期，使用10％四氯虫酰胺悬浮剂10～20毫升/亩，兑水均匀喷雾。在水稻上安全间隔期21天，每季最多使用1次。
玉米玉米螟	于卵孵化高峰期至低龄幼虫期，使用10％四氯虫酰胺悬浮剂20～40毫升/亩，兑水均匀喷雾。在玉米上安全间隔期14天，每季最多使用1次。

4. 注意事项

禁止在蚕室和桑园附近用药，禁止在河塘等水域内清洗施药器具，水产养殖区、河塘等水体附近禁用，鱼、虾蟹套养稻田禁用，施药后的田水不得直接排入水体。

氟苯虫酰胺

Flubendiamide

1. 作用特点

氟苯虫酰胺为邻苯二甲酰胺类低毒杀虫剂，作用机理同氯虫苯甲酰胺。以胃毒作用为主，对鳞翅目害虫有优异防效，尤其对幼虫防效突出，对成虫防效有限，无杀卵作用。耐雨水冲刷。

2. 主要产品

【单剂】水分散粒剂：20％；悬浮剂：10％、20％。

【混剂】甲维·氟酰胺、氟苯·杀虫单。

3. 应用

【适用作物】白菜、甘蓝、甘蔗、玉米等。

【防治对象】甜菜夜蛾、小菜蛾、蔗螟、玉米螟等。

【使用方法】喷雾。

白菜小菜蛾、甜菜夜蛾	于卵孵盛期至低龄幼虫期，使用20％氟苯虫酰胺水分散粒剂15～17克/亩，兑水均匀喷雾。在白菜上安全间隔期3天，每季最多使用3次。
甘蔗蔗螟	于卵孵盛期至低龄幼虫期，使用20％氟苯虫酰胺水分散粒剂15～20克/亩，兑水均匀喷雾。在甘蔗上安全间隔期7天，每季最多使用2次。
玉米玉米螟	于卵孵盛期至低龄幼虫期，使用20％氟苯虫酰胺悬浮剂8～12毫升/亩，兑水均匀喷雾。在玉米上安全间隔期14天，每季最多使用2次。

4. 注意事项

（1）禁止使用在水稻上。

（2）对蜜蜂、家蚕有毒，花期蜜源作物周围禁用，施药期间应密切注意对附近蜂群的影响，蚕室及桑园附近禁用。

四唑虫酰胺

Tetraniliprole

1. 作用特点

四唑虫酰胺为邻甲酰氨基苯甲酰胺类低毒杀虫剂，作用机理同氯虫苯甲酰胺。以胃毒作用为主，持效期长，能够有效防治鳞翅目害虫。

2. 主要产品

【单剂】悬浮剂：200 克/升。

【混剂】无。

3. 应用

【适用作物】水稻、甘蓝、辣椒、番茄、苹果、柑橘等。

【防治对象】稻纵卷叶螟、二化螟、甜菜夜蛾、烟青虫、棉铃虫、桃小食心虫、柑橘潜叶蛾等。

【使用方法】喷雾。

甘蓝 甜菜夜蛾	于低龄幼虫发生初期，使用 200 克/升四唑虫酰胺悬浮剂 7.5～10 毫升/亩，兑水均匀喷雾。在甘蓝上安全间隔期 7 天，每季最多使用 2 次。
番茄棉铃虫	于低龄幼虫发生初期，使用 200 克/升四唑虫酰胺悬浮剂 7.5～10 毫升/亩，兑水均匀喷雾。在保护地番茄上安全间隔期 7 天，每季最多使用 2 次。
辣椒烟青虫	于低龄幼虫发生初期，使用 200 克/升四唑虫酰胺悬浮剂 7.5～10 毫升/亩，兑水均匀喷雾。在保护地辣椒上安全间隔期 7 天，每季最多使用 2 次。
水稻二化螟、稻纵卷叶螟	在卵孵高峰期至低龄幼虫期，使用 200 克/升四唑虫酰胺悬浮剂 7～10 毫升/亩，兑水均匀喷雾。在水稻上安全间隔期 28 天，每季最多使用 2 次。
柑橘树柑橘潜叶蛾	在柑橘夏梢、秋梢新梢抽发初期，潜叶蛾幼虫卵孵盛期，使用 200 克/升四唑虫酰胺悬浮剂 10 000～20 000 倍液喷雾施药。在柑橘上安全间隔期 7 天，每季最多使用 1 次。
苹果树桃小食心虫	在卵孵化盛期至低龄幼虫期，使用 200 克/升四唑虫酰胺悬浮剂 5 000～7 000 倍液均匀喷雾施药。在苹果上安全间隔期 15 天，每季最多使用 2 次。

4. 注意事项

（1）开花植物花期禁用，使用时应注意避免对蜜蜂、授粉昆虫及蚕室造成影响。使用时应密切关注对附近蜂群的影响；蚕室及桑园附近禁用；赤眼蜂或其他天敌放飞区域禁用。

（2）药液及废液严禁污染各类水域、土壤等环境；水产养殖区、河塘、沟渠、湖泊等水体附近禁用；禁止在河塘等水域清洗施药器具。

溴虫氟苯双酰胺

Broflanilide

1. 作用特点

溴虫氟苯双酰胺是间苯甲酰氨基苯甲酰胺类低毒杀虫剂，具有新颖的作用机制，与现有双酰胺类杀虫剂作用机理不同，其在昆虫体内可代谢为脱甲基溴虫氟苯双酰胺，是一种非竞争性抗狄氏剂（RDL）的 γ-氨基丁酸（GABA）受体拮抗剂，通过胃毒和触杀作用抑制靶标昆虫的神经传递，导致抽搐，最终死亡。叶面喷雾可以防治鳞翅目、鞘翅目等多种害虫。杀虫活性较高，持效期较长。

2. 主要产品

【单剂】悬浮剂：5%、100 克/升。

【混剂】无。

3. 应用

【适用作物】甘蓝、白菜等。

【防治对象】小菜蛾、甜菜夜蛾、黄条跳甲等。

【使用方法】喷雾。

甘蓝小菜蛾、甜菜夜蛾	于卵孵盛期至低龄幼虫发生期，使用 5%溴虫氟苯双酰胺悬浮剂 20～30 毫升/亩，兑水叶面均匀喷雾。在甘蓝上安全间隔期为 5 天，每季最多使用 1 次。
白菜、甘蓝黄条跳甲	于成虫发生期，使用 100 克/升溴虫氟苯双酰胺悬浮剂 14～16 毫升/亩，兑水均匀喷雾。在白菜和甘蓝上安全间隔期为 5 天，每季最多使用 1 次。

4. 注意事项

对水生生物、家蚕、蜜蜂、赤眼蜂、瓢虫高毒。水产养殖区、河塘等水体附近禁用。水旱轮作区、稻鱼共生区、蜜源植物集中分布区、蚕室及桑园附近禁用。白菜、甘蓝及周围开花植物花期禁用。赤眼蜂、瓢虫等天敌放飞区域禁用。操作时药液及其废液不要污染水源、灌渠和各类水域以及土壤等环境。

噻 嗪 酮

Buprofezin

1. 作用特点

噻嗪酮属于噻二嗪酮类低毒杀虫剂，是一种抑制昆虫生长发育的新型选择性杀虫剂，触杀作用强，也有胃毒作用。作用机制为抑制昆虫几丁质合成和干扰新陈代谢，致使若虫蜕皮畸形或翅畸形而缓慢死亡。对成虫没有直接杀伤力，但可缩短其寿命，减少产卵量，并且产出的多是不育卵，幼虫即使孵化也很快死亡。对半翅目的飞虱、叶蝉、粉虱及介壳虫类害虫有良好防治效果，持效期长，对某些鞘翅目害虫和害螨具有持久的杀幼虫活性。

2. 主要产品

【单剂】可湿性粉剂：25％、50％、65％、80％；悬浮剂：25％、37％、40％、50％；水分散粒剂：40％、70％；展膜油剂：8％；乳油：25％。

【混剂】噻嗪·杀虫单、噻嗪·异丙威、吡蚜·噻嗪酮、螺虫·噻嗪酮、噻嗪·毒死蜱、稻散·噻嗪酮、噻嗪·呋虫胺、高氯·噻嗪酮、噻嗪·哒螨灵、噻嗪·仲丁威、阿维·噻嗪酮、噻嗪·速灭威、烯啶·噻嗪酮、吡丙·噻嗪酮、苯氧威·噻嗪酮等。

3. 应用

【适用作物】水稻、茶树、柑橘、番茄等。

【防治对象】稻飞虱、茶小绿叶蝉、烟粉虱、矢尖蚧等。

【使用方法】喷雾。

茶树茶小绿叶蝉	在低龄若虫发生初期喷药，使用25％噻嗪酮可湿性粉剂1 000～1 500倍液，茶树叶片正反面均匀喷雾。在茶树上安全间隔期为10天，每季最多使用1次。
水稻稻飞虱	于稻飞虱低龄若虫始盛期喷药，使用25％噻嗪酮可湿性粉剂30～40克/亩兑水均匀喷雾，重点喷植株中下部，不可用毒土法。在水稻上安全间隔期为14天，每季最多使用2次。
柑橘树矢尖蚧	于若虫盛孵期施药，使用25％噻嗪酮可湿性粉剂1 500～2 000倍液，视虫害发生情况，施药2次，每次喷药间隔10～15天。在柑橘树上安全间隔期为35天，每季最多施药2次。
番茄烟粉虱	于烟粉虱产卵初期至始盛期，使用40％噻嗪酮悬浮剂20～25毫升/亩兑水均匀喷雾。在番茄上安全间隔期为5天，每季最多使用1次。

4. 注意事项

（1）使用时用水稀释后均匀喷洒，不可使用毒土法。

（2）应避免药液飘移到白菜、萝卜、棉花、烟草、某些豆类以及马铃薯等敏感作物上，否则易产生药害。

（3）对家蚕有毒，使用时应特别注意。蚕室与桑园附近禁用。蜜源作物花期禁用，施药期间应密切注意对附近蜂群的影响。对鱼类等水生生物有毒，远离水产养殖区施药，禁止在河塘等水域中清洗施药器具。赤眼蜂、瓢虫等天敌放飞区域禁用。

氟 虫 脲
Flufenoxuron

1. 作用特点

氟虫脲属于苯甲酰脲类低毒杀虫剂，是几丁质合成抑制剂，可使昆虫不能正常蜕皮或变态而死亡，成虫接触药剂后，能导致不育，且产的卵即使孵化，幼虫也会很快死亡。具有触杀、胃毒作用及很好的叶面滞留性，尤其对未成熟阶段的螨和害虫活性高。

2. 主要产品

【单剂】可分散液剂：50 克/升。

【混剂】氟脲·炔螨特。

3. 应用

【适用作物】柑橘、苹果等。

【防治对象】红蜘蛛、潜叶蛾等。

【使用方法】喷雾。

柑橘树红蜘蛛	在盛卵孵期或卵量低时用药，使用 50 克/升氟虫脲可分散液剂 600～1 000 倍液喷雾处理。在柑橘树上安全间隔期为 30 天，每季最多使用 2 次。
柑橘树柑橘潜叶蛾	于柑橘树新梢初抽期（梢长 2～3 厘米），潜叶蛾初孵幼虫盛发期，使用 50 克/升氟虫脲可分散液剂 1 000～1 300 倍液喷雾处理。在柑橘树上安全间隔期为 30 天，每季最多使用 2 次。

4. 注意事项

（1）蜜源作物花期、蚕室、桑园附近禁用。远离水产养殖区施药，禁止在河塘等水体中清洗施药器具。

（2）不宜与碱性农药混用。建议与不同作用机制的杀虫剂轮换使用。

杀 铃 脲

Triflumuron

1. 作用特点

杀铃脲属苯甲酰脲类低毒昆虫生长调节剂，抑制昆虫几丁质合成酶的活性，阻碍几丁质合成，即阻碍新表皮的形成，使昆虫的蜕皮化蛹受阻，活动减缓，取食减少，直至死亡。具触杀作用和胃毒作用，无内吸性。持效期长，主要用于防治鳞翅目和鞘翅目害虫。

2. 主要产品

【单剂】悬浮剂：5％、20％、40％；乳油：5％。

【混剂】甲维·杀铃脲、阿维·杀铃脲等。

3. 应用

【适用作物】苹果、杨树、甘蓝、柑橘等。

【防治对象】金纹细蛾、菜青虫、小菜蛾、潜叶蛾等。

【使用方法】喷雾。

苹果树金纹细蛾	在卵孵盛期及低龄幼虫盛发初期，使用5‰杀铃脲悬浮剂1 000～1 515倍液进行防治，均匀喷雾，使叶片正反面均匀着药。在苹果树上安全间隔期为21天，每季最多使用1次。
甘蓝菜青虫	在卵孵盛期及低龄幼虫盛发初期，使用5‰杀铃脲乳油30～50毫升/亩，兑水均匀喷雾，使叶片正反面均匀着药。在甘蓝上安全间隔期为7天，每季最多使用3次。
甘蓝小菜蛾	于低龄幼虫发生始盛期，使用5‰杀铃脲乳油50～70毫升/亩，兑水均匀喷雾，使叶片正反面均匀着药。在甘蓝上安全间隔期为7天，每季最多使用3次。
柑橘树柑橘潜叶蛾	于柑橘树新梢初抽期，潜叶蛾卵孵盛期及低龄幼虫期，用40‰杀铃脲悬浮剂5 000～7 000倍液喷雾施药，使叶片正反面均匀着药。在柑橘树上安全间隔期为45天，每季最多使用2次。

4. 注意事项

（1）对蜜蜂有毒，养蜂地区及开花植物花期禁用，对家蚕有毒，蚕室和桑园附近禁用，对赤眼蜂高风险，赤眼蜂等天敌放飞区禁用，对鱼类等水生生物有毒，远离水产养殖区施药，禁止在河塘等水体中清洗施药器具。

（2）杀虫作用缓慢，施药后3～4天开始见效。如遇害虫暴发，建议改用其他速效性药剂。

虱 螨 脲

Lufenuron

1. 作用特点

虱螨脲为苯甲酰脲类低毒几丁质合成抑制剂。有胃毒作用，通过对几丁质生物合成的抑制，使幼虫蜕皮受阻，并且停止取食致死。具有杀卵功能，可杀灭新产虫卵，药效持久，耐雨水冲刷，对有益的节肢动物成虫具有选择性。对鳞翅目害虫有良好的防效。

2. 主要产品

【单剂】悬浮剂：5‰、10‰、50克/升；乳油：5‰、20‰、50克/升；微乳剂：2‰、5‰；水乳剂：5‰；水分散粒剂：10‰。

【混剂】噻虫嗪·虱螨脲、阿维·虱螨脲、甲维·虱螨脲、氯氟·虱螨脲、虱螨脲·溴氰菊酯、高效氯氰菊酯·虱螨脲、虫螨腈·虱螨脲、联苯·虱螨脲、虱螨脲·唑虫酰胺、丙·虱螨脲、丁醚·虱螨脲、螺螨酯·虱螨脲、虱螨脲·顺式氯氰菊酯等。

3. 应用

【适用作物】棉花、苹果、柑橘、甘蓝、菜豆等。

【防治对象】棉铃虫、锈壁虱、甜菜夜蛾、潜叶蛾、小卷叶蛾、马铃薯块茎蛾、豆荚螟、小菜蛾等。

【使用方法】喷雾。

棉花棉铃虫	在卵孵化盛期至低龄幼虫期施药，使用 50 克/升虱螨脲乳油 50～60 毫升/亩兑水均匀喷雾。在棉花上安全间隔期为 28 天，每季最多使用 2 次。
甘蓝 甜菜夜蛾	于甜菜夜蛾低龄幼虫始盛期施药，使用 50 克/升虱螨脲乳油 30～50 毫升/亩兑水均匀喷雾。在甘蓝上安全间隔期为 14 天，每季最多使用 2 次。
菜豆豆荚螟	在菜豆开花始盛期，豆荚螟低龄幼虫盛期，使用 50 克/升虱螨脲乳油 40～50 毫升/亩兑水均匀喷雾。在菜豆上安全间隔期为 7 天，每季最多使用 3 次。
苹果树苹小 卷叶蛾	在苹小卷叶蛾发生初期，使用 5% 虱螨脲悬浮剂 1 000～2 000 倍液均匀喷雾。在苹果树上安全间隔期为 14 天，每季最多使用 3 次。
马铃薯马铃薯 块茎蛾	在马铃薯块茎蛾发生初期，使用 50 克/升虱螨脲乳油 40～60 毫升/亩兑水均匀喷雾。在马铃薯上安全间隔期为 14 天，每季最多使用 3 次。
柑橘树柑橘 锈壁虱	在锈壁虱发生初期，使用 50 克/升虱螨脲乳油 1 500～2 500 倍液均匀喷雾。在柑橘树上安全间隔期为 28 天，每季最多使用 2 次。
甘蓝小菜蛾	在小菜蛾幼虫发生初期，使用 10% 虱螨脲悬浮剂 15～20 毫升/亩兑水均匀喷雾。在甘蓝上的安全间隔期为 7 天，每季最多使用 1 次。

4. 注意事项

（1）对甲壳类动物高毒，对鱼类等水生生物有毒。施药应远离水产养殖区、河塘等水体，禁止在河塘等水域清洗施药器具。切勿将药液及其废液弃于池塘、河溪和湖泊等。药液及其废液不得污染各类水域、土壤等环境。

（2）瓢虫、赤眼蜂等天敌放飞区禁用；桑园及蚕室附近禁用。

除 虫 脲

Diflubenzuron

1. 作用特点

除虫脲为苯甲酰基苯基脲类低毒杀虫剂，作用机理为通过抑制昆虫几丁质合成酶的合成，从而抑制卵、幼虫、蛹表皮几丁质的合成，使昆虫不能正常蜕皮，虫体畸形而死亡。主要作用方式是胃毒作用和触杀作用。药效缓慢，但对鳞翅目害虫有特效。

2. 主要产品

【单剂】可湿性粉剂：5%、25%、75%；悬浮剂：20%、40%；乳油：5%。

【混剂】甲维·除虫脲、除脲·毒死蜱、联苯·除虫脲、阿维·除虫脲等。

3. 应用

【适用作物】十字花科蔬菜、小麦、杨树、松树、柑橘、苹果等。

【防治对象】菜青虫、潜叶蛾、金纹细蛾、松毛虫、黏虫、美国白蛾等。

【使用方法】喷雾。

甘蓝菜青虫	于低龄幼虫盛发期，使用 20% 除虫脲悬浮剂 20～30 毫升/亩，兑水均匀喷雾。在甘蓝上安全间隔期为 7 天。
甘蓝小菜蛾	在低龄幼虫期或成虫产卵期施药，使用 25% 除虫脲可湿性粉剂 32～40 克/亩，兑水均匀喷雾。视虫害发生情况，每 7 天左右施药 1 次，可连续用药 3 次。在甘蓝上安全间隔期为 7 天，每季最多使用 3 次。
小麦黏虫	在产卵高峰期或低龄幼虫期施药，使用 25% 除虫脲可湿性粉剂 6～20 克/亩，兑水均匀喷雾。在小麦上安全间隔期为 21 天，每季最多使用 2 次。
柑橘树柑橘潜叶蛾	在柑橘树新梢初抽期，潜叶蛾产卵高峰期或低龄幼虫期施药，使用 25% 除虫脲可湿性粉剂 2 000～4 000 倍液喷雾处理。在柑橘树上安全间隔期为 28 天，每季最多使用 3 次。
苹果树金纹细蛾	在产卵高峰期或低龄幼虫期施药，使用 25% 除虫脲可湿性粉剂 1 000～2 000 倍液喷雾处理。苹果树上安全间隔期为 21 天，每季最多使用 3 次。
杨树美国白蛾	在低龄幼虫期，使用 20% 除虫脲悬浮剂 2 000～3 000 倍液喷雾处理。
松树松毛虫	在松树松毛虫二至三龄幼虫期，使用 20% 除虫脲悬浮剂 2 000～3 000 倍液喷雾施药 1 次。

4. 注意事项

对蜜蜂、鱼类等水生生物、家蚕有毒，施药期间应避免对周围蜂群的影响，开花植物花期、蚕室和桑园附近禁用。禁止在水田使用，远离水产养殖区、河塘施药，禁止在河塘等水域中清洗施药器具。避免清洗废液流入水体。

氟 铃 脲

Hexaflumuron

1. 作用特点

氟铃脲为苯甲酰脲类低毒杀虫剂，主要抑制几丁质的合成，阻碍昆虫正常蜕皮生长，以胃毒作用为主，兼有触杀和拒食作用。杀虫谱广，对多种鞘翅目、双翅目、半翅目昆虫具有较好的防治效果，且具有一定的杀卵作用，速效性好，持效期较长。

2. 主要产品

【单剂】乳油：5%；悬浮剂：4.5%、10%、20%；水分散粒剂：15%、20%；微乳剂：5%；饵剂：0.5%。

【混剂】阿维·氟铃脲、高氯·氟铃脲、氟铃·辛硫磷、氟铃·毒死蜱、甲维·氟铃脲、丙溴·氟铃脲、苏云·氟铃脲。

3. 应用

【适用作物或场所】棉花、甘蓝、韭菜、大蒜等，建筑物、土壤、木材等。

【防治对象】棉铃虫、韭蛆、小菜蛾、白蚁等。

【使用方法】喷雾、灌根。

棉花棉铃虫	于棉铃虫卵孵盛期至钻蛀前，使用 5％氟铃脲乳油 120～160 毫升/亩，兑水均匀喷雾。发生重时需施药 2～3 次，间隔 7 天，清晨或傍晚施药效果更好。在棉花上安全间隔期为 21 天，每季最多使用 3 次。
韭菜韭蛆	于韭菜收割后 2～3 天，使用 5％氟铃脲乳油 450～600 毫升/亩，兑水根部喷淋 1 次，施药后浇足量水。在韭菜上安全间隔期为 14 天，每季最多使用 1 次。
大蒜根蛆	田间大蒜可见少量黄叶尖的根蛆始发期，使用 5％氟铃脲乳油 450～600 毫升/亩，兑水根部喷淋 1 次，施药后浇足量水。在大蒜上安全间隔期为收获期，每季最多使用 1 次。
甘蓝小菜蛾	于卵孵盛期至低龄幼虫盛发期，使用 5％氟铃脲乳油 60～80 毫升/亩兑水喷雾防治。在甘蓝上安全间隔期为 14 天，每季最多使用 1 次。
白蚁	可用 0.5％氟铃脲饵剂。地下型白蚁：沿建筑物四周距墙基 30～50 厘米处，每隔 3 米在土中设置 1 个捕蚁站，放入监测木材；定期检查，当有白蚁取食监测木材时，收集白蚁并及时将其放入药饵管，然后放回捕蚁站内供白蚁取食；定期检查，适时补充饵剂，直到白蚁族群被消灭后，再换上监测木材作长期监测。地上型白蚁：在蚁路上或白蚁活动活跃处装设地上型捕蚁站，供白蚁取食；定期检查，适时添加饵剂，直至白蚁族群被消灭为止。

4. 注意事项

（1）对蜜蜂、鱼类等水生生物、家蚕有毒，施药期间应避免对周围蜂群的影响，蜜源作物花期、蚕室和桑园附近禁用。远离水产养殖区施药，禁止在河塘等水体中清洗施药器具，避免污染水源。赤眼蜂等天敌放飞区域禁用。

（2）建议与其他作用机制不同的杀虫剂轮换使用，以延缓抗性产生。

（3）不可与呈碱性的农药等物质混合使用。

氟 啶 脲

Chlorfluazuron

1. 作用特点

氟啶脲是苯甲酰脲类低毒杀虫剂，作用机理为抑制昆虫表皮几丁质合成，使幼虫不能正常蜕皮或变态而导致死亡。以胃毒为主，兼有触杀作用，具有低药量、持效长、稳定、高效的特点，无内吸传导性。主要对食叶性的鳞翅目、双翅目以及鞘翅目等害虫有效，但作用速度较慢，幼虫接触药后不会很快死亡，取食活动明显减弱，一般在施药后 5～7 天充分发挥药效。

2. 主要产品

【单剂】乳油：5%、50 克/升；水分散粒剂：10%；悬浮剂：25%；浓饵剂：0.1%。

【混剂】阿维·氟啶脲、氟啶·斜纹核、甲维·氟啶脲、高氯·氟啶脲、氟啶脲·噻虫胺、氟啶·丙溴磷等。

3. 应用

【适用作物】棉花、韭菜、甘蓝等。

【防治对象】棉铃虫、韭蛆、甜菜夜蛾、小菜蛾等。

【使用方法】喷雾。

棉花棉铃虫	于低龄幼虫期，使用 50 克/升氟啶脲乳油 67～93 毫升/亩，兑水均匀喷雾。棉花上安全间隔期为 21 天，每季最多使用 3 次。
韭菜韭蛆	在上茬韭菜收割后第 2 天，使用 50 克/升氟啶脲乳油 200～300 毫升/亩，均匀拌土撒施，浇足量的水。在韭菜上安全间隔期为 14 天，每季最多使用 1 次。
甘蓝小菜蛾	于卵孵盛期至低龄幼虫盛发期，使用 25%氟啶脲悬浮剂 12～16 毫升/亩，兑水均匀喷雾。施药间隔期 7～10 天。在甘蓝上安全间隔期为 10 天，每季最多使用 3 次。
柑橘树柑橘潜叶蛾	于柑橘新梢初抽期（梢长 2～3 厘米），害虫低龄幼虫期，使用 50 克/升氟啶脲乳油 2 000～3 000 倍液均匀喷雾。在柑橘树上安全间隔期为 21 天，每季最多使用 2 次。
甘蓝甜菜夜蛾	于低龄幼虫期，使用 50 克/升氟啶脲乳油 40～80 毫升/亩，兑水均匀喷雾。在甘蓝上安全间隔期为 7 天，每季最多使用 3 次。

4. 注意事项

（1）氟啶脲会迅速阻止靶标害虫危害，但施药后 3～5 天肉眼才能看到害虫死亡，注意不要重复施药，且使用时需在低龄幼虫期进行。

（2）无内吸传导作用，施药必须均匀周到。

（3）对蜜蜂和鱼类等水生生物有毒，施药期间应避免对周围蜂群的影响，蜜源作物花期、蚕室和桑园附近禁用。远离水产养殖区施药，禁止在河塘等水体中清洗施药器具。

（4）用过的容器应妥善处理，不可做他用，也不可随意丢弃。

虫 酰 肼

Tebufenozide

1. 作用特点

虫酰肼是蜕皮激素类低毒杀虫剂，对昆虫蜕皮激素受体具有刺激活性。作用机理是幼虫（特别是鳞翅目幼虫）摄食药剂 6～8 小时后，停止取食，不再危害，并产生异常蜕皮反应，导致幼虫脱水、饥饿而死亡。同时可控制昆虫繁殖过程中的基本功能，具有较强的化学绝育作用。具有广谱、高效、低毒等特性。对高龄和低龄幼虫均有效，持效期较长。

2. 主要产品

【单剂】悬浮剂：10%、20%、24%、200 克/升；乳油：10%；可湿性粉剂：20%。

【混剂】甲维·虫酰肼、虫螨·虫酰肼、苏云·虫酰肼、高氯·虫酰肼等。

3. 应用

【适用作物】甘蓝、苹果、松树、杨树等。

【防治对象】松毛虫、甜菜夜蛾、美国白蛾等。

【使用方法】喷雾。

甘蓝甜菜夜蛾	在低龄幼虫发生期施药，使用 24% 虫酰肼悬浮剂 50～60 毫升/亩，兑水均匀喷雾 1～2 次，应对甘蓝叶片正反面均匀喷雾，施药间隔期 7～14 天。在甘蓝上安全间隔期为 7 天，每季最多使用 2 次。
松树松毛虫	在低龄幼虫期施药，使用 24% 虫酰肼悬浮剂 2 000～4 000 倍液，均匀喷雾。如发生量特别大，可隔 14 天再施药 1 次。
苹果树苹小卷叶蛾	在低龄幼虫发生初期，使用 20% 虫酰肼悬浮剂 1 500～2 000 倍液，均匀喷雾。在苹果树上安全间隔期为 21 天，每季最多使用 3 次。
杨树美国白蛾	在低龄幼虫期施药，使用 20% 虫酰肼悬浮剂 1 500～2 000 倍液，均匀喷雾。

4. 注意事项

（1）对家蚕、蜜蜂及鱼类、溞类等水生生物毒性高，施药时应避免对周围蜂群的影响，蜜源作物花期、蚕室和桑园附近禁用，赤眼蜂等天敌放飞区禁用。

（2）远离水产养殖区、河塘等水体施药，应避免药液流入河塘等水体中，禁止在河塘等水体中清洗施药器具。鱼或虾蟹套养稻田禁用，施药后的田水不得直接排入水体。

甲氧虫酰肼

Methoxyfenozide

1. 作用特点

甲氧虫酰肼是第 2 代双酰肼类低毒昆虫生长调节剂，施药后引起幼虫停止取食，加快蜕皮进程，使害虫在成熟前因提早蜕皮而致死亡。具有胃毒作用，无渗透作用及韧皮部内吸活性，同时具有一定的触杀及杀卵活性。仅对鳞翅目害虫具有较好的活性。

2. 主要产品

【单剂】悬浮剂：24%、240克/升。

【混剂】阿维·甲虫肼、吡蚜·甲虫肼、甲氧·茚虫威、氰虫·甲虫肼、甲氧·虫螨腈、甲氧肼·氯虫苯、甲氧·甲吡醚、乙多·甲氧虫等。

3. 应用

【适用作物】水稻、甘蓝、苹果等。

【防治对象】二化螟、甜菜夜蛾等鳞翅目害虫。

【使用方法】喷雾。

甘蓝 甜菜夜蛾	宜在低龄幼虫期施药1～2次，间隔5～7天，使用240克/升甲氧虫酰肼悬浮剂10～20毫升/亩兑水喷雾处理。在甘蓝上安全间隔期为7天，每季最多使用4次。
水稻二化螟	于水稻二化螟一至二龄幼虫期，发生钻蛀前，喷雾施药1次，使用240克/升甲氧虫酰肼悬浮剂19～28毫升/亩兑水喷雾处理。在水稻上安全间隔期为45天，每季最多使用2次。
苹果树苹小 卷叶蛾	于苹果树新梢抽发时，苹小卷叶蛾低龄幼虫期，使用24%甲氧虫酰肼悬浮剂2 500～3 750倍液喷雾处理。在苹果树上安全间隔期为70天，每季最多使用2次。

4. 注意事项

对家蚕有毒，蚕室和桑园附近禁用。避免污染水塘等水体，禁止在河塘等水域清洗施药器具。水产养殖区、河塘等水体附近禁用。用过的容器应妥善处理，不可做他用，也不可随意丢弃。鱼或虾蟹套养稻田禁用，施药后的田水不得直接排入水体。

环虫酰肼

Chromafenozide

1. 作用特点

环虫酰肼为双酰肼类低毒杀虫剂，通过调节幼虫蜕皮激素活动干扰昆虫的蜕皮过程，引起昆虫的过早蜕皮死亡。主要用于防治鳞翅目害虫幼虫，杀卵效果差，持效期长。

2. 主要产品

【单剂】悬浮剂：5%。

【混剂】无。

3. 应用

【适用作物】水稻、林木等。

【防治对象】二化螟、稻纵卷叶螟、美国白蛾等。

【使用方法】喷雾。

林木美国白蛾	于美国白蛾卵孵化盛期至低龄幼虫期，使用5%环虫酰肼悬浮剂40～80毫升/亩兑水喷雾施药1次。
水稻二化螟	于二化螟卵孵化高峰期至低龄幼虫期，发生钻蛀前，使用5%环虫酰肼悬浮剂70～110毫升/亩兑水喷雾防治。在水稻上安全间隔期为14天，每季最多使用1次。
水稻稻纵卷叶螟	在稻纵卷叶螟卵孵化高峰期至低龄幼虫期，使用5%环虫酰肼悬浮剂70～110毫升/亩喷雾防治。在水稻上安全间隔期为14天，每季最多使用1次。

4. 注意事项

（1）对家蚕高毒，蚕室及桑园附近禁用。应避免药剂飘移到桑树上。

（2）鱼或虾蟹套养稻田禁用。水产养殖区、河塘等水体附近禁用，禁止在河塘等水域清洗施药器具。

灭 蝇 胺
Cyromazine

1. 作用特点

灭蝇胺为三嗪类低毒昆虫生长调节剂。具有强内吸传导作用，对双翅目幼虫有特殊活性，可诱使双翅目幼虫和蛹在形态上发生畸变，使成虫羽化不全或受抑制。该药具有触杀和胃毒作用，持效期较长，但作用速度较慢。

2. 主要产品

【单剂】悬浮剂：10%、20%、30%；可湿性粉剂：30%、50%、70%、75%、80%；可溶粉剂：20%、50%、75%；水分散粒剂：70%、80%。

【混剂】阿维·灭蝇胺、灭蝇·噻虫胺、灭胺·杀虫单、虫螨腈·灭蝇胺、呋虫胺·灭蝇胺等。

3. 应用

【适用作物】黄瓜、菜豆、韭菜、大葱、姜等。

【防治对象】斑潜蝇、韭蛆、姜蛆等。

【使用方法】喷雾、药土法、灌根等。

黄瓜美洲斑潜蝇	于初见虫卵或低龄幼虫始发期，初见虫道时立即用药，成虫和幼虫一起治，如果卵孵期极不整齐，用药时机适当提前。可使用30%灭蝇胺可湿性粉剂27～33克/亩兑水喷雾防治。在黄瓜上安全间隔期为3天，每季最多使用2次。
韭菜韭蛆	在韭蛆发生初期，使用70%灭蝇胺可湿性粉剂143～214克/亩，按每亩兑水250升灌根，均匀淋浇韭菜根茎处，药后浇足水，以保证药效。在韭菜上安全间隔期为14天，每季最多使用1次。

姜姜蛆	在姜块入窖时，使用70％灭蝇胺可湿性粉剂按1 000千克姜用量14～21克，药土法拌沙土100千克，撒施到姜块上。用于姜储藏期撒施，安全间隔期90天，每季最多使用1次。
大葱斑潜蝇	于低龄幼虫始发期，使用70％灭蝇胺可湿性粉剂15～21克/亩兑水喷雾处理。在大葱上安全间隔期14天，每季最多使用1次。

4. 注意事项

（1）施药时应避免药液飘移到其他作物上，以防产生药害。大风天或预计1小时内降雨，请勿施药。

（2）对蜜蜂、家蚕有毒，施药期间应避免对周围蜂群的影响，开花植物花期、蚕室和桑园附近禁用。对鱼等水生生物有毒，远离河塘等水体、水产养殖区施药，禁止在河塘等水体中清洗施药器具，避免污染水源。赤眼蜂等天敌放飞区域禁用。

灭 幼 脲

Chlorbenzuron

1. 作用特点

灭幼脲属于苯甲酰基脲类低毒杀虫剂。通过抑制昆虫几丁质的合成，导致昆虫幼虫不能正常蜕皮而死亡，且具有杀卵作用，影响卵的呼吸代谢及胚胎发育过程中的DNA和蛋白质代谢，使卵缺乏几丁质而不能孵化或孵化后随即死亡。主要表现为胃毒作用，兼有一定的触杀作用，无内吸性。对鳞翅目害虫具有较好的活性，持效期长。

2. 主要产品

【单剂】悬浮剂：20％、25％；可湿性粉剂：25％。

【混剂】阿维·灭幼脲、甲维·灭幼脲、氰虫·灭幼脲、高氯·灭幼脲、哒螨·灭幼脲、茚虫·灭幼脲等。

3. 应用

【适用作物】林木、山药、苹果、甘蓝等。

【防治对象】美国白蛾、金纹细蛾、菜青虫、刺蛾、甜菜夜蛾等。

【使用方法】喷雾。

甘蓝菜青虫	在卵孵化盛期至低龄幼虫发生高峰期，使用25％灭幼脲悬浮剂10～20毫升/亩兑水喷雾，叶片正反面均匀喷雾。在甘蓝上安全间隔期为7天，每季最多使用1次。
苹果树金纹细蛾	于卵孵化高峰期至低龄幼虫发生高峰期，使用25％灭幼脲悬浮剂1 500～2 500倍液喷雾处理。在苹果树上安全间隔期为21天，每季最多使用2次。

杨树美国白蛾	于低龄幼虫盛发期，使用25%灭幼脲悬浮剂1 000～2 000倍液均匀喷雾处理。
松树松毛虫	于幼虫发生盛期，使用25%灭幼脲悬浮剂1 500～2 000倍液，均匀喷雾至叶面微湿但不滴水为宜。
山药甜菜夜蛾	于卵孵化高峰期至低龄幼虫期，使用25%灭幼脲悬浮剂25～30毫升/亩兑水喷雾处理。在山药上安全间隔期21天，每季最多使用1次。

4. 注意事项

对蜜蜂、水生生物、家蚕有毒，蚕桑、养蜂地区及蜜源作物花期禁止使用。远离水产养殖区施药，禁止在河塘等水体中清洗施药器具。

抑 食 肼

Yishijing

1. 作用特点

抑食肼为低毒昆虫生长调节剂，可迅速降低或抑制幼虫和成虫取食能力，能使昆虫发生异常的早蜕皮而死亡，并能抑制产卵。以胃毒作用为主，也可通过根系内吸杀虫，对鳞翅目及某些半翅目和双翅目害虫有效。

2. 主要产品

【单剂】可湿性粉剂：20%、25%。

【混剂】甲维·抑食肼、阿维·抑食肼等。

3. 应用

【适用作物】水稻等。

【防治对象】稻纵卷叶螟、黏虫。

【使用方法】喷雾。

水稻稻纵卷叶螟	在卵孵化高峰到二龄幼虫高峰期，使用20%抑食肼可湿性粉剂50～100克/亩兑水均匀喷雾。在水稻上安全间隔期为30天，每季最多使用2次。
水稻黏虫（东北地区）	在卵孵盛期至低龄幼虫发生期，使用20%抑食肼可湿性粉剂50～100克/亩兑水均匀喷雾。在水稻上安全间隔期为30天，每季最多使用2次。

4. 注意事项

（1）对蜜蜂、鱼类等水生生物、家蚕有毒，花期开花植物周围禁用，施药期间应密切注意对附近蜂群的影响，蚕室及桑园附近禁用，赤眼蜂等天敌放飞区域禁用，鸟类保护区附近禁用。鱼或虾蟹套养稻田禁用，施药后的田水不得直接排入水体。远离水产养殖区施药，禁止在河塘等水域内清洗施药器具。

（2）不可与呈碱性的农药等物质混合使用。建议与其他作用机制不同的杀虫剂轮换使用。

氟啶虫酰胺
Flonicamid

1. 作用特点

氟啶虫酰胺是一种新型吡啶酰胺类低毒昆虫生长调节剂。除具有触杀和胃毒作用，还具有很好的神经毒性和快速拒食作用，并具有良好的内吸作用。通过阻碍害虫吮吸作用而致死，害虫摄入药剂以后很快停止吮吸，最后饥饿而死。可有效防治刺吸式口器害虫，如蚜虫、稻飞虱、叶蝉等。

2. 主要产品

【单剂】悬浮剂：20％、25％；可分散油悬浮剂：8％、30％；水分散粒剂：10％、20％、50％。

【混剂】氟啶虫酰胺·噻虫胺、氟啶·啶虫脒、氟啶虫酰胺·联苯菊酯、阿维·氟啶、氟啶·异丙威、氟啶·螺虫酯、氟啶虫酰胺·烯啶虫胺、氟啶·吡蚜酮、呋虫胺·氟啶虫酰胺、氟啶·吡丙醚、氟啶虫酰胺·溴氰菊酯等。

3. 应用

【适用作物】黄瓜、马铃薯、苹果、水稻、桃、茶树等。

【防治对象】蚜虫、稻飞虱、茶小绿叶蝉等。

【使用方法】喷雾。

黄瓜蚜虫	于蚜虫发生始盛期施药，使用 20％氟啶虫酰胺悬浮剂 15～25 毫升/亩兑水喷雾。在黄瓜上安全间隔期为 3 天，每季最多使用 1 次。
桃树桃蚜	于桃蚜盛发期施药，使用 10％氟啶虫酰胺悬浮剂 2 500～3 300 倍液均匀喷雾。在桃树上安全间隔期为 14 天，每季最多使用 2 次。
苹果树苹果黄蚜	蚜虫发生初期施药，使用 10％氟啶虫酰胺水分散粒剂 2 500～5 000 倍液喷雾。在苹果树上安全间隔期为 21 天，每季最多使用 2 次。
马铃薯蚜虫	在蚜虫发生初盛期施药，使用 10％氟啶虫酰胺水分散粒剂 35～50 克/亩兑水喷雾。在马铃薯上安全间隔期为 7 天，每季最多使用 2 次。
水稻稻飞虱	在稻飞虱发生始盛期施药，使用 8％氟啶虫酰胺可分散油悬浮剂 50～60 毫升/亩兑水喷雾。田间保持 3～5 厘米水层 5～7 天。在水稻上安全间隔期为 28 天，每季最多使用 1 次。
茶树茶小绿叶蝉	于茶小绿叶蝉若虫发生盛期，使用 10％氟啶虫酰胺悬浮剂 30～50 毫升/亩兑水喷雾。在茶树上安全间隔期为 10 天，每季最多使用 1 次。

4. 注意事项

远离水产养殖区、河塘等水体施药，花期开花植物周围禁用，使用时应密切关注对附近蜂群的影响，蚕室及桑园附近禁用，赤眼蜂等天敌放飞区域禁用。

吡 丙 醚

Pyriproxyfen

1. 作用特点

吡丙醚是一种保幼激素类低毒几丁质合成抑制剂，抑制昆虫幼虫体壁几丁质合成，使幼虫不能正常蜕皮和羽化，且具有强烈的杀卵作用。其作用机理是抑制昆虫咽侧体活性和干扰蜕皮激素的生物合成，能使昆虫缺少产卵所需的刺激因素，抑制胚胎发育及卵的孵化，或生成没有生活能力的卵，从而有效控制并达到害虫防治的目的。

2. 主要产品

【单剂】颗粒剂：0.5%；水乳剂：5%；悬浮剂：10%；水分散粒剂：20%；微乳剂：5%；乳油：10%、100 克/升、200 克/升。

【混剂】吡丙·噻虫嗪、高氯·吡丙醚、螺虫·吡丙醚、吡丙醚·溴氰菊酯、吡丙·呋虫胺、吡丙醚·联苯菊酯、吡丙·噻嗪酮、吡丙·虫螨腈、吡蚜·吡丙醚、甲维·吡丙醚、氟啶·吡丙醚等。

3. 应用

【适用作物或场所】柑橘、番茄、姜等和室外蚊、蝇滋生场所。

【防治对象】白粉虱、介壳虫、木虱、姜蛆、蚊（幼虫）、蝇（幼虫）等。

【使用方法】喷雾、撒施。

番茄白粉虱	于白粉虱发生初期施药，使用 100 克/升吡丙醚乳油 47.5～60 毫升/亩兑水均匀喷雾于作物叶片正、反面，间隔 7 天左右再施药 1 次，最多连续使用 2 次。在番茄上安全间隔期为 7 天，每季最多使用 2 次。
柑橘树介壳虫	于若虫孵化初期施药，使用 100 克/升吡丙醚乳油 1 000～1 500 倍液均匀喷雾，间隔 7～15 天再施药 1 次。在柑橘树上安全间隔期为 28 天，每季最多使用 2 次。
柑橘树柑橘木虱	于若虫孵化初期施药，使用 100 克/升吡丙醚乳油 1 000～1 500 倍液均匀喷雾，间隔 7～15 天再用药 1 次。在柑橘树上安全间隔期为 28 天，每季最多使用 2 次。
蝇（幼虫）	应用于室外，使用 10%吡丙醚悬浮剂按 1～2 毫升/米² 兑水全面均匀喷洒于害虫滋生地表面。
蚊（幼虫）	蚊幼虫发生期撒施，使用 0.5%吡丙醚颗粒剂 20 毫克/米² 直接投入污水塘或均匀撒布于蚊滋生场所表面。

4. 注意事项

（1）远离水产养殖区、河塘等水体施药，禁止在河塘等水域中清洗施药器具，桑园和蚕室附近禁用，赤眼蜂等天敌放飞区域禁用。

（2）应现配现用，配好的药液不宜存放太久。

（3）不应与碱性物质混合使用。避免与氧化剂接触。

S-烯虫酯
S-Methoprene

1. 作用特点

S-烯虫酯为微毒昆虫生长调节剂，保幼激素类似物，抑制昆虫成熟过程。对成虫没有活性，可抑制昆虫卵的发育，增加幼虫的蜕皮次数，使成虫不育。对双翅目及鞘翅目害虫具有较好的活性。

2. 主要产品

【单剂】颗粒剂：1%，4.3%；微囊悬浮剂：20%。

【混剂】无。

3. 应用

【适用范围】室外蚊（幼虫）滋生地。

【防治对象】蚊（幼虫）。

【使用方法】喷洒、撒施。

蚊（幼虫）	应用于水体中蚊的二、三、四龄幼虫阶段，以防止成蚊的出现。用4.3%S-烯虫酯颗粒剂1.12~2.24克/米^{2}进行撒施。施药后的幼虫会继续生长直至成蛹，然后死亡，而不会继续发育为成蚊。

4. 注意事项

（1）水产养殖区等水体附近禁用，禁止在池塘等水域清洗施药器具。对家蚕生长有延长蚕龄的作用，在蚕室和桑园附近禁止施药。

（2）烯虫酯仅对幼虫有药效，对蛹或成虫施药则无效。

吡蚜酮
Pymetrozine

1. 作用特点

吡蚜酮属于吡啶类低毒杀虫剂。害虫接触药剂即产生口针阻塞效应，停止取食，丧失对植物的危害能力，并最终饥饿致死，而且此过程不可逆转。具有触杀作用，同时具有较强的内吸传导作用，可在植株体内向上或向下传导，具有保护作用。对多种作物的刺吸式口器害虫表现出优异的防治效果。

2. 主要产品

【单剂】水分散粒剂：50%、60%、70%、75%；可湿性粉剂：25%、30%、40%、50%、70%；悬浮剂：25%；颗粒剂：6%、10%；悬浮种衣剂：30%；

种子处理可分散粉剂：50%、70%；泡腾片剂：50%。

【混剂】烯啶·吡蚜酮、噻虫·吡蚜酮、吡蚜酮·溴氰虫酰胺、氯虫·吡蚜酮、仲丁·吡蚜酮、阿维·吡蚜酮、氟啶·吡蚜酮、吡蚜酮·甲维、茚虫·吡蚜酮等。

3. 应用

【适用作物】水稻、小麦、甘蓝、菠菜、观赏菊花等。

【防治对象】蚜虫、稻飞虱、茶小绿叶蝉等。

【使用方法】喷雾。

水稻稻飞虱	于低龄若虫期施药，使用 25% 吡蚜酮可湿性粉剂 16～20 克/亩兑水均匀喷雾，视害虫情况，间隔 7 天左右施药 1 次，可连续使用 2 次。在水稻上安全间隔期为 14 天，每季最多使用 2 次。
甘蓝蚜虫	于蚜虫发生始盛期，使用 50% 吡蚜酮可湿性粉剂 12～16 克/亩兑水均匀喷雾防治。在甘蓝上安全间隔期为 14 天，每季最多使用 3 次。
小麦蚜虫	在蚜虫发生始盛期，使用 50% 吡蚜酮可湿性粉剂 8～10 克/亩兑水均匀喷雾防治。在小麦上安全间隔期为 30 天，每季最多使用 2 次。
菠菜蚜虫	在蚜虫发生始盛期，使用 50% 吡蚜酮可湿性粉剂 10～12.5 克/亩兑水均匀喷雾防治。在菠菜上安全间隔期为 10 天，每季最多使用 1 次。
茶树茶小绿叶蝉	在低龄若虫始盛期，使用 50% 吡蚜酮水分散粒剂 2 500～5 000 倍液喷雾防治。在茶树上安全间隔期为 7 天，每季最多使用 1 次。
菊科观赏花卉烟粉虱	在卵孵盛期至若虫发生期，使用 25% 吡蚜酮悬浮剂 20～25 毫升/亩兑水均匀喷雾防治。在菊科观赏花卉上每季最多使用 1 次。

4. 注意事项

（1）对家蚕、赤眼蜂毒性高。在规定剂量内使用，应对鱼类、蜜蜂、鸟、家蚕等有益生物进行保护，开花植物花期、蚕室、桑园附近禁用。

（2）清洗施药器具的水不要污染鱼塘、河流等水体。禁止在河塘等水体中清洗施药器具，周围开花植物花期禁用。

（3）不可与呈碱性的农药等物质混用。

氰氟虫腙
Metaflumizone

1. 作用特点

氰氟虫腙属于缩氨基脲类低毒杀虫剂，作用机制独特，阻断害虫神经元轴突膜上的钠离子通道，使钠离子不能通过轴突膜，进而抑制神经冲动使虫体过度麻痹，害虫即停止取食，与其他种类的杀虫剂无交互抗性。主要作用方式是胃毒，兼触杀作用，具有良好的耐雨水冲刷性和持效性，氰氟虫腙在叶片表面有中等的渗透活性，无内吸传导性。对鳞翅目和鞘翅目害虫具有较好的防治效果。

2. 主要产品

【单剂】悬浮剂：22％、33％；饵剂：0.25％、0.5％；乳油：20％。

【混剂】氰氟·茚虫威、氰虫·氟铃脲、氰虫·甲虫肼、氰虫·毒死蜱、氰虫·虫螨腈、氰虫·甲维盐、丁脲·氰氟腙、氰虫·啶虫脒、氰虫·灭幼脲等。

3. 应用

【适用作物或场所】水稻、甘蓝、白菜等，也可用于室内卫生杀虫。

【防治对象】稻纵卷叶螟、甜菜夜蛾、小菜蛾、蚂蚁、蜚蠊等。

【使用方法】喷雾、投放。

甘蓝甜菜夜蛾	于低龄幼虫发生初盛期施药，使用22％氰氟虫腙悬浮剂67～87毫升/亩兑水均匀喷雾防治，使叶片正反面均匀着药。在甘蓝上安全间隔期为7天，每季最多使用2次。
甘蓝小菜蛾	于低龄幼虫盛发期施药，使用22％氰氟虫腙悬浮剂75～85毫升/亩兑水均匀喷雾防治，使叶片正反面均匀着药。在甘蓝上安全间隔期为7天，每季最多使用2次。
白菜小菜蛾	于低龄幼虫高发期开始用药，使用33％氰氟虫腙悬浮剂45～55毫升/亩兑水均匀喷雾防治，使叶片正反面均匀着药。在白菜上安全间隔期为5天，每季最多使用2次。
水稻稻纵卷叶螟	在稻纵卷叶螟卵孵化高峰期至低龄幼虫期施药，使用22％氰氟虫腙悬浮剂28～54毫升/亩兑水均匀喷雾防治，使水稻全株叶片正反面均匀着药。在水稻上安全间隔期为28天，每季最多使用1次。

4. 注意事项

对鱼类等水生生物、蚕、蜜蜂高毒，施药时避免对周围蜂群产生影响，开花植物花期、桑园、蚕室附近禁用，赤眼蜂等天敌放飞区域禁用。

虫 螨 腈

Chlorfenapyr

1. 作用特点

虫螨腈是新型吡咯类低毒化合物，作用于昆虫体内细胞的线粒体，通过昆虫体内的多功能氧化酶起作用，阻碍 ADP 转化为 ATP，最终导致害虫死亡。具有胃毒及触杀作用，在叶面渗透性强，有一定的内吸作用，持效期长，可用于防治半翅目、鳞翅目等多种害虫。

2. 主要产品

【单剂】悬浮剂：10％、21％、30％、100 克/升、240 克/升、360 克/升；水分散粒剂：50％；微乳剂：5％、8％、10％；粉剂：2％。

【混剂】虫螨·噻虫胺、虫螨·噻虫嗪、多杀·虫螨腈、虫螨腈·啶虫脒、虫螨腈·虱螨脲、虫螨腈·氟啶虫酰胺、甲维·虫螨腈、阿维·虫螨腈、虫螨·茚虫威、虫螨腈·唑虫酰胺、虫腈·哒螨灵、虫螨·丁醚脲等。

3. 应用

【适用作物】适用于甘蓝、黄瓜、茄子、大葱、茶树、梨、苹果、柑橘、杨树等作物。

【防治对象】小菜蛾、甜菜夜蛾、斜纹夜蛾、茶小绿叶蝉、蓟马等。

【使用方法】喷雾。

甘蓝甜菜夜蛾	于卵孵盛期或低龄幼虫始盛期，使用 240 克/升虫螨腈悬浮剂 25～33.3 毫升/亩兑水均匀喷雾防治。在甘蓝上安全间隔期为 14 天，每季最多使用 2 次。
茶树茶小绿叶蝉	于若虫高峰期，使用 8％虫螨腈微乳剂 60～90 毫升/亩兑水均匀喷雾防治。在茶树上安全间隔期为 7 天，每季最多使用 1 次。
甘蓝小菜蛾	于卵孵盛期或低龄幼虫始盛期，使用 360 克/升虫螨腈悬浮剂 60～90 毫升/亩兑水均匀喷雾防治。在甘蓝上安全间隔期为 21 天，每季最多使用 1 次。
大葱蓟马	于蓟马盛发初期，使用 360 克/升虫螨腈悬浮剂 10～13 毫升/亩兑水均匀喷雾防治。在大葱上的安全间隔期为 10 天，每季最多使用 1 次。
黄瓜斜纹夜蛾	于卵孵化盛期或低龄幼虫期，使用 240 克/升虫螨腈悬浮剂 40～50 毫升/亩兑水均匀喷雾防治，间隔 7～10 天施药 1 次，连续使用 2 次。在黄瓜上安全间隔期为 2 天，每季最多使用 2 次。
茄子朱砂叶螨	于若螨发生始盛期，使用 240 克/升虫螨腈悬浮剂 20～30 毫升/亩兑水均匀喷雾防治，间隔 7～8 天施药 1 次，连续使用 2 次。在茄子上安全间隔期为 7 天，每季最多使用 2 次。

4. 注意事项

（1）对蜜蜂、鱼类等水生生物、家蚕有毒，施药期间应避免对周围蜂群的影响，蜜源植物及周围开花植物花期、蚕室和桑园附近、赤眼蜂等天敌放飞区域禁用。

（2）远离水产养殖区施药，禁止在河塘等水体中清洗施药器具，蚕室及桑园、河塘等水域附近禁用。

（3）不可与呈碱性的农药等物质混合使用。

唑虫酰胺

Tolfenpyrad

1. 作用特点

唑虫酰胺为新型吡唑杂环类中毒杀虫、杀螨剂，其作用机理为阻碍线粒体代谢系统中的电子传递系统复合体 I，从而使电子传递受到阻碍，使昆虫不能提供和贮存能量，被称为线粒体电子传递复合体阻碍剂（METI）。具有触杀作用，持效期较长，杀虫谱广，对鳞翅目、缨翅目、半翅目及螨类等具有较好的活性。

2. 主要产品

【单剂】悬浮剂：15％、10％；水分散粒剂：50％。

【混剂】虫螨腈·唑虫酰胺、螺虫乙酯·唑虫酰胺、甲维盐·唑虫酰胺、阿维菌素·唑虫酰胺、虱螨脲·唑虫酰胺、呋虫胺·唑虫酰胺等。

3. 应用

【适用作物】甘蓝、辣椒、番茄、柑橘等。

【防治对象】蓟马、小菜蛾、茶小绿叶蝉、锈壁虱等。

【使用方法】喷雾。

甘蓝蓟马	于若虫始盛期，使用 50％唑虫酰胺水分散粒剂 10～20 克/亩兑水均匀喷雾防治。在甘蓝上安全间隔期为 7 天，每季最多使用 1 次。
甘蓝小菜蛾	于低龄幼虫发生始盛期，使用 15％唑虫酰胺悬浮剂 30～50 毫升/亩兑水均匀喷雾防治。在甘蓝上安全间隔期为 14 天，每季最多使用 2 次。
柑橘树柑橘锈壁虱	在发生关键时期，观察背光的果面，当果面灰暗、像有一层灰时（或用 20 倍手持放大镜随机观察果面背光一面，当虫口密度达到 1～2 头/视野时），使用 15％唑虫酰胺悬浮剂 3 000～4 000 倍液进行防治。在柑橘树上安全间隔期为 28 天，每季最多使用 1 次。

4. 注意事项

（1）对温度敏感，温度越高，效果越好，气温低于 22 ℃时防效不佳，建议气温在 25 ℃及以上时使用。

（2）可混性强，可与常用的弱酸性、中性杀菌剂和杀虫剂混用。建议与其他作用机制不同的杀虫剂轮换使用，以延缓抗性产生。

（3）对鸟类、蜜蜂、家蚕有毒，鸟类保护区禁用，周围开花植物花期禁用，蚕室及桑园附近禁用。瓢虫等天敌放飞区域禁用。

（4）水产养殖区、河塘等水体附近禁用，禁止在河塘等水域清洗施药器具。

茚 虫 威

Indoxacarb

1. 作用特点

茚虫威属于噁二嗪类低毒杀虫剂，作用机理为阻断昆虫神经系统的钠离子通道，使害虫停止取食、行动失调、麻痹，最终死亡。仅具有触杀、胃毒作用，虽没有内吸活性，但因其具有较好的亲脂性，因此具有较好的耐雨水冲刷性能。主要用于防治鳞翅目害虫。

2. 主要产品

【单剂】水分散粒剂：15％、23％、30％；饵剂：0.045％、0.08％、0.1％、0.5％；悬浮剂：15％、23％、30％、150 克/升；乳油：15％、20％；微乳剂：4％；粉剂：0.2％；超低容量液剂：3％。

【混剂】甲维·茚虫威、多杀·茚虫威、阿维·茚虫威、氰氟·茚虫威、虫螨·茚虫威、顺氯·茚虫威、丁醚·茚虫威、甲氧·茚虫威、苏云·茚虫威、氟铃·茚虫威、噻虫·茚虫威、虫酰·茚虫威、联苯·茚虫威、茚虫·灭幼脲、哒螨·茚虫威等。

3. 应用

【适用作物或场所】水稻、甘蓝、白菜、豇豆、棉花等，也可用于室内外卫生害虫。

【防治对象】鳞翅目棉铃虫、菜青虫、烟青虫、小菜蛾、甜菜夜蛾、斜纹夜蛾、甘蓝夜蛾以及半翅目叶蝉、鞘翅目马铃薯甲虫等，对蚂蚁、红火蚁、蜚蠊也有较好的活性。

【使用方法】喷雾、投放、撒施。

甘蓝菜青虫	于卵孵化盛期至一至二龄幼虫期，使用 30％茚虫威悬浮剂 4～5 毫升/亩兑水均匀喷雾防治。在甘蓝上安全间隔期为 7 天，每季最多使用 3 次。
水稻稻纵卷叶螟	于卵孵化盛期至低龄幼虫始盛期，使用 30％茚虫威悬浮剂 7.5～10 毫升/亩兑水均匀喷雾防治。在水稻上安全间隔期为 21 天，每季最多使用 2 次。
豇豆豆荚螟	于豇豆始花期，豆荚螟卵孵化盛期至低龄幼虫始盛期，发生钻蛀前，使用 30％茚虫威水分散粒剂 6～9 克/亩兑水均匀喷雾施药。在豇豆上安全间隔期为 3 天，每季最多使用 1 次。
甘蓝小菜蛾	于卵孵化盛期至低龄幼虫盛发期用药，使用 150 克/升茚虫威悬浮剂 14～18 毫升/亩兑水均匀喷雾防治，在甘蓝上安全间隔期为 3 天，每季最多使用 3 次。

烟草烟青虫	于卵孵化高峰期至低龄幼虫初期，使用4%茚虫威微乳剂12～18毫升/亩兑水均匀喷雾防治，在烟草上安全间隔期为14天，每季最多使用2次。
棉花棉铃虫	于卵孵盛期至低龄幼虫期，使用20%茚虫威乳油9～15毫升/亩兑水均匀喷雾。在棉花上安全间隔期为14天，每季最多使用1次。
室内蚂蚁	在蚂蚁频繁出没的地方投放0.1%茚虫威杀蚁饵剂。避免在空气潮湿时施药。
红火蚁	在红火蚁蚁巢表面及附近，环状或点状撒施。蚁巢密度较小时，单个蚁巢环状撒施0.1%茚虫威杀蚁饵剂15～20克，蚁巢密度较大时，可采用全面撒施的方法进行防治，施药时地表要干燥，气温应在20～33℃之间或地表温度应在21～35℃之间为宜，施药后2天内下雨需重新施药。
蜚蠊	在蜚蠊频繁出没的地方投放0.5%茚虫威饵剂。避免在空气潮湿时施药。

4. 注意事项

对鸟类、蜜蜂、家蚕、水生生物有毒，对赤眼蜂有风险，应避免对周围蜂群的影响，蜜源作物花期、鸟类保护区、天敌放飞区、蚕室和桑园附近禁用。远离水产养殖区施药，禁止在河塘等水体中清洗施药器具。清洗施药器具的水也不能排入河塘等水体。鱼或虾蟹套养的稻田禁用，施药后的田水不得直接排入水体。

三氟苯嘧啶

Triflumezopyrim

1. 作用特点

三氟苯嘧啶为新型介离子微毒杀虫剂，作用于烟碱型乙酰胆碱受体，为烟碱乙酰胆碱受体拮抗剂。与吡虫啉等烟碱乙酰胆碱受体竞争调节剂一样，三氟苯嘧啶通过与烟碱乙酰胆碱受体的正性位点结合，阻断靶标害虫的神经传递而发挥杀虫活性。具有内吸传导性，通过土壤处理可以由根部吸收并向上传导。具有良好的渗透性，耐雨水冲刷，持效期长。

2. 主要产品

【单剂】水分散粒剂：20%；悬浮剂：10%。

【混剂】溴酰·三氟苯、阿维·三氟苯、氯虫·三氟苯。

3. 应用

【适用作物】水稻。

【防治对象】稻飞虱。

【使用方法】喷雾。

| 水稻稻飞虱 | 在水稻营养生长期（分蘖期至幼穗分化期前），于水稻飞虱低龄若虫始盛期，使用20％三氟苯嘧啶水分散粒剂7～9克/亩，兑水对作物茎叶均匀喷雾。在水稻上安全间隔期为21天，每季最多使用1次。 |

4. 注意事项

（1）远离水产养殖区、河塘等水体施药。鱼或虾蟹套养稻田禁用，施药后的田水不得直接排入水体。

（2）对蜜蜂、家蚕有毒，避免在蜜蜂觅食时施药；蚕室和桑园附近禁用。

双丙环虫酯
Afidopyropen

1. 作用特点

双丙环虫酯为丙烯类低毒杀虫剂，是一种全新的防治刺吸式口器害虫的杀虫剂，具有速效、高效、广谱等特点。通过干扰昆虫弦音器的功能，导致昆虫对重力、平衡、声音、位置和运动等失去感应，使昆虫耳聋、丧失协调和方向感，进而不能取食，失水，最终饥饿而死。具有优异的杀虫效果，持效期长，叶片渗透能力强。

2. 主要产品

【单剂】可分散液剂：50克/升。

【混剂】阿维菌素·双丙环虫酯。

3. 应用

【适用作物】番茄、甘蓝、黄瓜、辣椒、棉花、苹果、桃、西瓜、小麦、豇豆、观赏月季等。

【防治对象】烟粉虱、蚜虫。

【使用方法】喷雾。

棉花蚜虫	于蚜虫发生初期，使用50克/升双丙环虫酯可分散液剂10～16毫升/亩兑水均匀喷雾防治。在棉花上安全间隔期为21天，每季最多使用2次。
苹果树蚜虫	于蚜虫发生初期，使用50克/升双丙环虫酯可分散液剂12 000～20 000倍液喷雾防治。在苹果树上安全间隔期为21天，每季最多使用2次。
小麦蚜虫	于蚜虫发生初期，使用50克/升双丙环虫酯可分散液剂10～16毫升/亩兑水均匀喷雾防治。在小麦上安全间隔期为21天，每季最多使用2次。
甘蓝蚜虫	于蚜虫发生初期，使用50克/升双丙环虫酯可分散液剂10～16毫升/亩兑水均匀喷雾防治。在甘蓝上安全间隔期为7天，每季最多使用2次。
黄瓜蚜虫	于蚜虫发生初期，使用50克/升双丙环虫酯可分散液剂10～16毫升/亩兑水均匀喷雾防治。在黄瓜上安全间隔期为3天，每季最多使用2次。

豇豆蚜虫	于蚜虫发生初期，使用 50 克/升双丙环虫酯可分散液剂 10～16 毫升/亩兑水均匀喷雾防治。在豇豆上安全间隔期为 3 天，每季最多使用 2 次。
西瓜蚜虫	于蚜虫发生始盛期，使用 50 克/升双丙环虫酯可分散液剂 10～16 毫升/亩兑水均匀喷雾防治。在西瓜上安全间隔期为 5 天，每季最多使用 1 次。
辣椒蚜虫	于蚜虫发生始盛期，使用 50 克/升双丙环虫酯可分散液剂 10～16 毫升/亩兑水均匀喷雾防治。在辣椒上安全间隔期为 3 天，每季最多使用 1 次。
桃树蚜虫	于蚜虫发生初期，使用 50 克/升双丙环虫酯可分散液剂 8 000～15 000 倍液喷雾防治。在桃树上安全间隔期为 14 天，每季最多使用 2 次。
番茄和辣椒烟粉虱	于烟粉虱发生初期，使用 50 克/升双丙环虫酯可分散液剂 55～65 毫升/亩兑水均匀喷雾防治。在番茄和辣椒上安全间隔期均为 3 天，每季最多使用 2 次。

4. 注意事项

（1）药剂要现配现兑，配好的药液要立即使用。

（2）水产养殖区、河塘等水体附近禁用，禁止在河塘等水体中清洗施药器具。蚕室及桑园附近禁用。赤眼蜂等天敌放飞区域禁用。

（3）对皮肤有刺激性，注意安全防护。施药后用清水及肥皂彻底清洗脸及其他裸露部位。

丁 醚 脲

Diafenthiuron

1. 作用特点

丁醚脲属于新型硫脲类中毒杀虫、杀螨剂，通过干扰神经系统的能量代谢，破坏神经系统的基本功能，抑制几丁质合成。具有触杀、胃毒、内吸和熏蒸作用，杀虫谱广，对半翅目、鳞翅目害虫及害螨具有较好的效果，且具有一定的杀卵效果，速效性好，持效期较长。

2. 主要产品

【单剂】乳油：25%；悬浮剂：25%、43.5%、50%、500 克/升；水分散粒剂：70%；可湿性粉剂：50%；微乳剂：10%。

【混剂】阿维·丁醚脲、甲维·丁醚脲、丁醚·茚虫威、联菊·丁醚脲、丁醚脲·呋虫胺、乙螨·丁醚脲、丁醚·哒螨灵、丁醚脲·溴氰虫酰胺、丁醚·高氯氟、四螨·丁醚脲、虫螨·丁醚脲、丁醚·噻虫啉、丁醚·三唑锡等。

3. 应用

【适用作物】甘蓝、小白菜、柑橘、茶树、观赏月季等。

【防治对象】小菜蛾、茶小绿叶蝉、菜青虫、二斑叶螨等。

【使用方法】喷雾。

小白菜 菜青虫	于卵孵化盛期至低龄幼虫期，使用25％丁醚脲乳油60～80毫升/亩进行防治，兑水均匀喷雾。在小白菜上安全间隔期为10天，每季最多使用1次。
茶树茶小绿 叶蝉	于若虫盛发初期，使用500克/升丁醚脲悬浮剂80～100毫升/亩进行防治，兑水均匀喷雾。在茶树上安全间隔期为7天，每季最多使用2次。
甘蓝小菜蛾	于卵孵化盛期至低龄幼虫初发期，使用500克/升丁醚脲悬浮剂50～60毫升/亩进行防治，兑水均匀喷雾。在甘蓝上安全间隔期为7天，每季最多使用1次。

4. 注意事项

（1）对蜜蜂、家蚕、鱼类等水生生物有毒，施药期间应避免对周围蜂群的影响，开花作物花期、蚕室和桑园附近禁用。远离水产养殖区施药，禁止在河塘等水体中清洗施药器具，避免污染水源。赤眼蜂等天敌放飞区域禁用。

（2）具光活化作用，晴天或早上施药较好。

（3）不可与强酸、强碱性物质混用。

乙 虫 腈
Ethiprole

1. 作用特点

乙虫腈为吡唑类低毒杀虫剂，通过氨基丁酸干扰氯离子通道，从而破坏中枢神经系统的正常活动，使昆虫致死，对咀嚼式口器害虫及刺吸式口器害虫有防治效果。

2. 主要产品

【单剂】悬浮剂：9.7％、100克/升、250克/升。

【混剂】乙虫·毒死蜱、乙虫·异丙威等。

3. 应用

【适用作物】水稻。

【防治对象】稻飞虱。

【使用方法】喷雾。

水稻稻飞虱	于低龄若虫盛发期，每亩使用250克/升乙虫腈悬浮剂12～16毫升，兑水40～60升进行茎叶喷雾处理。在防治稻飞虱时，应特别注意对水稻植株中下部进行喷雾。在水稻上安全间隔期为21天，每季最多使用2次。

4. 注意事项

（1）对蜜蜂、虾、蟹和部分鱼类高毒，严禁在池塘、水渠和河流中洗涤施药器具。剩余药液切勿倒入湖泊、溪流、池塘、港湾海洋和其他水源中。鱼或虾蟹套养稻田禁用，施药后的田水不得直接排入水体。严禁将施药后的稻田水直接排入养鱼、虾和蟹的池塘，施药后 7 天内，不得把田水排入河、湖、水渠和池塘等水源。避免药滴飘移到蜜源植物、开花植物和养殖鱼及虾蟹的池塘。

（2）对蜜蜂高毒，周围开花植物花期禁用，使用时应密切关注对附近蜂群的影响；桑园及蚕室附近禁用。

（3）不推荐用于防治白背飞虱。

棉铃虫核型多角体病毒

Helicoverpa armigera nucleopolyhedrovirus（HearNPV）

1. 作用特点

棉铃虫核型多角体病毒是棉铃虫专一性的病原微生物，低毒，主要用于防治棉铃虫，有良好的防治效果，具有胃毒作用，兼有触杀和杀卵作用。喷施到农作物上被棉铃虫取食后，病毒在虫体内大量繁殖，使棉铃虫染病致死，药效较持久，具有持续传染、降低害虫群体基数的作用。

2. 主要产品

【单剂】悬浮剂：20 亿 PIB/毫升、50 亿 PIB/毫升；可湿性粉剂：10 亿 PIB/克；水分散粒剂：600 亿 PIB/克。

【混剂】棉核·苏云菌、棉核·辛硫磷、棉核·高氯。

3. 应用

【适用作物】棉花、芝麻、番茄、辣椒、烟草。

【防治对象】棉铃虫、烟青虫。

【使用方法】喷雾。

棉花棉铃虫	于卵孵化盛期至低龄幼虫盛发初期及时用药，可用 20 亿 PIB/毫升棉铃虫核型多角体病毒悬浮剂 90～120 毫升/亩兑水均匀喷雾防治，使叶片正反面、新生部位均匀着药。
辣椒烟青虫	于卵孵化高峰期至低龄幼虫盛发初期，使用 600 亿 PIB/克棉铃虫核型多角体病毒水分散粒剂 2～4 克/亩兑水均匀喷雾防治，使叶片正反面、新生部位均匀着药。

4. 注意事项

（1）建议与其他不同作用机理的杀虫剂轮用。应选择傍晚或阴天施药，尽量避免阳光直射，遇雨补喷。大风天或预计 1 小时后有雨，请勿施药。

（2）远离水产养殖区、河塘等水域施药，禁止在河塘等水域中清洗施药器具。避免药剂污染水源。

（3）不得与碱性物质混用，不得与含铜杀菌剂混用。

斜纹夜蛾核型多角体病毒

Spodoptera litura **nucleopolyhedrovirus（SpltNPV）**

1. 作用特点

斜纹夜蛾核型多角体病毒属于昆虫病毒微生物杀虫剂，低毒，喷洒到农作物上被斜纹夜蛾取食后，病毒在虫体内大量增殖，使害虫染病致死。具有胃毒作用，无内吸、熏蒸作用，毒性低，持效期长，主要用于防治斜纹夜蛾。

2. 主要产品

【单剂】水分散粒剂：200 亿 PIB/克；悬浮剂：10 亿 PIB/毫升、20 亿 PIB/毫升；可湿性粉剂：10 亿 PIB/克。

【混剂】氟啶·斜纹核、高氯·斜夜核。

3. 应用

【适用作物】甘蓝、烟草等。

【防治对象】斜纹夜蛾。

【使用方法】喷雾。

甘蓝斜纹夜蛾	于卵孵化盛期至低龄幼虫（三龄前）始发期，使用 10 亿 PIB/克斜纹夜蛾核型多角体病毒悬浮剂 50～75 毫升/亩兑水，均匀喷雾，使叶片正反面均匀着药。

4. 注意事项

（1）喷药要均匀周到，新生叶部位，叶片背面重点喷洒，才能有效防治害虫。选在傍晚或阴天施药，尽量避免阳光直射，大风或预计 4 小时内降雨，不要施药。

（2）不得与强碱、强酸物质及含铜杀菌剂等混用。

（3）不要在河塘等水域清洗施药器具，避免药剂污染水源。

甜菜夜蛾核型多角体病毒

Spodoptera exigua **nucleopolyhedrovirus（SeNPV）**

1. 作用特点

甜菜夜蛾核型多角体病毒属于昆虫病毒微生物杀虫剂，低毒。喷施到作物上被害虫取食后，病毒在害虫体内大量复制增殖，迅速扩散到害虫全身各个部位，急剧吞噬消耗虫体组织，使害虫出现亚致死效应，最终全身化水而亡。病毒可通过死虫的体液、粪便像"瘟疫"一样继续传染至下一代或其他害虫，从而使田间害虫能够得到长期有效的控制，主要用于防治甜菜夜蛾。

2. 主要产品

【单剂】悬浮剂：5 亿 PIB/毫升、10 亿 PIB/毫升、30 亿 PIB/毫升；水分散粒剂：300 亿 PIB/克。

【混剂】甜核·苏云菌。

3. 应用

【适用作物】辣椒、扁豆、菜豆、地黄、番茄、茄子、十字花科蔬菜等。

【防治对象】甜菜夜蛾。

【使用方法】喷雾。

蔬菜、地黄甜菜夜蛾	于甜菜夜蛾产卵高峰期至低龄幼虫盛发初期施药，可使用300亿PIB/克甜菜夜蛾核型多角体病毒水分散粒剂2～5克/亩喷雾防治豇豆、茄子、辣椒、番茄、扁豆、菜豆及十字花科蔬菜上的甜菜夜蛾，防治地黄甜菜夜蛾时用量为3～6克/亩。

4. 注意事项

（1）由于用量较少，为保证使用效果，喷药时需二次稀释，先用少量水将药剂混合均匀，再加入足量水进行稀释。

（2）应选择傍晚或阴天施药，尽量避免阳光直射，遇雨补喷。

（3）作物新生部分、叶片背部等害虫喜欢咬食的部位应重点喷洒，便于害虫大量摄取。

（4）有效成分对热敏感，需远离热源。

（5）开启时按指示方向平稳旋开，注意勿使药剂喷溅入眼睛。勿使儿童接触废弃药瓶。

（6）水产养殖区、河塘等水体附近禁用，禁止在河塘等水域清洗施药器具，避免药剂污染水源。

甘蓝夜蛾核型多角体病毒

Mamestra brassicae **nucleopolyhedrovirus**（MabrNPV）

1. 作用特点

甘蓝夜蛾核型多角体病毒属于昆虫病毒微生物杀虫剂，低毒。作用机理独特，施药后病毒能大量吞噬靶标害虫细胞，最后有效杀灭害虫，具有胃毒作用，无内吸、熏蒸作用。可用于防治多种鳞翅目害虫，且不易产生抗性。

2. 主要产品

【单剂】悬浮剂：10亿PIB/毫升、20亿PIB/毫升、30亿PIB/毫升；颗粒剂：5亿PIB/克。

【混剂】无。

3. 应用

【适用作物】玉米、甘蓝、棉花、茶树等。

【防治对象】小菜蛾、玉米螟等多种鳞翅目害虫。

【使用方法】喷雾、沟施。

玉米玉米螟	于低龄幼虫（三龄前）始发期，使用 10 亿 PIB/毫升甘蓝夜蛾核型多角体病毒悬浮剂 80～100 毫升/亩兑水均匀喷雾，使叶片正反面均匀着药。
茶树茶尺蠖	于低龄幼虫（三龄前）始发期，使用 20 亿 PIB/毫升甘蓝夜蛾核型多角体病毒悬浮剂 50～60 毫升/亩兑水均匀喷雾，使叶片正反面均匀着药。
甘蓝小菜蛾	于低龄幼虫（三龄前）始发期，使用 20 亿 PIB/毫升甘蓝夜蛾核型多角体病毒悬浮剂 90～120 毫升/亩兑水均匀喷雾，使叶片正反面均匀着药。
棉花棉铃虫	于低龄幼虫（三龄前）始发期，使用 20 亿 PIB/毫升甘蓝夜蛾核型多角体病毒悬浮剂 50～60 毫升/亩兑水均匀喷雾，使叶片正反面均匀着药。
玉米草地贪夜蛾	于草地贪夜蛾低龄幼虫（三龄前）始发期，使用 30 亿 PIB/毫升甘蓝夜蛾核型多角体病毒悬浮剂 40～60 毫升/亩兑水均匀喷雾，使叶片正反面均匀着药。
水稻稻纵卷叶螟	于低龄幼虫（三龄前）始发期，使用 20 亿 PIB/毫升甘蓝夜蛾核型多角体病毒悬浮剂 30～50 毫升/亩兑水均匀喷雾，使叶片正反面均匀着药。
烟草烟青虫	于低龄幼虫（三龄前）始发期，使用 10 亿 PIB/克甘蓝夜蛾核型多角体病毒可湿性粉剂 80～100 克/亩兑水均匀喷雾，使叶片正反面均匀着药。
玉米地老虎	于玉米播种前，用 5 亿 PIB/克甘蓝夜蛾核型多角体病毒颗粒剂 800～1 200 克/亩兑水将药剂与适量细沙土混匀，撒施于播种沟内。

4. 注意事项

（1）不能与强酸、碱性物质混用，以免降低药效。

（2）水产养殖区、河塘等水体附近禁用，禁止在河塘等水域清洗施药器具，避免药剂污染水源。

球孢白僵菌

Beauveria bassiana

1. 作用特点

球孢白僵菌为一种真菌类微生物杀虫剂，微毒。作用方式是球孢白僵菌接触虫体后，孢子侵入虫体内破坏其组织，致其死亡。球孢白僵菌寄生范围极广，主要寄主昆虫有鳞翅目、鞘翅目、膜翅目、双翅目、半翅目、直翅目、等翅目、缨翅目、脉翅目、革翅目、蚤目、螳螂目、蜚蠊目和纺足目等。

2. 主要产品

【单剂】悬浮剂：50 亿孢子/克、150 亿孢子/克；可湿性粉剂：150 亿孢子/克、300 亿孢子/克、400 亿孢子/克；可分散油悬浮剂：100 亿孢子/毫升、200 亿孢子/、

300 亿孢子/克；水分散粒剂：400 亿孢子/克；颗粒剂：150 亿孢子/克。

【混剂】无。

3. 应用

【适用作物】甘蓝、番茄、茶树、棉花、松树、杨树、竹子等。

【防治对象】小菜蛾、烟粉虱、光肩星天牛、茶小绿叶蝉、美国白蛾、斜纹夜蛾、松毛虫、柳毒蛾、竹蝗等。

【使用方法】超低容量喷雾、喷雾、药土法。

草原蝗虫	于蝗虫卵孵化盛期，采用超低量喷雾的方式用 100 亿孢子/毫升球孢白僵菌可分散油悬浮剂 150～200 毫升/亩进行防治，喷药时尽量均匀，保证药液能够直接接触幼虫。
马铃薯马铃薯甲虫	于幼虫发生期，使用 100 亿孢子/毫升球孢白僵菌可分散油悬浮剂 200～300 毫升/亩兑水均匀喷雾。
茶树茶小绿叶蝉	于若虫发生初期，使用 150 亿孢子/毫升球孢白僵菌悬浮剂 50～90 毫升/亩兑水均匀喷雾。
玉米玉米螟	于玉米大喇叭口期（玉米螟卵孵化盛期），使用 400 亿孢子/克球孢白僵菌可湿性粉剂 100～120 克/亩兑水均匀喷雾，注意心叶喇叭口内均匀着药。
白菜小菜蛾	于卵孵盛期至低龄幼虫期，使用 200 亿孢子/毫升球孢白僵菌可分散油悬浮剂 15～20 毫升/亩兑水均匀喷雾。
韭菜韭蛆	在韭蛆初见危害时，使用 200 亿孢子/克球孢白僵菌可分散油悬浮剂 400～500 毫升/亩药土撒施。
小麦蚜虫	于蚜虫发生初期，使用 150 亿孢子/克球孢白僵菌可湿性粉剂 15～20 克/亩兑水均匀喷雾。
玉米草地贪夜蛾	于卵孵化盛期至二龄幼虫期，使用 300 亿芽孢/克球孢白僵菌可湿性粉剂 45～60 克/亩兑水均匀喷雾。
林木美国白蛾	于卵孵化盛期至二至三龄幼虫期，使用 300 亿芽孢/克球孢白僵菌可湿性粉剂 1 200～2 000 倍液喷雾。
水稻稻纵卷叶螟	于卵孵化盛期至一至二龄幼虫发生高峰期，使用 400 亿孢子/克球孢白僵菌水分散粒剂 30～35 克/亩兑水均匀喷雾。

4. 注意事项

（1）包装一旦开启，应尽快用完，以免影响孢子活力。

（2）不可与杀菌剂混用，也不能与呈碱性的农药等物质混用。

（3）对家蚕有毒，禁止在蚕室和桑园附近使用。

（4）喷药时尽量均匀，保证药液能直接接触幼虫。

金龟子绿僵菌
Metarhizium anisopliae

1. 作用特点

金龟子绿僵菌为真菌类微生物杀虫剂，低毒。寄主侵染过程包括黏附、孢子萌发、产生附着胞、穿透虫体、体内繁殖和致死。整个过程是附着胞、表皮降解酶和破坏菌素等物质的生理生化作用的综合结果，杀虫速率缓慢。

2. 主要产品

【单剂】可湿性粉剂：80 亿孢子/克、100 亿孢子/克；可分散油悬浮剂：80 亿孢子/毫升、100 亿孢子/克；饵剂：1 亿孢子/克、5 亿孢子/克；油悬浮剂：100 亿孢子/克；颗粒剂：2 亿孢子/克。

【混剂】无。

3. 应用

【适用作物】豇豆、玉米、水稻、烟草、大白菜、苹果等。

【防治对象】蓟马、玉米螟、二化螟、烟粉虱、甜菜夜蛾、桃小食心虫等。

【使用方法】喷雾、撒施、沟施、穴施。

豇豆蓟马	于低龄若虫始盛期，使用 100 亿孢子/克金龟子绿僵菌悬浮剂 30～35 毫升/亩进行防治，兑水均匀喷雾处理。
萝卜地老虎	于萝卜播种或移栽前，使用 2 亿孢子/克金龟子绿僵菌 CQMa421 颗粒剂 2～6 千克/亩进行撒施。
玉米玉米螟	于卵孵化盛期至低龄幼虫期，使用 2 亿孢子/克金龟子绿僵菌 CQMa421 颗粒剂 3～4.5 千克/亩，心叶撒施。
韭菜韭蛆	于前茬韭菜收割后 2～3 天内，使用 2 亿孢子/克金龟子绿僵菌 CQMa421 颗粒剂 4～6 千克/亩进行撒施。
滩涂飞蝗	于三至四龄蝗蝻期间施药，使用 100 亿孢子/毫升金龟子绿僵菌油悬浮剂 17～33 毫升/亩进行喷雾防治。
水稻二化螟	于低龄幼虫盛发期，使用 100 亿孢子/毫升金龟子绿僵菌油悬浮剂 100～150 毫升/亩进行喷雾防治。之后视虫害发生情况，隔 14 天施 1 次，每季可连续使用 1～2 次。
烟草烟粉虱	于成虫始盛期，使用 100 亿孢子/毫升金龟子绿僵菌油悬浮剂 100～150 毫升/亩进行喷雾防治。之后视虫害发生情况，7～10 天左右再施药 1 次，每季最多使用 2 次。
大白菜甜菜夜蛾	于低龄幼虫发生始盛期，使用 100 亿孢子/毫升金龟子绿僵菌可分散油悬浮剂 20～30 毫升/亩进行喷雾防治。

4. 注意事项
（1）包装一旦开启，应尽快用完，以免影响孢子活力。
（2）不可与杀菌剂混用。

苏云金杆菌
Bacillus thuringiensis

1. 作用特点
苏云金杆菌属于微生物源低毒杀虫剂，以胃毒作用为主。可产生两大类毒素，即内毒素（伴胞晶体）和外毒素。内毒素使害虫停止取食，最后害虫因饥饿和细胞壁破裂、血液败坏和神经中毒而死亡；而外毒素作用缓慢，在害虫蜕皮和变态时作用明显，这两个时期是 RNA 合成的高峰期，外毒素能抑制依赖于 DNA 的 RNA 聚合酶。苏云金杆菌作用缓慢，害虫取食后 2 天左右才能见效，持效期约 1 天，因此使用时应比常规化学药剂提前 2～3 天，且在害虫低龄期使用效果较好。

2. 主要产品
【单剂】悬浮剂：4 000 国际单位/微升、6 000 国际单位/微升、8 000 国际单位/微升、100 亿活芽孢/毫升；可湿性粉剂：4 000 国际单位/毫克、8 000 国际单位/毫克、12 000 国际单位/毫克、16 000 国际单位/毫克、32 000 国际单位/毫克、200 亿 CFU/克、3.2%；可分散油悬浮剂：8 000 国际单位/微升、16 000 国际单位/毫克；大粒剂：200 国际单位/毫克；颗粒剂：400 国际单位/毫克、0.2%；悬浮种衣剂：4 000 国际单位/毫克；水分散粒剂：15 000 国际单位/毫克；粉剂：16 000 国际单位/毫克。

【混剂】苏云金杆菌·噻虫胺、阿维·苏云菌、杀单·苏云菌、黏颗·苏云菌、甲维·苏云金、苏云·杀虫单、棉核·苏云菌、高氯·苏云菌、茶核·苏云菌、苜核·苏云菌、苏云·吡虫啉、苏云·氟铃脲、苏云·虫酰肼、苏·松质病毒、甜核·苏云菌、苏云·稻纵颗、苏云·茚虫威、菜颗·苏云菌等。

3. 应用
【适用作物】十字花科蔬菜、烟草、水稻、玉米、高粱、大豆、甘薯、棉花、茶树、苹果、梨、桃、枣、柑橘等多种农作物及森林。

【防治对象】主要用于防治鳞翅目害虫幼虫，如菜青虫、小菜蛾、甜菜夜蛾、斜纹夜蛾、烟青虫、玉米螟、稻纵卷叶螟、二化螟、松毛虫、茶毛虫、茶尺蠖、豆荚螟等，部分亚种或菌株对线虫、蚊幼虫、甲虫等害虫也有一定防治作用。

【使用方法】喷雾、毒土、种子包衣等。

| 水稻稻纵卷叶螟 | 于卵孵化盛期，使用8 000 国际单位/毫克苏云金杆菌可湿性粉剂100～400 克/亩兑水均匀喷雾。 |

玉米玉米螟	于卵孵化盛期至幼虫低龄期前2～3天用药，使用8 000国际单位/毫克苏云金杆菌可湿性粉剂250～300克/亩兑水均匀喷雾。
白菜菜青虫	于卵孵化盛期至幼虫低龄期前2～3天用药，使用8 000国际单位/毫克苏云金杆菌可湿性粉剂100～300克/亩兑水均匀喷雾。
茶树茶毛虫	于卵孵化盛期至低龄幼虫期前2～3天用药，使用8 000国际单位/微升苏云金杆菌悬浮剂100～200倍液喷雾防治。
白菜小菜蛾	于卵孵化盛期至幼虫低龄期前2～3天用药，使用8 000国际单位/毫克苏云金杆菌可湿性粉剂100～300克/亩兑水均匀喷雾。
甘薯甘薯天蛾	于卵孵化盛期至幼虫低龄期前2～3天用药，使用8 000国际单位/毫克苏云金杆菌可湿性粉剂100～150克/亩兑水均匀喷雾。
甘蓝小菜蛾	于卵孵化盛期至幼虫二龄期，使用16 000国际单位/微升苏云金杆菌可分散油悬浮剂50～100毫升/亩兑水均匀喷雾。叶片正反面均匀喷雾，每季使用1次。
大豆孢囊线虫	播种前使用4 000国际单位/微升苏云金杆菌悬浮种衣剂1：（60～80）进行防治。搅拌至种衣剂均匀包裹种子，阴干后播种。
棉花棉铃虫	于卵孵化盛期至幼虫低龄期前2～3天用药，使用8 000国际单位/毫克苏云金杆菌可湿性粉剂100～500克/亩兑水均匀喷雾。
柑橘树柑橘凤蝶	于卵孵盛期至幼虫低龄期前2～3天用药，使用8 000国际单位/毫克苏云金杆菌可湿性粉剂150～250克/亩兑水均匀喷雾。

4. 注意事项

（1）在气温较高（20 ℃以上）时才能充分发挥作用，所以在7—9月应用效果最好；施药适期一般比使用化学农药提前2～3天为宜。

（2）不可与内吸性有机磷杀虫剂或杀菌剂混用，如乐果、稻丰散、伏杀硫磷、波尔多液。

（3）对蜜蜂低毒，但对家蚕和蓖麻蚕剧毒，应严格控制，不可在养蚕地区使用。若桑叶沾上菌粉，要用0.2%漂白粉杀菌，洗净、晾干后再饲喂。

阿维菌素

Abamectin

1. 作用特点

阿维菌素属抗生素类高毒杀虫、杀螨剂。作用机理和一般杀虫剂不同，通过干扰害虫神经生理活动，促进 γ-氨基丁酸从神经末梢释放，增强 γ-氨基丁酸与细胞膜上受体的结合，从而致使进入细胞的氯离子增加，细胞膜超极化，导致神经信号传递受抑，致使害虫麻痹、死亡。具有触杀和胃毒作用，无内吸性，但有较强的渗透作用。害虫接触阿维菌素后立即出现麻痹症状，不活动、不取食，2～4天后死亡，主要用于防治鳞翅目幼虫及害螨。

2. 主要产品

【单剂】乳油：0.9%、1.8%、2%、3.2%、5%、18克/升；悬浮剂：3%、5%、10%；微乳剂：1.8%、3%、5%；微囊悬浮剂：1%、2%、3%、5%；可湿性粉剂：0.5%、1.8%、3%；水乳剂：1%、1.8%、3%、5%、18克/升；颗粒剂：0.5%、1%；泡腾片剂：1.5%、3%；可溶液剂：0.5%、5%；可溶粒剂：2%；水分散粒剂：6%；缓释粒：1%。

【混剂】阿维菌素·螺螨酯、阿维菌素·氟啶胺、阿维菌素·唑虫酰胺、阿维菌素·噻唑膦、阿维菌素·双丙环虫酯、阿维菌素·噻虫胺、阿维·三唑磷、阿维·哒螨灵、阿维·啶虫脒、阿维·高氯、阿维·氟铃脲、阿维·吡虫啉、阿维·炔螨特、阿维·噻虫嗪、阿维·茚虫威、阿维·四螨嗪、阿维·甲虫肼、阿维·毒死蜱等。

3. 应用

【适用作物】水稻、甘蓝、黄瓜、菜豆、白菜、马铃薯、苹果、柑橘、山药、棉花、观赏花卉等。

【防治对象】小菜蛾、菜青虫、二化螟、棉铃虫、木虱、斑潜蝇、二斑叶螨、红火蚁等。

【使用方法】喷雾、沟施或穴施。

水稻稻纵卷叶螟	在卵孵化高峰期至低龄幼虫发生高峰期，用3.2%阿维菌素乳油15～20毫升/亩兑水均匀喷雾。在水稻上安全间隔期为14天，每季最多使用1次。
甘蓝小菜蛾	在卵孵盛期至低龄幼虫发生盛期，用1.8%阿维菌素微乳剂25～30毫升/亩兑水均匀喷雾。在甘蓝上安全间隔期为7天，每季最多使用2次。
棉花红蜘蛛	在红蜘蛛发生始盛期，用1.8%阿维菌素微乳剂40～60毫升/亩兑水均匀喷雾。在棉花上安全间隔期为21天，每季最多使用2次。
苹果树红蜘蛛	在红蜘蛛始盛期，用1.8%阿维菌素乳油2 000～3 000倍液均匀喷雾。在苹果树上安全间隔期为14天，每季最多使用3次。
黄瓜根结线虫	在黄瓜播种时或在黄瓜移栽前拌适量细土或细沙，用0.5%阿维菌素颗粒剂3 000～3 500克/亩沟施或穴施，然后覆土，当天种植或移栽。露天栽培时，在黄瓜上安全间隔期为50天，每季最多使用1次。
山药根结线虫	在山药播种前，使用0.5%阿维菌素颗粒剂3 000～5 000克/亩拌细土均匀沟施，施药后立即覆土。每季最多使用1次。

茭白二化螟	在卵孵化盛期至低龄幼虫期，用 1.8% 阿维菌素乳油 35～50 毫升/亩兑水均匀喷雾。在茭白上安全间隔期为 14 天，每季最多使用 2 次。
甘蓝菜青虫	在卵孵化盛期至低龄幼虫期，用 1.8% 阿维菌素乳油 30～40 毫升/亩兑水均匀喷雾。在甘蓝上安全间隔期为 7 天，每季最多使用 1 次。
菜豆美洲斑潜蝇	在低龄幼虫期，用 1.8% 阿维菌素乳油 40～80 毫升/亩兑水均匀喷雾。在菜豆上安全间隔期为 10 天，每季最多使用 2 次。
柑橘树红蜘蛛	于红蜘蛛盛发初期，用 1.8% 阿维菌素乳油 2 000～4 000 倍液均匀喷雾。在柑橘上安全间隔期为 14 天，每季最多使用 2 次。
柑橘树柑橘潜叶蛾	在柑橘新梢初抽期（大部分嫩梢 1～3 厘米时），潜叶蛾发生初期，用 1.8% 阿维菌素乳油 2 000～4 000 倍液均匀喷雾。在柑橘上安全间隔期为 14 天，每季最多使用 2 次。
柑橘树柑橘锈壁虱	在锈壁虱发生期（4—10 月），观察背光的果面，当果面灰暗，像一层灰时（或用 20 倍手持放大镜随机观察果面背光一面，当虫口密度达到 1～2 头/视野时），用 1.8% 阿维菌素乳油 4 000～8 000 倍液均匀喷雾。在柑橘上安全间隔期为 14 天，每季最多使用 2 次。
黄瓜美洲斑潜蝇	于斑潜蝇发生初期施药，用 1.8% 阿维菌素乳油 40～80 毫升/亩兑水均匀喷雾。在黄瓜上安全间隔期为 7 天，每季最多使用 3 次。

4. 注意事项

（1）对蜜蜂剧毒，养蜂地区及开花作物花期禁止使用。对赤眼蜂有高风险，在赤眼蜂等天敌放飞区禁用。

（2）防治作物为水稻时，在鱼或虾蟹套养稻田禁用。

甲氨基阿维菌素苯甲酸盐

Emamectin benzoate

1. 作用特点

甲氨基阿维菌素苯甲酸盐为生物源中毒杀虫、杀螨剂，具有高效、广谱、持效期长的特点。其作用机理是阻碍害虫运动神经信息传递而使身体麻痹死亡，可以增强神经质如谷氨酸和 γ-氨基丁酸的作用，从而使大量氯离子进入神经细胞，使细胞功能丧失，扰乱神经传导，幼虫在接触后马上停止进食，发生不可逆转的麻痹，在 3～4 天内达到最高致死率。作用方式以胃毒为主，兼有触杀作用，无内吸性，但极易被作物吸收，能有效渗入作物表皮组织，因而具有较长的持效期。在环境中不积累，可以运动转移，受环境因素如风、雨影响较小。

2. 主要产品

【单剂】微乳剂：0.5%、1%、2%、3%、5%；乳油：0.5%、1%、1.5%、

2％、5％；水分散粒剂：2％、3％、5％、8％；悬浮剂：3％、5％；水乳剂：0.5％、1％、2％、2.5％、5％；可溶液剂：2％、8％；可溶粒剂：2％、5％；微囊悬浮剂：0.9％、2％、5.7％；超低容量液剂：1％；可湿性粉剂：0.5％、1％、5％；泡腾片剂：1.5％。

【混剂】甲维·虫酰肼、甲维·毒死蜱、甲维·高氯氟、甲维·虫螨腈、甲维·茚虫威、联苯·甲维盐、甲维·氟铃脲、甲维·灭幼脲、甲维·丁醚脲、甲维·丙溴磷、甲维·氟啶脲、甲维·杀铃脲、甲维·三唑磷等。

3. 应用

【适用作物】甘蓝、豇豆、辣椒、姜、苹果、烟草、茶树、菊科观赏花卉、水稻、棉花、玉米等。

【防治对象】稻纵卷叶螟、二化螟、豆荚螟、棉铃虫、烟青虫、甜菜夜蛾、小菜蛾、斜纹夜蛾、蓟马等。

【使用方法】喷雾。

水稻稻纵卷叶螟	在卵孵化盛期至一至二龄幼虫发生期，使用3％甲氨基阿维菌素苯甲酸盐悬浮剂20～25毫升/亩兑水均匀喷雾。在水稻上安全间隔期为21天，每季最多使用3次。
芋头斜纹夜蛾	在卵孵高峰期至低龄幼虫发生期，使用3％甲氨基阿维菌素苯甲酸盐悬浮剂29～37毫升/亩兑水均匀喷雾。在芋头上安全间隔期为30天，每季最多使用1次。
菊科观赏花卉烟粉虱	在烟粉虱发生初期，使用3％甲氨基阿维菌素苯甲酸盐悬浮剂9～13毫升/亩兑水均匀喷雾。
甘蓝甜菜夜蛾	在卵孵盛期至低龄幼虫发生高峰期，使用5％甲氨基阿维菌素苯甲酸盐水分散粒剂3～5克/亩兑水均匀喷雾。在甘蓝上安全间隔期为7天，每季最多使用2次。
甘蓝小菜蛾	在卵孵化盛期至低龄幼虫始盛期，使用5％甲氨基阿维菌素苯甲酸盐水分散粒剂2～4克/亩兑水均匀喷雾。在甘蓝上安全间隔期为3天，每季最多使用2次。
甘蓝菜青虫	在卵孵化盛期至低龄幼虫发生期，使用1％甲氨基阿维菌素苯甲酸盐乳油10～17毫升/亩兑水均匀喷雾。在甘蓝上安全间隔期为3天，每季最多使用2次。
姜甜菜夜蛾	在卵孵盛期至低龄幼虫期，使用5％甲氨基阿维菌素苯甲酸盐水分散粒剂8～10克/亩兑水均匀喷雾。在姜上安全间隔期为14天，每季最多使用1次。
姜玉米螟	在玉米螟产卵到卵孵化初期，用5％甲氨基阿维菌素苯甲酸盐水分散粒剂6～10克/亩兑水均匀喷雾。在姜上安全间隔期为14天，每季最多使用1次。

苹果树苹小卷叶蛾	在苹小卷叶蛾发生高峰期，苹果树有大量卷叶时，使用 3％甲氨基阿维菌素苯甲酸盐微乳剂 3 000～4 000 倍液均匀喷雾。在苹果树上安全间隔期为 28 天，每季最多使用 2 次。
辣椒烟青虫	在卵孵化盛期至低龄幼虫期，使用 5％甲氨基阿维菌素苯甲酸盐微乳剂 2～4 毫升/亩兑水均匀喷雾。在辣椒上安全间隔期为 5 天，每季最多使用 2 次。
豇豆豆荚螟	在豇豆初花期，豆荚螟卵孵化初期至幼虫钻蛀前，使用 5％甲氨基阿维菌素苯甲酸盐微乳剂 3.5～4.5 毫升/亩兑水均匀喷雾。在豇豆上安全间隔期为 7 天，每季最多使用 1 次。
蜚蠊	投放 0.1％甲氨基阿维菌素苯甲酸盐饵剂于蜚蠊经常出没及繁殖的区域，如缝隙、边角、孔洞等。每平方米施 1～2 点，随时观察蜚蠊出没情况，检查是否有必要再次投放饵剂。

4. 注意事项

对家蚕、鱼、水蚤、蜜蜂有毒，蚕室和桑园附近禁用，施药期间应避免对周围蜂群的影响，开花植物花期、天敌昆虫放飞区禁用。远离水产养殖区施药，禁止在河塘等水体中清洗施药器具。鱼或虾蟹套养稻田禁用，施药后的田水不得直接排入水体。

依维菌素

Ivermectin

1. 作用特点

依维菌素为抗生素类中毒杀虫剂。通过与氯离子通道结合，阻止氯离子的正常运转发挥作用。作用靶标为昆虫外周神经系统内的 γ-氨基丁酸受体，它能促进 γ-氨基丁酸从神经末梢释放，增强 γ-氨基丁酸与细胞膜上受体的结合，从而使进入细胞的氯离子增加，细胞膜超极化，导致神经信号传递受损，致使害虫麻痹、死亡。

2. 主要产品

【单剂】乳油：0.3％、5％；微乳剂：5％；饵剂：0.1％。

【混剂】螺虫乙酯·依维菌素、依维·虫螨腈。

3. 应用

【适用作物或场所】杨梅、芒果、草莓、甘蓝等以及白蚁滋生场所。

【防治对象】红蜘蛛、蓟马、小菜蛾、白蚁等。

【使用方法】喷雾、浸泡。

芒果蓟马	在蓟马发生始盛期施药，使用 5％依维菌素微乳剂 1 000～3 000 倍液均匀喷雾，在芒果上安全间隔期为 14 天，每季最多使用 1 次。
草莓红蜘蛛	在红蜘蛛发生初期施药，使用 0.5％依维菌素乳油 500～1 000 倍液均匀喷雾。在草莓上安全间隔期为 5 天，每季最多使用 2 次。

杨梅树果蝇	在杨梅硬果至转色期，使用 0.5%依维菌素乳油 500～750 倍液均匀喷雾。
甘蓝小菜蛾	在卵孵化盛期至低龄幼虫期，使用 0.5%依维菌素乳油 40～60 毫升/亩兑水均匀喷雾。在甘蓝上安全间隔期为 7 天，每季最多使用 2 次。
土壤白蚁	新建、改建、扩建、装饰装修的房屋实施白蚁预防时，使用 0.3%依维菌素乳油 2 倍液，对需处理的土壤均匀喷洒。
木材白蚁	使用 0.3%依维菌素乳油 4 倍液，将木材浸泡在药液中 30 分钟以上。

4. 注意事项

（1）对紫外线敏感，使用时应尽量避免暴露在阳光下。

（2）不可与碱性物质混用。

（3）对鱼类和蜜蜂毒性较高，应避免污染水源，放蜂期禁用；开花植物花期及蚕室、桑园附近禁用，施药期间应密切关注对附近蜂群的影响，赤眼蜂等天敌放飞区域禁用。远离水产养殖区、河塘等水体施药，禁止在河塘等水域内清洗施药器具，防止污染水源地。用过的容器和废弃包装应妥善处理，不可做他用，不可随意丢弃。

乙基多杀菌素
Spinetoram

1. 作用特点

乙基多杀菌素属于大环内酯类微毒抗生素杀虫剂，作用机理和多杀菌素相同，都是烟碱乙酰胆碱受体，通过改变氨基丁酸离子通道和烟碱的作用功能，进而刺激害虫神经系统，但作用部位不同于烟碱或阿维菌素。持效期长，杀虫谱广，用量少。具有较快的触杀和胃毒作用，无内吸活性。主要用于防治鳞翅目幼虫、蓟马和潜叶蝇等。

2. 主要产品

【单剂】悬浮剂：60 克/升；水分散粒剂：25%。

【混剂】乙多·甲氧虫、氟虫·乙多素。

3. 应用

【适用作物】甘蓝、豇豆、水稻、玉米、茄子、西瓜、杨梅等。

【防治对象】小菜蛾、甜菜夜蛾、稻纵卷叶螟、二化螟、草地贪夜蛾、豆荚螟、棉铃虫、美洲斑潜蝇、蓟马、果蝇等。

【使用方法】喷雾。

黄瓜美洲斑潜蝇	在低龄幼虫期或在叶面上形成 0.5～1 厘米长的虫道时，使用 25%乙基多杀菌素水分散粒剂 11～14 克/亩均匀喷雾。在黄瓜上安全间隔期为 1 天，每季最多使用 1 次。

水稻稻纵卷叶螟	在卵孵化盛期至低龄幼虫期，使用 25％乙基多杀菌素水分散粒剂 8～10 克/亩兑水均匀喷雾。在水稻上安全间隔为 14 天，每季最多使用 2 次。
水稻二化螟	在卵孵化盛期至低龄幼虫蛀入稻茎秆前，使用 25％乙基多杀菌素水分散粒剂 12～15 克/亩兑水均匀喷雾，在 7～10 天后第 2 次施药。在水稻上安全间隔期为 14 天，每季最多使用 2 次。
玉米草地贪夜蛾	于玉米苗期至小喇叭口期，在草地贪夜蛾低龄幼虫期，使用 25％乙基多杀菌素水分散粒剂 8～12 克/亩兑水均匀喷雾。在玉米上安全间隔期为 14 天，每季最多使用 1 次。
豇豆豆荚螟	在初花期和盛花期各施药 1 次，连续施药 2 次，使用 25％乙基多杀菌素水分散粒剂 12～14 克/亩兑水均匀喷雾。在豇豆上安全间隔期为 7 天，每季最多使用 2 次。
甘蓝甜菜夜蛾	在卵孵化盛期至低龄幼虫期，使用 60 克/升乙基多杀菌素悬浮剂 20～40 毫升/亩兑水均匀喷雾。在甘蓝上安全间隔期为 7 天，每季最多使用 3 次。
甘蓝小菜蛾	在卵孵化盛期至低龄幼虫期，使用 60 克/升乙基多杀菌素悬浮剂 20～40 毫升/亩兑水均匀喷雾。
芒果蓟马	在蓟马发生高峰前，使用 60 克/升乙基多杀菌素悬浮剂 1 000～2 000 倍液均匀喷雾。在芒果上安全间隔期为 7 天，每季最多使用 2 次。
茄子蓟马	在蓟马发生高峰前，使用 60 克/升乙基多杀菌素悬浮剂 10～20 毫升/亩兑水均匀喷雾。在茄子上安全间隔期为 5 天，每季最多使用 3 天。
水稻蓟马	在蓟马发生高峰前，使用 60 克/升乙基多杀菌素悬浮剂 20～40 毫升/亩兑水均匀喷雾。在水稻上安全间隔期为 14 天，每季最多使用 3 次。
西瓜蓟马	在蓟马发生高峰前，使用 60 克/升乙基多杀菌素悬浮剂 40～50 毫升/亩兑水均匀喷雾。在西瓜上安全间隔期为 5 天，每季最多使用 2 次。
杨梅树果蝇	在杨梅采摘前 7～10 天，使用 60 克/升乙基多杀菌素悬浮剂 1 500～2 500 倍液均匀喷雾。在杨梅树上安全间隔期为 3 天，每季最多使用 1 次。
豇豆美洲斑潜蝇	应在叶片上的潜叶蝇幼虫 1 毫米左右或者叶片受害率达 10％～20％时，使用 60 克/升乙基多杀菌素悬浮剂 50～58 毫升/亩兑水均匀喷雾。在豇豆上安全间隔期为 3 天，每季最多使用 2 次。

4. 注意事项

（1）对蜜蜂、家蚕等有毒。施药期间应避免影响周围蜂群，禁止在开花植物花期、蚕室和桑园附近使用，施药期间应密切关注对附近蜂群的影响。瓢虫等天敌放飞区域禁用。

（2）鱼和虾蟹套养稻田禁用，施药后的田水不得直接排入水体。水产养殖区、河塘等水体附近禁用，禁止在河塘等水体清洗施药器具。

多杀霉素
Spinosad

1. 作用特点

多杀霉素是大环内酯类低毒杀虫剂。通过与烟碱乙酰胆碱受体结合使昆虫神经细胞去极化，引起中央神经系统广泛超活化，导致非功能性的肌收缩、衰竭，并伴随颤抖和麻痹，同时也通过抑制 γ-氨基丁酸受体而使神经细胞超活化，进一步加强其活性。对害虫具有快速的触杀和胃毒作用，对叶片有较强的渗透作用，可杀死表皮下的害虫，持效期较长，对一些害虫具有一定的杀卵作用，无内吸作用。能有效防治鳞翅目、双翅目和缨翅目害虫，也能很好地防治鞘翅目和直翅目中某些大量取食叶片的害虫种类，对刺吸式口器害虫和螨类的防治效果较差。

2. 主要产品

【单剂】悬浮剂：5％、10％、20％、25 克/升、480 克/升；水分散粒剂：10％、20％；水乳剂：3％、8％；可分散油悬浮剂：10％；微乳剂：2％。

【混剂】多杀·虫螨腈、多杀霉素·唑虫酰胺、多杀·甲维盐、多杀霉素·噻虫嗪、阿维·多霉素、多杀·茚虫威、多杀·吡虫啉。

3. 应用

【适用作物】甘蓝、水稻、茄子、豇豆、水稻、棉花等。

【防治对象】小菜蛾、甜菜夜蛾、稻纵卷叶螟、蓟马、仓储害虫、红火蚁等。

【使用方法】喷雾、拌粮、投放、环状撒施于蚁巢附近。

甘蓝小菜蛾	在低龄幼虫期，使用 25 克/升多杀霉素悬浮剂 33～66 毫升/亩兑水均匀喷雾，使叶片正反面均匀着药。在甘蓝上安全间隔期为 1 天，每季最多使用 4 次。
甘蓝甜菜夜蛾	在低龄幼虫期，使用 8％多杀霉素水乳剂 20～25 毫升/亩兑水均匀喷雾施药，使叶片正反面均匀着药。在甘蓝上安全间隔期为 3 天，每季最多使用 3 次。
茄子蓟马	在蓟马发生初期，使用 25 克/升多杀霉素悬浮剂 67～100 毫升/亩兑水均匀喷雾施药，使叶片正反面、心叶均匀着药。在茄子上安全间隔期为 3 天，每季最多使用 1 次。
水稻稻纵卷叶螟	在卵孵盛期至低龄幼虫期，使用 20％多杀霉素悬浮剂 15～20 毫升/亩兑水均匀喷雾，使叶片正反面均匀着药。在水稻上安全间隔期为 14 天，每季最多使用 3 次。

水稻二化螟	在卵孵盛期至低龄幼虫期，使用2%多杀霉素微乳剂150～200毫升/亩兑水对水稻植株均匀喷雾施药。在水稻上安全间隔期为21天，每季最多使用1次。
储粮害虫	在粮食仓储前，使用大型喷粉机，采用全仓拌粮或表层30～50厘米拌粮处理，将药剂与原粮混合均匀，每千克原粮用0.5%多杀霉素粉剂100～200毫克进行拌粮。仓储原粮安全间隔期为360天，最多使用1次。
红火蚁	可用0.015%多杀霉素饵剂进行投放或撒施，在红火蚁大面积发生区，蚁巢密度较大时，建议采用撒施，红火蚁小面积发生区，蚁巢密度较小时，建议采用单蚁巢处理。在蚁丘外围30～60厘米处，围绕蚁丘撒施饵剂一圈，或点放3～5小堆，每巢用量35～50克（大蚁巢可多放些）。一般在红火蚁大量出来觅食时施药，上午8:00至傍晚16:00地表温度18～32℃时（若冬季温度足够，上午10:00至下午15:00）为最佳施用时期。

4. 注意事项

（1）对蜜蜂、家蚕等有毒。施药期间应避免影响周围蜂群，禁止在开花植物花期、蚕室和桑园附近使用，施药期间应密切关注对附近蜂群的影响。瓢虫等天敌放飞区域禁用。

（2）鱼和虾蟹套养稻田禁用，施药后的田水不得直接排入水体。水产养殖区、河塘等水体附近禁用，禁止在河塘等水体清洗施药器具。

螺虫乙酯
Spirotetramat

1. 作用特点

螺虫乙酯是季酮酸类低毒杀虫剂，作用机理为通过干扰昆虫的脂肪生物合成导致幼虫死亡，降低繁殖能力。具有双向内吸传导性能，可以在整个植物体内向上、向下移动。持效期长，可提供长达8周的有效防治。可有效防治对现有杀虫剂产生抗性的害虫。

2. 主要产品

【单剂】水分散粒剂：50%、70%、80%；悬浮剂：22.4%、30%、40%、50%。

【混剂】螺虫乙酯·依维菌素、螺虫乙酯·噻虫胺、螺虫乙酯·溴氰菊酯、螺虫乙酯·唑虫酰胺。

3. 应用

【适用作物】柑橘、梨、苹果、番茄、甘蓝等。

【防治对象】可防治各种刺吸式口器害虫，如蚜虫、蓟马、木虱、粉虱和介壳虫等。

【使用方法】喷雾。

柑橘树介壳虫	于卵孵化初期，使用22.4％螺虫乙酯悬浮剂4 000～5 000倍液进行喷雾，树冠内外、上下、叶片正反面及枝条，甚至枝干均要喷到。在柑橘树上安全间隔期为20天，每季最多使用2次。
柑橘树柑橘木虱	于卵孵化高峰期喷雾施药1次，使用70％螺虫乙酯水分散粒剂8 000～12 000倍液，应将药液喷洒在作物叶片上，根据植株大小确定用水量并使作物叶片充分均匀着药。在柑橘树上安全间隔期为20天，每季最多使用1次。
甘蓝蚜虫	于低龄若虫始发期施药，使用50％螺虫乙酯水分散粒剂10～12克/亩兑水均匀喷雾。在甘蓝上安全间隔期为7天，每季最多使用1次。
番茄烟粉虱	于烟粉虱产卵初期施药，使用22.4％螺虫乙酯悬浮剂20～30毫升/亩兑水均匀喷雾。在番茄上安全间隔期为5天，每季最多使用1次。
梨树梨木虱	于卵孵高峰期施药，使用22.4％螺虫乙酯悬浮剂4 000～5 000倍液对全株进行茎叶喷雾，重点喷施叶片，并使作物叶片正反两面充分着药。在梨树上安全间隔期为21天，每季最多使用2次。

4. 注意事项

对蜜蜂有毒，蜜源作物花期禁用；应远离水产养殖区、池塘等水体施药，禁止在池塘等水体中清洗施药器具。使用中不可吸烟、饮水及吃东西，使用后及时用大量清水和肥皂洗手、脸等暴露部位皮肤并更换衣物。

螺 螨 酯

Spirodiclofen

1. 作用特点

螺螨酯为季酮酸类低毒杀螨剂，主要抑制螨的脂肪合成，阻断其能量代谢。具有触杀作用，没有内吸性。对螨的各个发育阶段都有效，杀卵效果特别优异，同时对幼、若螨也有良好的触杀作用。虽然不能较快地杀死雌成螨，但对雌成螨有很好的绝育作用。雌成螨接触药剂后所产的卵有96％不能孵化，死于胚胎后期。

2. 主要产品

【单剂】悬浮剂：24％、29％、34％、50％、240克/升；水乳剂：15％。

【混剂】阿维·螺螨酯、哒螨·螺螨酯、联肼·螺螨酯、螺螨酯·虱螨脲、苯丁·螺螨酯、螺螨酯·乙唑螨腈、乙螨·螺螨酯、丙溴磷·螺螨酯、四螨·螺螨酯等。

3. 应用

【适用作物】柑橘、苹果、棉花、观赏月季等。

【防治对象】红蜘蛛、锈壁虱和二斑叶螨等。

【使用方法】喷雾。

柑橘树、苹果树红蜘蛛	在害螨危害初期，使用 240 克/升螺螨酯悬浮剂 4 000～6 000 倍液进行喷雾，使叶片正反面、果实表面均匀着药。在柑橘树上安全间隔期为 30 天，每季最多使用 1 次；在苹果树上安全间隔期为 30 天，每季最多使用 1 次。
棉花红蜘蛛	在害螨危害初期，使用 240 克/升螺螨酯悬浮剂 10～20 毫升/亩兑水均匀喷雾，使叶片正反面、果实表面均匀着药。在棉花上安全间隔期为 30 天，每季最多使用 1 次。
柑橘树柑橘锈壁虱	在害螨危害初期，使用 24％螺螨酯悬浮剂 6 000～8 000 倍液进行喷雾，使叶片正反面、果实表面均匀着药。在柑橘树上安全间隔期为 21 天，每季最多使用 1 次。
观赏月季二斑叶螨	在卵孵高峰或低龄幼虫高峰期，使用 240 克/升螺螨酯悬浮剂 10～15 毫升/亩兑水均匀喷雾，使叶片正反面、枝条表面均匀着药。

4. 注意事项

避免在作物花期施药，以免对蜂群产生影响。对鱼类等水生生物有毒，远离水产养殖区、河塘等水体施药，禁止在河塘等水体中清洗施药器具，桑园及蚕室附近禁用。

螺螨双酯

Spirobudiclofen

1. 作用特点

螺螨双酯为季酮酸类低毒杀螨剂，主要抑制螨的脂肪合成，阻断其能量代谢。具有触杀作用，没有内吸性。对螨的各个发育阶段都有效，杀卵效果突出，可在柑橘树的各个生长期使用，持效期长达 20～25 天及以上。

2. 主要产品

【单剂】悬浮剂：24％。

【混剂】无。

3. 应用

【适用作物】柑橘。

【防治对象】红蜘蛛。

【使用方法】喷雾。

柑橘树红蜘蛛	在红蜘蛛发生初期，使用 24％螺螨双酯悬浮剂 3 600～4 800 倍液均匀喷雾，使叶片正反面、果实表面均匀着药。在柑橘树上安全间隔期为 25 天，每季最多使用 1 次。

4. 注意事项

在蚕室和桑园附近禁用。赤眼蜂等天敌放飞区禁用。避免在作物花期施药，以免对蜂群产生影响。远离水产养殖区施药，禁止在河塘等水体中清洗施药器具。

杀 螟 丹

Cartap

1. 作用特点

杀螟丹属沙蚕毒素类中毒杀虫剂，是沙蚕毒素的一种衍生物，作用机制为进入昆虫体内迅速转化为沙蚕毒素，沙蚕毒素选择性地作用于昆虫神经节，阻滞神经冲动通过胆碱能突触的传递，使昆虫活动减少、麻痹致死。对害虫的麻痹作用较快，使其迅速丧失活动、取食能力，但完全致死需要一定时间。胃毒作用强，同时具有触杀和一定的拒食和杀卵作用。杀虫谱广，可用于防治鳞翅目、鞘翅目、半翅目、双翅目等多种害虫和线虫。

2. 主要产品

【单剂】可溶粉剂：50%、95%、98%；颗粒剂：0.8%、4%、6%、9%。

【混剂】氟啶·戊·杀螟丹、吡虫·杀螟丹等。

3. 应用

【适用作物】水稻、茶树、柑橘、甘蔗、甘蓝等。

【防治对象】二化螟、三化螟、稻纵卷叶螟、菜青虫、小菜蛾、潜叶蛾、茶小绿叶蝉等。

【使用方法】喷雾、撒施。

水稻二化螟、三化螟	在卵孵化盛期至幼虫钻蛀前施药，使用50%杀螟丹可溶粉剂80～120克/亩兑水喷雾防治。在水稻上安全间隔期为21天，每季最多使用3次。
水稻稻纵卷叶螟	在卵孵化盛期至低龄幼虫高峰期施药，使用50%杀螟丹可溶粉剂80～100克/亩兑水喷雾防治。在水稻上安全间隔期为21天，每季最多使用3次。
甘蔗蔗螟	在卵孵化盛期施药，使用98%杀螟丹可溶粉剂6 500～9 800倍液喷雾防治，间隔7～10天再施药1次。在甘蔗上安全间隔期为35天，每季最多使用6次。
甘蓝菜青虫、小菜蛾	在低龄幼虫期施药，使用98%杀螟丹可溶粉剂30～40克/亩兑水喷雾防治。在甘蓝上安全间隔期为7天，每季最多使用3次。
柑橘树柑橘潜叶蛾	在柑橘树新梢期，使用98%杀螟丹可溶粉剂1 800～1 960倍液喷雾防治，间隔5～7天再施药1次。在柑橘树上安全间隔期为21天，每季最多使用2次。
茶树茶小绿叶蝉	在低龄若虫盛发初期施药，使用98%杀螟丹可溶粉剂30～45克/亩兑水喷雾防治。在茶树上安全间隔期为7天，每季最多使用2次。

4. 注意事项

（1）苗期十字花科蔬菜对该药剂敏感，在夏季高温或蔬菜生长幼弱时不宜施药；水稻扬花期或作物被淋湿时不宜施药；浓度过高对水稻易产生药害。

（2）不可与呈碱性的农药等物质混合使用。

（3）对家蚕毒性大，蚕室和桑园附近禁用。蜜源作物花期禁用，施药期间应避免对附近蜂群的影响。对鱼类等水生生物有毒，远离水产养殖区施药，禁止在河塘等水域中清洗施药器具。

苦 参 碱
Matrine

1. 作用特点

苦参碱属于生物碱类植物源农药，微毒，兼具杀虫和杀菌的功能。作为杀虫剂，作用于害虫的中枢神经系统，使神经中枢麻痹，继而使虫体蛋白凝固，气孔堵塞，使虫体窒息死亡。具有触杀、胃毒作用，对蚜虫、菜青虫、小菜蛾、烟青虫、茶毛虫、甜菜夜蛾、红蜘蛛等多种害虫害螨具有较好的防治效果。作为杀菌剂，能抑制菌体生物合成，干扰菌体的生物氧化过程。可防治梨黑星病、黄瓜霜霉病、葡萄灰霉病等多种病害。

2. 主要产品

【单剂】可溶液剂：0.3％、0.36％、0.5％、1％、1.5％；水剂：0.3％、0.5％、0.6％、1.3％、2％、5％；水乳剂：0.3％、3％。

【混剂】烟碱·苦参碱、虫菊·苦参碱、苦参·印楝素、苦参·藜芦根茎提取物、苦参·硫磺、苦参·蛇床素等。

3. 应用

【适用作物】甘蓝、烟草、茶树、黄瓜等。

【防治对象】蚜虫、菜青虫、小菜蛾、烟青虫、茶毛虫、甜菜夜蛾、红蜘蛛等害虫害螨；梨黑星病、黄瓜霜霉病、葡萄霜霉病、番茄灰霉病、葡萄灰霉病等病害。

【使用方法】喷雾。

草莓蚜虫	在蚜虫发生始盛期，使用 1.5％苦参碱可溶液剂 30～40 毫升/亩，兑水对植株叶片正反面均匀喷雾。在草莓上安全间隔期为 10 天，每季最多使用 1 次。
甘蓝菜青虫	在卵孵盛期至低龄幼虫期，使用 0.3％苦参碱水剂 80～120 毫升/亩，兑水对植株叶片均匀喷雾。在甘蓝上安全间隔期为 10 天，每季最多使用 1 次。

烟草烟青虫	在卵孵盛期至低龄幼虫期，使用 0.3% 苦参碱水剂 100～150 毫升/亩，兑水均匀喷雾。在烟草上安全间隔期为 7 天，每季最多使用 2 次。
茶树茶毛虫	在低龄幼虫发生初期开始施药，每 10～15 天 1 次，使用 0.3% 苦参碱水剂 75～125 毫升/亩，兑水对植株叶片均匀喷雾。在茶树上安全间隔期为 3 天，每季最多使用 2 次。
梨黑星病	在病害发生前或发生初期，使用 0.5% 苦参碱水剂 500～800 倍液，兑水对植株叶片喷雾。在梨树上安全间隔期为 21 天，每季最多使用 3 次。
黄瓜霜霉病	在病害发生前或发生初期，使用 1.5% 苦参碱可溶液剂 25～35 毫升/亩，兑水对植株叶片喷雾。在黄瓜上安全间隔期为 10 天，每季最多使用 3 次。

4. 注意事项

（1）不能与呈碱性的农药等物质混用。

（2）对鸟类、鱼类等水生生物有毒，施药期间应避免对周围鸟类的影响，鸟类保护区附近禁用。远离水产养殖区施药，禁止在河塘等水体中清洗施药器具。清洗施药器具的水也不能排入河塘等水体。鱼或虾蟹套养稻田禁用，施药后的田水不得直接排入水体。

印 棟 素

Azadirachtin

1. 作用特点

印棟素是从印棟树中提取的植物源微毒杀虫、杀螨剂。作用机制为通过其疏水作用使昆虫窒息、机体干燥，从而发挥杀虫、杀螨作用。具有拒食、忌避、内吸和抑制生长发育的作用，使昆虫不能蜕皮，还能使成虫不能繁殖，因其具有拒食作用，防治效果优于一般的昆虫生长调节剂，药效较慢，但持效期长。

2. 主要产品

【单剂】乳油：0.3%、0.5%、0.6%；微乳剂：1%；可溶液剂：0.3%、0.5%；水分散粒剂：0.3%、1%、2%；粉剂：0.03%。

【混剂】阿维·印棟素、苦参·印棟素、虫菊·印棟素、除虫菊·印棟籽提取物。

3. 应用

【适用作物】甘蓝、韭菜、茶树、柑橘、枸杞、草原、仓储原粮等。

【防治对象】小菜蛾、菜青虫、斜纹夜蛾、茶毛虫、茶小绿叶蝉、茶黄螨、潜叶蛾、蚜虫、蝗虫、赤拟谷盗、玉米象等。

【使用方法】喷雾、灌根、拌粮。

甘蓝小菜蛾	在卵孵盛期或低龄幼虫高峰期施药，使用0.3%印楝素乳油80～120毫升/亩，兑水均匀喷雾，视虫害发生情况，间隔7～10天左右施药1次。在甘蓝上安全间隔期5天，每季最多使用3次。
茶树茶毛虫	在卵孵盛期或低龄幼虫高峰期施药，使用0.3%印楝素乳油120～150毫升/亩，兑水均匀喷雾，视虫害发生情况，间隔7～10天左右施药1次。在茶树上安全间隔期为5天，每季最多使用3次。
茶树茶小绿叶蝉	在若虫盛发初期开始施药，使用1%印楝素微乳剂27～45毫升/亩，兑水均匀喷雾。
茶树茶黄螨	在茶黄螨始盛期施药，使用0.3%印楝素可溶液剂125～186毫升/亩，兑水均匀喷雾。
柑橘树柑橘潜叶蛾	在柑橘树新梢期施药，使用0.3%印楝素乳油400～600倍液均匀喷雾，间隔5～7天再施药1次。
枸杞蚜虫	在蚜虫发生初期施药，使用0.3%印楝素乳油300～500倍液均匀喷雾。
韭菜韭蛆	在韭菜收割后2～3天施药，使可用0.3%印楝素乳油1 330～2 660毫升/亩，兑水灌根。
草原蝗虫	在蝗虫发生盛期前施药，使用0.3%印楝素乳油180～250毫升/亩，兑水均匀喷雾。
仓储原粮赤拟谷盗、玉米象、谷蠹	在干净新粮或虫口密度较低的粮食晒后彻底降温晾干，拌粮1次，每千克粮食使用0.03%印楝素粉剂600～1 000毫克。

4. 注意事项

（1）印楝素为植物源农药，药效较慢，但持效期长，应在幼虫发生前预防使用；大风天或预计1小时内降雨，请勿施药；防治仓储害虫时，与粮食搅拌均匀后，密闭仓库即可。

（2）不可与呈碱性的农药、肥料等物质混合使用。

（3）对蜜蜂、鱼类等水生生物、家蚕有毒。周围作物花期禁用，使用时应密切关注对附近蜂群的影响；远离水产养殖区施药，禁止在河塘等水体中清洗施药器具；蚕室及桑园附近禁用；鸟类保护区禁用；赤眼蜂等天敌放飞区禁用。

藜芦根茎提取物

Veratramine

1. 作用特点

藜芦根茎提取物有效成分为藜芦胺，植物源微毒杀虫剂。作用机制为经虫体表皮或吸食进入消化系统后，造成局部刺激，引起反射性虫体兴奋，抑制虫体感觉神经末梢，进而抑制中枢神经而致害虫死亡。具有触杀和胃毒作用。

2. 主要产品

【单剂】可溶液剂：0.1%、0.5%。

【混剂】博落回·藜芦根茎提取物、苦参·藜芦根茎提取物。

3. 应用

【适用作物】棉花、甘蓝、茄子、辣椒、枣树、柑橘、猕猴桃等。

【防治对象】红蜘蛛、棉铃虫、蚜虫、菜青虫、叶蝉、蓟马等。

【使用方法】喷雾。

草莓、辣椒 红蜘蛛	于害螨始盛期，使用 0.1% 藜芦根茎提取物可溶液剂 120～140 毫升/亩，兑水均匀喷雾。在草莓和辣椒上安全间隔期为 10 天，每季最多使用 1 次。
柑橘树、枣树 红蜘蛛	于害螨始盛期，使用 0.1% 藜芦根茎提取物 600～800 倍液，均匀喷雾。在柑橘树和枣树上安全间隔期为 10 天，每季最多使用 1 次。
茶树茶黄螨	于害螨始盛期，使用 0.1% 藜芦根茎提取物可溶液剂 1 000～1 500 倍液，均匀喷雾。在茶树上安全间隔期为 10 天，每季最多使用 1 次。
棉花棉铃虫	于卵孵化盛期至低龄幼虫期，使用 0.5% 藜芦根茎提取物可溶液剂 75～100 毫升/亩，兑水均匀喷雾。在棉花上安全间隔期为 7 天，每季最多使用 3 次。
棉花棉蚜	在棉蚜百株卷叶率达 5%、有蚜率 30% 以上和每片叶有 30～40 头时施药，使用 0.5% 藜芦根茎提取物可溶液剂 75～100 毫升/亩，兑水均匀喷雾。在棉花上安全间隔期为 7 天，每季最多使用 3 次。
甘蓝菜青虫	在卵孵化盛期至低龄幼虫期施药，使用 0.5% 藜芦根茎提取物可溶液剂 75～100 毫升/亩，兑水均匀喷雾。在甘蓝上安全间隔期为 3 天，每季最多使用 3 次。
茶树茶小 绿叶蝉	在低龄若虫始盛期施药，使用 0.5% 藜芦根茎提取物可溶液剂 75～100 毫升/亩，兑水均匀喷雾。在茶树上安全间隔期为 10 天，每季最多使用 1 次。

4. 注意事项

（1）不可与呈碱性的农药、肥料等物质混合使用。

（2）对蜜蜂、鱼类等水生生物、家蚕有毒。周围作物花期禁用，使用时应密切关注对附近蜂群的影响；远离水产养殖区施药，禁止在河塘等水体中清洗施药器；蚕室及桑园附近禁用。

桉 油 精
Eucalyptol

1. 作用特点

桉油精属于单萜类化合物，是从桉树幼嫩枝叶中提取、浓缩、纯化而成的植物源杀虫剂。具有触杀作用，也有一定驱避作用，持续期长，对环境和天敌生物影响较小。对十字花科蔬菜蚜虫和红蜘蛛具有较好防治效果。

2. 主要产品

【单剂】可溶液剂：5％；挥散芯：5.6％。

【混剂】无。

3. 应用

【适用作物或场所】十字花科蔬菜、桃，卫生害虫滋生场所。

【防治对象】蚜虫、红蜘蛛、蚊等。

【使用方法】大田作物施药方式为喷雾，卫生害虫防治的施药方式为自然挥发。

十字花科蔬菜蚜虫	在蚜虫发生始盛期，使用5％桉油精可溶液剂70～100毫升/亩，兑水均匀喷雾。在十字花科蔬菜上安全间隔期为7天，每季最多使用2次。
桃树红蜘蛛	在红蜘蛛发生初期，使用5％桉油精可溶液剂500～750倍液均匀喷雾。每季最多使用1次。
蚊	将挥散芯粘或固定在衣服、鞋子、手提包等随身物品上，通过自然挥发来驱蚊。根据环境中蚊虫数量，可使用两个或多个驱蚊挥散芯。

4. 注意事项

对蜜蜂、鱼类、鸟类有毒，施药时避免对周围蜂群产生影响，蜜源作物花期、桑园和蚕室附近禁用，远离水产养殖区施药，避免污染河流、水塘和其他水源。

苦皮藤素
Celangulin

1. 作用特点

苦皮藤素是从苦皮藤的根皮和茎皮中提取的植物源低毒杀虫剂，主要作用于昆虫消化道组织，破坏其消化系统，导致昆虫进食困难，饥饿而死。具有较强的胃毒作用，兼有触杀和麻醉、拒食、驱避作用，速效性较差，持效期较长。对菜青虫、甜菜夜蛾、斜纹夜蛾、稻纵卷叶螟、茶尺蠖等多种鳞翅目害虫有较好的防治效果。

2. 主要产品

【单剂】水乳剂：0.2％、0.3％、6％；乳油：1％；烟剂：0.5％。

【混剂】无。

3. 应用

【适用作物】甘蓝、辣椒、黄瓜、韭菜、茶树、水稻等。

【防治对象】菜青虫、甜菜夜蛾、稻纵卷叶螟、茶尺蠖、绿盲蝽等。

【使用方法】喷雾。

甘蓝甜菜夜蛾、斜纹夜蛾	在卵孵盛期至低龄幼虫期，使用1%苦皮藤素水乳剂90～120毫升/亩，兑水对植株均匀喷雾。在甘蓝上安全间隔期为10天，每季最多使用2次。
茶树茶尺蠖	在卵孵盛期至低龄幼虫期，使用1%苦皮藤素水乳剂30～40毫升/亩，兑水对茶树均匀喷雾。在茶树上安全间隔期为10天，每季最多使用2次。
水稻稻纵卷叶螟	在卵孵盛期至低龄幼虫期，使用1%苦皮藤素水乳剂30～40毫升/亩，兑水对水稻均匀喷雾。在水稻上安全间隔期为15天，每季最多使用1次。
葡萄绿盲蝽	在绿盲蝽低龄若虫期，使用1%苦皮藤素水乳剂30～40毫升/亩，兑水对植株均匀喷雾。在葡萄上安全间隔期为10天，每季最多使用2次。

4. 注意事项

对鸟类、鱼类等水生生物有毒，施药期间应避免对周围鸟类的影响，鸟类保护区附近禁用。远离水产养殖区施药，禁止在河塘等水体中清洗施药器具。清洗施药器具的水也不能排入河塘等水体，鱼或虾蟹套养的稻田禁用，施药后的田水不得直接排入水体。对家蚕有毒，蚕室及桑园附近禁用。

鱼 藤 酮

Rotenone

1. 作用特点

鱼藤酮属于中毒植物源杀虫剂，从多年生藤本植物鱼藤根提取、纯化、加工而成。是典型的细胞呼吸代谢抑制剂，药剂进入虫体后作用于呼吸链，抑制 C-谷氨酸脱氢酶生物活性，使害虫呼吸受阻，进而麻痹和瘫痪至死亡。以触杀和胃毒作用为主，也有一定驱避作用，无内吸性，见光易分解，在空气中易氧化，在作物上残留时间短。对十字花科蔬菜蚜虫具有较好的防治效果，速效性较差，持效期长。

2. 主要产品

【单剂】乳油：2.5%、4%、7.5%；微乳剂：6%；悬浮剂：2.5%；可溶液剂：5%。

【混剂】氰戊·鱼藤酮、藤酮·辛硫磷、敌百·鱼藤酮等。

3. 应用

【适用作物】甘蓝、茶树等。

【防治对象】蚜虫、叶蝉等。

【使用方法】喷雾。

| 甘蓝蚜虫 | 在蚜虫发生始盛期，使用2.5%鱼藤酮乳油100～150毫升/亩，兑水对植株叶片喷雾处理。在甘蓝上安全间隔期为5天，每季最多使用3次。 |

4. 注意事项

对家畜、鱼和蚕高毒，应远离水产养殖区施药，防止污染水井、池塘和水源，蚕室和桑园附近禁用，禁止在河塘等水体中清洗施药器具。

噻 螨 酮

Hexythiazox

1. 作用特点

噻螨酮是一种噻唑烷酮类新型非系统性中毒杀螨剂，作用机制为抑制昆虫几丁质合成和干扰新陈代谢。具有触杀和胃毒功能，对植物表层具有较好的穿透性，但无内吸传导作用。对多种植物害螨具有强烈的杀卵、杀若螨的特性，对成螨无效，但对接触到药液的雌成螨所产的卵具有抑制孵化的作用，持效期长。

2. 主要产品

【单剂】乳油：5%；可湿性粉剂：5%。

【混剂】甲氰·噻螨酮、阿维·噻螨酮、联苯·噻螨酮、噻螨酮·乙螨唑。

3. 应用

【适用作物】柑橘、苹果、棉花等。

【防治对象】红蜘蛛。

【使用方法】喷雾。

柑橘树红蜘蛛	于幼、若螨始盛期，平均每叶有若螨3～4头时，使用5%噻螨酮乳油1 500～2 000倍液均匀喷雾施药，使叶片正反面、果实表面均匀着药。在柑橘树上安全间隔期为30天，每季最多使用2次。
苹果树红蜘蛛	于幼、若螨始盛期，平均每叶有若螨3～4头时，使用5%噻螨酮乳油或5%噻螨酮可湿性粉剂1 500～2 000倍液均匀喷雾施药，使叶片正反面、果实表面均匀着药。在苹果树上安全间隔期为30天，每季最多使用2次。
棉花红蜘蛛	在红蜘蛛发生初期，使用5%噻螨酮乳油50～66毫升/亩兑水均匀喷雾施药，使叶片正反面均匀着药。在棉花上安全间隔期为30天，每季最多使用2次。

4. 注意事项

对鱼类等水生生物、家蚕有毒，蚕室和桑园附近禁用，远离水产养殖区施药，禁止在河塘等水体内清洗施药器具。

喹螨醚

Fenazaquin

1. 作用特点

喹螨醚为喹啉类中毒杀螨剂。可作为电子传递体取代线粒体中呼吸链的复合体 I，从而占据其与辅酶 Q 的结合位点，导致害螨中毒。喹螨醚具有触杀及胃毒作用，无内吸性。速效性好，持效期长，主要用于防治各种害螨，且对各种螨态如卵、若螨和成螨都有很高的活性。

2. 主要产品

【单剂】乳油：95 克/升；悬浮剂：18%。

【混剂】无。

3. 应用

【适用作物】苹果、茶树。

【防治对象】红蜘蛛。

【使用方法】喷雾。

茶树 红蜘蛛	在幼、若螨发生初期，使用 18%喹螨醚悬浮剂 25～35 毫升/亩兑水均匀喷雾施药，使叶片正反面均匀着药。在茶树上安全间隔期为 7 天，每季最多使用 1 次。
苹果树 红蜘蛛	在幼、若螨发生初期，使用 95 克/升喹螨醚乳油 3 800～4 500 倍液均匀喷雾施药，使叶片正反面、果实表面均匀着药。在苹果树上安全间隔期为 15 天，每季最多使用 3 次。

4. 注意事项

对蜜蜂、家蚕有毒，对鱼类、溞类等水生生物剧毒，施药期间应避免对周围蜂群产生影响，蜜源作物花期禁用，蚕室和桑园附近禁用。施药远离水产养殖区，禁止在河塘等水体内清洗施药器具。清洗喷药器械或弃置废料时，避免污染鱼池、水道、灌渠和饮用水源。

唑螨酯

Fenpyroximate

1. 作用特点

唑螨酯是一种苯氧吡唑类低毒杀螨剂，抑制线粒体膜电子转移，具有较强的触杀、胃毒作用，杀螨谱广，对多种害螨有强烈的触杀作用，速效性好，持效期较长，对害螨的各个生育期均有良好的防治效果，而且具有抑制蜕皮作用。

2. 主要产品

【单剂】悬浮剂：5%、10%、20%、28%；微乳剂：8%。

【混剂】阿维·唑螨酯、螺虫·唑螨酯、苯丁·唑螨酯、四螨·唑螨酯、乙螨唑·唑螨酯。

3. 应用

【适用作物】苹果、柑橘、枸杞、玉米等。

【防治对象】红蜘蛛、瘿螨、锈壁虱等。

【使用方法】喷雾。

苹果树 红蜘蛛	在红蜘蛛发生初期，使用5%唑螨酯悬浮剂2 000～3 100倍液均匀喷雾施药，使叶片正反面、果实表面均匀着药。在苹果树上安全间隔期为15天，每季最多使用2次。
柑橘树 红蜘蛛	在红蜘蛛始盛期，使用5%唑螨酯悬浮剂1 000～1 500倍液均匀喷雾施药，使叶片正反面、果实表面均匀着药。在柑橘树上安全间隔期为15天，每季最多使用2次。
玉米 红蜘蛛	在红蜘蛛始盛期，使用20%唑螨酯悬浮剂7～10毫升/亩兑水均匀喷雾施药，使叶片正反面均匀着药。在玉米上安全间隔期为收获期，每季最多使用1次。
柑橘树柑橘 锈壁虱	在害螨初发期，使用5%唑螨酯悬浮剂800～1 000倍液均匀喷雾施药，使叶片正反面、果实表面均匀着药。
枸杞瘿螨	在瘿螨发生初期，使用5%唑螨酯悬浮液2 500～3 000倍液均匀喷雾施药，使叶片正反面均匀着药。在枸杞上安全间隔期为7天，每季最多使用2次。

4. 注意事项

对鱼类等水生生物有毒，远离水产养殖区施药，禁止在河塘等水体中清洗施药器具。使用过的容器放置于安全地点，废弃包装物应冲洗后压碎深埋或由生产企业回收处理。

哒 螨 灵

Pyridaben

1. 作用特点

哒螨灵属于哒嗪酮类低毒杀虫、杀螨剂。主要通过抑制肌肉组织、神经组织和电子传递系统染色体Ⅰ中谷氨酸脱氢酶的合成，从而发挥杀虫、杀螨作用。触杀性极强，但没有熏蒸、内吸和传导作用，速效性好，持效期长。对螨的整个生长期即卵、幼螨、若螨和成螨都有很好的效果，且防效不受温度变化的影响。

2. 主要产品

【单剂】乳油：15%、20%；可湿性粉剂：20%、40%；悬浮剂：20%、30%、40%、45%、50%；微乳剂：10%、15%；水乳剂：10%、15%；烟

剂：10％。

【混剂】阿维·哒螨灵、苯丁·哒螨灵、四螨·哒螨灵、啶虫·哒螨灵、甲氰·哒螨灵、噻螨·哒螨灵、呋虫·哒螨灵、丁醚·哒螨灵、甲维·哒螨灵、噻嗪·哒螨灵、虫腈·哒螨灵、联肼·哒螨灵、吡蚜·哒螨灵等。

3. 应用

【适用作物】枸杞、柑橘、苹果、棉花、樱桃、茄子、萝卜、蔷薇科观赏花卉等。

【防治对象】红蜘蛛、瘿螨、黄条跳甲等。

【使用方法】喷雾、点燃放烟。

苹果树红蜘蛛	在叶螨发生初期，使用15％哒螨灵乳油2 250～3 000倍液均匀喷雾施药，使叶片正反面、果实表面均匀着药。在苹果树上安全间隔期为20天，每季最多使用1次。
柑橘树红蜘蛛	在红蜘蛛发生初期，使用20％哒螨灵可湿性粉剂3 000～4 000倍液均匀喷雾施药，使叶片正反面、果实表面均匀着药。在柑橘上安全间隔期为20天，每季最多使用1次。
棉花红蜘蛛	在红蜘蛛发生始盛期，使用10％哒螨灵微乳剂60～75毫升/亩兑水均匀喷雾施药，使叶片正反面均匀着药。在棉花上安全间隔期为14天，每季最多使用3次。
樱桃树红蜘蛛	在红蜘蛛发生初期，使用15％哒螨灵乳油1 500～2 500倍液均匀喷雾施药，使叶片正反面均匀着药。在樱桃树上的安全间隔期为7天，每季最多使用1次。
枸杞瘿螨	在瘿螨发生初期，使用20％哒螨灵可湿性粉剂2 000～2 500倍液均匀喷雾施药，使叶片正反面均匀着药。在枸杞上安全间隔期为7天，每季最多使用2次。
萝卜黄条跳甲	在黄条跳甲成虫发生始盛期，使用15％哒螨灵乳油40～60毫升/亩兑水均匀喷雾施药，使叶片正反面均匀着药。在萝卜上安全间隔期为20天，每季最多使用2次。
茄子蓟马	在蓟马发生始盛期，使用10％哒螨灵烟剂以100～120克/亩点燃放烟，施药时，均匀布置好药点，应从远离大棚门口的方向至大棚门口依次点燃，点燃后人员应迅速撤离棚室，经12～24小时密闭处理后再通风。在茄子上安全间隔期为7天，每季最多使用2次。

4. 注意事项

对蜜蜂、鱼类等水生生物、家蚕有毒，施药期间应避免对周围蜂群的影响，开花植物花期、蚕室和桑园附近禁用。远离水产养殖区施药，禁止在河塘等水体中清洗施药器具。

乙 螨 唑

Etoxazole

1. 作用特点

乙螨唑属于二苯基噁唑啉衍生物，是一种选择性低毒杀螨剂。主要是抑制螨卵的胚胎形成以及从幼螨到成螨的蜕皮过程，有触杀和胃毒作用，无内吸性，但有较强的渗透能力，耐雨水冲刷。对螨卵和幼、若螨杀伤力极强，不杀成螨，但能显著抑制雌成螨产卵的孵化率。

2. 主要产品

【单剂】悬浮剂：15％、20％、30％、110 克/升；水分散粒剂：20％。

【混剂】联肼·乙螨唑、哒螨·乙螨唑、阿维·乙螨唑、甲氰·乙螨唑、螺螨·乙螨唑、乙螨唑·唑螨酯。

3. 应用

【适用作物】柑橘、棉花、苹果、蔷薇科观赏花卉等。

【防治对象】红蜘蛛、二斑叶螨等。

【使用方法】喷雾。

柑橘树红蜘蛛	在红蜘蛛低龄幼、若螨始盛期，使用 20％乙螨唑悬浮剂 6 000～8 000 倍液均匀喷雾施药，使叶片正反面、果实表面均匀着药。在柑橘树上安全间隔期为 30 天，每季最多使用 1 次。
苹果树红蜘蛛	在红蜘蛛低龄幼、若螨始盛期，使用 110 克/升乙螨唑悬浮剂 5 000～7 500 倍液均匀喷雾施药，使叶片正反面、果实表面均匀着药。在苹果树上安全间隔期为 21 天，每季最多使用 1 次。
草莓红蜘蛛	在红蜘蛛低龄幼、若螨始盛期，使用 110 克/升乙螨唑悬浮剂 3 500～5 000 倍液均匀喷雾施药，使叶片正反面、果实表面均匀着药。
西瓜红蜘蛛	在红蜘蛛低龄幼、若螨始盛期，使用 110 克/升乙螨唑悬浮剂 3 500～5 000 倍液均匀喷雾施药，使叶片正反面、果实表面均匀着药。
蔷薇科观赏花卉红蜘蛛	在红蜘蛛始盛期，使用 20％乙螨唑悬浮剂 10 000～14 000 倍液均匀喷雾施药，使叶片正反面均匀着药。
枸杞瘿螨	在枸杞瘿螨发生初期，使用 20％乙螨唑悬浮剂 9 090～10 930 倍液均匀喷雾施药，使叶片正反面均匀着药。在枸杞上安全间隔期为 5 天，每季最多使用 1 次。

4. 注意事项

（1）不可与波尔多液混用。

（2）对家蚕、大型溞毒性高，蚕室及桑园附近禁用。不得污染饮用水、河流、池塘等。远离水产养殖区施药，禁止在河塘等水域清洗施药器具。赤眼蜂等天敌放飞区禁用。

腈吡螨酯
Cyenopyrafen

1. 作用特点
腈吡螨酯属于新型丙烯腈类微毒杀螨剂。作用机理主要与去酯化烯醇的活化代谢有关，通过破坏呼吸电子传递链中的复合物Ⅱ（琥珀酸脱氢酶）来抑制线粒体的功能。无内吸性，持效期较长，主要用于防治害螨。

2. 主要产品
【单剂】悬浮剂：30%。
【混剂】无。

3. 应用
【适用作物】苹果、草莓等。
【防治对象】红蜘蛛、二斑叶螨。
【使用方法】喷雾。

苹果树二斑叶螨	在二斑叶螨发生始盛期，使用30%腈吡螨酯悬浮剂2 000～3 000倍液均匀喷雾，使叶片正反面均匀着药。在苹果树上安全间隔期为14天，每季最多使用2次。
苹果树红蜘蛛	在红蜘蛛发生始盛期，使用30%腈吡螨酯悬浮剂2 000～3 000倍液均匀喷雾，使叶片正反面均匀着药。在苹果树上安全间隔期为14天，每季最多使用2次。

4. 注意事项
（1）按照推荐的稀释倍数使用，使用前充分摇晃瓶身。宜在发生初期全面喷雾。在植物体内无内吸性，注意喷雾时叶片正面、背面均匀喷雾。根据植物生长时期调节用水量。

（2）和波尔多液、石硫合剂混用时会降低药剂效果，避免混用。

（3）对水蚤等水生生物高毒，施药时应远离水产养殖区、河塘等水体施药，禁止在河塘等水体中清洗施药器具。

炔 螨 特
Propargite

1. 作用特点
炔螨特属于有机硫低毒杀螨剂，是线粒体三磷酸腺苷（ATP）合成酶抑制剂。具有触杀和胃毒的作用，无内吸和渗透传导作用。对成螨、若螨均有效，杀卵性差。害螨不易对炔螨特产生抗药性，可用于防治对其他类杀螨剂产生抗药性的害螨。炔螨特宜在 20 ℃以上的环境中使用，气温高于 27 ℃时，炔螨特充分发挥触杀和熏蒸双重作用，20 ℃以下时，防效随着温度降低而降低。

2. 主要产品

【单剂】乳油：25％、40％、57％、70％、73％、570 克/升、730 克/升；水乳剂：20％、30％、40％、50％；微乳剂：40％；微囊悬浮剂：30％。

【混剂】阿维·炔螨特、炔螨·矿物油、哒灵·炔螨特、唑酯·炔螨特、噻酮·炔螨特、甲氰·炔螨特、丙溴·炔螨特、苯丁·炔螨特、联苯·炔螨特、氟脲·炔螨特、四嗪·炔螨特等。

3. 应用

【适用作物】柑橘、苹果、桑树、棉花等。

【防治对象】二斑叶螨、红蜘蛛等。

【使用方法】喷雾。

柑橘树红蜘蛛	在红蜘蛛始盛期，使用 40％炔螨特乳油 1 000～1 500 倍液均匀喷雾施药，使叶片正反面、果实表面均匀着药。在柑橘树上安全间隔期为 30 天，每季最多使用 3 次。
苹果树红蜘蛛	在红蜘蛛危害始盛期前（螨量迅速上升前期），使用 57％炔螨特乳油 1 500～2 280 倍液均匀喷雾施药，使叶片正反面、果实表面均匀着药。在苹果树上安全间隔期为 30 天，每季最多使用 3 次。
棉花红蜘蛛	在红蜘蛛发生初期，使用 570 克/升炔螨特乳油 40～60 毫升/亩兑水均匀喷雾施药，使叶片正反面均匀着药。在棉花上安全间隔期为 21 天，每季最多使用 3 次。
桑树红蜘蛛	在红蜘蛛发生初期，使用 40％炔螨特水乳剂 1 500～2 000 倍液均匀喷雾施药，使叶片正反面均匀着药。在桑树上安全间隔期为 10 天，每季最多使用 2 次。
苹果树二斑叶螨	在苹果开花前后，若螨盛发初期，平均每叶螨数 3～4 头时，用 20％炔螨特水乳剂 1 000～1 500 倍液均匀喷雾施药，使叶片正反面、果实表面均匀着药。在苹果树上安全间隔期为 30 天，每季最多使用 3 次。

4. 注意事项

（1）高温、高湿下，对某些作物的幼苗、新梢、嫩叶有药害。使用时按农药标签使用，严禁随意增加剂量。

（2）对水生动物、蜜蜂、蚕有毒，使用时不可污染水域，严禁在饲养蜂、蚕场地使用。

联苯肼酯
Bifenazate

1. 作用特点

联苯肼酯是咔嗪类非内吸性微毒杀螨剂。主要作用于细胞的线粒体复合体Ⅲ位点，抑制细胞的线粒体能量传递。联苯肼酯是一种新型选择性叶面杀螨剂，不具内吸性，既杀卵又杀成螨，防治害螨危害更彻底，对二斑叶螨等难防治的害螨更为敏感，持效期长。

2. 主要产品

【单剂】悬浮剂：24%、43%、50%；水分散粒剂：50%。

【混剂】联苯肼酯·乙螨唑、联苯肼酯·哒螨灵。

3. 应用

【适用作物】柑橘、苹果、辣椒、草莓、观赏玫瑰等。

【防治对象】红蜘蛛、二斑叶螨、茶黄螨等。

【使用方法】喷雾。

柑橘树红蜘蛛	在红蜘蛛发生初期，使用43%联苯肼酯悬浮剂1 500～2 250倍液均匀喷雾施药，使叶片正反面、果实表面均匀着药。在柑橘树上安全间隔期为30天，每季最多使用1次。
苹果树红蜘蛛	在红蜘蛛发生初期，使用50%联苯肼酯悬浮剂2 100～3 125倍液均匀喷雾施药，使叶片正反面、果实表面均匀着药。在苹果树上安全间隔期为14天，每季最多使用1次。
草莓二斑叶螨	在二斑叶螨发生初期，使用43%联苯肼酯悬浮剂10～25毫升/亩均匀喷雾施药，使叶片正反面、果实表面均匀着药。在草莓上安全间隔期为1天，每季最多使用1次。
观赏玫瑰茶黄螨	在茶黄螨发生初期，使用43%联苯肼酯悬浮剂20～30毫升/亩均匀喷雾施药，使叶片正反面均匀着药。
辣椒茶黄螨	在茶黄螨发生初期，使用43%联苯肼酯悬浮剂20～30毫升/亩均匀喷雾施药，使叶片正反面均匀着药。在辣椒上安全间隔期为5天，每季最多使用2次。
木瓜二斑叶螨	在二斑叶螨发生初期，用43%联苯肼酯悬浮剂2 000～3 000倍液均匀喷雾施药，使叶片正反面、果实表面均匀着药。在木瓜上安全间隔期为5天，每季最多使用2次。

4. 注意事项

远离水产养殖区、河塘等水体附近施药，禁止在河塘等水体中清洗施药器具。药液及其废液不得污染各类水域、土壤等环境。

丁氟螨酯
Cyflumetofen

1. 作用特点

丁氟螨酯属于新型酰基乙腈类低毒杀螨剂。通过接触进入虫体后，能够在螨体内通过代谢，产生极具活性作用的物质 AB-1，随着丁氟螨酯在螨体内不断被代谢为 AB-1，AB-1 浓度不断上升，螨的呼吸作用愈来愈受到抑制。具有触杀作用，无内吸活性。对叶螨属和全爪螨属具有很高的活性，对各发育阶段的螨均有较好的活性，且对幼螨的防效远高于成螨。

2. 主要产品

【单剂】悬浮剂：20%。

【混剂】无。

3. 应用

【适用作物】柑橘、番茄、草莓等。

【防治对象】红蜘蛛、二斑叶螨。

【使用方法】喷雾。

草莓红蜘蛛、二斑叶螨	在害螨发生始盛期，使用 20%丁氟螨酯悬浮剂 40～60 毫升/亩兑水均匀喷雾施药，使叶片正反面、果实表面均匀着药。在草莓上安全间隔期为 3 天，每季最多使用 1 次。

4. 注意事项

对家蚕有毒，远离桑园施药，禁止在河塘等水体中清洗施药器具，以免污染水源，水产养殖区、河塘等水域附近禁用。

乙唑螨腈
Cyetpyrafen

1. 作用特点

乙唑螨腈是一种新型丙烯腈类低毒杀螨剂，属于 β-酮腈类线粒体电子传递复合物Ⅱ抑制剂，在螨体内代谢转化成羟基化合物，抑制琥珀酸脱氢酶的作用，进而作用于呼吸电子传递链中的复合体Ⅱ，破坏能量合成，达到防治作用。主要通过触杀和胃毒作用防治害螨，具有较好的速效性和持效性，对卵、幼螨、若螨、成螨均有较好防效，且与常规杀螨剂无交互抗性。

2. 主要产品

【单剂】悬浮剂：30%。

【混剂】螺螨酯·乙唑螨腈。

3. 应用

【适用作物】柑橘、苹果、草莓、棉花等。

【防治对象】红蜘蛛、二斑叶螨等。

【使用方法】喷雾。

柑橘树 红蜘蛛	在害螨始盛期，使用30％乙唑螨腈悬浮剂3 000～6 000倍液均匀喷雾施药，使叶片正反面、果实表面以及树干、枝条等部位均匀着药，以叶片湿润不滴水为宜。在柑橘树上安全间隔期为14天，每季最多使用2次。
苹果树 二斑叶螨	在害螨始盛期，使用30％乙唑螨腈悬浮剂3 000～6 000倍液均匀喷雾施药，使叶片正反面、果实表面等均匀着药，以叶片湿润不滴水为宜。在苹果树上安全间隔期为14天，每季最多使用2次。
棉花叶螨	在害螨始盛期，使用30％乙唑螨腈悬浮剂5～10毫升/亩均匀喷雾施药，使叶片正反面均匀着药。在棉花上安全间隔期为21天，每季最多使用2次。

4. 注意事项

（1）为了避免害螨产生抗药性，建议与其他作用机制不同的杀螨剂轮换使用。

（2）远离水产养殖区、河塘等水体施药，禁止在河塘等水体中清洗施药器具。勿将药剂及其废液或包装物等弃于池塘、沟渠和湖泊等，以免污染水源。

杀 螺 胺

Niclosamide

1. 作用特点

杀螺胺是酰胺类低毒杀软体动物剂，通过阻止水中害螺对氧的摄入而降低其呼吸作用，最终使其窒息死亡。具有触杀和胃毒作用，对成螺、幼螺均有较好的防治效果，对螺卵、尾蚴也有杀灭作用。主要用于防治水稻田福寿螺和沟渠钉螺。

2. 主要产品

【单剂】可湿性粉剂：70％；悬浮剂：25％；展膜油剂：1％。

【混剂】四聚乙醛·杀螺胺等。

3. 应用

【适用作物或场所】水稻、沟渠。

【防治对象】福寿螺、钉螺等。

【使用方法】喷雾、喷洒等。

水稻福寿螺	在福寿螺发生初期用药，使用 70%杀螺胺可湿性粉剂 30～40 克/亩兑水均匀喷雾施药。在水稻上安全间隔期为 52 天，每季最多使用 2 次。
钉螺	防治江湖洲滩、河滩、山区、沟渠、田间钉螺，使用 25%杀螺胺悬浮剂 2 克/米³ 浸杀或 2 克/米² 喷洒。
日本血吸虫尾蚴	使用 1%杀螺胺展膜油剂 2～4 克/米² 喷洒。

4. 注意事项

（1）施药时应避免药液飘移到其他作物上或池塘里，以防产生药害。

（2）对鱼类、蛙、贝类有毒，使用时要多加注意，禁止在河塘等水体中清洗施药器具，施药后的田水不得直接排入河塘等水域。鱼或虾蟹套养稻田禁用，施药后的田水不得直接排入水体。

（3）对蚕、赤眼蜂、蜜蜂等毒性高，禁止在桑园、天敌放飞区、开花植物花期使用。

杀螺胺乙醇胺盐
Niclosamide‐olamine

1. 作用特点

杀螺胺乙醇胺盐属于酰胺类低毒杀软体动物剂，有效成分为杀螺胺，通过阻止水中害螺对氧的摄入而降低呼吸作用，最终使其窒息死亡。具有触杀和胃毒作用。对成螺、幼螺均有较好的防治效果，对螺卵、尾蚴也有杀灭作用。主要用于防治水稻田福寿螺和沟渠、滩涂钉螺。

2. 主要产品

【单剂】可湿性粉剂：25%、50%、60%、70%、80%；悬浮剂：25%、42%、50%；粉剂：4%；颗粒剂：0.6%、4.2%、5%。

【混剂】四聚乙醛·杀螺胺乙醇胺盐等。

3. 应用

【适用作物或场所】水稻、沟渠、滩涂等。

【防治对象】福寿螺、钉螺等。

【使用方法】喷雾、撒施。

水稻福寿螺	在福寿螺发生初期，降雨或灌溉后用药，保持水深 3 厘米左右，使用 50%杀螺胺乙醇胺盐可湿性粉剂 60～80 克/亩，毒土撒施。施药后两天内暂不灌水，若施药后恰遇大雨，应视具体情况适当补施。在水稻上安全间隔期为 52 天，每季最多使用 2 次。

| 滩涂钉螺 | 在钉螺繁殖初期至危害高峰前期，使用 50％杀螺胺乙醇胺盐可湿性粉剂 2～4 克/米² 喷洒。 |

4. 注意事项

（1）施药时应避免药液飘移到其他作物上或池塘里，以防产生药害。

（2）对鱼类、蛙、贝类有毒，使用时要多加注意，禁止在河塘等水体中清洗施药器具，施药后的田水不得直接排入河塘等水域。鱼或虾蟹套养稻田禁用，施药后的田水不得直接排入水体。

（3）对蚕、赤眼蜂、蜜蜂等毒性高，禁止在桑园、天敌放飞区、植物花期使用。

四聚乙醛

Metaldehyde

1. 作用特点

四聚乙醛是一种具有强选择性的低毒杀软体动物剂，当蜗牛等有害软体动物吸食或接触后，能迅速破坏其消化系统，使其分泌出大量黏液，神经麻痹，最终大量脱水死亡。以胃毒为主，兼有触杀作用。具有引诱作用，可吸引隐藏的蜗牛爬出取食。其对蜗牛、福寿螺、蛞蝓、钉螺等软体动物有较高的活性，持效期长。植物对四聚乙醛无吸收作用，在正常剂量下使用，不影响作物生长。

2. 主要产品

【单剂】颗粒剂：6％、10％、12％、15％；可湿性粉剂：80％；悬浮剂：20％、40％；水分散粒剂：60％。

【混剂】四聚·杀螺胺、聚醛·甲萘威等。

3. 应用

【适用作物或场所】甘蓝、小白菜、水稻、铁皮石斛、烟草、滩涂等。

【防治对象】蜗牛、福寿螺、钉螺、蛞蝓等。

【使用方法】撒施、喷雾。

小白菜蜗牛	在蜗牛活动频繁的季节（土壤温度在 13～28 ℃之间）使用 6％四聚乙醛颗粒剂 400～600 克/亩均匀撒施在作物根际周围或直接撒施在作物行间裸露的地面。在小白菜上安全间隔期为 7 天，每季最多使用 2 次。
水稻福寿螺	于福寿螺发生初期使用，使用 15％四聚乙醛颗粒剂 200～300 克/亩撒施。在水稻上安全间隔期为 70 天，每季最多使用 2 次。
滩涂钉螺	于钉螺集中发生期用药，使用 60％四聚乙醛水分散粒剂 1.5～3 克/亩喷洒。

烟草蛞蝓	烟草播种后，种子发芽时，使用 6％四聚乙醛颗粒剂 400～544 克/亩均匀撒施，移植田在移栽后撒药。在烟草上安全间隔期为 42 天，每季最多使用 2 次。

4. 注意事项

（1）施药后，不要在田中践踏，以免影响药效。如遇大雨，药粒可能会被冲入土壤中，影响药效，应适当补施。

（2）禁止在河塘等水源地清洗施药器具，避免污染水源地。鸟类保护区禁用。

C 型肉毒梭菌毒素

Botulin type C

1. 作用特点

C 型肉毒梭菌毒素属于生物毒素低毒杀鼠剂，是由 C 型肉毒梭菌（*Clostridium botulinum* type C）产生的神经毒素，作用于鼠类中枢神经系统，阻碍神经末梢乙酰胆碱的释放，引起胆碱能神经（脑干）支配区肌肉和骨骼的麻痹，产生肉毒中毒，导致软瘫，最后呼吸麻痹而死。对多种鼠类有较好的毒杀效果。

2. 主要产品

【单剂】饵剂：3 000 毒价/克；水剂：100 万毒价/毫升；浓饵剂：100 万毒价/毫升。

【混剂】无。

3. 应用

【适用作物或场所】草原、牧场。

【防治对象】害鼠。

【使用方法】投饵。

草原、牧场害鼠	在草场寒冷的冬春季节进行杀鼠，采用带状投饵、等距离投饵、洞口或洞群投饵方法投放 3 000 毒价/克 C 型肉毒梭菌毒素饵剂，施药剂量为 100 克/公顷。人、畜在施药 16 天后方可进入施药地点。 高原鼠兔、鼢鼠：将 100 万毒价/毫升 C 型肉毒梭菌毒素水剂配制成 0.1％～0.2％的毒饵，投放于鼠洞洞口。人、畜在施药 7 天后方可进入施药地点。

4. 注意事项

（1）C 型肉毒梭菌毒素原药剧毒，属于限制使用农药，需严格管理。使用消耗应及时登记，做到账物相符，不得随意发放领用，以免流入社会，造成不必要的危害。

（2）投放毒饵时，工作人员要穿工作服，戴口罩、手套，不能用手直接接触毒饵，穿过的衣服要用热水或肥皂水彻底清洗，处理药剂后必须立即清洗手和暴露的皮肤。

（3）毒饵需专人管理，禁止无关人员和禽、畜接触，防止牧畜采食。施药后应设立警示标志，密切观察对畜、禽的影响。

（4）用作存放饵剂的容器、投放饵剂的器具等有关用具，均须单独存放，不得做其他用途，更不能接触食品、饲料等。

D 型肉毒梭菌毒素

Botulin type D

1. 作用特点

D 型肉毒梭菌毒素和 C 型肉毒梭菌毒素类似，属于生物毒素中毒杀鼠剂，是由 D 型肉毒梭菌（*Clostridium botulinum* type D）产生的神经毒素，作用于鼠类中枢神经系统，阻碍神经末梢乙酰胆碱的释放，引起胆碱能神经（脑干）支配区肌肉和骨骼的麻痹，产生肉毒中毒，导致软瘫，最后呼吸麻痹而死。对多种鼠类有较好的毒杀效果。

2. 主要产品

【单剂】水剂：1 000 万毒价/毫升；浓饵剂：1 500 万毒价/毫升、1 亿毒价/克。

【混剂】无。

3. 应用

【适用作物或场所】草原。

【防治对象】害鼠、高原鼠兔等。

【使用方法】投饵。

草原害鼠	在草场寒冷的冬春季节进行杀鼠，使用 1 500 万毒价/毫升 D 型肉毒梭菌毒素浓饵剂，先用水按照 1∶80～1∶100 的比例进行稀释后再与基饵均匀混合。与基饵按 1∶1 000 的比例配制成毒饵、投放于鼠洞洞口。配制好的毒饵要在 2～5 ℃闷置，不可冷冻结冰，否则将影响药物渗透到饵料中。

4. 注意事项

毒饵现配现用，拌饵料时严禁用碱水或热水。施药后应设立警示标志，人、畜在施药 10～15 天后方可进入施药地点。其他同 C 型肉毒梭菌毒素。

敌鼠钠盐

Sodium diphacinone

1. 作用特点

敌鼠钠盐为第一代抗凝血杀鼠剂，中毒（原药高毒），具有较好的适口性，主要通过破坏鼠类血液中的凝血酶原，使之失去活性，同时使微血管变脆、抗张力减退、血液渗透性增强。一般情况下老鼠取食后 3～4 天出现中毒死亡现象。可用于防治家鼠和田鼠。

2. 主要产品

【单剂】饵剂：0.05％、0.1％。

【混剂】无。

3. 应用

【适用作物或场所】室内、农田或鼠类经常活动的场所。

【防治对象】家鼠、田鼠。

【使用方法】投饵。

家鼠	在室内墙洞、下水道、鼠洞内及老鼠经常活动出没处饱和投放，灭鼠期间确保足够毒饵供家鼠摄食。投放毒饵后应每天检查毒饵消耗情况并及时补充，吃多少补多少，连续投放 3～5 天。
田鼠	当田间有鼠类踪迹时，在鼠洞及其取食活跃处，按每 50 米²0.05％敌鼠钠盐饵剂 20 克的量投放毒饵，每天对毒饵消耗进行观察，及时补充。

4. 注意事项

（1）施药后应放置警示牌或张贴明显通告，避免无关人员接触或误食。投放药剂后要防止家禽、牲畜进入，避免有益生物误食。

（2）该药剂属于限制使用农药，需严格管理。药剂应妥善保管，切勿与食物、饲料放在一起。放置在儿童接触不到的地方。

（3）处理毒饵以及施药时，应采取安全防护措施，佩戴手套、口罩，穿防护鞋等。避免接触皮肤、污染衣物和鞋等。

（4）施药后立即清洗手和暴露的皮肤。彻底清洗防护用具。

溴 鼠 灵

Brodifacoum

1. 作用特点

溴鼠灵为第二代抗凝血剧毒杀鼠剂，主要通过阻碍鼠类凝血酶原的合成，损害微血管，导致大出血而死。具有较好的适口性，不会产生拒食作用，可有效毒杀对第一代抗凝血剂产生抗性的鼠类。既可以作为急性杀鼠剂，单剂量使用防治害鼠；也可以采取小剂量、多次投饵的方式达到较好的灭鼠目的。一般中毒潜伏期为 3～5 天。

2. 主要产品

【单剂】饵剂：0.005％。

【混剂】无。

3. 应用

【适用作物或场所】室内、农田或鼠类经常活动的场所。

【防治对象】家鼠、田鼠。

【使用方法】投饵。

家鼠	在室内墙洞、下水道、鼠洞内及老鼠经常进食、饮水、筑巢或出没处，每 15 米² 房间投放 0.005％溴鼠灵毒饵 15～30 克，分 3～4 堆投放。如鼠密度高，毒饵消耗量大，1 周后应补投 1 次。
田鼠	当田间有鼠类踪迹时，沿田垄每隔约十步或在鼠洞及其取食活跃处，每点投放 0.005％溴鼠灵毒饵 5～10 克，1 周后补放。投饵量视鼠类危害情况而定，一般两次投饵总量以每亩 54～200 克为宜。

4. 注意事项

（1）猪、狗、鸟类、家禽等对溴鼠灵敏感，施药后应放置警示牌或张贴明显通告，避免无关人员接触或误食。投放药剂后要防止家禽、牲畜进入，避免有益生物误食。

（2）溴鼠灵属于限制使用农药，需严格管理。药剂应妥善保管，切勿与食物、饲料放在一起。放置在儿童接触不到的地方。人或动物误食均会中毒，毒饵经重复水洗或煮沸均不能解除毒效。

（3）处理毒饵以及施药时，应采取安全防护措施，佩戴手套、口罩，穿防护鞋等。避免药剂接触皮肤、污染衣物和鞋等。

（4）施药后立即清洗手和暴露的皮肤。彻底清洗防护用具。

氟 鼠 灵

Flocoumafen

1. 作用特点

氟鼠灵是一种具有良好适口性的第二代抗凝血剧毒杀鼠剂，可引诱鼠类取食，无拒食现象，对非靶标动物无引诱作用。通过干扰凝血过程而发挥作用，鼠类取食后因内出血而中毒死亡。鼠类一次取食即可达到致死剂量，取食后 2～5 天死亡。正常使用条件下，对人、畜、鸟类及野生动物安全。

2. 主要产品

【单剂】饵剂：0.005％。

【混剂】无。

3. 应用

【适用作物或场所】室内、农田或鼠类经常活动的场所。

【防治对象】家鼠、田鼠。

【使用方法】投饵。

家鼠、田鼠	投饵前，调查投饵区域内鼠洞、鼠迹和老鼠取食场所等情况。在鼠害严重情况下，每隔5～10米设一投饵点，每点投0.005%氟鼠灵毒饵8～12克，也可根据鼠害或现场情况予以增减。毒饵应投放于老鼠隐蔽处及经常活动处。使用毒饵盒投放毒饵，或对毒饵加以遮盖，也可将毒饵直接投放入鼠洞内。在老鼠经常活动区域可设置永久性投饵点，定期检查取食情况并及时补充。

4. 注意事项

（1）在投放药剂后应设立警示标志，并防止家禽和牲畜进入，避免非靶标动物误食。

（2）处理毒饵及施药时，应采取安全防护措施，佩戴手套、口罩，穿防护鞋等。避免接触皮肤、污染衣物等。

（3）施药后立即清洗手和暴露的皮肤。彻底清洗防护用具。

（4）氟鼠灵属于限制使用农药，需严格管理，妥善保管，放置在儿童触摸不到的地方。

α-氯代醇

3 - chloropropan - 1,2 - diol

1. 作用特点

α-氯代醇是一种雄性不育中毒灭鼠剂，主要通过使雄鼠丧失生育能力来降低鼠类的出生率，从而控制鼠密度，使其再无危害水平。具有较强的选择性，对雌鼠没有明显影响。对鼠类适口性较好。对家畜、家禽、鸟类等不具敏感性，对人类也较安全，不会引起二次中毒。

2. 主要产品

【单剂】饵剂：1%。

【混剂】无。

3. 应用

【适用作物或场所】室内。

【防治对象】家鼠、田鼠。

【使用方法】饱和投饵。

家鼠	室内每15米^{2}投放3～5堆，每堆10～20克，连续5天以上，每天检查饵料摄食情况并及时补充。

4. 注意事项

（1）投放药剂后要防止家禽、牲畜进入，避免有益生物误食。

（2）药剂应妥善保管，放置在儿童接触不到的地方。

（3）处理毒饵以及施药时，应采取安全防护措施，佩戴手套、口罩、穿防护鞋等。

（4）施药后立即清洗手和暴露的皮肤。彻底清洗防护用具。

二化螟性诱剂

1. 作用特点

二化螟性诱剂是利用水稻二化螟雌蛾释放性信息素及生物活性物质等引诱雄蛾交配的活动特点，通过人工合成具有性引诱作用的二化螟性信息素或类似的化学物质而制成性诱剂，低毒。具有专一选择性、对目标害虫高效、对其他非靶标生物安全、对环境无污染且使用方便等特点，属于生态环保型农药。

2. 主要产品

挥散芯：0.61%、1.22 毫克/个。

3. 应用

【适用作物】水稻。

【防治对象】二化螟。

【使用方法】诱捕。

水稻二化螟	于越冬代二化螟羽化前 1 周左右开始使用，每亩悬挂 2～3 个二化螟性诱剂诱捕器，每个诱捕器配 1 枚诱芯，每隔 4～6 周更换 1 次诱芯。根据实际诱虫量及时清理诱捕器内的死虫。

4. 注意事项

（1）诱芯不可单独使用，必须与诱捕器配合使用，才具有诱捕防治的效果。使用时诱捕器的高度、悬挂方式等需按照使用说明放置。

（2）需掌握使用时间，成虫扬飞前使用，宁早勿晚。

（3）更换不同挥散芯产品时需要戴手套或用肥皂洗手，避免不同产品间相互影响。

（4）对蜜蜂、家蚕、鱼类及周围环境等都没有不良影响。在作物生长的各个时期均可以使用。

梨小性迷向素

1. 作用特点

梨小性迷向素是由人工化学合成的性信息素，与自然界中梨小食心虫分泌的性信息素化学结构基本相同，微毒。通过长期缓慢释放梨小性迷向素，能有效对雄性梨小食心虫起到迷向作用，大量并持续降低雄蛾找到雌蛾的机会，干扰自然界梨小食心虫雌雄交配，从而减少其成虫进行交配、繁殖或产卵的数量，对梨小食心虫有很好的防治效果。

2. 主要产品

挥散芯：10％、240 毫克/个；缓释剂：112 毫克/条、240 毫克/条；饵剂：5％。

3. 应用

【适用作物】桃、梨。

【防治对象】梨小食心虫。

【使用方法】悬挂缓释条或投放诱饵。

桃树梨小食心虫	在春季桃树开花前期（越冬代成虫羽化前）使用，在距地面 1.5～1.8 米处的小枝条上悬挂 240 毫克/条梨小迷向素缓释剂，每株桃树悬挂 1 条。每亩悬挂 33～43 条缓释条。或在距地面 1.5～1.8 米处的小枝条上投放 5％梨小性迷向素饵剂，每亩使用 80～100 克。每季作物使用 1 次。

4. 注意事项

（1）使用梨小性迷向素最好选择面积较大的果园，防治效果要优于小果园。

（2）初次使用梨小性迷向素的果园，需注意果园内虫情密度，配合使用化学农药，降低果园内梨小食心虫的数量，第二年后，基本上可单独使用梨小性迷向素进行防治。

杀 菌 剂
(包括杀线虫剂)

二氰蒽醌
Dithianon

1. 作用特点

二氰蒽醌为醌类保护性中毒杀菌剂，作用机制为通过与含硫基团反应和干扰细胞呼吸而抑制一系列能量转换酶，最后导致病菌死亡。具有良好保护活性的同时，也有一定的治疗活性。对果树轮纹病、炭疽病有较好防效。

2. 主要产品

【单剂】可湿性粉剂：50％；悬浮剂：22.7％、40％、50％；水分散粒剂：66％、70％、71％。

【混剂】啶氧菌酯·二氰蒽醌、苯甲·二氰、二氰·戊唑醇、二氰·肟菌酯、二氰·吡唑酯、二氰·烯酰、二氰·锰锌等。

3. 应用

【适用作物】苹果、西瓜、辣椒。

【防治对象】苹果轮纹病、苹果炭疽病、辣椒炭疽病、西瓜炭疽病等。

【使用方法】喷雾。

苹果轮纹病	使用50％二氰蒽醌悬浮剂500～800倍液于发病前或发病初期施药，间隔10～15天施药1次，可连续施药3次。在苹果上安全间隔期为40天，每季最多使用3次。
辣椒炭疽病	使用66％二氰蒽醌水分散粒剂20～30克/亩，于发病前或发病初期施药，每次施药间隔7～10天，施足量药液，施药过程中对辣椒果实以及植株的叶片正反面进行喷雾，以不滴药液为宜。在辣椒上安全间隔期为5天，每季最多使用3次。
西瓜炭疽病	使用22.7％二氰蒽醌悬浮剂66～88毫升/亩，于发病前或发病初期施药，施药1～2次，间隔7～10天。在西瓜上安全间隔期为14天，每季最多使用2次。

| 苹果炭疽病 | 使用 22.7% 二氰蒽醌悬浮剂 600～1 000 倍液于发病前或发病初期施药,施药 2～3 次,间隔 10～15 天。在苹果上安全间隔期为 21 天,每季最多使用 3 次。 |

4. 注意事项

(1) 对鱼等水生生物毒性高,远离水产养殖区施药,禁止在河塘等水体中清洗施药器械。

(2) 如不慎将药剂沾到皮肤上,立即脱掉污染衣物,尽快用肥皂水及清水冲洗 15 分钟以上;如溅入眼睛,立即翻开上、下眼睑,用流动的自来水冲洗 15 分钟以上;不慎吸入,应将患者移至空气新鲜流通处,严重者需就医;误服,立即携带标签就医。无特效解毒剂,对症治疗。

克 菌 丹
Captan

1. 作用特点

克菌丹属于邻苯二甲酰亚胺类保护性低毒杀菌剂,有一定治疗作用。多作用位点杀死病菌孢子和菌丝,阻止其萌发和菌丝生长。对真菌细胞有 3 种作用方式:①干扰真菌的呼吸过程(与磷酸甘油醛脱氢酶- SH 作用于硫胺素焦磷酸 TPP,使乙酰辅酶 A 失活);②渗透至细胞膜(与亚单位连接的疏水键或金属桥结合,破坏生物膜活性);③干扰细胞分裂。

2. 主要产品

【单剂】可湿性粉剂:50%;悬浮剂:40%、600 克/升;水分散粒剂:80%;悬浮种衣剂:450 克/升;可分散油悬浮剂:35%。

【混剂】克菌·戊唑醇、啶氧菌酯·克菌丹、苯甲·克菌丹、唑醚·克菌丹、多抗·克菌丹等。

3. 应用

【适用作物】苹果、梨、马铃薯、草莓、番茄、黄瓜、辣椒、葡萄等。

【防治对象】苹果轮纹病、梨树黑星病、马铃薯黑痣病、草莓灰霉病、辣椒炭疽病、苹果腐烂病等。

【使用方法】叶面喷施或涂抹病疤。

| 苹果斑点落叶病 | 使用 40% 克菌丹悬浮剂 400～600 倍液,于发病初期或分别于春梢和秋梢生长期施药,施药时注意喷雾要均匀、周到,以确保防效。可连用 2～3 次,间隔 7～10 天。发病轻或作为预防处理时使用低剂量,发病重或作为治疗处理时使用高剂量。在苹果树上安全间隔期为 14 天,每季最多使用 3 次。 |

苹果轮纹病	使用50％克菌丹可湿性粉剂400～800倍液，于病害初期施药，应喷雾均匀。可连用3次，间隔7～10天。在苹果树上的安全间隔期为15天，每季最多使用3次。
草莓灰霉病	使用80％克菌丹水分散粒剂600～1 000倍液，于发病前或发病初期施药，每隔7～10天喷药1次，可喷药2～3次，均匀喷雾。发病轻或作为预防处理时使用低剂量；发病重或作为治疗处理时使用高剂量。在草莓上安全间隔期为3天，每季最多使用3次。
番茄叶霉病	使用50％克菌丹可湿性粉剂125～187克/亩喷雾，在发病前预防或田间零星发病时打药，可连喷3次，根据发病条件每隔7～10天施药1次。在番茄上安全间隔期为7天，每季最多使用3次。
苹果腐烂病	使用5％克菌丹膏剂200～300克/米^{2}涂抹病疤，春季病害发生期刮除苹果树腐烂病疤至周边2厘米左右健康组织，将药剂涂抹在病疤切口处，注意涂抹至周边皮层。

4. 注意事项

（1）对蜜蜂、家蚕有毒，蚕室和桑园附近禁用。赤眼蜂等天敌放飞区禁用。远离水产养殖区施药，禁止在河塘等水域清洗施药器具。

（2）无特殊解毒剂。皮肤反复接触可能会有过敏症状。药液不慎接触皮肤，尽快用大量清水冲洗皮肤表面。药液不慎接触眼睛，尽快用清水冲洗眼睛至少15分钟并就医。不慎吞服药液，误食者可先饮一杯加入活性炭的水，然后携标签就医。

络 氨 铜

Cuaminosulfate

1. 作用特点

络氨铜是由混合氨基酸与铜络合而成的保护性低毒杀菌剂，主要通过铜离子发挥杀菌作用，铜离子与病原细胞膜表面上的K^+、H^+等阳离子交换，使病原菌细胞膜上的蛋白质凝固，同时部分铜离子渗透入病原菌细胞内与某些酶结合，影响其活性。

2. 主要产品

【单剂】水剂：15％、25％；可溶液剂：15％；可溶粉剂：15％。

【混剂】混脂·络氨铜、噁霉·络氨铜、霜霉·络氨铜、柠铜·络氨铜等。

3. 应用

【适用作物】西瓜、柑橘、番茄、棉花、水稻、苹果等。

【防治对象】西瓜枯萎病、柑橘溃疡病、番茄蕨叶病、棉花立枯病、苹果腐烂病、水稻纹枯病等。

【使用方法】浇灌、喷雾、拌种和涂抹病疤。

西瓜枯萎病	可用 15％络氨铜可溶粉剂 350～500 倍液在发病前或发病初期使用。在西瓜上安全间隔期为 40 天，每季最多使用 3 次。
柑橘溃疡病	可用 15％络氨铜水剂在柑橘梢长 1.5～3 厘米时施药，使用浓度以 200～300 倍为宜，每隔 7～10 天施药 1 次。喷雾要均匀彻底。在柑橘上安全间隔期为 14 天，每季最多使用 3 次。
番茄蕨叶病	可用 25％络氨铜水剂 267～400 毫升/亩于发病前喷雾。在番茄上安全间隔期 7 天，每季最多使用 2 次。

4. 注意事项

（1）对铜敏感作物桃、杏禁用。对蜜蜂、鱼类等水生生物、家蚕有毒，施药期间应避免对周围蜂群的影响，蜜源作物花期、蚕室和桑园附近禁用。远离水产养殖区施药，禁止在河塘等水体中清洗施药器具。切勿污染水源。

（2）不可与酸性和多硫化钙等物质混合使用。

（3）误食引起急性中毒，表现为头痛、头晕、乏力、口腔黏膜呈蓝色、口内有金属味、齿龈出血、舌发青、腹泻、腹绞痛、黑大便，重者血压下降、痉挛、昏迷等。经口中毒，立即催吐、洗胃。皮肤接触或溅入眼睛立即用肥皂及清水冲洗不少于 15 分钟，严重者及时就医。解毒剂为依地酸二钠钙，并配合对症治疗。

王 铜

Copper oxychloride

1. 作用特点

王铜属于无机铜类低毒杀菌剂，在一定温度条件下，释放出铜离子，起到杀菌防病作用。其作用机理是依靠植物表面水的酸化，逐步释放铜离子，与病菌的蛋白质结合，使其蛋白酶变性而死亡，抑制病菌萌发和菌丝发育，杀菌谱广，兼治性强，不易使病菌产生抗药性。具有较好的黏附、分散性，喷到作物上后能黏附在作物表面，形成一层保护膜，不易被雨水冲刷。

2. 主要产品

【单剂】水分散粒剂：84％；悬浮剂：30％、50％、700 克/升；可湿性粉剂：47％、70％。

【混剂】春雷·王铜、氢铜·王铜、烯酰·王铜、王铜·甲霜灵、氰霜唑·王铜、王铜·菌核净、王铜·代森锌、王铜·霜脲氰、吡唑醚菌酯·王铜、精甲·王铜等。

3. 应用

【适用作物】柑橘、荔枝、葡萄、番茄、黄瓜、人参、铁皮石斛等。

【防治对象】柑橘溃疡病、黄瓜细菌性角斑病、铁皮石斛软腐病、荔枝霜疫霉病、芒果炭疽病、葡萄霜霉病、人参黑斑病等。

【使用方法】喷雾。

柑橘溃疡病	使用 700 克/升王铜悬浮剂 900～1 200 倍液喷雾，于发病前或初期施药，应注意均匀喷雾，视病情发展情况，间隔 7～10 天再次施药，连续 3 次，使用足量药液。在柑橘树上安全间隔期为 21 天，每季最多使用 3 次。
黄瓜细菌性角斑病	使用 700 克/升王铜悬浮剂 160～220 毫升/亩兑水均匀喷雾，于发病前或初期施药，施药应注意均匀喷雾，使用足量药液。在黄瓜上安全间隔期为 3 天，每季最多使用 3 次。
铁皮石斛软腐病	使用 30％王铜悬浮剂 600～800 倍液喷雾，于发病前或发病初期，施药 2～3 次，施药间隔期 7～10 天。
荔枝霜疫霉病	使用 84％王铜水分散粒剂 1 000～1 500 倍液喷雾，于发病前或发病初期施药，施药间隔期 7～15 天，视病情发展施药 3～4 次。
芒果炭疽病	使用 84％王铜水分散粒剂 1 000～1 500 倍液喷雾，于发病前或发病初期施药，施药间隔期 7～15 天，视病情发展施药 3 次。
葡萄霜霉病	使用 30％王铜悬浮剂 600～800 倍液喷雾，于发病前或发病初期施药，施药间隔期 7～10 天。在葡萄上安全间隔期为 21 天，每季最多使用 3 次。
人参黑斑病	使用 30％王铜悬浮剂 900～1 800 倍液喷雾，于发病初期施药，施药间隔期 7 天。在人参上安全间隔期为 35 天，每年最多使用 2 次。
烟草赤星病	使用 30％王铜悬浮剂 120～150 毫升/亩兑水均匀喷雾，于发病前或发病初期施药，病情较重时必须每隔 7 天左右施药 1 次。在烟草上安全间隔期为 3 天。
猕猴桃溃疡病	使用 84％王铜水分散粒剂 800～1 600 倍液喷雾，于发病前或发病初期施药，施药间隔期 7～10 天，视病情发展施药 3～4 次。

4. 注意事项

(1) 作物对铜敏感的时期和对铜敏感作物（桃、李、梅、杏、柿、大白菜、菜豆、莴苣、荸荠等）慎用。施药时注意避免飘移至上述作物。避免在夏季中午高温烈日下操作，避免高温期采用高浓度。避免阴湿天气或露水未干前施药，以免发生药害，施药 24 小时内遇大雨需补施。

(2) 对鱼类等水生生物有毒，水产养殖区、河塘等水体附近禁用，禁止在河塘等水域内清洗施药器具。蚕室和桑园附近禁用。鸟类保护区附近禁用。周围开花植物花期禁用，施药前 3 天告知所在地及邻近 3 000 米以内的养蜂者。施用时密切关注对土壤生物的风险。

喹啉铜

Oxine－copper

1. 作用特点

喹啉铜是一种喹啉类保护性低毒杀菌剂，属有机铜螯合物，广谱、高效、低残留，使用安全，对真菌性、细菌性病害均具有良好的预防和治疗作用。喷施后在植物表面形成一层严密的保护药膜，与植物亲和力较强，耐雨水冲刷；药膜缓慢释放杀菌的铜离子，有效抑制病菌的萌发和侵入，从而达到防病治病的目的。

2. 主要产品

【单剂】悬浮剂：33.5％、40％；水分散粒剂：50％；可湿性粉剂：50％；膏剂：2％。

【混剂】氟吡菌胺·喹啉铜、肟菌·喹啉铜、唑醚·喹啉铜、喹啉铜·溴菌腈、春雷·喹啉铜、喹啉·戊唑醇、喹啉·霜脲氰、烯酰·喹啉铜、春雷霉素·喹啉铜、喹啉·噻灵、多抗·喹啉铜等。

3. 应用

【适用作物】黄瓜、番茄、苹果、荔枝、柑橘、山核桃等。

【防治对象】黄瓜细菌性角斑病、黄瓜霜霉病、番茄晚疫病、荔枝霜疫霉病、苹果轮纹病、柑橘溃疡病、山核桃干腐病等。

【使用方法】喷雾。

黄瓜细菌性角斑病	使用 33.5％喹啉铜悬浮剂 45～60 毫升/亩兑水均匀喷雾，于发病前或发病初期开始施药，施药间隔期为 7 天左右。在黄瓜上安全间隔期为 3 天，每季最多使用 3 次。
荔枝霜疫霉病	使用 33.5％喹啉铜悬浮剂 1 000～1 500 倍液喷雾，于初发病时开始施药。在荔枝上安全间隔期为 14 天，每季最多使用 3 次。
黄瓜霜霉病	33.5％喹啉铜悬浮剂 60～80 毫升/亩兑水均匀喷雾，发病前或发病初期开始施药，施药间隔期 7～10 天。在黄瓜上安全间隔期为 3 天，每季最多使用 3 次。
番茄晚疫病	使用 40％喹啉铜悬浮剂 25～30 毫升/亩兑水均匀喷雾，于发病前或发病初期施药，间隔 7 天施药 1 次。在番茄上安全间隔期为 3 天，每季最多使用 3 次。
柑橘溃疡病	使用 33.5％喹啉铜悬浮剂 1 000～1 250 倍液喷雾，于发病前或发病初期施药，间隔 7～10 天施药 1 次。在柑橘上安全间隔期为 20 天，每季最多使用 2 次。

苹果轮纹病	使用50%喹啉铜可湿性粉剂 3 000～4 000 倍液喷雾，在发病前或发病初期使用，施药时药液应均匀周到，喷至药液在叶片上欲滴而不流下为止。在苹果上安全间隔期为 21 天，每季最多使用 4 次。
山核桃干腐病	使用50%喹啉铜可湿性粉剂 1 000～2 000 倍液涂抹、喷雾，施药时应均匀喷施树干或涂抹树干，施药间隔期 7～10 天。在山核桃上安全间隔期为山核桃收获期，每季最多使用 2 次。

4. 注意事项

（1）对蜜蜂、鱼类等水生生物、家蚕有毒，施药期间应避免对周围蜂群的影响，开花植物花期、蚕室和桑园附近禁用。远离水产养殖区施药，禁止在河塘等水体中清洗施药器具。赤眼蜂等天敌放飞区禁用。

（2）对铜敏感的作物或作物对铜的敏感期内施药先做试验后用药。

百 菌 清

Chlorothalonil

1. 作用特点

百菌清是一种非内吸性广谱低毒杀菌剂，能与真菌细胞中的 3-磷酸甘油醛脱氢酶发生作用，与该酶中含有半胱氨酸的蛋白质结合，破坏酶的活力，使真菌细胞的代谢受到破坏而丧失生命力。百菌清没有内吸传导作用，不会从喷药部位及植物的根系被吸收。

2. 主要产品

【单剂】烟剂：2.5%、10%、20%、30%、40%、45%；可湿性粉剂：50%、75%；悬浮剂：40%、54%、500 克/升、720 克/升；水分散粒剂：75%、83%、90%；粉剂：5%；烟雾剂：45%；油剂：10%。

【混剂】硫磺·百菌清、腐霉·百菌清、百菌清·多抗霉素、甲霜·百菌清、嘧菌·百菌清、戊唑·百菌清、精甲·百菌清、锰锌·百菌清、琥铜·百菌清、氟嘧·百菌清、霜脲·百菌清、氰霜·百菌清、甲硫·百菌清、双炔·百菌清、异菌·百菌清、乙铝·百菌清、嘧霉·百菌清、百·福、烯酰·百菌清、苯甲·百菌清等。

3. 应用

【适用作物】番茄、黄瓜、苦瓜、辣椒、白菜、水稻、小麦、马铃薯、葡萄、苹果、柑橘、花生、橡胶树、茶树等。

【防治对象】可用于防治黄瓜霜霉病、白粉病，番茄早疫病、晚疫病、灰霉病，苦瓜霜霉病，水稻稻瘟病、纹枯病，小麦叶斑病、叶锈病，马铃薯早疫病、晚疫病，葡萄霜霉病、白粉病、黑痘病，苹果树斑点落叶病，柑橘树疮痂病，花生叶斑病、锈病，橡胶树炭疽病、白粉病等。

【使用方法】喷雾、种子处理。

稻瘟病	可用75％百菌清可湿性粉剂在发病初期开始施药，施药剂量为100～127克/亩，每隔7～10天喷药1次，每季作物最多使用次数为早稻3次、晚稻5次。安全间隔期为10天。
黄瓜霜霉病	可用20％百菌清烟剂在黄瓜霜霉病发病初期，于傍晚按推荐剂量300～400克/亩点燃后密闭棚室至少4小时，间隔7～10天施药1次，连施3次。安全间隔期3天，每季最多使用4次。
花生叶斑病	可用40％百菌清悬浮剂在花生叶斑病发生初期进行喷雾，推荐剂量为125～150毫升/亩，间隔7～14天再施药1次。注意喷雾均匀，每亩用水50千克。安全间隔期为14天，每季最多使用2次。
柑橘疮痂病	可用75％百菌清可湿性粉剂600～800倍液在发病前至发病初期用药，视病害发生情况，每隔7天施药1次，可连续用药3次。安全间隔期21天，每季最多使用3次。
番茄早疫病	可用40％百菌清悬浮剂在发病初期施药，推荐剂量为150～175克/亩，注意喷雾均匀，视病害发生情况，每7天左右施药1次，可连续用药2～3次。安全间隔期为7天，每季最多使用3次。
马铃薯晚疫病	可用720克/升百菌清悬浮剂在发病初期施药，推荐剂量为150～200毫升/亩，注意喷雾均匀，视病害发生情况，每7天左右施药1次，可连续用药2～3次。安全间隔期为14天，每季最多使用3次。
苦瓜霜霉病	可用75％百菌清可湿性粉剂于发病前或发病初期开始用药，推荐剂量为100～200克/亩，兑水均匀喷雾，每隔7天左右施药1次，连续施药2～3次。安全间隔期5天，每季最多使用3次。

4. 注意事项

（1）对鱼类等水生生物有毒，养鱼稻田禁用，施药后的田水不得直接排入河塘等水域；远离水产养殖区施药，禁止在河塘等水域内清洗施药器具。

（2）无明显中毒症状，对皮肤和眼睛有轻微刺激作用，如发生过敏可给予抗组胺或类固醇药物治疗。皮肤污染或药液溅入眼睛，立即用大量清水冲洗至少15分钟。误服立即携标签送医。无特效解毒剂，可对症治疗。

（3）对某些苹果、葡萄品种有药害，施药前先进行小范围安全性试验。

多 菌 灵
Carbendazim

1. 作用特点

多菌灵为广谱内吸性微毒杀菌剂，作用机理为干扰病菌有丝分裂中纺锤体的形成，从而影响细胞分裂，具有保护和治疗作用。对子囊菌纲的某些病原菌和半知菌类中的大多数病原菌有效。

2. 主要产品

【单剂】可湿性粉剂：25％、40％、50％、80％；悬浮剂：40％、50％、500克/升；水分散粒剂：50％、75％、80％、90％；烟剂：15％。

【混剂】戊唑·多菌灵、锰锌·多菌灵、中生·多菌灵、春雷·多菌灵、丙森·多菌灵、硫磺·多菌灵、异菌·多菌灵、混铜·多菌灵、醚菌·多菌灵、乙霉·多菌灵、克·酮·多菌灵、硅唑·多菌灵、乙铝·多菌灵、三环·多菌灵等。

3. 应用

【适用作物】水稻、小麦、油菜、番茄、花生、苹果、梨、棉花、甜菜、莲藕等。

【防治对象】主要防治水稻纹枯病、稻瘟病，小麦赤霉病，油菜菌核病，番茄早疫病，花生倒秧病、叶斑病，苹果轮纹病、炭疽病、褐斑病，梨树黑星病，棉花苗期病害，甜菜褐斑病，莲藕叶斑病等。

【使用方法】喷雾。

水稻纹枯病	可用 80％多菌灵可湿性粉剂在水稻纹枯病出现病斑时施药，推荐剂量为 62.5～75 克/亩，间隔 7 天再次喷雾，连喷 2 次。安全间隔期为 30 天，每季最多使用 2 次。
苹果轮纹病	可用 80％多菌灵可湿性粉剂 800～1 200 倍液在发病前或发病初期喷雾，视病情可每隔 15～20 天喷 1 次，用药 3 次。安全间隔期 28 天，每季最多使用 3 次。
小麦赤霉病	可用 25％多菌灵可湿性粉剂在赤霉病发病初期进行防治，推荐剂量为 200～240 克/亩，兑水稀释进行均匀喷雾。安全间隔期 28 天，每季最多使用 1 次。
油菜菌核病	可用 50％多菌灵可湿性粉剂在油菜盛花期和终花期施药，推荐剂量为 150～200 克/亩，兑水 50～70 千克各喷施 1 次，施药间隔 5～7 天。安全间隔期为 41 天，每季最多使用 2 次。
苹果褐斑病	可用 80％多菌灵可湿性粉剂 1 000～1 200 倍液在发病前或发病初期施药。安全间隔期 28 天，每季最多使用 3 次。

4. 注意事项

（1）远离水产养殖区施药，禁止在河塘等水域内清洗施药器具。不能与食物及饲料混放，喷药区不得放牧。

（2）中毒症状：对皮肤和眼睛有刺激性，经口中毒出现头昏、恶心、呕吐。中毒急救：无特殊解毒剂，如误服立即送医院，对症治疗。不能引吐。

甲基硫菌灵

Thiophanate－methyl

1. 作用特点

甲基硫菌灵属苯并咪唑类低毒杀菌剂，在植物体内转化为多菌灵，干扰病菌有丝分裂中纺锤体的形成，影响细胞分裂。是广谱杀菌剂，具有向顶性传导功能，对多种病害有预防和治疗作用。

2. 主要产品

【单剂】悬浮剂：10％、36％、40％、48.5％、50％、56％、500 克/升；可湿性粉剂：50％、70％、80％；水分散粒剂：70％、75％、80％；糊剂：3％、8％。

【混剂】氟菌唑·甲基硫菌灵、甲硫·己唑醇、甲硫·乙霉威、甲硫·丙森锌、甲硫·戊唑醇、甲硫·噁霉灵、甲硫·醚菌酯、甲硫·三环唑等。

3. 应用

【适用作物】水稻、小麦、黄瓜、西瓜、番茄、苹果、梨、柑橘、甘薯、花生、油菜、棉花、甜菜、枸杞、姜、蔷薇科观赏花卉等。

【防治对象】水稻稻瘟病、纹枯病，黄瓜白粉病，西瓜炭疽病，番茄叶霉病，苹果树轮纹病、腐烂病、白粉病、炭疽病，梨树黑星病、白粉病，柑橘树青霉病、疮痂病、炭疽病，甘薯黑斑病，花生叶斑病，油菜菌核病，棉花枯萎病，甜菜褐斑病，枸杞白粉病，姜叶枯病，蔷薇科观赏花卉炭疽病等。

【使用方法】喷雾。

水稻纹枯病	可用 70％甲基硫菌灵可湿性粉剂 100～142 克/亩兑水均匀喷雾处理。发病初期施药，一般施 3 次，每次间隔 14 天；在孕穗期和分蘖末期各施药 1 次。安全间隔期为 30 天，每季最多使用 3 次。
小麦赤霉病	发病初期可用 70％甲基硫菌灵可湿性粉剂 71～100 克/亩兑水均匀喷雾处理，每隔 10～15 天施 1 次。安全间隔期为 30 天，每季最多使用 2 次。
苹果轮纹病	可用 70％甲基硫菌灵水分散粒剂 800～900 倍液在发病初期进行施药，每隔 10～15 天施 1 次。安全间隔期为 14 天，每季最多使用 2 次。
黄瓜白粉病	发病初期用 70％甲基硫菌灵可湿性粉剂 32～48 克/亩兑水均匀喷雾处理，每隔 7 天喷药 1 次，连续 3 次。安全间隔期为 4 天，每季最多使用 3 次。

梨黑星病	可用 70％甲基硫菌灵可湿性粉剂 1 556～1 944 倍液喷雾处理，在萌芽期施药 1 次，落花后施药 1 次，视病害发生情况每隔 10 天左右施药 1 次。安全间隔期为 21 天，每季最多使用 2 次。
稻瘟病	可用 500 克/升甲基硫菌灵悬浮剂于发病初期或之前开始用药，每次施药间隔为 7～10 天，推荐剂量为 100～150 毫升/亩。安全间隔期为 30 天，每季最多使用 3 次。

4. 注意事项

对蜜蜂、斑马鱼等低毒，施药期间应避免对周围蜂群的影响、蜜源作物花期禁用。远离水产养殖区施药，禁止在河塘等水体中清洗施药器具。

嘧 霉 胺

Pyrimethanil

1. 作用特点

嘧霉胺属于苯胺嘧啶类低毒杀菌剂，具有内吸传导和熏蒸作用。通过抑制病菌侵染酶的产生从而阻止病菌的侵染并杀死病菌，对常用的非苯胺基嘧啶类（苯并咪唑类及氨基甲酸酯类）杀菌剂已产生抗药性的灰霉病菌有特效，主要抑制灰葡萄孢的芽管伸长和菌丝生长，在一定的用药时间内对灰葡萄孢的孢子萌发也具有一定抑制作用。

2. 主要产品

【单剂】乳油：25％；可湿性粉剂：20％、25％、40％；水分散粒剂：40％、70％、80％；悬浮剂：20％、30％、37％、40％、400 克/升、600 克/升。

【混剂】氟吡菌酰胺・嘧霉胺、中生・嘧霉胺、寡糖・嘧霉胺等。

3. 应用

【适用作物】黄瓜、番茄、韭菜、葡萄、草莓等。

【防治对象】黄瓜灰霉病、韭菜灰霉病、番茄灰霉病、草莓灰霉病等。

【使用方法】喷雾、浸梢。

韭菜灰霉病	可用 20％嘧霉胺悬浮剂 100～150 毫升/亩于发病前或发病初期均匀喷雾，间隔 7～10 天用药 1 次。安全间隔期为 14 天，每季最多使用 1 次。
黄瓜灰霉病	可用 20％嘧霉胺悬浮剂 120～180 毫升/亩于发病前或发病初期均匀喷雾，间隔 7～10 天用药 1 次。安全间隔期为 3 天，每季最多使用 2 次。
番茄灰霉病	可用 40％嘧霉胺悬浮剂 63～94 毫升/亩于发病初期和番茄盛果期施药，每隔 7～10 天用药 1 次。安全间隔期为 3 天，每季最多使用 3 次。

蒜薹（贮藏期）灰霉病	可用 40％嘧霉胺悬浮剂 500～1 000 倍液在发病前或发病初期浸梢，晾干，用聚乙烯袋密封包装，放置于低温（0 ℃）环境。安全间隔期为 90 天，每季最多使用 1 次。
草莓灰霉病	可用 400 克/升嘧霉胺悬浮剂 45～60 毫升/亩于发病初期喷雾，施药间隔期 7～10 天。安全间隔期为 5 天，每季最多使用 2 次。

4. 注意事项

对鱼类有毒，施药时须远离池塘、湖泊和溪流。使用后剩余的空容器要妥善处理，不得留做他用，不可污染水源和水系。

嘧菌环胺

Cyprodinil

1. 作用特点

嘧菌环胺为蛋氨酸生物合成抑制剂，具有保护、治疗、叶片穿透及根部内吸活性，低毒。可抑制病原菌细胞中蛋氨酸的生物合成和水解酶活性，干扰真菌生命周期，抑制病原菌穿透，破坏植物体中菌丝体的生长。对半知菌和子囊菌引起的灰霉病和斑点落叶病等有较好的防治效果。

2. 主要产品

【单剂】可湿性粉剂：50％；水分散粒剂：50％；悬浮剂：30％、40％。

【混剂】啶氧菌酯·嘧菌环胺、嘧菌环胺·异菌脲、啶菌噁唑·嘧菌环胺等。

3. 应用

【适用作物】葡萄、人参、观赏百合、苹果等。

【防治对象】葡萄灰霉病、人参灰霉病、观赏百合灰霉病、苹果斑点落叶病等。

【使用方法】喷雾。

葡萄灰霉病	可用 50％嘧菌环胺水分散粒剂 625～1 000 倍液于发病前或发病初期施药，均匀喷雾。安全间隔期为 21 天，每季最多使用 2 次。
人参灰霉病	可用 50％嘧菌环胺水分散粒剂 40～60 克/亩于发病前或发病初期兑水喷雾。安全间隔期为 28 天，每季最多使用 2 次。
观赏百合灰霉病	可用 30％嘧菌环胺悬浮剂 50～150 克/亩于发病初期施药 1～2 次，每次施药间隔 7～10 天，注意喷雾要均匀、周到，以确保防效。
苹果斑点落叶病	可用 50％嘧菌环胺可湿性粉剂 4 000～5 000 倍液于发病前或发病初期施药 3 次左右，每次施药间隔 10～15 天，注意喷雾要均匀、周到，以确保防效。安全间隔期为 21 天，每季最多使用 3 次。

4. 注意事项

对水蚤毒性高。远离水产养殖区施药，禁止在河塘等水体中清洗施药器具。

药液及其废液不得污染各类水域、土壤等环境。禁止在蜜源作物花期、蚕室和桑园附近使用，赤眼蜂等天敌放飞区域禁用。

氟 啶 胺

Fluazinam

1. 作用特点

氟啶胺是吡啶胺衍生物，二硝基苯胺类中毒杀菌剂。无治疗效果和内吸活性，是广谱高效的保护性杀菌剂。作用机制是线粒体氧化磷酸化解偶联剂，能抑制感染过程中病原菌孢子的萌发、渗透，菌丝的生长和孢子的形成。对交链孢属、疫霉属、单轴霉属、核盘菌属和黑星菌属非常有效。对于抗苯并咪唑和二羧酰亚胺类杀菌剂的灰葡萄孢也有良好的效果。极耐雨水冲刷，持效期长。此外兼有控制植食性螨类的作用。

2. 主要产品

【单剂】可湿性粉剂：50％；水分散粒剂：50％、70％、80％；悬浮剂：40％、50％、500克/升。

【混剂】异菌·氟啶胺、霜霉·氟啶胺、阿维菌素·氟啶胺、氟吡菌胺·氟啶胺、吡唑醚菌酯·氟啶胺、烯酰·氟啶胺、苯菌·氟啶胺、氟啶胺·精甲霜灵、氨基寡糖素·氟啶胺、氟吗·氟啶胺、噁酮·氟啶胺等。

3. 应用

【适用作物】马铃薯、柑橘、辣椒、大白菜、番茄、辣椒等。

【防治对象】马铃薯晚疫病、柑橘炭疽病、柑橘树脂病、番茄晚疫病、番茄灰霉病、大白菜根肿病、辣椒疫病、辣椒炭疽病等。

【使用方法】喷雾。

马铃薯晚疫病	可用500克/升氟啶胺悬浮剂30～33毫升/亩在发病前或发病初期兑水喷雾施药2～3次，施药间隔7～10天。安全间隔期7天，每季最多使用3次。
辣椒炭疽病	可用500克/升氟啶胺悬浮剂25～35毫升/亩于发病前或发病初期兑水喷雾施药，施药间隔期为7天。安全间隔期为7天，每季最多使用3次。
番茄晚疫病	可用50％氟啶胺水分散粒剂25～35克/亩于发病初期开始兑水喷雾，视病情可连续施药2～3次，施药间隔7～10天。安全间隔期为14天，每季最多使用3次。
大白菜根肿病	可用50％氟啶胺悬浮剂267～333毫升/亩兑水喷施于土壤表面，然后充分掺混10～15厘米土层。每季作物建议施药1次。

4. 注意事项

（1）不要在低于−10℃和高于35℃的环境中储存。

（2）对水生生物高毒，桑园、蚕室附近禁用，水产养殖区、河塘等水体附近禁用，禁止在河塘等水域清洗施药器具。

十三吗啉

Tridemorph

1. 作用特点

十三吗啉属于吗啉类中毒杀菌剂，是一种具有保护和治疗作用的广谱性内吸杀菌剂，能够抑制病菌的麦角甾醇生物合成。能被植物的根、茎、叶吸收，对担子菌、子囊菌和半知菌引起的多种植物病害有效。

2. 主要产品

【单剂】乳油：750克/升；油剂：86%、860克/升。

【混剂】无。

3. 应用

【适用作物】枸杞、橡胶树等。

【防治对象】橡胶树红根病、枸杞根腐病等。

【使用方法】喷雾、灌根。

橡胶树红根病	可用750克/升十三吗啉乳油于橡胶树发病初期用灌淋法施药于橡胶树主根周围，推荐剂量为20～40毫升/株，每株橡胶树灌施药液2升，共施2次，施药间隔20天。
枸杞根腐病	可用750克/升十三吗啉乳油750～1 000倍液灌根，在病树基部四周挖一条10～15厘米深、10～15厘米宽的环形沟，用750克/升十三吗啉乳油15～20毫升兑水15千克，一至二年生枸杞每株浇灌15千克药液，三年生以上枸杞每株浇灌30千克药液，后覆土。安全间隔期为10天，每季最多使用2次。

4. 注意事项

（1）应在病害发生初期进行浇灌施药。

（2）远离水产养殖区施药。周围开花植物花期禁用，使用时应密切关注对附近蜂群的影响。蚕室及桑园附近禁用。

氟 菌 唑

Triflumizole

1. 作用特点

氟菌唑为甾醇脱甲基化抑制剂，低毒，抑制麦角甾醇生物合成，影响细胞膜的渗透性、生理功能和脂类合成代谢，从而破坏病原真菌的细胞膜。具有内吸性、保护性、治疗作用。可用于防治仁果类果树上的胶锈菌属和黑星菌属病菌，蔬菜上的白粉菌属、链格孢属、煤绒菌属和链核盘菌属病菌，也可有效防治禾谷类作物上的长蠕孢属、腥黑粉菌属和黑粉菌属病菌。

2. 主要产品

【单剂】可湿性粉剂：30％、35％、40％。

【混剂】氟菌唑·乙嘧酚磺酸酯、氟菌唑·甲基硫菌灵、啶酰菌胺·氟菌唑、宁南·氟菌唑等。

3. 应用

【适用作物】黄瓜、梨、西瓜、烟草、葡萄、草莓等。

【防治对象】黄瓜白粉病、梨树黑星病等。

【使用方法】主要为喷雾。

黄瓜白粉病	可用 30％氟菌唑可湿性粉剂 14～20 克/亩于白粉病发病初期开始用药，兑水对植株均匀喷雾，间隔 7 天用药 1 次。安全间隔期为 2 天，每季最多使用 2 次。
梨黑星病	可用 35％氟菌唑可湿性粉剂 3 500～4 500 倍液于发病前或发病初期在全株叶片、果实均匀喷雾。安全间隔期为 14 天，每季最多使用 2 次。
西瓜白粉病	可用 30％氟菌唑可湿性粉剂 15～18 克/亩于发病初期兑水喷雾，施药间隔期 7 天。安全间隔期为 7 天，每季最多使用 3 次。
烟草白粉病	可用 30％氟菌唑可湿性粉剂 8～12 克/亩于发病初期兑水喷雾，喷雾应均匀、周到，防止重复喷药或漏喷。安全间隔期为 14 天，每季最多使用 3 次。
葡萄白粉病	可用 30％氟菌唑可湿性粉剂 15～18 克/亩于发病初期兑水喷雾，施药间隔期 7 天。安全间隔期为 7 天，每季最多使用 3 次。
草莓白粉病	可用 30％氟菌唑可湿性粉剂 15～30 克/亩于发病初期兑水喷雾，叶背、叶面及果实表面喷雾应均匀，施药间隔期 7 天。安全间隔期为 5 天，每季最多使用 3 次。

4. 注意事项

（1）对鱼类有毒，不可将剩余药液倒入池塘、湖泊，同时防止刚施过药的田水流入河塘。

（2）对家蚕和蜜蜂有毒，桑蚕养殖区禁止使用，开花植物花期禁止使用。

氰霜唑

Cyazofamid

1. 作用特点

氰霜唑属于磺胺咪唑类低毒杀菌剂，是线粒体呼吸抑制剂，通过阻断病菌体内线粒体细胞色素 bcl 复合体的电子传递来干扰能量供应，是细胞色素 bcl 中 Qi 抑制剂，不同于甲氧基丙烯酸酯（细胞色素 bcl 中 Q₀ 抑制剂）。具有一定的内吸和治疗活性，对卵菌纲病原菌和根肿菌纲病原菌有良好的防治效果。

2. 主要产品

【单剂】悬浮剂：20％、35％、50％、100 克/升；水分散粒剂：50％；可湿性粉剂：25％。

【混剂】氟胺·氰霜唑、氟吡菌胺·氰霜唑、烯酰·氰霜唑、噁酮·氰霜唑、霜脲·氰霜唑、精甲霜灵·氰霜唑、唑醚·氰霜唑、氨基寡糖素·氰霜唑、喹啉铜·氰霜唑等。

3. 应用

【适用作物】黄瓜、马铃薯、葡萄等。

【防治对象】黄瓜霜霉病、葡萄霜霉病、马铃薯晚疫病等。

【使用方法】喷雾。

黄瓜霜霉病	于发病前或发病初期，用 20％氰霜唑悬浮剂 25～40 毫升/亩进行喷雾处理，间隔 7～10 天施药 1 次。安全间隔期为 3 天，每季最多使用 3 次。
马铃薯晚疫病	于发病前或发病初期，用 20％氰霜唑悬浮剂 18～20 毫升/亩进行喷雾处理，间隔 7～10 天施药 1 次。安全间隔期为 3 天，每季最多使用 3 次。
西瓜疫病	于发病前或发病初期，用 100 克/升氰霜唑悬浮剂 55～65 毫升/亩进行喷雾处理，间隔 7～10 天施药 1 次。安全间隔期为 7 天，每季最多使用 4 次。
番茄晚疫病	于发病前或发病初期，用 100 克/升氰霜唑悬浮剂 53～67 毫升/亩于初见零星病斑时进行喷雾处理，每隔 7 天施用 1 次，连续施用 3～4 次，施药间隔期 7～10 天。安全间隔期为 1 天，每季最多使用 4 次。
葡萄霜霉病	于发病前或发病初期，用 100 克/升氰霜唑悬浮剂 2 000～3 333 倍液于初见零星病斑时进行喷雾处理，每隔 7 天施用 1 次，连续施用 3～4 次，施药间隔期 7～10 天。安全间隔期为 1 天，每季最多使用 4 次。

4. 注意事项

对蜜蜂、鱼类等水生生物、家蚕有毒，施药期间应避免对周围蜂群的影响，禁止在开花植物花期、蚕室和桑园附近使用；水产养殖区、河塘等水体附近禁用，禁止在河塘等水体清洗施药器具。

咪 鲜 胺

Prochloraz

1. 作用特点

咪鲜胺是咪唑类低毒杀菌剂，甾醇脱甲基化抑制剂，通过抑制甾醇的生物合成而起作用。为广谱性杀菌剂，具有保护和铲除作用，可有效防治假尾孢属、核腔菌属、喙孢属及壳针孢属、链格孢属、葡萄孢属、镰孢属等病菌引起的作物病害。

2. 主要产品

【单剂】乳油：25%、45%、250克/升、450克/升；水乳剂：10%、20%、25%、40%、45%、450克/升；微乳剂：10%、15%、20%、25%、45%；悬浮剂：10%、50%；水乳种衣剂：1.5%；可湿性粉剂：50%；悬浮种衣剂：0.5%；微囊悬浮剂：30%。

【混剂】噻呋·咪鲜胺、戊唑·咪鲜胺、丙环·咪鲜胺、氟环·咪鲜胺、咪鲜胺·抑霉唑、肟菌·咪鲜胺、硅唑·咪鲜胺、腈菌·咪鲜胺、咯菌腈·咪鲜胺·噻虫嗪、松铜·咪鲜胺、稻瘟酰胺·咪鲜胺等。

3. 应用

【适用作物】柑橘、水稻、香蕉、火龙果等。

【防治对象】柑橘树脂病、柑橘青霉病、柑橘绿霉病、柑橘炭疽病、稻瘟病、水稻恶苗病、香蕉炭疽病、香蕉冠腐病、火龙果炭疽病等。

【使用方法】主要为喷雾、浸种或浸果。

柑橘树脂病	可用25%咪鲜胺乳油1 000～1 500倍液于新梢抽发期、幼果期、果实膨大期，尚未发病前喷雾施药，以后视病情发生情况，每10～15天施药1次，连施3～4次。高温期连续下雨过后3天内必须施药。安全间隔期为21天，每季最多使用3次。
稻瘟病	可用450克/升咪鲜胺水乳剂50～60毫升/亩防治叶瘟，于发病初期用药。防治穗颈瘟，在水稻破口期第一次用药，齐穗期第二次用药，喷雾要均匀周到，根据病情发生轻重，可连用2次，间隔7～10天。安全间隔期为30天，每季最多使用2次。
香蕉炭疽病	可用25%咪鲜胺水乳剂500～750倍液，于天晴时采收七至八成熟香蕉，当天浸药1次，浸入药液1～2分钟。取出晾干，药液用量以容器内药液完全浸没蕉果为宜。防腐保鲜处理应将当天采收的香蕉果实当天用药处理完毕。浸果前务必将药剂搅拌均匀。安全间隔期为7天，每季最多使用1次。
香蕉冠腐病	可用10%咪鲜胺悬浮剂200～400倍液浸果，注意香蕉采后24小时内处理完毕，浸果1～2分钟过程中，要不断搅拌药液，使药液分布均匀并充分与香蕉接触。安全间隔期为7天，每季最多使用1次。
火龙果炭疽病	可用450克/升咪鲜胺水乳剂1 800～3 600倍液于发病初期施药，间隔7天，连续用药2次。安全间隔期为14天，每季最多使用2次。

4. 注意事项

禁止在河塘等水体中清洗施药器具；远离水产养殖区、河塘等水体施药；鱼或虾蟹套养稻田禁用，施药后的田水不得直接排入水体；蚕室及桑园附近禁用；赤眼蜂等天敌放飞区域禁用。

抑 霉 唑
Imazalil

1. 作用特点

抑霉唑是咪唑类内吸性广谱中毒杀菌剂，作用机制是影响细胞膜的渗透性生理功能和脂类代谢，从而破坏病原菌细胞膜，抑制孢子形成。具有较强的内吸性，传导性也较强，快速进入叶片和作物体内，能清除已侵入病菌，对长蠕孢属、镰孢属和壳针孢属真菌具有高活性。

2. 主要产品

【单剂】水乳剂：10%、20%、22%；涂抹剂：0.1%；烟剂：15%；膏剂：3%；乳油：22.2%、50%、500 克/升。

【混剂】咪鲜胺·抑霉唑、咪鲜·抑霉唑、噻菌灵·戊唑醇·抑霉唑、戊唑醇·抑霉唑、苯甲·抑霉唑等。

3. 应用

【适用作物】烟草、葡萄、杨梅、贝母、柑橘、苹果等。

【防治对象】烟草炭疽病、葡萄炭疽病、杨梅褐斑病、贝母黑斑病、柑橘青霉病、苹果腐烂病等。

【使用方法】主要为喷雾和浸果。

葡萄炭疽病	可用 20%抑霉唑水乳剂 800～1 200 倍液在病前或发病初期施药，间隔 7 天左右，共施药 2 次。安全间隔期为 10 天，每季最多使用 2 次。
烟草炭疽病	可用 20%抑霉唑水乳剂 80～100 毫升/亩在发病初期或发病前期施药，连续用药 2 次，施药间隔期为 7～10 天，每季最多使用 2～3 次。
杨梅褐斑病	可用 20%抑霉唑水乳剂 600～800 倍液在发病初期或发病前期施药，连续用药 2 次，施药间隔期为 7～10 天，亩用药液量为 60 升。安全间隔期为 14 天，每季最多使用 2 次。
贝母黑斑病	可用 20%抑霉唑水乳剂 37.5～45 毫升/亩在发病初期或发病前期施药，连续用药 2 次，施药间隔期为 7～10 天，亩用药液量为 60 升。安全间隔期为 14 天，每季最多使用 2 次。
柑橘青霉病	可用 50%抑霉唑乳油 1 000～1 500 倍液，把采摘的柑橘浸泡于药液中 1 分钟后，捞出晾干，用保鲜纸单果包装，再放入大纸箱贮存。安全间隔期为 60 天，每季最多使用 1 次。

4. 注意事项

远离水产养殖区施药，严禁药液流入河塘等水体，施药器械不得在河塘等水体内洗涤，以免造成水体污染。

苯醚甲环唑

Difenoconazole

1. 作用特点

苯醚甲环唑属于三唑类低毒杀菌剂，杀菌谱广，具有保护、治疗和内吸活性，可用作叶面处理或种子处理。作用机理是甾醇脱甲基化抑制剂，能够破坏和阻止病原菌的细胞膜重要组成成分麦角甾醇的生物合成，破坏细胞膜的结构与功能，导致菌体生长停滞甚至死亡。对子囊菌亚门、担子菌亚门和包括链格孢属、壳二孢属、尾孢属、刺盘孢属、球座菌属、茎点霉属、柱隔孢属、壳针孢属、黑星菌属在内的半知菌以及白粉菌科、锈菌目和某些种传病原菌有持久的保护和治疗活性。

2. 主要产品

【单剂】乳油：25%、30%、40%、250 克/升；可湿性粉剂：10%、12%、30%；水分散粒剂：10%、15%、20%、37%、60%；悬浮剂：10%、15%、25%、30%、40%、45%；种子处理悬浮剂：3%；悬浮种衣剂：0.3%、3%、30 克/升；水乳剂：5%、10%、20%、25%、40%；微乳剂：10%、20%、25%、30%；超低容量液剂：5%。

【混剂】苯醚甲环唑·噻虫嗪、苯醚甲环唑·辛硫磷、氰烯菌酯·苯醚甲环唑等。

3. 应用

【适用作物】水稻、番茄、辣椒、黄瓜、苹果、梨、香蕉、茶树等。

【防治对象】水稻纹枯病、番茄早疫病、黄瓜白粉病、芹菜叶斑病、茶树炭疽病、梨黑星病、葡萄炭疽病等。

【使用方法】喷雾、种子包衣处理。

玉米丝黑穗病	用 3% 苯醚甲环唑悬浮种衣剂进行种子包衣处理，每 100 千克种子使用剂量为 333～400 克。
水稻纹枯病	可用 40% 苯醚甲环唑悬浮剂 15～20 毫升/亩兑水均匀喷雾，在发病初期施药，施药次数一般为 3 次，施药间隔期为 7～15 天。安全间隔期为 21 天，每季最多使用 3 次。
番茄早疫病	可用 10% 苯醚甲环唑水分散粒剂 67～100 克/亩兑水均匀喷雾，在发病初期施药。安全间隔期 7 天，每季最多使用 2 次。
黄瓜白粉病	可用 10% 苯醚甲环唑水分散粒剂 50～83 克/亩兑水均匀喷雾，在发病初期施药。安全间隔期 3 天，每季最多使用 3 次。
大白菜黑斑病	可用 10% 苯醚甲环唑水分散粒剂 35～50 克/亩兑水均匀喷雾，在发病初期施药。安全间隔期 28 天，每季最多使用 3 次。
芹菜叶斑病	可用 10% 苯醚甲环唑水分散粒剂 67～83 克/亩兑水均匀喷雾，在发病初期施药。安全间隔期 5 天，每季最多使用 3 次。

茶树炭疽病	可用 10％苯醚甲环唑水分散粒剂 1 000～1 500 倍液均匀喷雾，在发病初期施药。安全间隔期 14 天，每季最多使用 3 次。
苹果斑点落叶病	可用 10％苯醚甲环唑水分散粒剂 1 500～3 000 倍液均匀喷雾，在发病初期施药。安全间隔期 21 天，每季最多使用 2 次。
香蕉叶斑病	可用 40％苯醚甲环唑悬浮剂 3 200～4 000 倍液均匀喷雾，在发病初期施药。施药间隔期为 7～10 天。安全间隔期 35 天，每季最多使用 3 次。
梨黑星病	可用 40％苯醚甲环唑悬浮剂 2 000～2 500 倍液均匀喷雾，在发病初期施药，每隔 10～15 天喷药 1 次。安全间隔期 14 天，每季最多使用 3 次。
柑橘疮痂病	可用 40％苯醚甲环唑悬浮剂 1 500～2 000 倍液均匀喷雾。在大部分春梢芽长不超过一粒水稻米长时喷第 1 次药；在花谢 2/3 时喷第 2 次药；谢花后幼果期喷第 3 次药。在晴天露水干后进行喷雾，均匀周到地喷施于新梢、嫩叶、花蕾、花和幼果上。安全间隔期 21 天，每季最多使用 3 次。
葡萄炭疽病	可用 10％苯醚甲环唑水分散粒剂 800～1 300 倍液均匀喷雾，安全间隔期 21 天，每季最多使用 3 次。

4. 注意事项

对鱼类等水生生物有毒，养鱼稻田禁用，施药后的田水不得直接排入河塘等水域；远离水产养殖区施药，禁止在河塘等水域内清洗施药器具。种衣剂在鸟类保护区禁用，播种、施药后立即覆土。

氯氟醚菌唑

Mefentrifluconazole

1. 作用特点

氯氟醚菌唑是异丙醇三唑类低毒杀菌剂。杀菌剂抗性委员会（FRAC）将其划分为甾醇类生物合成抑制剂的脱甲基抑制剂 G1（DMI）亚组，其作用机理为阻止病菌麦角甾醇的生物合成，抑制细胞生长并最终导致细胞膜的坍塌。具有较好的内吸传导性，兼具保护和治疗作用。

2. 主要产品

【单剂】悬浮剂：400 克/升。

【混剂】无。

3. 应用

【适用作物】芒果、苹果、柑橘、马铃薯、黄瓜、香蕉、葡萄、番茄等。

【防治对象】芒果炭疽病、苹果褐斑病、柑橘炭疽病、马铃薯早疫病、黄瓜白粉病、黄瓜靶斑病、香蕉叶斑病、葡萄炭疽病、香蕉早疫病等。

【使用方法】主要为喷雾。

芒果炭疽病	可用 400 克/升氯氟醚菌唑悬浮剂 2 500～4 500 倍液于发病前或发病初期第 1 次用药，间隔 7～14 天用药 1 次，连续施药 3 次。安全间隔期 14 天，每季最多施药 3 次。
苹果褐斑病	可用 400 克/升氯氟醚菌唑悬浮剂 3 000～6 000 倍液于发病前或发病初期第 1 次用药，每隔 15 天左右用药 1 次，连续施药 3 次。安全间隔期 21 天，每季最多施药 3 次。
柑橘炭疽病	可用 400 克/升氯氟醚菌唑悬浮剂 2 500～4 500 倍液于发病前或发病初期第 1 次用药，间隔 7～14 天用药 1 次，连续施药 3 次。安全间隔期 14 天，每季最多施药 3 次。
马铃薯早疫病	可用 400 克/升氯氟醚菌唑悬浮剂 15～25 毫升/亩于发病前或发病初期第 1 次用药，间隔 7～14 天用药 1 次，视发病情况连续施药 2～3 次。安全间隔期 14 天，每季最多施药 3 次。
黄瓜白粉病	可用 400 克/升氯氟醚菌唑悬浮剂 15～25 毫升/亩于发病前或初期喷雾施药，视病害发生情况连续用药 2～3 次，间隔 7 天左右 1 次。安全间隔期 1 天，每季最多施药 3 次。

4. 注意事项

水产养殖区、河塘等水体附近禁用。桑园及蚕室附近禁用。

丙 环 唑

Propiconazole

1. 作用特点

丙环唑属三唑类低毒杀菌剂，是一种兼具保护和治疗作用的内吸性杀菌剂，属甾醇脱甲基化抑制剂，作用机制是通过抑制病菌甾醇的合成而产生作用。可被根、茎、叶部吸收，在体内向上传导，并作用于整个植株，到达靶标迅速而全面，在快速有效杀死病原菌的同时产生致密保护膜，持效期较长。可防治半知菌、子囊菌、担子菌所引起的病害。

2. 主要产品

【单剂】微乳剂：20％、40％、48％、50％、55％；乳油：25％、50％、62％、156 克/升、250 克/升；悬浮剂：40％；水乳剂：25％、40％、45％。

【混剂】肟菌·丙环唑、苯甲·丙环唑、苯醚·丙环唑、啶氧·丙环唑、丙环唑·噻呋酰胺、三环·丙环唑、井冈·丙环唑、稻瘟·丙环唑、丙环唑·稻瘟灵等。

3. 应用

【适用作物】水稻、香蕉、莲藕、小麦、茭白等。

【防治对象】水稻纹枯病、香蕉叶斑病、莲藕叶斑病、小麦白粉病、茭白胡麻斑病等。

【使用方法】喷雾。

香蕉叶斑病	可选用 250 克/升丙环唑乳油 500～1 000 倍液,在蕉园初见病斑时喷药,施药间隔期 15～20 天。建议香蕉抽蕾前施药 1 次、抽蕾并套袋后再施药 1 次。安全间隔期 42 天,每季最多使用 2 次。
水稻纹枯病	在水稻分蘖盛期至抽穗期施药,一般连续施药 2 次,施药间隔期为 10～12 天。建议 250 克/升丙环唑乳油每亩喷施药液 30～60 毫升。安全间隔期 40 天,每季最多使用 2 次。
小麦白粉病	在小麦白粉病发病初期兑水均匀喷雾,建议 250 克/升丙环唑乳油每亩喷施 35～40 毫升,间隔 7～10 天再喷 1 次。安全间隔期为 28 天,每季最多使用 2 次。
莲藕叶斑病	可选用 250 克/升丙环唑乳油 20～30 毫升/亩,在莲藕叶斑病初发前期采用喷雾法均匀喷雾,施药间隔 7～10 天,连用 2～3 次。安全间隔期为 21 天,每季最多使用 3 次。
茭白胡麻斑病	可选用 250 克/升丙环唑乳油 15～20 毫升/亩,在胡麻斑病发病前或发病初期用药,间隔 5～7 天用药 1 次,连续使用 2～3 次,孕茭前 20 天停止用药。

4. 注意事项

对鱼和水生生物有毒,勿将制剂及其废液弃于池塘、沟渠和湖泊等,以免污染水源。

粉 唑 醇
Flutriafol

1. 作用特点

粉唑醇是一种三唑类低毒杀菌剂,具有广谱的杀菌活性,内吸性强。属于甾醇脱甲基化抑制剂。作用机制是抑制病原菌体内麦角甾醇的生物合成,导致细胞形成受阻而杀死病菌。可防治长蠕孢属、柄锈菌属、壳针孢属病原菌等引起的病害。

2. 主要产品

【单剂】悬浮剂:12.5%、25%、40%、50%、250 克/升;可湿性粉剂:50%、80%;颗粒剂:1%。

【混剂】粉唑醇·肟菌酯。

3. 应用

【适用作物】小麦、烟草等。

【防治对象】小麦赤霉病、小麦锈病、小麦白粉病等。

【使用方法】喷雾。

小麦赤霉病	可用 250 克/升粉唑醇悬浮剂 20～30 毫升/亩，发病初期开始施药。安全间隔期为 14 天，每季最多使用 3 次。
小麦锈病	可用 25％粉唑醇悬浮剂 24～32 毫升/亩，于发病初期施药，注意喷雾均匀，连续用药间隔时间为 7 天。安全间隔期为 35 天，每季最多使用 3 次。
小麦白粉病	可用 12.5％粉唑醇悬浮剂 30～60 毫升/亩，于发病初期或发病前用药，每隔 7～10 天用药 1 次。安全间隔期为 21 天，每季最多使用 3 次。

4. 注意事项

对蜜蜂等生物有毒，施药期间应避免对周围蜂群的不利影响，避免在开花植物花期使用，禁止在河塘等水体中清洗施药器具。

氟 硅 唑

Flusilazole

1. 作用特点

氟硅唑属三唑类低毒杀菌剂，是甾醇脱甲基化抑制剂。作用机制是破坏和阻止病原菌的细胞膜重要组成成分麦角甾醇的生物合成，导致细胞膜不能形成，使病原菌死亡。可用于防治子囊菌纲、担子菌纲和半知菌类真菌引起的多种病害，对卵菌无效。

2. 主要产品

【单剂】悬浮剂：12.5％、20％、25％、30％、40％、125 克/升；水分散粒剂：50％、70％；乳油：40％、75 克/升、400 克/升；微乳剂：5％、8％、20％、25％、30％；热雾剂：2.5％、8％；水分散粒剂：10％；可湿性粉剂：20％；水乳剂：10％、15％、20％、25％；膏剂：0.1％。

【混剂】甲硫·氟硅唑、苯甲·氟硅唑、唑醚·氟硅唑、噁酮·氟硅唑、锰锌·氟硅唑、寡糖·氟硅唑等。

3. 应用

【适用作物】苹果、梨、黄瓜、番茄、葡萄等。

【防治对象】黄瓜黑星病、梨黑星病、金银花白粉病、枸杞白粉病、番茄叶霉病、葡萄黑痘病等。

【使用方法】喷雾。

黄瓜黑星病	可选用 400 克/升氟硅唑乳油 10～12.5 毫升/亩，于病害发生初期兑水均匀喷雾，每隔 7 天施药 1 次，连续施药 2～3 次，在病害发生高峰期，施药的间隔可适当缩短，安全间隔期为 3 天。
梨黑星病	可选用 400 克/升氟硅唑乳油 8 000～10 000 倍液，在发病初期开始施药，每隔 7 天施药 1 次，共施药 2 次。安全间隔期为 21 天，每季最多使用 2 次。
金银花白粉病	可选用 400 克/升氟硅唑乳油 5 000～7 500 倍液，在发病初期开始施药，每隔 7 天施药 1 次，共施药 2 次。安全间隔期为 5 天，每季最多使用 2 次。

枸杞白粉病	可选用 400 克/升氟硅唑乳油 7 500～8 500 倍液进行喷雾。安全间隔期为 7 天，每季最多使用 1 次。
番茄叶霉病	可选用 10％氟硅唑水乳剂 40～50 毫升/亩。在发病初期开始用药，兑水稀释 2 000～2 500 倍喷雾，可连续施药 2 次，每次间隔 7～10 天。安全间隔期为 3 天，每季最多使用 2 次。
葡萄黑痘病	可选用 400 克/升氟硅唑乳油 8 000～10 000 倍液，在发病前或发病初期开始喷雾施药，每隔 7～10 天施药 1 次，共计 2～3 次。安全间隔期为 28 天，每季最多使用 3 次。

4. 注意事项

对鱼类等水生生物、蜜蜂、家蚕有毒，施药期间应避免对周围蜂群的影响，蜂源作物花期、蚕室和桑园附近禁用。远离水产养殖区施药，禁止在河塘等水体中清洗施药器具，避免污染水源。废弃物应妥善处理，不可作他用，也不可随意丢弃。

氟 环 唑

Epoxiconazole

1. 作用特点

氟环唑是一种内吸性三唑类广谱性低毒杀菌剂，具有预防性和治疗性。属甾醇脱甲基化抑制剂，影响细胞膜的渗透性、生理功能和脂类合成代谢，从而破坏病原菌的细胞膜。可用于防治子囊菌、担子菌、半知菌引起的病害。

2. 主要产品

【单剂】悬浮剂：12.5％、20％、25％、30％、40％、125 克/升；水分散粒剂：50％、70％；乳油：75 克/升。

【混剂】唑醚·氟环唑、三环·氟环唑、氟环唑·咯菌腈、噻呋·氟环唑、醚菌·氟环唑、井冈·氟环唑、甲硫·氟环唑、烯肟·氟环唑、氟菌·氟环唑、咪铜·氟环唑、啶氧·氟环唑、吡唑醚菌酯·氟环唑等。

3. 应用

【适用作物】水稻、香蕉、小麦等。

【防治对象】稻曲病、水稻纹枯病、水稻叶斑病、小麦纹枯病等。

【使用方法】喷雾。

小麦纹枯病	可用 50％氟环唑悬浮剂 14～18 毫升/亩，在小麦分蘖末期第 1 次施药，间隔 10～15 天进行第 2 次施药，注意喷雾均匀周到。安全间隔期为 30 天，每季最多使用 2 次。
稻曲病	可用 50％氟环唑悬浮剂 12～15 毫升/亩，在水稻孕穗期至始穗期第 1 次施药，间隔 7 天进行第 2 次施药，注意喷雾均匀周到。安全间隔期为 20 天，每季最多使用 3 次。

水稻纹枯病	可用50%氟环唑悬浮剂11～15毫升/亩，在水稻分蘖盛期至末期第1次施药，间隔7天进行第2次施药，注意喷雾均匀周到。安全间隔期为20天，每季最多使用3次。
香蕉叶斑病	可用50%氟环唑悬浮剂2 000～4 000倍液，在发病初期开始施药，间隔7～10天施药1次，可连续施药3次，叶面均匀喷雾，喷至叶面滴水为止，尽量喷及叶背。安全间隔期为35天，每季最多使用3次。

4. 注意事项

施药时应避免对周围蜂群的影响，开花植物花期慎用。蚕室和桑园、鸟类保护区附近、赤眼蜂等天敌放飞区域慎用。远离水产养殖区施药，应避免药液流入河塘等水体中，清洗喷药器械时切忌污染水源。禁止在河塘等水体中清洗施药器具。

己 唑 醇

Hexaconazole

1. 作用特点

己唑醇属于三唑类低毒杀菌剂，是麦角甾醇脱甲基化抑制剂，具有保护和治疗作用，具有内吸活性，有效成分可在植物茎、叶部表面杀菌，并能被植物吸收，在体内向上传导，从而杀死作物内部的病菌。能有效防治子囊菌、担子菌和半知菌所致病害，尤其是对担子菌纲和子囊菌纲病菌引起的病害有优异的保护和铲除作用。

2. 主要产品

【单剂】悬浮剂：5%、10%、25%、30%、40%、250克/升；可湿性粉剂：50%；微乳剂：5%；水分散粒剂：30%、40%、50%、70%、80%；乳油：10%。

【混剂】稻瘟·己唑醇、噻呋·己唑醇、甲硫·己唑醇、苯甲·己唑醇、咪鲜·己唑醇、井冈·己唑醇、三环·己唑醇、氟醚·己唑醇、氰烯·己唑醇、双胍·己唑醇、丙森·己唑醇、春雷·己唑醇、肟菌·己唑醇等。

3. 应用

【适用作物】苹果、葡萄、梨、水稻、小麦等。

【防治对象】水稻纹枯病、小麦锈病、苹果斑点落叶病、蒜薹叶枯病、小麦白粉病等。

【使用方法】喷雾。

水稻纹枯病	可用30%己唑醇悬浮剂15～17毫升/亩，于发病前或发病初期开始施药。病害轻度发生或作为预防处理时使用较低剂量，病害发生较重或发病后使用较高剂量。安全间隔期为45天，每季最多使用2次。

苹果斑点落叶病	可用30％己唑醇悬浮剂5 000～7 000倍液，于发病初期用药，施药间隔10天左右，雨季应适当缩短用药间隔。安全间隔期21天，每季最多使用3次。
蒜薹叶枯病	可用30％己唑醇悬浮剂2 400～3 600倍液进行防治，防治蒜薹（贮藏期）叶枯病时，于蒜薹入库时浸蘸薹梢1次，安全间隔期90天。
小麦白粉病	可用30％己唑醇悬浮剂4～5毫升/亩，于发病初期施药，间隔7～8天施药1次，注意施药过程喷雾均匀、周到。安全间隔期为21天，每季最多使用3次。

4. 注意事项

使用时应远离蜂场、蚕室等地区。剩余药液要妥善保管，施药后将器械清洗干净，禁止在河塘等水域清洗施药器具。不要污染水源及其他非目标区域，使用过的空包装用清水冲洗3次后妥善处理，切勿重复使用或改作其他用途。周围开花植物花期禁用，使用时应密切关注对附近蜂群的影响，赤眼蜂等天敌放飞区禁用。

腈 苯 唑

Fenbuconazole

1. 作用特点

腈苯唑是三唑类低毒杀菌剂，具有内吸性、传导性、治疗性，具有预防、治疗作用。能阻止已发芽的病原菌孢子侵入作物组织，抑制菌丝的伸长。在病菌潜伏期使用，能阻止病菌的发育；在发病后使用，能使下一代孢子变形，失去侵染能力。对壳针孢属、柄锈菌属、黑麦喙孢、甜菜生尾孢、葡萄孢属、葡萄球座菌、葡萄钩丝壳、丛梗孢属和苹果黑星病菌等引起的病害均有效。

2. 主要产品

【单剂】悬浮剂：24％。

【混剂】无。

3. 应用

【适用作物】香蕉、桃、苹果等。

【防治对象】香蕉叶斑病、桃褐腐病、稻曲病等。

【使用方法】喷雾。

香蕉叶斑病	使用24％腈苯唑悬浮剂960～1 200倍液喷雾，在香蕉叶斑病发生初期使用，每隔15～22天施药1次，连续施药1～3次，正常使用技术条件下，对幼果安全，可以在香蕉抽蕾期、断蕾期以及幼果期喷施于叶、花和幼果上，同时防治叶面和果面病害。应该预防为主，治疗为辅。安全间隔期为42天，每季最多使用3次。

桃褐腐病	桃谢花后和采收前（30～45 天）是桃褐腐病侵染的两个高峰期，应各喷 1～2 次药，推荐采用 24%腈苯唑悬浮剂 2 500～3 200 倍液。也可在花芽露红时喷 1 次，防治花期褐腐病（又名花腐病）。安全间隔期为 14 天，每季最多使用 3 次。
稻曲病	在水稻孕穗后期（破口前 2～6 天）喷施 24%腈苯唑悬浮剂 15～20 毫升/亩，亩用水量 30～60 升。在稻曲病发生严重的年份，可在破口后 3～7 天内再施用 1 次。安全间隔期为 21 天，每季最多使用 3 次。

4. 注意事项

对鱼类等水生生物有毒，应远离水产养殖区施药，禁止在河塘等水体中清洗施药器具。应避免药液流入湖泊、河流或鱼塘中污染水源。

灭 菌 唑

Triticonazole

1. 作用特点

灭菌唑是三唑类低毒杀菌剂，具有触杀和内吸传导作用。属甾醇生物合成中 C_{14} 脱甲基化酶抑制剂。用于防治镰孢（霉）属、柄锈菌属、麦类核腔菌属、黑粉菌属、腥黑粉菌属、白粉菌属、圆核腔菌、壳针孢属、柱隔孢属等病菌引起的病害。

2. 主要产品

【单剂】悬浮种衣剂：28%；种子处理悬浮剂：28%、25 克/升。

【混剂】唑醚·灭菌唑、吡虫啉·咯菌腈·灭菌唑、噻虫嗪·咯菌腈·灭菌唑等。

3. 应用

【适用作物】水稻、香蕉、小麦等。

【防治对象】玉米丝黑穗病、小麦散黑穗病、小麦腥黑穗病等。

【使用方法】喷雾、种子包衣。

玉米丝黑穗病	可用 28%灭菌唑种子处理悬浮剂，播种前，按种子与药液（药剂＋水）（500～1 000）：1 的比例配制好拌种药液后，将药液缓缓倒在种子上，边倒边拌直至着药（着色）均匀，拌后稍晾干至种子不粘手时即可播种。
小麦散黑穗病	可用 28%灭菌唑种子处理悬浮剂，药种比 1：（5 600～8 400），且应于小麦播种前，将药剂加适量水后，进行种子包衣，包衣应均匀，阴干后播种。
小麦腥黑穗病	每 1 000 克种子可用 25 克/升灭菌唑悬浮剂 100～200 毫升。播种前按照制剂推荐用量，用水稀释至每 100 千克种子 1～2 升药液（制剂＋水），将药液缓缓倒在种子上，边倒边迅速搅拌，直至种子着药（着色）均匀，包衣后稍晾干至种子不粘手时即可播种。

4. 注意事项

鸟类保护区域禁止使用。播种后必须覆土，严禁畜禽进入。

环丙唑醇

Cyproconazole

1. 作用特点

环丙唑醇属于三唑类内吸性中毒杀菌剂，可通过植物叶片快速吸收，并向顶传导。作用机理抑制真菌细胞膜上麦角甾醇的生物合成，从而阻碍其正常生长。可以防治白粉菌属、柄锈菌属、喙孢属、核腔菌属和壳针孢属病菌引起的病害。

2. 主要产品

【单剂】悬浮剂：40%。

【混剂】环丙·嘧菌酯。

3. 应用

【适用作物】小麦、花椒等。

【防治对象】小麦白粉病、小麦锈病、花椒树锈病等。

【使用方法】喷雾。

小麦白粉病	可用 40%环丙唑醇悬浮剂 15~20 毫升/亩，于病害发生初期喷雾施药，连续施药 2 次，间隔 7~10 天。安全间隔期为 28 天，每季最多使用 2 次。
小麦锈病	可用 40%环丙唑醇悬浮剂 12~18 毫升/亩进行喷雾处理，为达到最佳防治效果，推荐在发病初期使用。间隔 7~10 天施药 1 次。安全间隔期为 21 天，每季最多使用 2 次。
花椒树锈病	可用 40%环丙唑醇悬浮剂 2 000~4 000 倍液，在发病初期兑水均匀喷雾，使用前充分摇匀。安全间隔期为 28 天，每季最多使用 2 次。

4. 注意事项

对鸟类有毒，鸟类保护区及取食区附近禁用；对家蚕有毒，远离桑园，使用时注意风向，避免污染桑园，桑园及蚕室附近禁用。水产养殖区、河塘等水体附近慎用，禁止在河塘等水域清洗施药器具。

戊 唑 醇

Tebuconazole

1. 作用特点

戊唑醇属于三唑类低毒杀菌剂，属甾醇脱甲基化抑制剂，作用机理是通过抑制甾醇的脱甲基化，导致麦角甾醇合成受阻，使病原菌无法形成细胞膜，最终导致病菌细胞死亡。能够渗透至植物组织中，在植物体内上、下传导移动，达到杀灭和抑制病菌的目的。可以防治白粉菌属、柄锈菌属、喙孢属、核腔菌属和壳针孢属病菌引起的病害。

2. 主要产品

【单剂】乳油：25%；可湿性粉剂：25%、40%、80%；超低容量悬浮剂：3%；微乳剂：6%；悬浮剂：30%、50%、430克/升；水分散粒剂：30%、80%；种子处理悬浮剂：0.2%、3%、6%、60克/升；悬浮种衣剂：0.2%、0.25%、2%、6%、60克/升；水乳剂：12.5%、25%、250克/升；湿拌种剂：2%；糊剂：1%；种子处理可分散粒剂：2%。

【混剂】朽菌·戊唑醇、腈菌·戊唑醇、中生·戊唑醇、戊唑醇·抑霉唑、唑醚·戊唑醇、井冈·戊唑醇、苯醚·戊唑醇、噻呋·戊唑醇、甲硫·戊唑醇、克菌·戊唑醇、烯朽·戊唑醇、嘧环·戊唑醇、氰烯·戊唑醇、丁硫·戊唑醇、稻瘟·戊唑醇、喹啉·戊唑醇、硫磺·戊唑醇、多抗·戊唑醇、咯菌·戊唑醇、啶氧菌酯·戊唑醇、氟菌·戊唑醇、吡唑萘菌胺·戊唑醇、几糖·戊唑醇、丙唑·戊唑醇、丙硫菌唑·戊唑醇、噻虫胺·噻呋·戊唑醇、噻菌灵·戊唑醇·抑霉唑等。

3. 应用

【适用作物】小麦、大麦、燕麦、黑麦、玉米、高粱、花生、香蕉、葡萄、茶树等。

【防治对象】小麦白粉病、小麦散黑穗病、小麦纹枯病、小麦锈病、小麦雪腐病、小麦全蚀病、小麦腥黑穗病、大麦云纹病、大麦散黑穗病、大麦纹枯病、玉米丝黑穗病、大豆锈病、油菜菌核病、香蕉叶斑病、茶饼病、苹果斑点落叶病、梨黑星病和葡萄灰霉病等。

【使用方法】喷雾、种子包衣。

小麦纹枯病	用60克/升戊唑醇悬浮种衣剂进行种子包衣处理，推荐剂量为1∶3 000～1∶1 500（药种比）。拌种应均匀，阴干后播种。拌种处理过的种子播种深度以2～5厘米为宜。
玉米丝黑穗病	用60克/升戊唑醇悬浮种衣剂进行种子包衣处理，推荐剂量为1∶1 000～1∶500（药种比）。拌种应均匀，阴干后播种。拌种处理过的种子播种深度以2～5厘米为宜。
高粱丝黑穗病	用60克/升戊唑醇悬浮种衣剂进行种子包衣处理，推荐剂量为1∶1 000～1∶667（药种比）。拌种应均匀，阴干后播种。拌种处理过的种子播种深度以2～5厘米为宜。
苹果斑点落叶病	用25%戊唑醇水乳剂2 000～2 500倍液均匀喷雾，现配现用，于苹果树发病前或发病初期开始施药，兑水后均匀喷雾，小苗酌减。每隔10～14天施药1次，连续4次，可有效防治苹果斑点落叶病。安全间隔期为35天，每季最多使用4次。

香蕉叶斑病	用25%戊唑醇水乳剂1 000~1 500倍液均匀喷雾，于发病初期进行全株茎、叶均匀喷雾防治，施药间隔期7~14天，连续喷雾2~3次。安全间隔期28天，每季最多使用3次。
小麦白粉病	发病初期用25%戊唑醇可湿性粉剂60~70克/亩兑水均匀喷雾。安全间隔期40天，每季最多使用2次。
小麦锈病	发病初期用25%戊唑醇可湿性粉剂60~70克/亩兑水均匀喷雾。安全间隔期40天，每季最多使用2次。

4. 注意事项

对蜜蜂、家蚕、鱼类等生物有毒，施药时避免对水源、鱼塘等水产养殖区产生影响，施药后禁止在河塘等水源及鱼塘中清洗药械，开花植物花期、蜜源期及天敌放飞区、养蜂区、鸟类保护区禁用，蚕室及桑园附近禁用。

烯 唑 醇
Diniconazole

1. 作用特点

烯唑醇是三唑类低毒杀菌剂，属甾醇脱甲基抑制剂。作用机制为引起麦角甾醇缺乏，强烈抑制2,4-亚甲基二氢羊毛甾醇14位的脱甲基作用，导致真菌细胞膜不正常，最终真菌死亡，持效期长。可防治子囊菌、担子菌和半知菌引起的许多真菌病害。

2. 主要产品

【单剂】乳油：10%、25%；可湿性粉剂：12.5%；水分散粒剂：50%；悬浮剂：30%。

【混剂】锰锌·烯唑醇、井冈·烯唑醇、三环·烯唑醇、吡·福·烯唑醇等。

3. 应用

【适用作物】小麦、花生、苹果、梨、柑橘、葡萄等。

【防治对象】梨黑星病，小麦白粉病、锈病，苹果白粉病，花生叶斑病，柑橘疮痂病，葡萄黑痘病等。

【使用方法】喷雾、拌种等。

梨黑星病	用12.5%烯唑醇可湿性粉剂3 000~4 000倍液进行喷雾处理，应于发病前或发病初期开始用药，视病害发生情况，每10~14天左右施药1次，注意全树均匀喷雾，可连续施药3次。安全间隔期为21天，每季最多使用3次。

小麦锈病	发病前或发病初期，用 12.5％烯唑醇可湿性粉剂 30～50 克/亩兑水喷雾。安全间隔期为 21 天，每季最多使用 2 次。
苹果白粉病	用 12.5％烯唑醇可湿性粉剂 1 000～2 500 倍液进行喷雾，应于苹果发病（侵染）初期施药，注意喷雾均匀周到，视病害发生情况，每 10～14 天施药 1 次，视病情、天气可连续用药 4 次。安全间隔期为 14 天，每季最多使用 4 次。
花生叶斑病	用 12.5％烯唑醇可湿性粉剂 25～34 克/亩兑水喷雾，应于花生发病（侵染）初期施药，注意喷雾均匀周到，视病害发生情况，每 10～15 天施药 1 次，视病情、天气可连续用药 2 次。安全间隔期为 21 天，每季最多使用 2 次。
柑橘疮痂病	用 12.5％烯唑醇可湿性粉剂 1 500～2 000 倍液进行喷雾，于发病前或发病初期施药，每 7～10 天施药 1 次，视病情、天气可连续施药 3 次。安全间隔期为 14 天，每季最多使用 3 次。
葡萄黑痘病	用 12.5％烯唑醇可湿性粉剂 2 000～3 000 倍液进行喷雾，于发病前或发病初期施药，每 10～14 天施药 1 次，根据病情连续施药 2 次。安全间隔期为 14 天，每季最多使用 2 次。

4. 注意事项

对鱼、溞等水生生物有毒，禁止在水产养殖区、河塘等水体附近使用。对家蚕有毒，禁止在蚕室和蚕园附近施药。

腈 菌 唑

Myclobutanil

1. 作用特点

腈菌唑属三唑类低毒杀菌剂，是甾醇脱甲基化抑制剂，具有内吸、保护和治疗性，杀菌谱广，持效期长，对作物安全，有一定刺激生长的作用。对子囊菌、担子菌、核盘菌均有较高防效。

2. 主要产品

【单剂】乳油：5％、12％、12.5％、25％；水乳剂：12.5％；微乳剂：12.5％、20％；悬浮剂：40％；可湿性粉剂：12.5％、40％；水分散粒剂：40％。

【混剂】吡唑醚菌酯·腈菌唑、锰锌·腈菌唑、甲硫·腈菌唑、丙森·腈菌唑等。

3. 应用

【适用作物】小麦、黄瓜、烟草、香蕉、苹果、梨、柑橘等。

【防治对象】小麦白粉病、香蕉叶斑病、黄瓜黑星病、梨黑星病、烟草白粉病、苹果白粉病、柑橘炭疽病等。

【使用方法】喷雾、种子包衣。

小麦白粉病	可用 25%腈菌唑乳油 8～16 毫升/亩进行喷雾，于小麦白粉病始发期施药。施药时务必均匀周到，全株喷湿为宜，叶片反面也应均匀着药，防止漏喷。安全间隔期为 57 天，每季最多使用 2 次。
香蕉叶斑病	可用 25%腈菌唑乳油 800～1 000 倍液于发病初期使用，应喷雾均匀。安全间隔期为 14 天，每季最多使用 3 次。
黄瓜黑星病	可用 12.5%腈菌唑可湿性粉剂 30～40 克/亩于病害发生初、中期施药，注意喷雾均匀，早晨或傍晚有利于提高防治效果。安全间隔期为 2 天，每季最多使用 4 次。
梨黑星病	可用 12.5%腈菌唑悬浮剂 2 000～3 000 倍液在发病前或发病初期进行喷雾。开花时发现病芽梢时喷药，兑水稀释均匀喷雾，每 7 天左右施药 1 次，连续喷雾 3～4 次。安全间隔期为 21 天，每季最多使用 4 次。
烟草白粉病	可用 20%腈菌唑微乳剂 15～25 毫升/亩于发病前或发病初期进行喷雾。在烟草上安全间隔期为 21 天，每季最多使用 3 次。
苹果白粉病	可用 40%腈菌唑可湿性粉剂 6 000～8 000 倍液喷雾，于发病前或发病初期施药，间隔 10 天左右施药 1 次，连续施药 3 次。在苹果上安全间隔期为 7 天，每季最多使用 3 次。
柑橘炭疽病	可用 40%腈菌唑水分散粒剂 4 000～4 800 倍液喷雾，于发病前或发病初期施药。在柑橘上安全间隔期为 14 天，每季最多使用 3 次。

4. 注意事项

对鸟类有毒，注意保护鸟类，鸟类取食区及保护区附近禁用；对家蚕有毒，远离桑园，使用时注意风向，避免污染桑园。对鱼等水生生物有毒，远离水产养殖区施药，禁止在河塘等水体中清洗施药器具。

丙硫菌唑

Prothioconazole

1. 作用特点

丙硫菌唑是一种新型三唑硫酮类低毒杀菌剂，属甾醇脱甲基化（麦角甾醇的生物合成）抑制剂，不仅具有很好的内吸活性，优异的保护、治疗和铲除活性，且持效期长。作用机理是抑制真菌中甾醇的前体——羊毛甾醇或 2,4 -亚甲基二氢羊毛甾醇 14 位上的脱甲基化作用，可用于防治镰刀菌属、球腔菌属、核腔菌属和柄锈菌属等真菌引起的病害。

2. 主要产品

【单剂】可分散油悬浮剂：30%；乳油：250 克/升；悬浮剂：28%、40%。

【混剂】丙硫菌唑·戊唑醇、丙硫菌唑·多菌灵。

3. 应用

【适用作物】小麦。

【防治对象】小麦白粉病、赤霉病和锈病等。

【使用方法】喷雾。

小麦白粉病	可用30%丙硫菌唑可分散油悬浮剂30～40毫升/亩兑水均匀喷雾，于发病初期施药，视病情发展情况，间隔7～10天可再施药1次。安全间隔期30天，每季最多使用2次。
小麦赤霉病	可用30%丙硫菌唑可分散油悬浮剂40～50毫升/亩兑水均匀喷雾，于发病初期施药1次，5～7天后再施药1次。安全间隔期30天，每季最多使用2次。
小麦锈病	可用30%丙硫菌唑可分散油悬浮剂30～40毫升/亩兑水均匀喷雾，于发病初期施药，视病情发展情况，间隔7～10天可再施药1次。安全间隔期30天，每季最多使用2次。

4. 注意事项

（1）应现混现兑，配好的药液要立即使用。

（2）对鱼毒性高，施药器械不得在池塘等水源和水体中洗涤，残液不得倒入水源和水体中。

四氟醚唑

Tetraconazole

1. 作用特点

四氟醚唑属于第二代三唑类低毒杀菌剂，属甾醇脱甲基化抑制剂，具有保护和治疗作用，并有很好的内吸传导性能。作用机制是抑制真菌麦角甾醇的生物合成，从而阻碍真菌菌丝生长和分生孢子的形成。可以防治白粉菌属、柄锈菌属、喙孢属、核腔菌属和壳针孢属真菌引起的病害。

2. 主要产品

【单剂】水乳剂：4%、12.5%、25%。

【混剂】无

3. 应用

【适用作物】草莓、黄瓜、甜瓜等。

【防治对象】草莓白粉病、黄瓜白粉病、甜瓜白粉病等。

【使用方法】喷雾。

草莓白粉病	用4%四氟醚唑水乳剂50～83毫升/亩于发病初期喷雾，每隔10天左右施药1次。安全间隔期为7天，每季最多使用3次。
黄瓜白粉病	用4%四氟醚唑水乳剂67～100毫升/亩于发病初期喷雾，每隔10天左右施药1次。安全间隔期为3天，每季最多使用3次。

甜瓜白粉病	用 4% 四氟醚唑水乳剂 67～100 毫升/亩于发病初期喷雾，每隔 10 天左右施药 1 次。安全间隔期为 7 天，每季最多使用 3 次。

4. 注意事项

对鸟、鱼、溞、藻类、赤眼蜂等有毒。水产养殖区、河塘等水体附近禁用；禁止在河塘等水体中清洗施药器具；鸟、赤眼蜂等天敌放飞区域禁用。

种 菌 唑
Ipconazole

1. 作用特点

种菌唑为蛋氨酸生物合成抑制剂，低毒，具有保护、治疗、叶片穿透及根部内吸活性。可抑制病原菌细胞中蛋氨酸的生物合成和水解酶活性，干扰真菌生命周期，抑制病原菌穿透，破坏植物体中菌丝体的生长。

2. 主要产品

【单剂】种子处理悬浮剂：100 克/升。

【混剂】甲霜·种菌唑、呋虫胺·嘧菌酯·种菌唑、甲·萎·种菌唑等。

3. 应用

【适用作物】水稻等。

【防治对象】水稻恶苗病等。

【使用方法】喷雾、种子包衣等。

水稻恶苗病	每 100 千克种子可用 100 克/升种菌唑种子处理悬浮剂 150～250 毫升进行种子包衣。每季用药 1 次。

4. 注意事项

（1）避免与三氧化铬等氧化剂接触。

（2）远离水产养殖区、河塘等水体施药，禁止在河塘等水体中清洗施药器具。鱼或虾蟹套养稻田禁用，施药后的田水不得直接排入水体。鸟类保护区附近禁用，严禁畜禽进入。拌种播种后立即覆土。

（3）配药和种子处理时应在通风处进行，操作人员需提前做好保护措施，戴好手套、面罩或护目镜等，严禁抽烟或饮食。种子处理结束后，彻底清洗防护用具，并更换和清洗工作服。处理后的种子必须放置在有明显标签的容器内，勿与食物、饲料一起存放，禁止用于饲喂畜禽。

戊 菌 唑
Penconazole

1. 作用特点

戊菌唑属于三唑类低毒杀菌剂，属甾醇脱甲基化抑制剂，作用机理是破坏和阻止病菌的细胞膜重要组成成分麦角甾醇的生物合成，破坏细胞膜的结构与功能，导致细胞膜不能形成，使病菌死亡。由于具有很好的内吸性，因此可迅速被植物吸收，并在内部传导，具有很好的保护和治疗活性。能有效防治子囊菌、担子菌和半知菌所致病害。

2. 主要产品

【单剂】水乳剂：10%、20%、25%；乳油：10%。

【混剂】甲硫·戊菌唑、戊菌唑·乙嘧酚磺酸酯、吡唑醚菌酯·戊菌唑、醚菌酯·戊菌唑等。

3. 应用

【适用作物】桃、西瓜、草莓、葡萄等。

【防治对象】桃褐腐病、西瓜白粉病、草莓白粉病、葡萄白粉病和白腐病等。

【使用方法】喷雾。

桃褐腐病	使用20%戊菌唑水乳剂3 000～4 000倍液喷雾，于谢花后、发病前施药2次，施药间隔期10～14天。在桃树上安全间隔期为14天，每季最多使用2次。
西瓜白粉病	使用20%戊菌唑水乳剂25～30毫升/亩兑水均匀喷雾，于发病前或发病初期施药2次，间隔7天施药1次。在西瓜上安全间隔期为14天，每季最多使用2次。
草莓白粉病	使用25%戊菌唑水乳剂7～10毫升/亩兑水均匀喷雾，于发病前或发病初期施药，间隔7天施药1次。在草莓上安全间隔期为5天，每季最多使用3次。
葡萄白粉病	使用25%戊菌唑水乳剂8 000～10 000倍液均匀喷雾，于发病前或发病初期施药，间隔7～14天施药1次。在葡萄上安全间隔期为21天，每季最多使用2次。
葡萄白腐病	使用20%戊菌唑水乳剂5 000～10 000倍液均匀喷雾，于发病前或发病初期施药，在葡萄上安全间隔期为21天，每季最多使用2次。

4. 注意事项

喷施时须避开蜜蜂采蜜季节，开花植物花期禁用，勿在池塘、水源、桑田、蚕室附近喷药，禁止在河塘等水域清洗施药器具，切勿污染水源。

甲 霜 灵
Metalaxyl

1. 作用特点

甲霜灵属苯基酰胺类低毒杀菌剂，是一种高效内吸性杀菌剂，具有保护和治疗作用。可被植物根、茎、叶迅速吸收，并在植物体内运转到各个部位。对霜霉目卵菌引起的病害有防治效果。

2. 主要产品

【单剂】悬浮种衣剂：25％；种子处理悬浮剂：25％；种子处理干粉剂：35％；可湿性粉剂：25％。

【混剂】代锌·甲霜灵、咪鲜·甲霜灵、锰锌·甲霜灵、氟吡菌胺·甲霜灵、甲·嘧·甲霜灵、王铜·甲霜灵、琥铜·甲霜灵、烯酰·甲霜灵、波尔·甲霜灵、咪锰·甲霜灵、丙森·甲霜灵等。

3. 应用

【适用作物】谷子、马铃薯等。

【防治对象】马铃薯晚疫病、谷子白发病等。

【使用方法】拌种、种薯包衣等。

马铃薯晚疫病	每 100 千克种子可用 25％甲霜灵种子处理悬浮剂 125～150 毫升，用水稀释至 1～2 升，搅拌均匀制成药浆，加入种薯充分搅拌，使药液均匀分布到种薯表面，浸种薯 15 分钟，晾干后即可使用，配制好的药液应在 24 小时内使用。
谷子白发病	可用 35％甲霜灵种子处理干粉剂 1：（233.3～500）（药种比）拌种，在谷子播种前混拌使用，先用 1％清水或米汤将种子湿润，再拌入药粉，拌种后及时播种。

4. 注意事项

对鸟类有毒，施药期间应避免对周围环境生物的不利影响，药液及其废液不得污染各类水域、土壤等环境，鸟类保护区附近禁用。禁止将残液倒入水体中，禁止在河塘等水体中清洗施药器具，避免对水体造成污染。

精甲霜灵

Metalaxyl - M

1. 作用特点

精甲霜灵属苯基酰胺类低毒杀菌剂，是核糖体 RNA I 的合成抑制剂。具有保护、治疗和内吸作用，可被植物的根、茎、叶吸收，并随植物体内水分运转而转移到植物的各器官。对霜霉目卵菌所引起的病害有防治效果。

2. 主要产品

【单剂】悬浮种衣剂：20％、35％；种子处理乳剂：10％、350 克/升。

【混剂】精甲霜灵·烯酰吗啉、氟吡菌胺·精甲霜灵、精甲霜灵·氰霜唑、吡唑醚菌酯·精甲霜灵、精甲霜灵·噻虫胺、春雷霉素·精甲霜灵、氟啶胺·精甲霜灵等。

3. 应用

【适用作物】大豆、花生、马铃薯、棉花、水稻、向日葵、玉米等。

【防治对象】大豆根腐病、花生根腐病、棉花猝倒病、水稻烂秧病、向日葵霜霉病、玉米茎基腐病等。

【使用方法】拌种、种子包衣、种薯包衣等。

大豆根腐病	每100千克种子用350克/升精甲霜灵种子处理乳剂40～80毫升拌种，将药剂用水稀释至1～2升，将药浆与种子充分搅拌，直到药液均匀分布到种子表面，晾干后即可播种。
花生根腐病	每100千克种子用350克/升精甲霜灵种子处理乳剂40～80毫升拌种，将药剂用水稀释至1～2升，将药浆与种子充分搅拌，直到药液均匀分布到种子表面，晾干后即可播种。
棉花猝倒病	每100千克种子用350克/升精甲霜灵种子处理乳剂40～80毫升拌种，将药剂用水稀释至1～2升，将药浆与种子充分搅拌，直到药液均匀分布到种子表面，晾干后即可播种。
水稻烂秧病	每100千克种子用350克/升精甲霜灵种子处理乳剂15～25毫升拌种，将药剂用水稀释至1～2升，将药浆与种子充分搅拌，直到药液均匀分布到种子表面，晾干后即可播种。
向日葵霜霉病	每100千克种子用350克/升精甲霜灵种子处理乳剂200～300毫升拌种，将药剂用水稀释至1～2升，将药浆与种子充分搅拌，直到药液均匀分布到种子表面，晾干后即可播种。
玉米茎基腐病	每100千克种子用10%精甲霜灵种子处理悬浮剂114～153毫升进行种子包衣，按照播种量量取推荐用量的药剂，加入适量水稀释成药浆，将药浆和种子充分搅拌，在阴凉通风处平铺摊开，晾干24小时后播种。

4. 注意事项

对蜜蜂、鱼类等水生生物、家蚕有毒，施药期间应避免对周围蜂群的影响，开花作物盛花期、蚕室和桑园附近禁用。远离水产养殖区施药，禁止在河塘等水体中清洗施药器具。

霜 脲 氰

Cymoxanil

1. 作用特点

霜脲氰为苯基酰胺类低毒杀菌剂。主要是阻止病原菌孢子萌发，对侵入寄主内的病菌也有杀伤作用。具有保护、治疗和内吸作用，对霜霉病和疫病有效。

2. 主要产品

【单剂】悬浮剂：20%、25%；水分散粒剂：50%、80%。

【混剂】王铜·霜脲氰、肟菌·霜脲氰、霜脲·嘧菌酯、锰锌·霜脲、氟吡菌胺·霜脲氰、噁酮·霜脲氰、霜脲氰·双炔酰菌胺、唑醚·霜脲氰、吡醚·霜脲氰、喹啉·霜脲氰等。

3. 应用

【适用作物】葡萄、马铃薯等。

【防治对象】葡萄霜霉病和马铃薯晚疫病等。

【使用方法】喷雾。

马铃薯晚疫病	可用 25％霜脲氰悬浮剂 60～80 毫升/亩于发病前或发病初期兑水喷雾施药，施药间隔期 7～10 天，连续使用 2～3 次。安全间隔期为 7 天，每季最多使用 3 次。
葡萄霜霉病	可用 50％霜脲氰水分散粒剂 5 000～6 000 倍液喷雾，于发病初期施药，间隔 7～10 天施药 1 次，共施药 2 次。安全间隔期为 14 天，每季最多使用 2 次。

4. 注意事项

远离水产养殖区、河塘等水体附近施药，禁止在河塘等水体中清洗施药器具，药液及其废液不得污染河流和水源等各类水域。使用时避开蜜源作物花期，避免对周围蜂群产生影响，鸟类保护区附近禁用，最外围桑树设置隔离带。

稻瘟酰胺

Fenoxanil

1. 作用特点

稻瘟酰胺属于酰胺类低毒杀菌剂，作用机制为通过抑制病菌黑色素生物合成，降低病菌的侵染能力。具有内吸传导性，持效期长，在推荐剂量下对作物安全。对稻瘟病有特效。

2. 主要产品

【单剂】可湿性粉剂：20％；悬浮剂：20％、25％、30％、40％。

【混剂】稻瘟·戊唑醇、稻瘟·三环唑、稻瘟酰胺·咪鲜胺、春雷霉素·稻瘟酰胺、稻瘟·丙环唑、稻瘟·己唑醇、稻酰·醚菌酯、稻瘟·寡糖、稻瘟·咪鲜胺等。

3. 应用

【适用作物】水稻。

【防治对象】稻瘟病。

【使用方法】喷雾。

稻瘟病	在发病前或发病初期，用 20％稻瘟酰胺悬浮剂 60～80 毫升/亩兑水均匀喷雾处理，间隔 7～10 天施药 1 次，可连喷 2～3 次。安全间隔期为 21 天，每季最多施药 3 次。

4. 注意事项

对鱼类等水生生物有毒，鱼或虾蟹套养稻田不得使用，禁止在河塘等水体中清洗施药器具，避免污染水源，残液不能倒入水体。

吡噻菌胺
Penthiopyrad

1. 作用特点

吡噻菌胺属于酰胺类低毒杀菌剂，是线粒体呼吸抑制剂，具有渗透和内吸性，能有效防治担子菌、子囊菌和半知菌所致病害，可用于防治对其他杀菌剂具抗性的番茄灰霉病菌和黄瓜白粉病菌。

2. 主要产品

【单剂】悬浮剂：20%。

【混剂】无。

3. 应用

【适用作物】番茄、黄瓜、葡萄。

【防治对象】番茄灰霉病、黄瓜白粉病、葡萄灰霉病。

【使用方法】喷雾。

番茄灰霉病	在发病前或发病初期，使用20%吡噻菌胺悬浮剂35~65毫升/亩兑水均匀喷雾处理，每隔7~10天施用1次，连续施药2~3次。安全间隔期为2天，每季最多施药3次。
黄瓜白粉病	在发病前或发病初期，使用20%吡噻菌胺悬浮剂25~33毫升/亩兑水均匀喷雾处理，每隔7~10天施用1次，连续施药2~3次。安全间隔期为2天，每季最多施药3次。
葡萄灰霉病	在发病前或发病初期，使用20%吡噻菌胺悬浮剂1 500~3 000倍液均匀喷雾处理，每隔7~10天施用1次，连续施药2~3次。安全间隔期为7天，每季最多施药3次。

4. 注意事项

施药期间远离水产养殖区、河塘等水体，禁止在河塘等水体内清洗施药器具。清洗施药器械及弃置废料时，避免污染鱼池、水道、渠和饮用水源。蚕室及桑园附近禁用。

氟唑环菌胺
Sedaxane

1. 作用特点

氟唑环菌胺属于酰胺类微毒杀菌剂，是线粒体呼吸抑制剂，具有内吸性，兼具保护和治疗作用，以保护作用为主。氟唑环菌胺能提高根系活力，降低非光化学淬灭，使作物增产，可防治多种土传和种传病害，也可防治早期叶面病害，对丝核菌引起的病害和玉米丝黑穗病防效优异。

2. 主要产品

【单剂】悬浮种衣剂：44％。

【混剂】氟环·咯·苯甲、氟环·咯菌腈、氟环菌·嘧菌酯·噻虫嗪、氟环·咯·精甲等。

3. 应用

【适用作物】玉米。

【防治对象】玉米黑粉病、玉米丝黑穗病。

【使用方法】种子包衣。

玉米黑粉病、玉米丝黑穗病	用 44％氟唑环菌胺悬浮种衣剂进行种子包衣处理，使用剂量为每 100 千克种子 30～90 毫升。

4. 注意事项

（1）播种后必须覆土，严禁畜禽进入。

（2）勿将药剂及其废液弃于池塘、河溪、湖泊等，水产养殖区、河塘等水体附近禁用，禁止在河塘等水域清洗施药器具，以免污染水源。

硅噻菌胺

Silthiopham

1. 作用特点

硅噻菌胺属于酰胺类低毒杀菌剂，作用机制是能量抑制剂，具有良好的保护活性，持效期长，常用作种子处理，主要用于防治小麦全蚀病。

2. 主要产品

【单剂】种子处理悬浮剂：12％；悬浮种衣剂：10％、15％。

3. 应用

【适用作物】小麦。

【防治对象】小麦全蚀病。

【使用方法】拌种、种子包衣。

小麦全蚀病	用 15％硅噻菌胺悬浮种衣剂进行拌种处理，每 100 千克种子用药量为 300～400 毫升。

4. 注意事项

（1）拌种一定要均匀，拌种后的种子不能当作食品和饲料使用。

（2）拌种时需使用塑料膜防止药液流失。

氟唑菌酰胺
Fluxapyroxad

1. 作用特点

氟唑菌酰胺属于酰胺类低毒杀菌剂，是线粒体呼吸抑制剂，具有内吸传导性、兼具保护和治疗活性。对水稻纹枯病有较好的防治效果。

2. 主要产品

【单剂】悬浮剂：300 克/升。

【混剂】丙森锌·氟唑菌酰胺、唑醚·氟酰胺、苯甲·氟酰胺、氟菌·氟环唑。

3. 应用

【适用作物】水稻、小麦等。

【防治对象】水稻纹枯病、小麦白粉病等。

【使用方法】喷雾。

水稻纹枯病	水稻分蘖末期发病前或发病初期第 1 次用 300 克/升氟唑菌酰胺悬浮剂 20～30 毫升/亩喷雾处理，视发病情况在孕穗期第 2 次用药，施药间隔期 14 天。安全间隔期 21 天，每季最多使用 2 次。

4. 注意事项

（1）现混、现兑，配好的药液要立即使用。

（2）远离水产养殖区、河塘等水体施药；禁止在河塘等水体中清洗施药器具；鱼或虾蟹套养稻田禁用，施药后的田水不得直接排入水体；蚕室及桑园附近禁用。

烯酰吗啉
Dimethomorph

1. 作用特点

烯酰吗啉属于羧酸酰胺类低毒杀菌剂，作用机制是抑制病菌细胞壁的生物合成，内吸作用强，叶面喷雾可渗入叶片内部，具有保护、治疗作用，对病原菌不同发育阶段均有抑制作用，可抑制孢子的产生。主要防治由卵菌引起的病害如霜霉病、晚疫病、霜疫霉病等。

2. 主要产品

【单剂】水分散粒剂：40%、50%、80%；悬浮剂：10%、20%、25%、40%、50%、500 克/升；水乳剂：10%、15%；可湿性粉剂：25%、30%、40%、50%、80%；微乳剂：25%。

【混剂】氟吡菌胺·烯酰吗啉、精甲霜灵·烯酰吗啉、噁唑菌酮·烯酰吗啉、烯酰·嘧菌酯、烯酰·吡唑酯、烯酰·甲霜灵、烯酰·乙膦铝、烯酰·霜脲氰等。

3. 应用

【适用作物】葡萄、马铃薯、黄瓜、辣椒、烟草、苦瓜等。

【防治对象】黄瓜霜霉病、辣椒疫病、马铃薯晚疫病、葡萄霜霉病、烟草黑胫病等。

【使用方法】喷雾。

黄瓜霜霉病	发病前或发病初期开始施药，用80%烯酰吗啉水分散粒剂20～25克/亩兑水均匀喷雾，每隔7～10天喷1次，连续喷2～3次。安全间隔期为3天，每季最多使用3次。
葡萄霜霉病	发病前或发病初期第1次施药，用50%烯酰吗啉水分散粒剂30～50克/亩兑水均匀喷雾，连续施药2～3次。安全间隔期为21天，每季最多使用3次。
烟草黑胫病	发病前或发病初期第1次施药，用80%烯酰吗啉水分散粒剂20～25克/亩兑水均匀喷雾，每季使用2～3次。安全间隔期为21天，每季最多使用3次。
马铃薯晚疫病	发病前或发病初期施药，用40%烯酰吗啉悬浮剂40～50毫升/亩兑水均匀喷雾。安全间隔期为14天，每季最多使用2次。
黄瓜疫病	发病前或发病初期施药，用50%烯酰吗啉可湿性粉剂30～40克/亩兑水均匀喷雾，均匀喷洒于叶片正、反面。安全间隔期为2天，每季最多使用3次。
辣椒疫病	发病初期用80%烯酰吗啉水分散粒剂20～25克/亩兑水均匀喷雾。安全间隔期为7天，每季最多使用3次。
菠菜霜霉病	发病初期开始施药，用50%烯酰吗啉水分散粒剂30～35克/亩兑水均匀喷雾。安全间隔期为7天，每季最多使用2次。
花椰菜霜霉病	发病前或发病初期用药，用80%烯酰吗啉水分散粒剂20～30克/亩兑水均匀喷雾。安全间隔期为7天，每季最多使用3次。
大葱霜霉病	在发病前或发病初期施药，用30%烯酰吗啉可湿性粉剂50～80克/亩兑水均匀喷雾。安全间隔期为14天，每季最多使用2次。
铁皮石斛疫病	发病初期或发病前施药，用25%烯酰吗啉悬浮剂800～1 000倍液均匀喷雾。安全间隔期为30天，每季最多使用3次。
人参疫病	发病前或发病初期用药，用80%烯酰吗啉水分散粒剂15～20克/亩兑水均匀喷雾。安全间隔期为3天，每季最多使用3次。
苦瓜霜霉病	发病前或发病初期用药，用50%烯酰吗啉可湿性粉剂40～60克/亩兑水均匀喷雾。安全间隔期为7天，每季最多使用3次。
油麦菜霜霉病	发病初期开始施药，用50%烯酰吗啉水分散粒剂30～70克/亩兑水均匀喷雾，安全间隔期为5天，每季最多使用3次。

4. 注意事项

对蜜蜂、鱼类等水生生物、家蚕有毒，施药期间应避免对周围蜂群的影响，开花植物花期、蚕室和桑园附近禁用。远离水产养殖区施药，禁止在河塘等水体中清洗施药器具。使用过的容器应妥善处理，不可做他用，也不可随意丢弃。

氟 吗 啉

Flumorph

1. 作用特点

氟吗啉属于羧酸酰胺类内吸性低毒杀菌剂，作用机制是破坏卵菌细胞壁的形成，对孢子囊萌发的抑制作用显著，且治疗活性突出，具有内吸活性，主要防治由卵菌引起的病害如霜霉病、晚疫病、霜疫霉病等。

2. 主要产品

【单剂】悬浮剂：30％；水分散粒剂：60％；可湿性粉剂：20％、25％。

【混剂】吡唑醚菌酯·氟吗啉、锰锌·氟吗啉、氟吗啉·唑嘧菌胺、氟吗·唑菌酯、氟吗·精甲霜、氟吗·乙铝、氟吗·氟啶胺、氟吗·氰霜唑。

3. 应用

【适用作物】马铃薯、番茄、黄瓜等。

【防治对象】黄瓜霜霉病、番茄晚疫病、马铃薯晚疫病。

【使用方法】喷雾。

黄瓜霜霉病	在发病前或发病初期喷雾施药，用25％氟吗啉可湿性粉剂30～40克/亩兑水均匀喷雾。安全间隔期为3天，每季最多施药2次。
番茄晚疫病	始见零星病斑时或发病初期施药，用30％氟吗啉悬浮剂30～40毫升/亩兑水均匀喷雾，间隔7～10天施药1次。安全间隔期为5天，每季最多使用3次。
马铃薯晚疫病	始见零星病斑时或发病初期施药，用30％氟吗啉悬浮剂30～45毫升/亩兑水均匀喷雾，间隔7～10天施药1次。安全间隔期为14天，每季最多使用3次。

4. 注意事项

对水生生物有毒，应注意避免污染水源。施药期间应避免对周围蜂群的影响，禁止在开花作物花期、桑园及蚕室附近使用。远离水产养殖区、河塘等水体施药，禁止在河塘等水体中清洗施药器具。

双炔酰菌胺

Mandipropamid

1. 作用特点

双炔酰菌胺属于羧酸酰胺类低毒杀菌剂，其作用机制为抑制磷脂的生物合成，对处于萌发阶段的孢子具有较高的活性，并可抑制菌丝生长和孢子形成。对处于潜伏期的植物病害有较强的治疗作用。可以通过叶片被迅速吸收，并停留在叶表蜡质层中，对叶片起保护作用。双炔酰菌胺对绝大多数由卵菌引起的叶部和果实病害均有很好的防效。

2. 主要产品

【单剂】悬浮剂：23.4%。

【混剂】双炔·百菌清、霜脲氰·双炔酰菌胺。

3. 应用

【适用作物】番茄、辣椒、荔枝、马铃薯、葡萄、人参、西瓜。

【防治对象】番茄晚疫病、辣椒疫病、荔枝霜疫霉病等。

【使用方法】喷雾。

番茄晚疫病	在发病初期，用23.4%双炔酰菌胺悬浮剂30～40毫升/亩，兑水后整株均匀充分喷雾。根据病害发展和天气情况连续使用2～4次，间隔7～10天施药1次。安全间隔期7天，每季最多使用4次。
辣椒疫病	在作物谢花后或雨天来临前，用23.4%双炔酰菌胺悬浮剂30～40毫升/亩兑水均匀喷雾，根据病害发展和天气情况连续使用2～3次，间隔7～10天施药1次。安全间隔期3天，每季最多使用3次。
荔枝霜疫霉病	在荔枝开花前、幼果期、中果期和转色期各施药1次，用23.4%双炔酰菌胺悬浮剂1 000～2 000倍液整株均匀充分喷雾。安全间隔期3天，每季最多使用4次。
马铃薯晚疫病	在病害发生前或发病初期，用23.4%双炔酰菌胺悬浮剂20～40毫升/亩兑水均匀喷雾，间隔7～14天施药1次。安全间隔期3天，每季最多使用3次。
葡萄霜霉病	在发病初期喷雾使用，用23.4%双炔酰菌胺悬浮剂1 500～2 000倍液整株均匀充分喷雾。根据病害发展和天气情况连续使用2～3次，间隔7～14天施药1次。安全间隔期3天，每季最多使用3次。
人参疫病	发病前或发病初期，用23.4%双炔酰菌胺悬浮剂40～60毫升/亩兑水均匀喷雾。安全间隔期为21天，每季最多使用1次。
西瓜疫病	在病害发生前或发病初期，用23.4%双炔酰菌胺悬浮剂30～40毫升/亩兑水均匀喷雾，间隔7～10天施药1次。安全间隔期5天，每季最多使用3次。

4. 注意事项

药液及其废液不得污染各类水域、土壤等环境。勿将药液或空包装弃于水中或在河塘中洗涤施药器械，避免污染水源。

霜 霉 威
Propamocarb

1. 作用特点

霜霉威属于氨基甲酸酯类低毒杀菌剂，作用机理是抑制病原菌细胞膜的生物合成，具有内吸传导作用。对卵菌有效，对丝囊菌、盘梗霉、霜霉、疫霉、假霜霉、腐霉等病菌所致的病害均有防治作用。

2. 主要产品

【单剂】可溶液剂：55.7%；水剂：35%、66.5%、722 克/升。

【混剂】霜霉·噁霉灵、霜霉·络氨铜、霜霉·精甲霜、甲霜·霜霉威、霜霉·乙酸铜、氟菌·霜霉威、霜脲·霜霉威。

3. 应用

【适用作物】黄瓜、烟草。

【防治对象】黄瓜霜霉病、黄瓜疫病、烟草黑胫病。

【使用方法】喷雾、苗床浇灌。

黄瓜霜霉病	在发病前或发病初期，用722 克/升霜霉威水剂80～100 毫升/亩兑水均匀喷雾，间隔7～10 天施药1 次。安全间隔期为3 天，每季最多使用3 次。
烟草黑胫病	发病初期用722 克/升霜霉威水剂70～140 毫升/亩兑水均匀喷雾，间隔7～10 天施药1 次。安全间隔期为21 天，每季最多使用3 次。
黄瓜疫病	于播种时及幼苗移栽前，用722 克/升霜霉威水剂5～8 毫升/米^2 苗床浇灌，使药液充分到达根区，浇灌后保持土壤湿润。安全间隔期为3 天，每季最多使用3 次。

4. 注意事项

对鱼有毒，不可污染鱼塘、河道、水沟，远离水产养殖区施药，禁止在河塘等水体中清洗施药器具。

霜霉威盐酸盐
Propamocarb hydrochloride

1. 作用特点

霜霉威盐酸盐属于氨基甲酸酯类低毒杀菌剂，作用机理是抑制病菌细胞膜的生物合成，具有内吸性，对由卵菌引起的霜霉病、疫霉病、腐霉病防效优异。

2. 主要产品

【单剂】水剂：35%、40%、66.5%、722 克/升。

【混剂】霜霉·辛菌胺、春雷·霜霉威、甲霜·霜霉威、氟菌·霜霉威、烯酰·霜霉威、苯甲·霜霉威、霜霉·精甲霜、霜霉·噁霉灵、霜霉·嘧菌酯、霜霉·氟啶胺等。

3. 应用

【适用作物】贝母、花椰菜、黄瓜、烟草、元胡、菠菜、甜椒等。

【防治对象】贝母茎腐病、花椰菜霜霉病、黄瓜霜霉病、烟草黑胫病、元胡霜霉病、菠菜霜霉病、甜椒疫病等。

【使用方法】喷雾。

贝母茎腐病	发病初期用 722 克/升霜霉威盐酸盐水剂 100～167 毫升/亩兑水均匀喷雾，间隔 7～10 天施药 1 次。安全间隔期为 10 天，每季最多使用 2 次。
花椰菜霜霉病	发病初期用 722 克/升霜霉威盐酸盐水剂 80～100 毫升/亩兑水均匀喷雾，间隔 7～10 天施药 1 次。安全间隔期为 10 天，每季最多使用 3 次。
黄瓜霜霉病	发病初期用 722 克/升霜霉威盐酸盐水剂 88～110 毫升/亩兑水均匀喷雾，间隔 7～10 天施药 1 次。安全间隔期为 2 天，每季最多使用 3 次。
烟草黑胫病	发病初期用 722 克/升霜霉威盐酸盐水剂 100～120 毫升/亩兑水均匀喷雾，间隔 7～10 天施药 1 次。安全间隔期为 21 天，每季最多使用 3 次。
元胡霜霉病	发病初期用 722 克/升霜霉威盐酸盐水剂 100～120 毫升/亩兑水均匀喷雾，间隔 7～10 天施药 1 次。安全间隔期为 7 天，每季最多使用 3 次。
菠菜霜霉病	发病前或发病初期施药，用 66.5% 霜霉威盐酸盐水剂 90～120 毫升/亩兑水均匀喷雾。安全间隔期为 7 天，每季最多使用 3 次。
甜椒疫病	在发病前或发病初期，用 66.5% 霜霉威盐酸盐水剂 90～120 毫升/亩兑水均匀喷雾，每隔 7～10 天施用 1 次。安全间隔期 14 天，每季最多使用 3 次。

4. 注意事项

对赤眼蜂、鱼类有毒，赤眼蜂等天敌放飞区域禁用；水产养殖区、河塘等水体附近禁用；禁止在河塘等水体中清洗施药器具。

噁唑菌酮

Famoxadone

1. 作用特点

噁唑菌酮属于噁唑类低毒杀菌剂，作用机制是能量抑制剂，即抑制线粒体电子传递。有内吸活性，具有保护、治疗作用。可防治由子囊菌、担子菌、卵菌引起的重要病害。

2. 主要产品

【单剂】悬浮剂：25％；水分散粒剂：30％、50％。

【混剂】噁唑菌酮·烯酰吗啉、噁酮·霜脲氰、噁酮·氟啶胺、噁酮·吡唑酯、噁酮·氰霜唑、噁酮·锰锌、噁酮·烯酰、噁酮·氟噻唑、噁酮·氟硅唑、噁酮·嘧菌酯、噁酮·精甲灵等。

3. 应用

【适用作物】黄瓜、马铃薯。

【防治对象】黄瓜霜霉病、马铃薯晚疫病。

【使用方法】喷雾。

黄瓜霜霉病	发病前或发病初期进行防治，用25％噁唑菌酮悬浮剂30～40毫升/亩兑水均匀喷雾处理，施药间隔期为7～10天。安全间隔期为3天，每季最多使用3次。
马铃薯晚疫病	于病害发生前至发病初期，用30％噁唑菌酮水分散粒剂30～40克/亩兑水均匀喷雾处理，施药间隔期为7～10天。安全间隔期为7天，每季最多使用2次。

4. 注意事项

对鱼类、溞、藻类、蜜蜂、家蚕和鸟有毒，水产养殖区、河塘等水体附近禁用，蚕室和桑园附近禁用。

噁 霉 灵

Hymexazol

1. 作用特点

噁霉灵属于噁唑类低毒杀菌剂，作用机制是其与土壤中的铁、铝等无机金属盐离子结合后，有效抑制孢子的萌发和病原菌菌丝体的正常生长或直接杀灭病菌。噁霉灵是一种内吸性杀菌剂和土壤消毒剂，对腐霉菌、镰刀菌等引起的猝倒病有较好的预防效果。

2. 主要产品

【单剂】水剂：1％、8％、15％、30％；可溶粉剂：70％、98％；颗粒剂：0.1％、1％；可湿性粉剂：15％、70％；种子处理悬浮剂：3％；种子处理干粉剂：70％；水分散粒剂：80％；悬浮种衣剂：30％。

【混剂】甲霜·噁霉灵、噁霉·稻瘟灵、噁霉灵·精甲霜·氰烯酯、霜霉·噁霉灵、咪·霜·噁霉灵、噁霉·四霉素、咯菌·噁霉灵、噁霉·络氨铜、精甲·噁霉灵、嘧菌·噁霉灵等。

3. 应用

【适用作物】水稻、甜菜、人参、西瓜、辣椒、甜菜、棉花、大豆等。

【防治对象】水稻立枯病、辣椒立枯病、人参根腐病、西瓜枯萎病、甜菜立枯病、大豆立枯病、棉花立枯病、水稻恶苗病、油菜立枯病、黄瓜立枯病。

【使用方法】苗床土壤喷雾、种子处理、土壤泼浇。

水稻立枯病	在病害发生初期，用15%噁霉灵水剂9～12毫升/米² 进行土壤喷雾处理，均匀喷洒苗床，施药间隔期为7天。
辣椒立枯病	于辣椒播种后，用30%噁霉灵水剂2.5～3.5毫升/米² 对苗床土壤进行浇灌处理，施药时保证药液均匀，以浇透为宜。
人参根腐病	在病害发生初期，用70%噁霉灵可溶性粉剂4～8克/米² 进行土壤浇灌处理。安全间隔期为35天，每季最多使用2次。
西瓜枯萎病	在病害发生初期，用70%噁霉灵可溶性粉剂1 400～1 800倍液，50～150毫升/株进行灌根处理。安全间隔期为3天，每季最多使用1次。
甜菜立枯病	于播种前，用70%噁霉灵可湿性粉剂1：（143～250）（药种比）进行拌种处理，宜干拌，湿拌和焖种时易出现药害。
大豆立枯病	于播种前，每100千克种子用70%噁霉灵种子处理干粉剂100～200克进行包衣处理，包衣后的种子应及时使用，播种后应有良好覆土。
棉花立枯病	于播种前种子脱茸后，每100千克种子用70%噁霉灵种子处理干粉剂100～133克进行包衣处理，晾干后播种。
水稻恶苗病	于播种前，每100千克种子用70%噁霉灵种子处理干粉剂100～200克进行包衣处理，包衣后的种子应及时使用，播种后应有良好覆土。
油菜立枯病	于播种前，每100千克种子用70%噁霉灵种子处理干粉剂100～200克进行包衣处理，闷种后播种。
黄瓜立枯病	在黄瓜苗期立枯病发生期用药，用70%噁霉灵可湿性粉剂1.25～1.7克/米² 均匀喷洒苗床。视病害发生情况，最多可用药3次。

4. 注意事项

严格控制用药量，以防抑制作物生长。

氟吡菌胺

Fluopicolide

1. 作用特点

氟吡菌胺属于羧酰替代苯胺类微毒杀菌剂，主要作用于细胞膜和细胞间的特异性蛋白而表现杀菌活性。其内吸传导活性强，具有独特的薄层穿透性，能从植物叶基向叶尖方向传导，对病原菌的各主要形态均有很好的抑制活性，治疗潜能突出。对卵菌病害防效优异。

2. 主要产品

【单剂】悬浮剂：20％。

【混剂】代森联·氟吡菌胺、氟吡菌胺·氰霜唑、氟吡菌胺·烯酰吗啉、吡唑醚菌酯·氟吡菌胺、氟吡菌胺·喹啉铜、氟菌·霜霉威、氟吡菌胺·精甲霜灵、氟吡菌胺·甲霜灵等。

3. 应用

【适用作物】番茄。

【防治对象】番茄晚疫病。

【使用方法】喷雾。

番茄晚疫病	在病害发生前或发病初期首次喷雾施药，用 20％氟吡菌胺悬浮剂 25～35 毫升/亩兑水进行喷雾处理，施药间隔期为 7～10 天。安全间隔期为 7 天，每季最多施药 2 次。

4. 注意事项

对蜜蜂、鱼类等水生生物、家蚕有毒，施药期间应避免对周围蜂群的影响，蜜源作物花期、蚕室和桑园附近禁用。赤眼蜂、瓢虫等天敌放飞区禁用。远离水产养殖区施药，禁止在河塘等水体中清洗施药器具。

氟吡菌酰胺

Fluopyram

1. 作用特点

氟吡菌酰胺属于羧酰替代苯胺类低毒杀菌剂、杀线虫剂，作用机制是抑制线粒体呼吸，具有内吸传导活性。对果树、蔬菜、大田作物上的多种病害如灰霉病、白粉病等有防效，此外，对蔬菜根结线虫有优异的防效。

2. 主要产品

【单剂】悬浮剂：41.7％。

【混剂】氟菌·戊唑醇、氟吡菌酰胺·嘧霉胺、氟菌·肟菌酯。

3. 应用

【适用作物】番茄、黄瓜、西瓜、香蕉、烟草。

【防治对象】黄瓜白粉病、黄瓜根结线虫、番茄根结线虫、西瓜根结线虫、烟草根结线虫、香蕉根结线虫。

【使用方法】喷雾、灌根。

黄瓜白粉病	在病害发生初期，用 41.7％氟吡菌酰胺悬浮剂 5～10 毫升/亩兑水进行喷雾处理，施药间隔期为 7～10 天。安全间隔期为 2 天，每季最多施药 3 次。
黄瓜根结线虫	在移栽后 15 天，用 41.7％氟吡菌酰胺悬浮剂 0.024～0.03 毫升/株进行灌根。每季最多施用 1 次。

番茄根结线虫	在移栽当天，用41.7%氟吡菌酰胺悬浮剂0.024～0.03毫升/株进行灌根。每季最多施用1次。
西瓜根结线虫	在移栽当天，用41.7%氟吡菌酰胺悬浮剂0.05～0.06毫升/株进行灌根。每季最多施用1次。
烟草根结线虫	在移栽当天，用41.7%氟吡菌酰胺悬浮剂0.04～0.05毫升/株进行灌根。每季最多施用1次。
香蕉根结线虫	在香蕉苗5～10叶期，用41.7%氟吡菌酰胺悬浮剂0.3～0.4毫升/株进行灌根。每季最多施用1次。

4. 注意事项

对水生生物有毒，药剂及废液不得污染各类水域、土壤等环境。赤眼蜂等天敌放飞区域禁用。

啶酰菌胺

Boscalid

1. 作用特点

啶酰菌胺属于羧酰替代苯胺类微毒杀菌剂，是一种线粒体呼吸抑制剂，具有内吸性，对病菌孢子萌发具有很强的抑制作用。啶酰菌胺对主要经济作物的灰霉病、菌核病、白粉病及链格孢属、单囊壳属病菌所致病害等具有较好的防治效果。

2. 主要产品

【单剂】悬浮剂：25%、30%、43%；水分散粒剂：50%。

【混剂】唑醚·啶酰菌、啶酰菌胺·硫磺、啶菌噁唑·啶酰菌胺、啶酰菌胺·乙霉威、啶酰·腐霉利、啶酰·咯菌腈、啶酰·异菌脲、啶酰·嘧菌酯等。

3. 应用

【适用作物】黄瓜、葡萄、番茄、草莓、马铃薯等。

【防治对象】黄瓜灰霉病、葡萄灰霉病、马铃薯早疫病、油菜菌核病等。

【使用方法】喷雾。

黄瓜灰霉病	发病前或发病初期用药，用50%啶酰菌胺水分散粒剂33～47克/亩兑水均匀喷雾处理，间隔7～10天再次用药。安全间隔期为2天，每季最多施药3次。
葡萄灰霉病	发病前或发病初期用药，用50%啶酰菌胺水分散粒剂500～1 500倍液/亩均匀喷雾处理，间隔7～10天再次用药。安全间隔期为7天，每季最多施药3次。
番茄灰霉病	在发病前或发病初期施药，用50%啶酰菌胺水分散粒剂30～50克/亩兑水均匀喷雾处理，施药间隔期为7～10天。安全间隔期为5天，每季最多施药3次。

草莓灰霉病	在发病前或发病初期施药，用50%啶酰菌胺水分散粒剂 500～1 500 倍液均匀喷雾处理，施药间隔期为 7～10 天。安全间隔期为 3 天，每季最多施药 3 次。
番茄早疫病	在发病前或发病初期施药，用50%啶酰菌胺水分散粒剂 20～30 克/亩兑水均匀喷雾处理，施药间隔期为 7～10 天。安全间隔期为 5 天，每季最多施药 3 次。
马铃薯早疫病	在病害始发期施药，用50%啶酰菌胺悬浮剂 40～50 毫升/亩兑水均匀喷雾处理，施药间隔期为 7～10 天。安全间隔期为 14 天，每季最多施药 3 次。
油菜菌核病	发病初期用药，用50%啶酰菌胺水分散粒剂 30～50 克/亩兑水均匀喷雾处理，间隔 7～10 天再次用药。安全间隔期为 14 天，每季最多施药 2 次。

4. 注意事项

对鱼类等水生生物有中等毒性，应远离水产养殖区施药，禁止在河塘等水体清洗施药器具。对家蚕具有毒性，桑园及家蚕养殖区禁用。

氟 酰 胺
Flutolanil

1. 作用特点

氟酰胺属于羧酰替代苯胺类低毒杀菌剂，作用机理是抑制线粒体呼吸作用，抑制天门冬氨酸盐和谷氨酸盐的合成，阻碍病原菌的生长和穿透。具有内吸性，主要用于防治立枯病、纹枯病、白绢病等，对水稻纹枯病有特效。

2. 主要产品

【单剂】可湿性粉剂：20%。

【混剂】氟胺·嘧菌酯、氟酰胺·嘧菌酯·噻虫嗪。

3. 应用

【适用作物】水稻、花生、草坪。

【防治对象】水稻纹枯病、花生白绢病、草坪褐斑病。

【使用方法】茎叶喷雾。

水稻纹枯病	在水稻抽穗前，用20%氟酰胺可湿性粉剂 100～125 克/亩兑水均匀喷雾处理，间隔 7～10 天施药 1 次。安全间隔期为 21 天，每季最多使用 3 次。
花生白绢病	在发病初期，用20%氟酰胺可湿性粉剂 70～125 克/亩兑水均匀喷雾处理，间隔 7～10 天施药 1 次。安全间隔期为 7 天，每季最多使用 3 次。
草坪褐斑病	发病初期，用20%氟酰胺可湿性粉剂 90～112 克/亩兑水均匀喷雾处理，间隔7～10 天施药 1 次，可连续使用 2～3 次。

4. 注意事项

远离水产养殖区、河塘等水域施药，禁止在河塘等水体中清洗施药器具；虾蟹套养稻田禁用，施药后的田水不得直接排入水体。对蚕有毒，蚕室和桑园附近禁用。

噻呋酰胺

Thifluzamide

1. 作用特点

噻呋酰胺属于羧酰替代苯胺类低毒杀菌剂，作用机理是抑制线粒体呼吸作用，具有强内吸传导性和长持效性。对丝核菌属、柄锈菌属、黑粉菌属、腥黑粉菌属等致病真菌均有活性，尤其对担子菌引起的病害如纹枯病、立枯病等有特效。

2. 主要产品

【单剂】悬浮剂：20％、30％、35％、40％、240克/升；干拌种剂：19％；水分散粒剂：40％、50％；展膜油剂：4％；颗粒剂：0.15％、0.5％、4％；种子处理悬浮剂：8％。

【混剂】噻呋·噻霉酮、噻呋·戊唑醇、噻呋·嘧菌酯、噻呋·己唑醇、噻呋·呋虫胺、噻呋·醚菌酯、吡唑酯·甲硫灵·噻呋、井冈·噻呋、噻呋·氟环唑、噻呋·噻森铜等。

3. 应用

【适用作物】小麦、水稻、花生、马铃薯等。

【防治对象】马铃薯黑痣病、花生锈病、水稻纹枯病、小麦锈病等。

【使用方法】喷雾、拌种、种子包衣。

马铃薯黑痣病	于马铃薯开沟播种后，用40％噻呋酰胺水分散粒剂40～80克/亩兑水均匀喷淋在块茎和周围土壤上。每季最多施药1次。
花生白绢病	于花生下针期，用240克/升噻呋酰胺悬浮剂45～60毫升/亩兑水均匀喷雾于花生茎基部。安全间隔期为7天，每季最多施药1次。
花生锈病	在发病初期施药，用240克/升噻呋酰胺悬浮剂30～40毫升/亩兑水均匀喷雾处理。安全间隔期为14天，每季最多施药1次。
小麦锈病	在发病前或发病初期施药，用240克/升噻呋酰胺悬浮剂15～20毫升/亩兑水均匀喷雾处理。安全间隔期为14天，每季最多使用1次。
水稻纹枯病	水稻抽穗前20天或发病初期，用240克/升噻呋酰胺悬浮剂13～23毫升/亩兑水均匀喷雾处理1次。安全间隔期为7天，每季最多使用1次。
小麦纹枯病	于小麦分蘖期或小麦纹枯病发病初期，用240克/升噻呋酰胺悬浮剂15～20毫升/亩兑水均匀喷雾处理。安全间隔期为14天，每季最多使用1次。

4. 注意事项

对鱼类等水生生物有毒，应远离水产养殖区施药，禁止在河塘等水体中清洗施药器具，避免药液污染水源。鱼或虾蟹套养稻田禁用。赤眼蜂及天敌昆虫放飞区禁用。

吡唑醚菌酯
Pyraclostrobin

1. 作用特点
吡唑醚菌酯属于甲氧基丙烯酸酯类低毒杀菌剂，是一种线粒体呼吸抑制剂，通过阻止病原菌细胞中细胞色素 b 和 c1 间电子传递而抑制线粒体呼吸作用，使线粒体不能产生和提供细胞正常代谢所需要的能量，最终导致细胞死亡。吡唑醚菌酯具有保护、治疗作用，具有内吸传导性和耐雨水冲刷性能，且应用范围较广。对子囊菌、担子菌、卵菌和半知菌所致病害都显示出很好的活性，如白粉病、黑星病、稻瘟病、纹枯病、霜霉病和疫病等。

2. 主要产品
【单剂】悬浮剂：15％、25％、30％；水乳剂：25％、30％；微囊悬浮剂：9％、20％、25％；微乳剂：10％、15％、25％；乳油：20％、30％、250 克/升；水分散粒剂：20％、25％、30％、50％；种子处理悬浮剂：10％、18％；种子处理微囊悬浮剂：2％；可湿性粉剂：20％、25％；颗粒剂：0.03％、0.1％、0.4％；悬浮种衣剂：18％；可分散液剂：24％。

【混剂】苯甲·吡唑酯、唑醚·代森联、吡唑酯·寡糖素·噻呋、二氰·吡唑酯、唑醚·咪鲜胺、唑醚·锰锌、唑醚·克菌丹、唑醚·氟环唑、唑醚·戊唑醇、烯酰·吡唑酯、吡唑·啶酰菌、唑醚·甲硫灵、唑醚·噻唑锌、唑醚·氰霜唑、吡唑·福美双、松铜·吡唑酯、吡醚·甲硫灵、唑醚·啶酰胺、唑醚·异菌脲、吡唑酯·咯菌腈·噻虫嗪等。

3. 应用
【适用作物】小麦、水稻、玉米等大田作物，蔬菜、果树、草坪。

【防治对象】小麦白粉病、稻瘟病、黄瓜霜霉病、叶用莴苣霜霉病、瓜类白粉病、柑橘炭疽病、香蕉叶斑病、香蕉黑星病、玉米大斑病、苹果褐斑病等。

【使用方法】喷雾、种子包衣、撒施。

小麦白粉病	发病初期，使用25％吡唑醚菌酯悬浮剂30～40毫升/亩兑水均匀喷雾处理，间隔10天连续施药。安全间隔期为35天，每季最多施用2次。
稻瘟病	使用9％吡唑醚菌酯微囊悬浮剂56～73毫升/亩兑水均匀喷雾处理，防治穗颈瘟时，于水稻破口初期用药1次，依据病害情况，水稻齐穗期可再用药1次，但用药最迟不能晚于盛花期；防治叶瘟时，低剂量最早可于分蘖末期且稻田覆盖率达60％以上使用，若稻田覆盖率大于75％，可使用高剂量。如需在分蘖末期之前用药或使用高剂量，则必须确保稻田无水或稻田中的水深在1厘米以下。安全间隔期为28天，每季最多施药2次。

黄瓜霜霉病	发病初期，使用 25％吡唑醚菌酯悬浮剂 20～40 毫升/亩兑水均匀喷雾处理，间隔 7～14 天连续施药。安全间隔期为 1 天，每季最多施药 4 次。
叶用莴苣霜霉病	发病初期，使用 25％吡唑醚菌酯悬浮剂 30～40 毫升/亩兑水均匀喷雾2～3 次，间隔 7～10 天施药 1 次。安全间隔期为 10 天，每季最多施药 3 次。
丝瓜白粉病	发病初期，使用 25％吡唑醚菌酯悬浮剂 20～40 毫升/亩兑水均匀喷雾处理，间隔 7 天施药 1 次，连续用药 2～3 次。安全间隔期为 5 天，每季最多使用 3 次。
菜瓜白粉病	发病初期，使用 25％吡唑醚菌酯悬浮剂 20～40 毫升/亩兑水均匀喷雾处理，间隔 7 天施药 1 次，连续用药 2 次。安全间隔期为 5 天，每季最多施药 3 次。
柑橘炭疽病	病害发生前或发病初期，使用 25％吡唑醚菌酯悬浮剂 800～1 200 倍液喷雾处理，间隔 7～10 天施药 1 次，连续施药 2 次。安全间隔期 14 天。
香蕉叶斑病	发病初期，使用 250 克/升吡唑醚菌酯乳油 1 000～3 000 倍液喷雾处理，间隔 10～15 天连续施药。安全间隔期为 42 天，每季最多使用 3 次。
香蕉黑星病	发病初期，使用 250 克/升吡唑醚菌酯乳油 1 000～3 000 倍液喷雾处理，间隔 10～15 天连续施药。安全间隔期为 42 天，每季最多使用 3 次。
玉米大斑病	发生初期，使用 250 克/升吡唑醚菌酯乳油 40～50 毫升/亩兑水均匀喷雾处理，间隔 7～10 天连续施药。安全间隔期为 14 天，每季最多使用 3 次。
苹果褐斑病	发病初期，使用 30％吡唑醚菌酯悬浮剂 5 000～6 000 倍液喷雾处理，间隔 7～10 天施药 1 次。安全间隔期为 21 天，每季最多用药 3 次。
棉花立枯病、猝倒病	播种前，每 100 千克种子使用 18％吡唑醚菌酯种子处理悬浮剂 27～33毫升，用水稀释至 1～2 升药液（制剂＋水），将药液缓缓倒在种子上，边倒边迅速搅拌，直至种子着药（着色）均匀，包衣后稍晾干至种子不粘手即可播种。
辣椒立枯病	在辣椒播种前将 0.1％吡唑醚菌酯颗粒剂 35～50 克/米² 与细土拌匀后撒施 1 次，施药时应尽可能均匀周到。

4. 注意事项

（1）现混现兑，配好的药液要立即使用。

（2）对鱼类等水生生物中等毒性，应远离水产养殖区施药，禁止在河塘等水体中清洗施药器具，避免药液流入湖泊、河流或鱼塘中污染水源。

醚 菌 酯

Kresoxim - methyl

1. 作用特点

醚菌酯属于甲氧基丙烯酸酯类低毒杀菌剂，是一种线粒体呼吸抑制剂，通过阻止病原菌细胞中细胞色素 b 和 c1 间电子传递而抑制线粒体呼吸作用，使线粒体不能产生和提供细胞正常代谢所需的能量，最终导致细胞死亡。具有保护、治疗、铲除、渗透、内吸活性。可防治对 14 -脱甲基化酶抑制剂、苯甲酰胺类、二羧酰胺类和苯并咪唑类产生抗性的病菌。对子囊菌、担子菌、半知菌和卵菌等致病菌引起的大多数病害具有保护、治疗和铲除活性。

2. 主要产品

【单剂】悬浮剂：10％、30％、40％；水分散粒剂：50％、60％、80％；可湿性粉剂：30％、50％；悬浮种衣剂：30％；水乳剂：10％。

【混剂】丙森•醚菌酯、噻呋•醚菌酯、苯甲•醚菌酯、醚菌•代森联、醚菌•啶酰菌、醚菌•氟环唑、戊唑•醚菌酯、己唑•醚菌酯、烯酰•醚菌酯、甲硫•醚菌酯、四氟•醚菌酯、乙嘧酚•醚菌酯、醚菌酯•戊菌唑、甲霜•醚菌酯、氟菌•醚菌酯、醚菌•多菌灵、稻酰•醚菌酯等。

3. 应用

【适用作物】小麦、苹果、梨、葡萄、黄瓜、草莓等。

【防治对象】小麦锈病、小麦白粉病、水稻纹枯病、苹果斑点落叶病、梨黑星病、葡萄霜霉病等。

【使用方法】喷雾。

小麦锈病	在病害发病前或初期，使用 30％醚菌酯悬浮剂 50～70 毫升/亩兑水均匀喷雾处理，根据病情间隔 7～10 天施药 1 次。安全间隔期为 21 天，每季最多使用 3 次。
小麦白粉病	在病害发病前或初期，使用 30％醚菌酯悬浮剂 40～60 毫升/亩兑水均匀喷雾处理，根据病情间隔 7～10 天施药 1 次。安全间隔期为 21 天，每季最多使用 3 次。
水稻纹枯病	在病害发病前或初期，使用 30％醚菌酯悬浮剂 20～30 毫升/亩兑水均匀喷雾处理，根据病情间隔 7～10 天施药 1 次。安全间隔期 21 天，每季最多使用 2 次。
苹果斑点落叶病	在病害发病前或初期，使用 60％醚菌酯水分散粒剂 3 500～4 500 倍液喷雾处理，于春梢和秋梢生长期施药，共 2～3 次，施药间隔期 10～15 天。安全间隔期为 21 天，每季最多使用 3 次。
梨黑星病	发病前期或初期，使用 50％醚菌酯水分散粒剂 3 000～5 000 倍液喷雾处理，间隔 7～14 天施药 1 次。安全间隔期为 45 天，每季最多使用 3 次。
葡萄霜霉病	发病初期，使用 30％醚菌酯悬浮剂 2 200～3 200 倍液喷雾处理，间隔 10 天施药 1 次。安全间隔期为 7 天，每季最多施药 3 次。
黄瓜白粉病	发病初期，使用 50％醚菌酯水分散粒剂 13～20 克/亩兑水均匀喷雾处理，间隔 7～14 天施药 1 次。安全间隔期为 5 天，每季最多使用 3 次。
草莓白粉病	发病前期或初期，使用 50％醚菌酯水分散粒剂 3 000～5 000 倍液喷雾处理，间隔 7～14 天施药 1 次。安全间隔期为 3 天，每季最多使用 4 次。

4. 注意事项

（1）大风天或 6 小时内有雨勿施药。

（2）鱼或虾蟹套养稻田禁用，施药后的田水不得直接排入水体。

（3）对鱼类等水生生物中等毒性，应远离水产养殖区施药，禁止在河塘等水体清洗施药器具，不要污染水体，应避免药液流入湖泊、河流或鱼塘中污染水源。

嘧 菌 酯

Azoxystrobin

1. 作用特点

嘧菌酯属于甲氧基丙烯酸酯类低毒杀菌剂，是一种线粒体呼吸抑制剂，通过阻止病原菌细胞中细胞色素 b 和 c1 间电子传递而抑制线粒体呼吸作用，使线粒体不能产生和提供细胞正常代谢所需要的能量，最终导致细胞死亡。嘧菌酯具有保护、治疗和铲除作用，是高效、广谱、内吸性杀菌剂，对几乎所有的子囊菌、担子菌、半知菌和卵菌病害如白粉病、锈病、霜霉病、稻瘟病等均有良好的活性。

2. 主要产品

【单剂】悬浮剂：25%、30%、35%、50%、250 克/升、500 克/升；水分散粒剂：20%、25%、50%、60%、70%、80%；超低容量液剂：5%；可湿性粉剂：20%、40%；悬浮种衣剂：10%、15%；颗粒剂：0.1%、0.16%、1%；微囊悬浮剂：10%。

【混剂】氟胺·嘧菌酯、戊唑·嘧菌酯、精甲·咯·嘧菌、苯甲·嘧菌酯、己唑·嘧菌酯、丙环·嘧菌酯、苯并烯氟菌唑·嘧菌酯、嘧菌·百菌清、霜脲·嘧菌酯、烯酰·嘧菌酯、咯菌腈·嘧菌酯·噻虫嗪、嘧菌·多菌灵、氰霜·嘧菌酯、噻呋·嘧菌酯、氟环·嘧菌酯、硅唑·嘧菌酯、吡萘·嘧菌酯、咯菌·嘧菌酯、井冈·嘧菌酯、精甲·嘧菌酯、嘧菌·噻霉酮、氟嘧·戊唑醇等。

3. 应用

【适用作物】小麦、花生、葡萄、马铃薯、番茄、辣椒、柑橘、香蕉、梨、草坪等。

【防治对象】水稻纹枯病、葡萄霜霉病、小麦赤霉病、花生叶斑病、马铃薯早疫病、香蕉叶斑病、草坪褐斑病等。

【使用方法】喷雾、种子包衣。

水稻纹枯病	发病初期，使用25%嘧菌酯悬浮剂40～70毫升/亩兑水均匀喷雾，7～10天施药1次，可连续用药2次。安全间隔期为21天，每季最多施药2次。
葡萄霜霉病	在病害发生前或初见零星病斑时，使用25%嘧菌酯悬浮剂1 000～2 000倍液进行叶面喷雾处理，视病情发展施药1～3次，施药间隔期7～10天。安全间隔期21天，每季最多使用3次。

小麦赤霉病	在病害发生前或初见零星病斑时，使用20%嘧菌酯可湿性粉剂45～60克/亩兑水均匀喷雾处理，视病情发展施药1～2次，施药间隔期7～10天。安全间隔期为21天，每季最多使用2次。
花生叶斑病	在病害发生前或者初见零星病斑时，使用20%嘧菌酯水分散粒剂60～80克/亩兑水均匀喷雾，视天气情况和病情发展施药2～3次，施药间隔期7～10天。安全间隔期21天，每季最多使用3次。
马铃薯早疫病	在病害发生前或初见零星病斑时，使用20%嘧菌酯水分散粒剂45～60克/亩兑水均匀喷雾，视天气变化和病情发展施药2～3次，施药间隔期7～10天。安全间隔期14天，每季最多使用3次。
香蕉叶斑病	在病害发生前或初见零星病斑时，使20%嘧菌酯水分散粒剂800～1200倍液均匀叶面喷雾，视天气变化和病情发展施药1～2次，施药间隔期7～10天。安全间隔期35天，每季最多使用3次。
草坪褐斑病	在病害发生前或初见零星病斑时，使20%嘧菌酯水分散粒剂90～120克/亩兑水均匀喷雾2～3次，施药间隔期7～10天。每季最多使用3次。
棉花立枯病	每100千克种子使用10%嘧菌酯悬浮种衣剂400～550克加适量水，充分搅拌混合，务必使种子均匀粘上药液，晾干后播种。
西瓜枯萎病	于西瓜定植前，或西瓜枯萎病发病初期施药，使用0.1%嘧菌酯颗粒剂20～30千克/亩均匀撒施。每季最多使用1次。

4. 注意事项

（1）推荐剂量下对作物安全、无药害，但对某些苹果品种有药害，应先进行小范围安全性试验。

（2）对鱼类有毒，切勿将制剂及其废液弃于池塘、沟渠、河流和湖泊等水域中，或在河塘中清洗施药器具。

（3）误服请勿引吐，立即携带标签送医就诊。无专用解毒剂，对症治疗。

肟 菌 酯
Trifloxystrobin

1. 作用特点

肟菌酯属于甲氧基丙烯酸酯类微毒杀菌剂，是线粒体呼吸抑制剂，通过阻止病菌细胞中细胞色素b和c1间电子传递而抑制线粒体呼吸作用，使线粒体不能产生和提供细胞正常代谢所需要的能量，最终导致细胞死亡。肟菌酯保护作用优异，且具有一定的治疗活性，具有广谱、渗透、快速分布、内吸等性能，作物吸收快、耐雨水冲刷、持效期长。主要用于茎叶处理，除对白粉病、叶斑病特效外，对疫病、炭疽病、纹枯病亦有很好的活性。

2. 主要产品

【单剂】水分散粒剂：50％、60％；悬浮剂：25％、30％、40％、50％。

【混剂】苯甲·肟菌酯、啶酰·肟菌酯、二氰·肟菌酯、粉唑醇·肟菌酯、氟环·肟菌酯、氟菌·肟菌酯、寡糖·肟菌酯、克菌·肟菌酯、氰霜唑·肟菌酯、噻呋·肟菌酯、三环唑·肟菌酯、四氟·肟菌酯、肟菌·丙环唑、肟菌·代森联、肟菌·己唑醇、肟菌·喹啉铜、肟菌·咪鲜胺、肟菌·霜脲氰、肟菌·戊唑醇、肟菌·乙嘧酚、肟菌·异噻胺、肟菌酯·四霉素、肟菌酯·乙嘧酚磺酸酯等。

3. 应用

【适用作物】水稻、番茄、辣椒、马铃薯、香蕉、苹果、葡萄、观赏玫瑰等。

【防治对象】葡萄白粉病、观赏玫瑰白粉病、马铃薯晚疫病、番茄早疫病、苹果褐斑病、辣椒炭疽病、水稻纹枯病等。

【使用方法】喷雾。

葡萄白粉病	病害发生前或初见零星病斑时，使用50％肟菌酯水分散粒剂1 500～2 000倍液叶面喷雾1～2次，视天气变化和病情发展，间隔7～10天施药1次。安全间隔期为7天，每季最多施药2次。
观赏玫瑰白粉病	病害发生前或发生初期，使用50％肟菌酯悬浮剂13～20毫升/亩兑水均匀喷雾。一般用药3次，间隔7天施药1次。每季最多使用3次。
番茄早疫病	发病前或发病初期，使用50％肟菌酯水分散粒剂8～10毫升/亩兑水均匀喷雾。安全间隔期2天，每季最多使用3次。
苹果褐斑病	发病初期，使用50％肟菌酯水分散粒剂7 000～8 000倍液叶面喷雾，施药间隔期7～16天。安全间隔期为14天，每季最多使用3次。
辣椒炭疽病	发病前或初期，使用30％肟菌酯悬浮剂25～37.5毫升/亩兑水均匀喷雾，施药间隔期7～10天。安全间隔期为7天，每季最多使用3次。
马铃薯晚疫病	发病前或初期，使用30％肟菌酯悬浮剂25～37.5毫升/亩兑水均匀喷雾，注意喷施于植株底部，施药间隔期7～10天。安全间隔期为7天，每季最多使用3次。
水稻纹枯病	发病前或初期，使用60％肟菌酯水分散粒剂9～12克/亩兑水均匀喷雾，间隔7～10天施药1次，连续施药2～3次。安全间隔期为21天，每季最多使用3次。
香蕉叶斑病	发病初期，使用40％肟菌酯悬浮剂5 000～6 000倍液叶面喷雾，施药间隔期7～10天。安全间隔期为28天，每季最多使用2次。

4. 注意事项

对家蚕、鱼类、溞、藻类毒性高，水产养殖区、河塘等水体附近禁用，禁止在河塘等水体清洗施药器具，蚕室及桑园附近禁用。

烯肟菌酯

Enestroburin

1. 作用特点

烯肟菌酯属于甲氧基丙烯酸酯类低毒杀菌剂，是一种线粒体呼吸抑制剂，通过阻止病菌细胞中细胞色素 b 和 c1 间电子传递而抑制线粒体呼吸作用，使线粒体不能产生和提供细胞正常代谢所需要的能量，最终导致细胞死亡。具有保护作用、治疗作用、内吸传导性和耐雨水冲刷特性，对黄瓜霜霉病活性高。

2. 主要产品

【单剂】乳油：25%。

【混剂】烯肟·氟环唑、烯肟·霜脲氰、烯肟·多菌灵。

3. 应用

【适用作物】黄瓜。

【防治对象】黄瓜霜霉病

【使用方法】喷雾。

黄瓜霜霉病	发病前或发病初期，使用25%烯肟菌酯乳油27～53克/亩兑水均匀喷雾，可视病害发生情况，连续用药1～3次。安全间隔期2天，每季最多使用3次。

4. 注意事项

远离水产养殖区施药，禁止在河塘等水体中清洗施药器具。注意不要污染池塘和水源。

苯醚菌酯

Bemystrobin

1. 作用特点

苯醚菌酯属于甲氧基丙烯酸酯类低毒杀菌剂，是一种线粒体呼吸抑制剂，通过阻止病原菌细胞中细胞色素 b 和 c1 间电子传递而抑制线粒体呼吸作用，使线粒体不能产生和提供细胞正常代谢所需要的能量，最终导致细胞死亡。耐雨水冲刷，作用迅速，药效持久，对作物安全，促进光合作用，增强作物的抗病性，低毒、低残留，对环境友好，具有预防和治疗效果。

2. 主要产品

【单剂】悬浮剂：10%。

【混剂】苯菌·氟啶胺。

3. 应用

【适用作物】黄瓜。

【防治对象】黄瓜白粉病。

【使用方法】喷雾。

黄瓜白粉病	发病初期，使用10％苯醚菌酯悬浮剂5 000～10 000倍液喷雾处理，每隔7天左右施1次药，施药2次。安全间隔期为3天，每季最多使用2次。

4. 注意事项

远离水产养殖区施药，禁止在河塘等水域内清洗施药器具。

啶氧菌酯

Picoxystrobin

1. 作用特点

啶氧菌酯属于甲氧基丙烯酸酯类低毒杀菌剂，是一种线粒体呼吸抑制剂，通过阻止病原菌细胞色素 b 和 c1 间电子转移抑制线粒体的呼吸作用。可防治对14 - 脱甲基化酶抑制剂、苯甲酰胺类、二羧酰胺类和苯并咪唑类产生抗性的病菌。被叶片吸收后，可在木质部中移动，随水流在运输系统中流动；也可在叶片表面的气相中流动并随着从气相中吸收进入叶片后又在木质部中流动。主要用于防治麦类叶部病害如锈病、白粉病等。

2. 主要产品

【单剂】水分散粒剂：50％、70％；悬浮剂：22.5％、30％；微囊悬浮剂：10％。

【混剂】苯甲·啶氧、苯醚·啶氧酯、啶氧·丙环唑、啶氧·氟环唑、啶氧菌酯·二氰蒽醌、啶氧菌酯·克菌丹、啶氧菌酯·嘧菌环胺、啶氧菌酯·戊唑醇、啶氧菌酯·溴菌腈等。

3. 应用

【适用作物】茶树、番茄、黄瓜、辣椒、芒果、葡萄、三七、铁皮石斛、西瓜、香蕉、枣等。

【防治对象】辣椒炭疽病、铁皮石斛叶锈病、三七根腐病、黄瓜灰霉病、番茄灰霉病、黄瓜霜霉病、葡萄黑痘病、葡萄霜霉病、西瓜蔓枯病、西瓜炭疽病、香蕉叶斑病、香蕉黑星病、枣锈病、茶树炭疽病、芒果炭疽病等。

【使用方法】茎叶喷雾、拌种。

辣椒炭疽病	发病前或发病初期，使用22.5％啶氧菌酯悬浮剂28～33毫升/亩兑水均匀喷雾处理，施药间隔期7～10天。安全间隔期为5天，每季最多使用3次。
铁皮石斛叶锈病	发病初期，用22.5％啶氧菌酯悬浮剂1 200～2 000倍液进行叶面喷雾处理，施药间隔期7～10天。安全间隔期为28天，每季作物最多使用3次。
三七根腐病、黑斑病	在三七播种前，每100千克种子用10％微囊悬浮剂400～500毫升进行拌种处理。每季最多使用1次。

番茄灰霉病	发病前或发病初期，用22.5%啶氧菌酯悬浮剂26～36毫升/亩兑水均匀喷雾，用药间隔7～10天，施用2～3次。安全间隔期5天，每季最多使用3次。
黄瓜灰霉病	发病前或发病初期，用22.5%啶氧菌酯悬浮剂26～36毫升/亩兑水均匀喷雾，用药间隔7～10天，施用2～3次。安全间隔期3天，每季最多使用3次。
黄瓜霜霉病	发病前或发病初期，用70%啶氧菌酯水分散粒剂14～16克/亩兑水均匀喷雾，用药间隔7～10天，施用2～3次。安全间隔期2天，每季最多使用3次。
葡萄黑痘病	发病前或发病初期，用22.5%啶氧菌酯悬浮剂1 500～2 000倍液均匀喷雾，用药间隔7～10天，施用2～3次。安全间隔期14天，每季最多使用3次。
葡萄霜霉病	发病前或发病初期，用22.5%啶氧菌酯悬浮剂1 500～2 000倍液均匀喷雾，用药间隔7～10天，施用2～3次。安全间隔期14天，每季最多使用3次。
西瓜蔓枯病、炭疽病	发病前或发病初期使用，用22.5%啶氧菌酯悬浮剂35～45毫升/亩兑水均匀喷雾，用药间隔7～10天，施用2～3次。安全间隔期7天，每季最多使用3次。
香蕉叶斑病	发病前或发病初期，使用30%啶氧菌酯悬浮剂2 000～2 500倍液均匀喷雾全株，用药间隔8～16天。安全间隔期35天，每季最多使用3次。
香蕉黑星病	发病前或发病初期，使用22.5%啶氧菌酯悬浮剂1 500～1 750倍液喷雾处理，用药间隔10～15天，施用3次。安全间隔期28天，每季最多使用3次。
枣树锈病	发病前或发病初期，使用22.5%啶氧菌酯悬浮剂1 500～2 000倍液均匀喷雾全株，用药间隔10～15天，施用2～3次。安全间隔期21天，每季最多使用3次。
茶树炭疽病	发病前，使用22.5%啶氧菌酯悬浮剂1 000～2 000倍液保护性喷雾，用药间隔7～10天，施药2次。安全间隔期10天，每季最多使用2次。
芒果炭疽病	在芒果谢花后小果期，使用22.5%啶氧菌酯悬浮剂1 500～2 000倍液喷雾施药，用药间隔7～10天，施用2～3次。安全间隔期21天，每季最多使用3次。

4. 注意事项

水产养殖区、河塘等水体附近禁用，禁止在河塘等水域清洗施药器具，赤眼蜂等天敌放飞区域禁用。

丁香菌酯
Coumoxystrobin

1. 作用特点

丁香菌酯属于甲氧基丙烯酸酯类低毒杀菌剂，是一种线粒体呼吸抑制剂，通过阻止病原菌细胞中细胞色素 b 和 c1 间电子传递而抑制线粒体呼吸作用，使线粒体不能产生和提供细胞正常代谢所需要的能量，最终导致细胞死亡。具有保护作用，兼有一定的治疗作用。具有低毒、高效、安全的特点，有免疫、预防、治疗、增产增收作用。对苹果腐烂病有较好的防治作用。

2. 主要产品

【单剂】悬浮剂：0.15%、20%。

【混剂】丁香菌酯·代森联、丁香·戊唑醇。

3. 应用

【适用作物】苹果。

【防治对象】苹果腐烂病。

【使用方法】涂抹。

苹果腐烂病	于苹果树发芽前或秋季落叶后进行药剂处理，刮掉病疤处的腐烂皮层，使用 20% 丁香菌酯悬浮剂 130～200 倍液进行涂抹。安全间隔期为收获期，每季最多使用 2 次。

4. 注意事项

（1）施药时要将腐烂病疤刮干净。

（2）请勿污染水源，禁止在河塘等水体中清洗配药工具，赤眼蜂等天敌放飞区禁止使用。

烯肟菌胺
Fenaminstrobin

1. 作用特点

烯肟菌胺属于甲氧基丙烯酸酯类低毒杀菌剂，是一种线粒体呼吸抑制剂，通过阻止病原菌细胞中细胞色素 b 和 c1 间电子传递而抑制线粒体呼吸作用，使线粒体不能产生和提供细胞正常代谢所需要的能量，最终导致细胞死亡。具有预防及治疗作用，对白粉病防治效果好。

2. 主要产品

【单剂】乳油：5%。

【混剂】烯肟·戊唑醇、苯甲·烯肟、烯肟·氟环唑、烯肟·苯·噻虫、烯肟·三环唑。

3. 应用

【适用作物】小麦、黄瓜（温棚）。

【防治对象】小麦白粉病、黄瓜白粉病。

【使用方法】喷雾。

黄瓜白粉病	发病初期，使用 5%烯肟菌胺乳油 53～107 毫升/亩喷雾处理，施药间隔期 7～10 天。安全间隔期 7 天，每季最多使用 2 次。
小麦白粉病	发病初期，使用 5%烯肟菌胺乳油 750～1 500 倍液喷雾处理，施药间隔期 7～10 天。安全间隔期 30 天，每季最多使用 3 次。

4. 注意事项

请勿污染水源，禁止在河塘等水体中清洗配药工具，赤眼蜂等天敌放飞区禁止使用。

腐 霉 利
Procymidone

1. 作用特点

腐霉利属于二羧酸亚胺类低毒杀菌剂，主要作用于细胞膜，阻碍菌丝顶端正常细胞壁形成，抑制菌丝的发育，作用机理为抑制菌体内甘油三酯的合成。具有保护和治疗的双重作用，具内吸性，使用后保护效果好、持效期长，能阻止病斑发展蔓延。对葡萄孢属和核盘菌属真菌有特效，能防治果树、蔬菜的灰霉病、菌核病，可防治对苯丙咪唑类药剂产生抗性的真菌。

2. 主要产品

【单剂】可湿性粉剂：50%、80%；悬浮剂：20%、35%、43%；烟剂：10%、15%；水分散粒剂：80%。

【混剂】异菌·腐霉利、腐霉·福美双、腐霉·百菌清、啶酰·腐霉利、腐霉·多菌灵、戊唑·腐霉利、嘧菌·腐霉利、己唑·腐霉利、嘧环·腐霉利等。

3. 应用

【适用作物】黄瓜、番茄、油菜、葡萄等。

【防治对象】油菜菌核病、葡萄灰霉病、番茄灰霉病、黄瓜灰霉病等。

【使用方法】喷雾处理、点燃放烟。

油菜菌核病	使用 50%腐霉利可湿性粉剂 30～60 克/亩兑水喷雾。轻病田在始盛花期喷药 1 次，重病田于初花期和盛花期各施药 1 次。安全间隔期为 25 天，每季最多使用 2 次。
番茄灰霉病	发病前或发病初期，使用 43%腐霉利悬浮剂 100～130 毫升/亩兑水喷雾，喷药 1～2 次，间隔 7～10 天。安全间隔期为 14 天，每季最多使用 2 次。

黄瓜灰霉病	发病前或发病初期，使用 43% 腐霉利悬浮剂 75～100 毫升/亩兑水喷雾，喷药 1～2 次，间隔 7～10 天。安全间隔期为 3 天，每季最多使用 2 次。
葡萄灰霉病	发病前或发病初期，使用 43% 腐霉利悬浮剂 800～1 200 倍液喷雾，喷药 1～2 次，间隔 7～15 天。安全间隔期为 10 天，每季最多使用 2 次。

4. 注意事项

（1）烟剂点燃后应迅速撤离棚室，避免吸入烟雾；使用期间禁止人、畜进入。

（2）远离水产养殖区用药，禁止在河塘等水体中清洗施药器具；避免药液污染水源地。

菌 核 净
Dimethachlone

1. 作用特点

菌核净属于二甲酰亚胺类低毒杀菌剂，作用机理是通过干扰核糖体 RNA 的形成，抑制真菌蛋白质的合成。具有直接杀菌、内渗治疗、持效期长的特性。对于油菜菌核病、烟草赤星病、水稻纹枯病防效较好。

2. 主要产品

【单剂】可湿性粉剂：40%；悬浮剂：40%；烟剂：5%。

【混剂】菌核·福美双、戊唑·菌核净、王铜·菌核净。

3. 应用

【适用作物】油菜、烟草、水稻等。

【防治对象】油菜核菌病、烟草赤星病、水稻纹枯病等。

【使用方法】喷雾处理、点燃放烟。

油菜菌核病	在油菜盛花期，用 40% 菌核净可湿性粉剂 100～150 克/亩兑水喷雾处理，施药 2 次，每次间隔 7～10 天，重点喷洒植株中下部。每季最多使用 2 次。
烟草赤星病	于烟草打顶后，烟草赤星病发病初期，用 40% 菌核净可湿性粉剂 263～337 克/亩兑水喷雾处理，每隔 7～10 天施药 1 次，连续喷雾 2 次。安全间隔期为 21 天，每季最多用药 2 次。
番茄灰霉病（保护地）	发病前或发病初期，用 5% 菌核净烟剂 200～400 克/亩点燃放烟，用药 2 次，每次间隔 7～10 天，收获前 7 天停止用药。安全间隔期为 7 天，每季最多使用 2 次。
水稻纹枯病	发病初期，用 40% 菌核净可湿性粉剂 200～250 克/亩兑水喷雾，防治 2～3 次，每次间隔 7～14 天。

4. 注意事项

施药和清洗药械时避免污染水源。

异 菌 脲

Iprodione

1. 作用特点

异菌脲属于二羧酸亚胺类低毒杀菌剂，作用机理为抑制蛋白激酶，控制多种细胞功能的细胞内信号，包括碳水化合物结合进入真菌细胞组分，起到干扰作用。既可以抑制真菌孢子萌发及产生，也可以抑制菌丝生长，即对病原菌生活史中的各发育阶段均有影响。可以通过根部吸收起治疗作用。对葡萄孢属、核盘菌属、链格孢属、长蠕孢属、丝核菌属、尾孢属等引起的多种作物和果树果实贮藏期病害有防治效果。可以防治对苯丙咪唑产生抗性的真菌。

2. 主要产品

【单剂】可湿性粉剂：50%；悬浮剂：23.5%、25%、45%、255 克/升、500 克/升；乳油：10%。

【混剂】吡唑•异菌脲、噻呋•异菌脲、丙森•异菌脲、异菌•福美双、戊唑•异菌脲、啶酰•异菌脲、咪鲜•异菌脲、异菌•腐霉利、异菌•多菌灵、异菌•百菌清、异菌•氟啶胺、咯菌腈•异菌脲、嘧菌环胺•异菌脲、氟环•异菌脲、烯酰•异菌脲、嘧霉•异菌脲、甲硫•异菌脲、阿维•异菌脲、唑醚•异菌脲、锰锌•异菌脲等。

3. 应用

【适用作物】番茄、苹果、葡萄、西瓜、香蕉、油菜等。

【防治对象】葡萄灰霉病、苹果斑点落叶病、番茄早疫病、番茄灰霉病等。

【使用方法】喷雾、浸果。

葡萄灰霉病	在发病前或发生初期，使用 500 克/升异菌脲悬浮剂 750～850 倍液均匀喷雾处理，可连续用药 2～3 次，间隔 7 天左右 1 次。安全间隔期为 14 天，每季最多施用 3 次。
苹果斑点落叶病	于春梢生长期及初发病期，使用 500 克/升异菌脲悬浮剂 1 000～1 500 倍液喷雾处理，10～15 天喷施 1 次，连施 2～3 次，直到秋梢停止生长。安全间隔期为 14 天，每季最多使用 3 次。
苹果褐斑病	在病害发生初期，使用 50% 异菌脲可湿性粉剂 1 000～1 250 倍液喷雾处理，施用 2～3 次，7～10 天喷施 1 次。安全间隔期为 7 天，每季最多使用 3 次。
番茄灰霉病	发病初期，使用 50% 异菌脲悬浮剂 50～100 毫升/亩兑水喷雾，施药 2～3 次，间隔 7～10 天 1 次。安全间隔期为 7 天，每季最多使用 3 次。

番茄早疫病	发病初期,使用50％异菌脲悬浮剂50～100毫升/亩兑水喷雾,施药2～3次,间隔7～10天1次。安全间隔期为2天,每季最多使用3次。
油菜菌核病	发病初期,使用23.5％异菌脲悬浮剂130～217毫升/亩兑水喷雾,连续施药2次,间隔7天1次。安全间隔期为50天,每季最多使用2次。
香蕉冠腐病	果实成熟度为80％～85％时采收,采收当天使用500克/升异菌脲悬浮剂浸果1～2分钟后晾干,常温贮藏。使用后的香蕉应当贮藏4天以后才能上市销售,最多使用1次。

4. 注意事项

(1) 不能与腐霉利、乙烯菌核利等作用机制相同的杀菌剂混用或轮用。

(2) 远离水产养殖区、河塘等水体施药,禁止在河塘等水体清洗施药器具,禁止将废弃药液倾倒于水产养殖区、河塘等水体。

咯 菌 腈

Fludioxonil

1. 作用特点

咯菌腈属于吡咯类低毒杀菌剂,作用机理独特,通过抑制与葡萄糖磷酰化有关的转移,抑制真菌丝体的生长,最终导致病菌死亡。与现有杀菌剂无交互抗性。无内吸作用,但有强穿透能力。能防治种传和土传病菌如链格孢属、镰孢属、长蠕孢属、丝核菌属等。

2. 主要产品

【单剂】种子处理悬浮剂:2.5％、25克/升;悬浮种衣剂:0.5％、25克/升;悬浮剂:20％、30％、40％;水分散粒剂:70％;可湿性粉剂:50％;颗粒剂:0.1％。

【混剂】抑霉·咯菌腈、噻灵·咯·精甲、噻虫嗪·咯菌腈·灭菌唑、噻虫·咯菌腈、噻虫·咯·霜灵、嘧霉·咯菌腈、嘧环·咯菌腈、咪鲜·咯菌腈、精甲·咯菌腈、精甲·咯·灭菌、精甲·咯·嘧菌、咯菌腈·异菌脲、咯菌腈·噻虫胺·噻呋、咯菌腈·嘧菌酯·噻虫嗪、咯菌腈·咪鲜胺·噻虫嗪、咯菌腈·精甲霜·噻呋、咯菌·戊唑醇、咯菌·噻霉酮、咯菌·噻虫胺、咯菌·嘧菌酯等。

3. 应用

【适用作物】大豆、番茄、观赏百合、观赏菊花、花生、黄瓜、马铃薯、棉花、葡萄、人参、水稻、西瓜、向日葵、小麦、玉米等。

【防治对象】大豆根腐病、花生根腐病、番茄灰霉病、观赏百合灰霉病、观赏菊花灰霉病、棉花立枯病等。

【使用方法】种子包衣、喷雾。

大豆根腐病	每 100 千克种子用 25 克/升咯菌腈悬浮种衣剂 600～800 毫升进行种子包衣处理，以药浆与种子 1：（120～160）的比例充分搅拌，直到药液均匀分布于种子表面，晾干后即可。
小麦根腐病	每 100 千克种子用 25 克/升咯菌腈悬浮种衣剂 150～200 毫升进行种子包衣处理，以种子重量的 1%～2% 稀释药剂后，与种子充分搅拌，直到药液均匀分布于种子表面，晾干后即可。
花生根腐病	每 100 千克种子用 25 克/升咯菌腈悬浮种衣剂 600～800 毫升进行种子包衣处理，以种子重量的 1%～2% 稀释药剂后，与种子充分搅拌，直到药液均匀分布于种子表面，晾干后即可。
水稻恶苗病	每 100 千克种子用 25 克/升咯菌腈悬浮种衣剂 400～600 毫升进行种子包衣处理，以种子重量的 1%～2% 稀释药剂后，与种子充分搅拌，直到药液均匀分布于种子表面，晾干后即可。
玉米茎基腐病	每 100 千克种子用 25 克/升咯菌腈悬浮种衣剂 100～200 毫升进行种子包衣处理，以种子重量的 1%～2% 稀释药剂后，与种子充分搅拌，直到药液均匀分布于种子表面，晾干后即可。
小麦腥黑穗病	每 100 千克种子用 25 克/升咯菌腈悬浮种衣剂 100～200 毫升进行种子包衣处理，以种子重量的 1%～2% 稀释药剂后，与种子充分搅拌，直到药液均匀分布于种子表面，晾干后即可。
向日葵菌核病	每 100 千克种子用 25 克/升咯菌腈悬浮种衣剂 600～800 毫升进行种子包衣处理，以种子重量的 1%～2% 稀释药剂后，与种子充分搅拌，直到药液均匀分布于种子表面，晾干后即可。
番茄灰霉病	于发病前或发病初期施药，用 30% 咯菌腈悬浮剂 9～12 毫升/亩茎叶喷雾处理，视发病情况隔 7～10 天连续施药 2～3 次。安全间隔期为 7 天，每季最多使用 3 次。
观赏百合灰霉病	发病前或发病初期施药，用 30% 咯菌腈悬浮剂 40～60 毫升/亩茎叶喷雾处理，视发病情况隔 7～10 天连续施药 2～3 次。
观赏菊花灰霉病	发病前或发病初期，用 40% 咯菌腈悬浮剂 3 200～3 840 倍液喷雾处理，施药间隔期为 7～14 天。每季最多使用 2 次。
棉花立枯病	用 25 克/升咯菌腈悬浮种衣剂以 1：（100～167）（药种比）进行种子包衣处理，以种子重量的 1%～2% 稀释药剂后，与种子充分搅拌，直到药液均匀分布于种子表面，晾干后即可。

4. 注意事项

（1）处理过的种子必须放置在有明显标签的容器内。勿与食物、饲料放在一起，不得饲喂禽畜，更不得用来加工饲料或食品。未用完的制剂应放在原包装内密封保存，切勿置于饮、食容器内。

（2）鸟类保护区附近禁用。播后必须覆土，严禁畜禽进入。勿将药剂及其废液弃于池塘、河溪、湖泊等，以免污染水源。

氰烯菌酯
Phenamacril

1. 作用特点

氰烯菌酯属于氰基丙烯酸酯类低毒杀菌剂，作用于禾谷镰孢菌肌球蛋白-5，破坏细胞骨架和马达蛋白，干扰细胞营养物质运输，抑制菌丝生长与毒素合成。具有保护作用和治疗作用。通过根部被吸收，在叶片上有向上输导性，而向叶片下部及叶片间的输导性较差。能有效防治镰孢类真菌引起的病害，且能在防病的同时降低小麦穗粒中的毒素含量。

2. 主要产品

【单剂】悬浮剂：15％、25％。

【混剂】氰烯菌酯·苯醚甲环唑、氰烯·戊唑醇、氰烯·杀螟丹、氰烯·己唑醇、噁霉灵·精甲霜·氰烯酯。

3. 应用

【适用作物】草莓、水稻、小麦。

【防治对象】水稻恶苗病、小麦赤霉病、草莓枯萎病。

【使用方法】浸种、喷雾。

水稻恶苗病	在水稻催芽前使用25％氰烯菌酯悬浮剂2 000～3 000倍液进行浸种处理。
小麦赤霉病	在小麦抽穗扬花期，使用25％氰烯菌酯悬浮剂100～200毫升/亩兑水均匀喷雾处理，喷雾1～2次，间隔7～10天。安全间隔期为28天，每季最多使用2次。
草莓枯萎病	在草莓移栽缓苗后（移栽后10～15天）或草莓枯萎病发病初期，使用15％氰烯菌酯悬浮剂400～660倍液进行灌根处理。每季最多使用1次。

4. 注意事项

使用时应注意对鱼和蜜蜂的不利影响，开花植物花期禁用，药液及其废液不得污染各类水域、土壤等环境。蚕室与桑园附近禁用。远离水产养殖区施药，禁止在河塘清洗施药器具。

三 环 唑
Tricyclazole

1. 作用特点

三环唑属于三唑类中毒杀菌剂，作用机理是黑色素生物合成抑制剂，通过抑制黑色素的形成来抑制孢子萌发和附着胞形成，从而有效阻止病菌侵入和减少孢子产生。是一种具有较强内吸性的保护性杀菌剂，能迅速被根、茎、叶吸收，并输送到植株各部位。持效期长，药效稳定且抗雨水冲刷力强。

2. 主要产品

【单剂】可湿性粉剂：20％、75％；悬浮剂：30％、40％；水分散粒剂：75％、80％。

【混剂】硫磺·三环唑、稻瘟·三环唑、三环·多菌灵、春雷·三环唑、异稻·三环唑、井冈·三环唑、三环唑·肟菌酯、咪鲜·三环唑、三环·氟环唑、己唑·三环唑、烯肟·三环唑、噻呋·三环唑、三环·嘧菌酯、三环·多菌灵、三环·戊唑醇等。

3. 应用

【适用作物】水稻。

【防治对象】稻瘟病。

【使用方法】喷雾、撒施。

水稻稻瘟病	于水稻抽穗前 2～7 天，使用 75％三环唑可湿性粉剂 20～30 克/亩兑水均匀喷雾处理，第 1 次药后 10～14 天或齐穗时再施药 1 次。安全间隔期 21 天，每季最多使用 2 次。

4. 注意事项

远离水产养殖区、河塘等水体施药；禁止在河塘等水体中清洗施药器具；鱼或虾蟹套养稻田禁用；施药后的田水不得直接排入水体。

噻 唑 锌

Zinc thiazole

1. 作用特点

噻唑锌属于噻唑类低毒杀菌剂，药剂中的锌离子与病原菌细胞膜表面上的阳离子（H^+、K^+等）交换，导致病菌细胞膜上的蛋白质凝固，从而杀死病原菌；部分锌离子渗透进入病原菌细胞内，与某些酶结合，影响其活性，导致机能失调，病菌因而衰竭死亡。兼具保护和内吸治疗作用，同时具有补锌、促生根、壮苗等保健功能，对多种细菌性病害具有良好防效。

2. 主要产品

【单剂】悬浮剂：20％、30％、40％。

【混剂】唑醚·噻唑锌、戊唑·噻唑锌、甲硫·噻唑锌、嘧酯·噻唑锌、春雷·噻唑锌。

3. 应用

【适用作物】水稻、黄瓜、柑橘等。

【防治对象】水稻细菌性条斑病、黄瓜（保护地）细菌性角斑病、柑橘溃疡病等。

【使用方法】喷雾。

水稻细菌性条斑病	发病初期用 40％噻唑锌悬浮剂 50～75 毫升/亩兑水均匀喷雾处理，间隔 7 天左右施药 1 次。安全间隔期为 21 天，每季最多用药 3 次。
黄瓜(保护地)细菌性角斑病	发病初期用 40％噻唑锌悬浮剂 50～75 毫升/亩兑水均匀喷雾处理，间隔 7 天左右施药 1 次。安全间隔期为 5 天，每季最多用药 3 次。
柑橘溃疡病	发病初期用 40％噻唑锌悬浮剂 670～1 000 倍液喷雾处理，间隔 10～15 天施药 1 次。安全间隔期为 21 天，每季最多用药 3 次。
桃细菌性穿孔病	发病初期用 40％噻唑锌悬浮剂 600～1 000 倍液喷雾处理，间隔 7 天施药 1 次。安全间隔期为 21 天，每季最多用药 3 次。
大白菜软腐病	发病初期用 20％噻唑锌悬浮剂 100～150 毫升/亩兑水均匀喷雾处理，间隔 7 天施药 1 次。安全间隔期为 7 天，每季最多用药 3 次。
烟草青枯病	发病初期用 40％噻唑锌悬浮剂 600～800 倍液喷淋处理，间隔 7 天施药 1 次。安全间隔期为 21 天，每季最多用药 3 次。
烟草野火病	发病初期用 40％噻唑锌悬浮剂 60～85 毫升/亩兑水均匀喷雾处理，间隔 7 天施药 1 次。安全间隔期为 21 天，每季最多用药 3 次。
芋头软腐病	发病初期用 40％噻唑锌悬浮剂 600～800 倍液喷雾处理，间隔 7 天施药 1 次。安全间隔期为 14 天，每季最多用药 3 次。
马铃薯黑胫病	用 20％噻唑锌悬浮剂 80～120 毫升/亩兑水均匀喷雾处理。马铃薯播种期施药，在开沟下种后，向种薯和种薯两侧沟面喷药，最后覆土，幼苗发病初期进行全株喷雾，每季最多用药 3 次。
青花菜头腐病	发病初期用 20％噻唑锌悬浮剂 100～150 毫升/亩兑水均匀喷雾处理。安全间隔期为 7 天，每季最多用药 3 次。

4. 注意事项

对鱼类有毒，避免药液污染水源和养殖场所。蚕室附近禁用，桑园附近使用时以最外围一行桑树作为隔离带。

噻 菌 铜

Thiodiazole copper

1. 作用特点

噻菌铜属于噻唑类低毒杀菌剂，作用机理是使细菌的细胞壁变薄，继而瓦解，且可使病原菌细胞膜上的蛋白质凝固，从而杀死病菌。具有良好的内吸传导性。对水稻细菌性条斑病、白叶枯病等细菌性病害以及番茄叶斑病等真菌性病害具有良好的防治效果。

2. 主要产品

【单剂】悬浮剂：20%。

3. 应用

【适用作物】大白菜、番茄、柑橘、水稻等。

【防治对象】大白菜软腐病、番茄叶斑病、柑橘溃疡病、黄瓜角斑病、水稻细菌性条斑病等。

【使用方法】喷雾、拌种。

大白菜软腐病	发病初期用 20%噻菌铜悬浮剂 75～100 毫升/亩兑水均匀喷雾处理。安全间隔期为 14 天，每季最多使用 3 次。
番茄叶斑病	发病初期用 20%噻菌铜悬浮剂 300～700 倍液均匀喷雾处理。安全间隔期为 5 天，每季最多使用 3 次。
柑橘疮痂病	发病初期用 20%噻菌铜悬浮剂 300～500 倍液均匀喷雾处理。安全间隔期为 14 天，每季最多使用 3 次。
柑橘溃疡病	发病初期用 20%噻菌铜悬浮剂 300～700 倍液均匀喷雾处理。安全间隔期为 14 天，每季最多使用 3 次。
黄瓜角斑病	发病初期用 20%噻菌铜悬浮剂 84～166 克/亩兑水均匀喷雾处理。安全间隔期为 3 天，每季最多使用 3 次。
烟草青枯病	发病初期用 20%噻菌铜悬浮剂 300～700 倍液均匀喷雾或喷淋处理。安全间隔期为 21 天，每季最多使用 3 次。
水稻细菌性条斑病	发病初期用 20%噻菌铜悬浮剂 125～160 毫升/亩兑水均匀喷雾处理。安全间隔期为 15 天，每季最多使用 3 次。
水稻白叶枯病	发病初期用 20%噻菌铜悬浮剂 100～130 毫升/亩兑水均匀喷雾处理。安全间隔期为 15 天，每季最多使用 3 次。
西瓜枯萎病	发病初期用 20%噻菌铜悬浮剂 75～100 毫升/亩兑水均匀喷雾处理。安全间隔期为 14 天，每季最多使用 3 次。
芋头软腐病	发病前或发病初期用 20%噻菌铜悬浮剂 300～500 倍液均匀喷雾处理。安全间隔期为 14 天，每季最多使用 2 次。

4. 注意事项

禁止在河塘等水域内清洗施药器具，避免污染水源。桑园及蚕室附近禁用。

噻 霉 酮

Benziothiazolinone

1. 作用特点

噻霉酮属于噻唑类低毒杀菌剂，作用机理是破坏病原菌细胞核结构，干扰病菌细胞的新陈代谢，使其生理紊乱，最终导致死亡。具内吸性，有预防和治疗作用，对黄瓜细菌性角斑病、水稻细菌性条斑病、小麦赤霉病、苹果轮纹病等多种细菌、真菌病害有良好防效。

2. 主要产品

【单剂】水分散粒剂：3％、12％；涂抹剂：1.6％；悬浮剂：5％；可湿性粉剂：3％；微乳剂：3％；水乳剂 1.5％。

【混剂】咪鲜胺·噻霉酮、苯醚·噻霉酮、烯酰·噻霉酮、戊唑·噻霉酮、噻呋·噻霉酮、嘧菌·噻霉酮、寡糖·噻霉酮、咯菌·噻霉酮、春雷·噻霉酮。

3. 应用

【适用作物】水稻、小麦、黄瓜、马铃薯、苹果、烟草等。

【防治对象】水稻细菌性条斑病、黄瓜细菌性角斑病、苹果轮纹病等。

【使用方法】喷雾、树干涂抹。

黄瓜细菌性角斑病	于发病初期，用3％噻霉酮微乳剂75～110毫升/亩兑水均匀喷雾处理，间隔7天施药1次。安全间隔期为5天，每季最多使用2次。
黄瓜霜霉病	于发病前或发病初期，用1.5％噻霉酮水乳剂116～175毫升/亩兑水均匀喷雾处理，间隔7～10天施药1次。安全间隔期为3天，每季最多使用3次。
水稻细菌性条斑病	于发病初期，用5％噻霉酮悬浮剂35～50毫升/亩兑水均匀喷雾处理。安全间隔期为14天，每季最多使用3次。
烟草野火病	于发病初期，用3％噻霉酮微乳剂90～100毫升/亩兑水均匀喷雾处理，间隔7～10天施药1次。安全间隔期为7天，每季最多使用2次。
马铃薯黑胫病	于发病前或发病初期，用12％噻霉酮水分散粒剂15～25克/亩兑水均匀喷雾处理，间隔7天施药1次。安全间隔期为5天，每季最多使用2次。
芒果细菌性角斑病	于发病前或发病初期，用3％噻霉酮水分散粒剂700～1500倍液均匀喷雾处理，间隔10天施药1次。安全间隔期为3天，每季最多使用2次。
小麦赤霉病	于发病前或发病初期，用1.5％噻霉酮水乳剂40～50毫升/亩兑水均匀喷雾处理。安全间隔期为21天，每季最多使用3次。
苹果轮纹病	于发病前或发病初期，用1.5％噻霉酮水乳剂600～750倍液均匀喷雾处理，间隔7～10天施药1次。安全间隔期为14天，每季最多使用4次。

4. 注意事项

（1）对蜂、蚕低毒，对鸟中等毒，鸟类保护区禁用，蚕室及桑园附近禁用。

（2）禁止在河塘等水体中清洗施药器具，避免污染水源。远离水产养殖区、河塘等水域施药。用过的容器应妥善处理，不可做他用，也不可随意丢弃。

二氯异氰尿酸钠

Sodium dichloroisocyanurate

1. 作用特点

二氯异氰尿酸钠属于卤化物低毒杀菌剂，喷施在作物表面能慢慢地释放次氯酸，通过使菌体蛋白质变性，改变膜通透性，干扰酶系统生理生化反应，影响DNA合成，使病原菌迅速死亡，能有效防治霜霉病、立枯病、腐烂病等由真菌、细菌引起的多种植物病害。

2. 主要产品

【单剂】烟剂：66%；可溶粉剂：20%、40%、50%。

3. 应用

【适用作物】番茄、黄瓜、辣椒、苹果、平菇等。

【防治对象】番茄早疫病、黄瓜霜霉病、苹果腐烂病、平菇木霉菌等。

【使用方法】茎叶喷雾、灌根、涂抹、点燃放烟或拌料处理。

黄瓜霜霉病	在发病前或发病初期，用40%二氯异氰尿酸钠可溶粉剂60～80克/亩兑水均匀喷雾处理。安全间隔期为3天，每季最多使用3次。
苹果腐烂病	用40%二氯异氰尿酸钠可溶粉剂70～130倍液进行涂抹处理，病疤刮除后涂抹。
苹果枝干轮纹病	用40%二氯异氰尿酸钠可溶粉剂70～130倍液进行涂抹处理，并针对树干定向涂抹。
番茄早疫病	在发病前或发病初期，用20%二氯异氰尿酸钠可溶粉剂188～250克/亩兑水均匀喷雾处理。安全间隔期为3天，每季最多使用3次。
茄子灰霉病	在发病前或发病初期，用20%二氯异氰尿酸钠可溶粉剂188～250克/亩兑水均匀喷雾处理。安全间隔期为3天，每季最多使用3次。
菇房霉菌	用66%二氯异氰尿酸钠烟剂6～8克/米³进行点燃放烟处理，将要消毒的施药场所加湿到空气湿度在85%以上，按空间计算用药量，用星火点燃，即可发出大量烟雾，密闭30分钟为宜，对食用菌栽培中侵害极大的各种霉菌进行消杀，按菌室要求保持密闭性良好，防止药剂流出，远离人居环境100米以上。
辣椒根腐病	在发病前或发病初期，用20%二氯异氰尿酸钠可溶粉剂300～400倍液进行灌根处理。安全间隔期为3天，每季最多使用3次。

4. 注意事项

（1）具有较强的氧化性，避免使用金属容器存放。

（2）对藻类高毒，对鱼类、潘等为中等毒，用药时远离水源，禁止在河塘等水域清洗施药器具，用过的容器应妥善处理，不可随意丢弃或作他用。

三氯异氰尿酸

Trichloroiso cyanuric acid

1. 作用特点

三氯异氰尿酸属于卤化物低毒杀菌剂，喷施在作物表面能慢慢地释放次氯酸，通过使菌体蛋白质变性，改变膜通透性，干扰酶系统生理生化反应，影响DNA 合成，使病原菌迅速死亡，能有效防治炭疽病、枯萎病、青枯病、腐烂病等由真菌、细菌引起的多种植物病害。

2. 主要产品

【单剂】可溶粉剂：80％、85％；可湿性粉剂：36％、40％、42％。

3. 应用

【适用作物】水稻、苹果、辣椒、棉花、烟草等。

【防治对象】水稻白叶枯病、苹果腐烂病、棉花枯萎病等。

【使用方法】喷雾、浸种。

水稻细菌性条斑病	洗净种子，直接用40％三氯异氰尿酸可湿性粉剂300～600 倍液浸种，早稻浸 24 小时，晚稻浸 12 小时，直接催芽。
辣椒炭疽病	于发病前或发病初期，用 42％三氯异氰尿酸可湿性粉剂 60～80 克/亩兑水均匀喷雾处理。安全间隔期 5 天，每季最多使用 3 次。
水稻白叶枯病、纹枯病	于发病前或发病初期，用 36％三氯异氰尿酸可湿性粉剂 60～90 克/亩兑水均匀喷雾处理。安全间隔期 7 天，每季最多使用 3 次。
棉花枯萎病	于发病前或发病初期，用 36％三氯异氰尿酸可湿性粉剂 80～100 克/亩兑水均匀喷雾处理。安全间隔期 7 天，每季最多使用 3 次。
烟草赤星病、青枯病	于发病前或发病初期，用 42％三氯异氰尿酸可湿性粉剂 30～50 克/亩兑水均匀喷雾处理。安全间隔期 14 天，每季最多使用 3 次。
苹果腐烂病	于春季发病初期，用 80％三氯异氰尿酸可溶粉剂 300～400 倍液，对刮治后的病疤进行淋洗式喷淋。其他季节也要对病疤随见随刮，刮后用药。安全间隔期 14 天，每季最多使用 2 次。

4. 注意事项

（1）易与代森铵、硫酸铵、氨水等发生化学反应，禁止与以上化学品混用。勿与酸、碱物质接触，以免分解失效和爆炸燃烧。如遇酸、碱分解燃烧，应以砂石扑灭或采用化学灭火剂抑制。

（2）对中华油桃叶面喷雾敏感，慎用。勿与氨基甲酸酯类农药混用。

（3）对鱼类等水生生物有毒，施药期间应远离水产养殖区、河塘等水体，禁止在河塘等水体中清洗施药器具。赤眼蜂等天敌放飞区域禁用。

氯溴异氰尿酸

Chloroisobromine cyanuric acid

1. 作用特点

氯溴异氰尿酸属于卤化物低毒杀菌剂，其作用机理是喷施到作物表面能慢慢地释放 Cl^- 和 Br^-，形成次氯酸（HClO）和次溴酸（HBrO）分子，通过使菌体蛋白质变性，改变膜通透性，干扰酶系统生理生化及影响 DNA 合成等过程，使病原菌迅速死亡，可防治多种由病毒、细菌、真菌引起的植物病害。

2. 主要产品

【单剂】可湿性粉剂：50％；可溶粉剂：50％。

【混剂】氯尿·硫酸铜、春雷·氯尿。

3. 应用

【适用作物】水稻、黄瓜、烟草、茄子、番茄等。

【防治对象】大白菜软腐病、烟草病毒病、水稻白叶枯病、水稻细菌性条斑病等。

【使用方法】喷雾、灌根。

烟草病毒病	于发病初期，用50％氯溴异氰尿酸可溶粉剂 45～60 克/亩兑水均匀喷雾处理。安全间隔期 21 天，每季最多使用 3 次。
大白菜软腐病	于发病初期，用50％氯溴异氰尿酸可溶粉剂 50～60 克/亩兑水均匀喷雾处理。安全间隔期 3 天，每季最多使用 3 次。
黄瓜霜霉病	于发病初期，用50％氯溴异氰尿酸可溶粉剂 40～60 克/亩兑水均匀喷雾处理。安全间隔期 3 天，每季最多使用 3 次。
水稻白叶枯病	于发病初期，用50％氯溴异氰尿酸可溶粉剂 23～56 克/亩兑水均匀喷雾处理。安全间隔期 7 天，每季最多使用 3 次。
水稻纹枯病、细菌性条斑病	于发病初期，用50％氯溴异氰尿酸可溶粉剂 50～60 克/亩兑水均匀喷雾处理。安全间隔期 7 天，每季最多使用 3 次。
柑橘溃疡病	于谢花后或发病前，用50％氯溴异氰尿酸可溶粉剂 750～875 倍液均匀喷雾处理，间隔 7～14 天 1 次。安全间隔期 10 天，每季最多使用 2 次。
番茄茎腐病	在病害始发期开始施药，用50％氯溴异氰尿酸可溶粉剂 500～750 倍液进行灌根处理，视病情发生情况每 10 天左右施药 1 次，连施 2～3 次。每季最多使用 3 次。

4. 注意事项

禁止在鱼塘、河流附近使用，以免对水生藻类产生危害。鱼和虾蟹套养稻田禁用，施药后的田水不得直接排入水体。远离水产养殖区、河塘等水体施药，禁止在河塘等水体中清洗施药器具。药液及其废液不得污染各类水域、土壤等环境。

溴菌腈
Bromothalonil

1. 作用特点

溴菌腈属于卤化物低毒杀菌剂，作用机理是破坏菌体蛋白质的生物合成，抑制菌体的生长，对炭疽病、疮痂病有良好的防效。

2. 主要产品

【单剂】可湿性粉剂：25％；微乳剂：25％；乳油：25％。

【混剂】溴菌腈·溴硝醇、吡唑醚菌酯·溴菌腈、溴菌·多菌灵、啶氧菌酯·溴菌腈、克菌·溴菌腈、春雷·溴菌腈、溴菌·戊唑醇等。

3. 应用

【适用作物】苹果、柑橘等。

【防治对象】苹果炭疽病、柑橘疮痂病。

【使用方法】喷雾。

苹果炭疽病	发病初期和中期，用 25％溴菌腈可湿性粉剂 1 200～2 000 倍液进行喷雾处理。安全间隔期 14 天，每季最多使用 3 次。
柑橘疮痂病	发病初期和中期，用 25％溴菌腈微乳剂 1 500～2 500 倍液进行喷雾处理，间隔 7～10 天施药 1 次。安全间隔期 21 天，每季最多使用 3 次。

4. 注意事项

对鱼、鸟中毒，对蜂、蚕低毒，使用时应注意避免不利影响，赤眼蜂等天敌放飞区域禁用。

稻 瘟 灵
Isoprothiolane

1. 作用特点

稻瘟灵属于含硫杂环类低毒杀菌剂，作用机理是通过抑制纤维素酶的形成而阻止菌丝的进一步生长。通过根和叶吸收，向上、下传导，具有保护和治疗作用，对稻瘟病有特效。

2. 主要产品

【单剂】乳油：30％、40％；可湿性粉剂：30％、40％；展膜油剂：30％、40％；微乳剂：18％；颗粒剂：30％。

【混剂】异稻·稻瘟灵、己唑·稻瘟灵、噁霉·稻瘟灵、春雷·稻瘟灵、咪鲜·稻瘟灵、内环唑·稻瘟灵等。

3. 应用

【适用作物】水稻。

【防治对象】稻瘟病。

【使用方法】喷雾。

稻瘟病	用40%稻瘟灵可湿性粉剂80～100克/亩兑水均匀喷雾处理，防治叶瘟在即将发病或发病初期施用，防治穗瘟在孕穗后期和齐穗期各施用1次。早稻每季最多使用3次，安全间隔期为14天；晚稻每季最多使用2次，安全间隔期为21天。

4. 注意事项

对鱼等水生生物有毒，远离水产养殖区、河塘等水体施药，禁止在河塘等水体中清洗施药器具。虾蟹套养稻田禁用，施药后的废液不得排入水体。

春雷霉素
Kasugamycin

1. 作用特点

春雷霉素属于抗生素类低毒杀菌剂，作用机理是干扰氨基酸代谢的酯酶系统，从而影响蛋白质的合成，抑制菌丝伸长和造成细胞颗粒化，但对孢子萌发无影响。具有保护、治疗及较强的内吸活性，其治疗效果更为显著，是防治蔬菜、瓜果和水稻等作物的多种细菌和真菌病害的有效药剂。

2. 主要产品

【单剂】水剂：2%、4%、6%；可湿性粉剂：2%、4%、6%、10%；可溶粒剂：10%；可溶液剂：2%、4%、6%；水分散粒剂：2%、20%。

【混剂】春雷霉素·硫酸铜钙、春雷霉素·稻瘟酰胺、春雷霉素·四霉素、春雷霉素·溴硝醇、春雷霉素·精甲霜灵、春雷霉素·喹啉铜等。

3. 应用

【适用作物】水稻、马铃薯、黄瓜、番茄等。

【防治对象】稻瘟病、黄瓜细菌性角斑病、马铃薯黑胫病、番茄叶霉病等。

【使用方法】喷雾、灌根。

稻瘟病	于发病前或发病初期，用2%春雷霉素水剂100～120毫升/亩兑水均匀喷雾，间隔7～10天施药1次。安全间隔期21天，每季最多使用3次。
马铃薯黑胫病	于发病前或发病初期，用2%春雷霉素水剂37～47毫升/亩兑水均匀喷雾，间隔7天施药1次。安全间隔期14天，每季最多使用3次。
大白菜黑腐病	于发病前或发病初期，用2%春雷霉素水剂25～40毫升/亩兑水均匀喷雾，间隔7～10天施药1次。安全间隔期14天，每季最多使用3次。
西瓜细菌性角斑病	于发病前或发病初期，用2%春雷霉素水剂32～40毫升/亩兑水均匀喷雾，间隔7天施药1次。安全间隔期14天，每季最多使用3次。

黄瓜枯萎病	于发病初期施药，用6%春雷霉素可湿性粉剂200～300克/亩灌根，间隔7～10天1次。安全间隔期4天，每季最多使用3次。
番茄叶霉病	于发病前或发病初期，用4%春雷霉素可溶液剂70～90毫升/亩兑水均匀喷雾，间隔7天施药1次。安全间隔期4天，每季最多使用3次。
烟草野火病	于发病前或发病初期，用4%春雷霉素可溶液剂60～80毫升/亩兑水均匀喷雾，间隔7天施药1次。安全间隔期14天，每季最多使用3次。

4. 注意事项

对蜂、鸟、鱼、蚕等生物有毒，施药期间应避免对周围蜂群的影响，蜜源作物花期、蚕室和桑园附近禁用，远离水产养殖区施药，禁止在河塘等水体中清洗施药器具。

多抗霉素

Polyoxins

1. 作用特点

多抗霉素属于抗生素类低毒杀菌剂，作用机理是干扰病菌细胞壁几丁质的生物合成，芽管和菌丝体接触药剂后，局部膨大、破裂，溢出细胞内含物，不能正常发育，最终导致死亡，对病菌产孢也有不同程度的抑制作用。具有较好的内吸传导作用，可防治黑斑病、灰霉病等多种真菌性病害。

2. 主要产品

【单剂】水剂：0.3%、1%、1.5%、3%、5%；可湿性粉剂：0.3%、1.5%、3%、10%、15%、20%；可溶粒剂：10%、16%。

【混剂】多抗·戊唑醇、百菌清·多抗霉素、多抗霉素·噻呋酰胺、多抗·丙森锌、多抗·克菌丹、多抗·中生菌等。

3. 应用

【适用作物】水稻、番茄、苹果、西瓜、烟草等。

【防治对象】水稻苗期立枯病、黄瓜灰霉病、苹果斑点落叶病、番茄晚疫病等。

【使用方法】喷雾、灌根。

水稻苗期立枯病	在发病前或发病初期，用0.3%多抗霉素可湿性粉剂5～10毫升/米² 兑水均匀喷雾处理。
苹果斑点落叶病	在苹果春梢和秋梢初发病时，用0.3%多抗霉素可湿性粉剂200～300倍液均匀喷雾。安全间隔期为7天，每季最多使用3次。
番茄晚疫病	于发病前或发病初期，用3%多抗霉素可湿性粉剂355～600克/亩兑水均匀喷雾。安全间隔期为2天，每季最多使用3次。

黄瓜灰霉病	在发病前或发病初期，用10％多抗霉素可湿性粉剂100～140克/亩兑水均匀喷雾处理。安全间隔期为3天，每季最多使用3次。
烟草赤星病	在发病前或发病初期，用10％多抗霉素可湿性粉剂70～90克/亩兑水均匀喷雾处理。安全间隔期为7天，每季最多使用3次。
西瓜蔓枯病	在发病前或发病初期，用10％多抗霉素可湿性粉剂120～140克/亩兑水均匀喷雾处理。安全间隔期为7天，每季最多使用3次。
葡萄炭疽病	在发病前或发病初期，用16％多抗霉素可溶粒剂2 500～3 000倍液喷雾处理。安全间隔期为14天，每季最多使用3次。
人参黑斑病	在发病前或发病初期，用10％多抗霉素可湿性粉剂800～900倍液喷雾，间隔10天施药1次。安全间隔期为14天，每季最多使用3次。

4. 注意事项

药液及其废液不得污染各类水域、土壤等环境。远离水产养殖区施药。

井冈霉素

Validamycin

1. 作用特点

井冈霉素属于抗生素类低毒杀菌剂，作用机理是干扰和抑制菌体细胞正常生长发育，使菌丝体顶端产生异常分枝，进而停止生长，并导致其死亡。内吸性好，具有保护、治疗作用，可防治多种真菌引起的植物病害，是防治水稻纹枯病的特效药。

2. 主要产品

【单剂】水剂：2.4％、3％、4％、5％、8％、10％、13％、24％；可溶性粉剂：2.4％、3％、4％、5％、8％、10％、16％、20％、28％、60％；水溶粉剂：20％；可溶液剂：8％。

【混剂】井冈·三唑酮、井冈·戊唑醇、井冈·枯芽菌、井冈·多菌灵、井冈·嘧菌酯、井冈·硫酸铜、井冈·苯醚甲等。

3. 应用

【适用作物】水稻、玉米、棉花、葡萄等。

【防治对象】水稻纹枯病、棉花立枯病、玉米大斑病、葡萄灰霉病等。

【使用方法】茎叶喷雾、灌根、泼浇。

水稻纹枯病	在发病初期或病情上升期，用28％井冈霉素可溶性粉剂14～17克/亩兑水均匀喷雾处理，间隔7～10天施药1次。安全间隔期14天，每季最多使用3次。
稻曲病	在发病初期或病情上升期，用28％井冈霉素水剂30～40毫升/亩兑水均匀喷雾处理，间隔7～10天施药1次。安全间隔期14天，每季最多使用3次。

棉花立枯病	于发病前，用13%井冈霉素水剂 1 000～1 500 倍液灌根处理。安全间隔期 14 天，每季最多使用 3 次。
辣椒立枯病	于辣椒播种期后用13%井冈霉素水剂 0.8～1 毫升/米² 兑水泼浇，对苗床土壤进行处理，施药时保证药液均匀，以浇透为宜。
苹果轮纹病	在发病初期，用13%井冈霉素水剂 1 000～1 500 倍液均匀喷雾处理，间隔 10 天施药 1 次。安全间隔期 14 天，每季最多使用 3 次。
杭白菊根腐病	于发病初期，用13%井冈霉素水剂 200～300 毫升/亩灌根处理，间隔 7～10 天施药 1 次。安全间隔期 14 天，每季最多使用 3 次。
葡萄斑点病、灰霉病	于发病初期，用24%井冈霉素水剂 1 000～2 000 倍液均匀喷雾处理，间隔 7～10 天施药 1 次。安全间隔期 7 天，每季最多使用 2 次。
玉米大斑病、小斑病、纹枯病	于发病初期，用24%井冈霉素水剂 30～40 毫升/亩兑水均匀喷雾处理，间隔 7～10 天施药 1 次。安全间隔期 7 天，每季最多使用 2 次。

4. 注意事项

鱼或虾蟹套养稻田禁用，施药后的田水不得直接排入水体。禁止在河塘等水体中清洗施药器具。

宁南霉素

Ningnanmycin

1. 作用特点

宁南霉素属于抗生素类低毒杀菌剂，可破坏病毒粒体结构，降低病毒粒体浓度，通过提高植物抵抗病毒的能力而达到防治病毒的作用。还可抑制真菌菌丝生长，并能诱导植物体产生抗性蛋白，提高免疫力。具有预防、治疗作用，对多种病毒、真菌引起的植物病害有良好防效。

2. 主要产品

【单剂】水剂：2%、4%、8%；可溶粉剂：8%、10%。

3. 应用

【适用作物】辣椒、水稻、大豆、番茄、烟草等。

【防治对象】番茄、辣椒病毒病，水稻条纹叶枯病，苹果斑点落叶病等。

【使用方法】喷雾、拌种。

番茄病毒病	于发病前或发病初期，用8%宁南霉素水剂 75～100 毫升/亩兑水均匀喷雾处理，间隔 7～10 天施药 1 次。安全间隔期 7 天，每季最多使用 3 次。
辣椒病毒病	于发病前或发病初期，用8%宁南霉素水剂 75～104 毫升/亩兑水均匀喷雾处理，间隔 7～10 天施药 1 次。安全间隔期 7 天，每季最多使用 3 次。

苹果斑点落叶病	于发病前或发病初期，用8％宁南霉素水剂2 000～3 000 倍液喷雾处理，间隔7～10 天施药1 次。安全间隔期14 天，每季最多使用3 次。
水稻条纹叶枯病	发病初期用4％宁南霉素水剂133～167 毫升/亩兑水均匀喷雾处理。安全间隔期为10 天，每季最多使用2 次。
大豆根腐病	用2％宁南霉素水剂60～80 毫升/亩播前拌种处理。

4. 注意事项

（1）不得在河塘等水域清洗施药器具。

（2）不慎吸入，应移至空气流通处。不慎接触皮肤或溅入眼睛，应用大量清水冲洗至少15 分钟。误服则应立即携标签送医院对症治疗，无特效解毒剂。

申嗪霉素

Phenazino - 1 - carboxylic acid

1. 作用特点

申嗪霉素属于抗生素类中毒杀菌剂，作用机理是利用其氧化还原能力，在真菌细胞内积累活性氧，抑制线粒体中呼吸传递链的氧化磷酸化作用，从而抑制菌丝正常生长，引起植物病原菌菌丝体的断裂、肿胀、变形、裂解。可防治灰霉病、疫病、纹枯病等多种真菌和卵菌植物病害。

2. 主要产品

【单剂】悬浮剂：1％。

【混剂】申嗪·噻呋。

3. 应用

【适用作物】黄瓜、辣椒、水稻等。

【防治对象】黄瓜灰霉病、辣椒疫病、水稻纹枯病、西瓜枯萎病等。

【使用方法】喷雾、灌根、拌种。

黄瓜灰霉病、霜霉病	于发病初期，用1％申嗪霉素悬浮剂100～120 毫升/亩兑水均匀喷雾处理，间隔7～10 天喷雾1 次。安全间隔期为2 天，每季最多使用2 次。
辣椒疫病	于发病初期，用1％申嗪霉素悬浮剂50～120 毫升/亩兑水均匀喷雾处理，间隔7～10 天喷雾1 次。安全间隔期为7 天，每季最多使用3 次。
水稻纹枯病、稻瘟病	于发病初期，用1％申嗪霉素悬浮剂60～90 毫升/亩兑水均匀喷雾处理，间隔7～10 天喷雾1 次。安全间隔期为14 天，每季最多使用2 次。
西瓜枯萎病	用1％申嗪霉素悬浮剂500～1 000 倍液，于西瓜移栽时第1 次施药，然后于西瓜枯萎病发病初期施药，每株西瓜灌根250 毫升，间隔7～10 灌根1 次。安全间隔期为7 天，每季最多使用3 次。

| 小麦全蚀病 | 每 100 千克种子用 1% 申嗪霉素悬浮剂 100～200 毫升，于播种时拌种使用。 |

4. 注意事项

对鱼中等毒性，远离水产养殖区、河塘等水体施药，禁止在河塘等水体中清洗施药器具，药液及其废液不得污染各类水域、土壤等环境。禁止在开花作物花期、蚕室和桑园附近使用。鱼或虾蟹套养稻田禁用。

嘧啶核苷类抗菌素

Pyrimidine mucleoside antibiotic

1. 作用特点

嘧啶核苷类抗菌素属于抗生素类低毒杀菌剂，作用机理是阻碍病原菌的蛋白质合成，导致病原菌死亡。内吸性强，具有保护和治疗双重作用，对白粉病、锈病、枯萎病等多种真菌性植物病害有良好防效。

2. 主要产品

【单剂】水剂：2%、4%、6%；可湿性粉剂：8%、10%。

【混剂】氟唑·嘧苷素、井冈·嘧苷素、噻呋·嘧苷素、咪锰·嘧苷素、苯甲·嘧苷素。

3. 应用

【适用作物】水稻、番茄、瓜类、花卉、烟草等。

【防治对象】水稻纹枯病、番茄疫病、瓜类白粉病、小麦锈病等。

【使用方法】喷雾、灌根。

葡萄白粉病	于病害发生前或发病初期，用 2% 嘧啶核苷类抗菌素水剂 133～400 倍液喷雾，间隔 7～8 天施药 1 次。安全间隔期 7 天，每季最多使用 2 次。
水稻纹枯病	于病害发生前或发病初期，用 2% 嘧啶核苷类抗菌素水剂 500～600 毫升/亩兑水均匀喷雾，间隔 7～8 天施药 1 次。安全间隔期 7 天，每季最多使用 2 次。
小麦锈病	于病害发生前或发病初期，用 2% 嘧啶核苷类抗菌素水剂 333～500 毫升/亩兑水均匀喷雾，间隔 7～8 天施药 1 次。安全间隔期 7 天，每季最多使用 2 次。
西瓜枯萎病	于发病初期，用 4% 嘧啶核苷类抗菌素水剂 300～400 倍液进行灌根，间隔 5～7 天施药 1 次。安全间隔期为 7 天，每季最多使用 2 次。
番茄早疫病	于发病前或发病初期，用 6% 嘧啶核苷类抗菌素水剂 88～125 毫升/亩兑水均匀喷雾，间隔 7～8 天施药 1 次。安全间隔期 7 天，每季最多使用 2 次。
花卉白粉病	于发病前或发病初期，用 4% 嘧啶核苷类抗菌素水剂 400 倍液喷雾，间隔 7～10 天施药 1 次，连续用药 3～4 次。

大白菜黑斑病	于发病前或发病初期，用4％嘧啶核苷类抗菌素水剂400倍液均匀喷雾，间隔7～10天施药1次，连续用药3～4次。
苹果斑点落叶病	于发病前或发病初期，用10％嘧啶核苷类抗菌素可湿性粉剂1 500～2 000倍液均匀喷雾，间隔期10～15天施药1次。安全间隔期为7天，每季最多使用5次。

4. 注意事项

远离水产养殖区用药，禁止在河塘等水体中清洗施药器具，避免药液污染水源地。

中生菌素

Zhongshengmycin

1. 作用特点

中生菌素属于抗生素类低毒杀菌剂，具有触杀、渗透作用。对病原细菌的作用机理为抑制菌体蛋白质的合成，导致菌体死亡；对真菌的作用机理是使丝状菌丝变形，抑制孢子萌发并能直接杀死孢子。可用来防治作物细菌性病害及部分真菌性病害。

2. 主要产品

【单剂】可湿性粉剂：3％、5％、12％；可溶液剂：3％、6％；颗粒剂：0.1％、0.5％；水剂：3％。

【混剂】苯甲·中生、春雷·中生、烯酰·中生、中生·寡糖素、中生·乙酸铜、中生·戊唑醇、甲硫·中生、中生·多菌灵、中生·嘧霉胺等。

3. 应用

【适用作物】黄瓜、番茄、苹果、烟草、水稻等。

【防治对象】黄瓜细菌性角斑病、番茄青枯病、水稻白叶枯病、苹果轮纹病等。

【使用方法】喷雾、灌根。

黄瓜细菌性角斑病	于发病前或发病初期，用3％中生菌素可湿性粉剂95～110克/亩兑水均匀喷雾，间隔7天施药1次。安全间隔期为3天，每季最多使用3次。
苹果轮纹病	于发病前或发病初期，用3％中生菌素可湿性粉剂800～1 000倍液喷雾，间隔15天施药1次。安全间隔期为7天，每季最多使用3次。
番茄青枯病	于发病前或发病初期，用3％中生菌素可湿性粉剂600～800倍液进行灌根，间隔7～10天施药1次。安全间隔期为5天，每季最多使用2次。
烟草野火病	于发病前或发病初期，用5％中生菌素可湿性粉剂50～70克/亩兑水均匀喷雾，施药2次，每次间隔7～10天。每季最多使用3次。
水稻白叶枯病	于发病初期，用3％中生菌素可溶液剂60～80毫升/亩兑水均匀喷雾。间隔7天左右施药1次，可施药2次。

| 烟草青枯病 | 于发病前或发病初期，用3‰中生菌素可湿性粉剂600～800倍液灌根。安全间隔期7天，每季最多使用3次。 |

4. 注意事项

对鸟类、家蚕和藻类等水生生物有毒，鸟类保护区禁用，蚕室和桑园附近禁用。远离水产养殖区施药，鱼或虾蟹套养稻田禁用，施药后的田水不得直接排入水体。禁止在河塘等水体中清洗施药器具，清洗施药器具的水也不能排入河塘等水体。

枯草芽孢杆菌

Bacillus subtilis

1. 作用特点

枯草芽孢杆菌属于微生物类低毒杀菌剂，可分泌抗菌物质，抑制病原菌生长，并使菌丝发生断裂、解体并溶解病原菌细胞壁，使其穿孔、畸形等，以致病原菌失去扩展能力，可有效防治半知菌、子囊菌引起的多种植物病害。

2. 主要产品

【单剂】可湿性粉剂：10亿芽孢/克、100亿芽孢/克、200亿芽孢/克、1 000亿芽孢/克、2 000亿芽孢/克；微囊粒剂：1亿芽孢/克；悬浮剂：80亿芽孢/毫升、100亿芽孢/毫升；可分散油悬浮剂：200亿芽孢/毫升；水分散粒剂：1 000亿芽孢/毫升；悬浮种衣剂：300亿芽孢/毫升；水乳剂：10亿芽孢/克；颗粒剂：100亿芽孢/克；水剂：1亿芽孢/毫升。

3. 应用

【适用作物】水稻、小麦、草莓、黄瓜、烟草等。

【防治对象】稻曲病、稻瘟病、小麦赤霉病、草莓灰霉病、烟草赤星病等。

【使用方法】喷雾、拌种、浸种、灌根。

稻曲病	水稻破口前5～7天和破口后5～7天，用10亿芽孢/克枯草芽孢杆菌可湿性粉剂75～100克/亩各兑水均匀喷雾1次。
稻瘟病	于发病前或发病初期，用1 000亿芽孢/克枯草芽孢杆菌可湿性粉剂50～100克/亩兑水均匀喷雾处理，间隔7～10天施药1次，可连续用药2～3次。
小麦赤霉病	于小麦扬花期，用10亿芽孢/克枯草芽孢杆菌可湿性粉剂200～250克/亩兑水均匀喷雾处理，连续施药2次，间隔7天施药1次。
草莓灰霉病、白粉病	于发病初期，用2 000亿芽孢/克枯草芽孢杆菌可湿性粉剂20～30克/亩兑水均匀喷雾处理，间隔7～10天施药1次，可连续用药2～3次。
黄瓜白粉病	于发病初期，用200亿芽孢/克枯草芽孢杆菌可湿性粉剂90～150克/亩兑水均匀喷雾处理，间隔7～10天施药1次，可连续用药2～3次。

烟草赤星病	于发病前或发病初期，用2 000亿芽孢/克枯草芽孢杆菌可湿性粉剂7.5～10克/亩兑水均匀喷雾处理，每季最多施药3次。
番茄青枯病	用1亿孢子/毫升枯草芽孢杆菌水剂，苗床期于播种后及苗2～3叶期浇灌300倍液，每平方米2 000毫升；移栽后用300～500倍液灌根，每株100毫升，每隔7天灌根1次，共灌根4次。

4. 注意事项

禁止在河塘等水域内清洗施药用具，防止药液污染水源地。

多黏类芽孢杆菌

Paenibacillus polymyza

1. 作用特点

多黏类芽孢杆菌属于微生物类微毒杀菌剂，其在根、茎、叶等植物体内具有很强的定殖能力，可通过位点竞争阻止病原菌侵染植物；同时在植物根际周围和植物体内的多黏类芽孢杆菌不断分泌出的广谱抗菌物质可抑制或杀灭病原菌；此外，多黏类芽孢杆菌还能诱导植物产生抗病性，同时还可产生促生长物质，且具有固氮作用。对青枯病、枯萎病、炭疽病等由细菌、真菌引起的多种植物病害有良好防效。

2. 主要产品

【单剂】可湿性粉剂：10亿CFU/克、50亿CFU/克；悬浮剂：5亿CFU/克；细粒剂：0.1亿CFU/克。

3. 应用

【适用作物】番茄、辣椒、西瓜、姜等。

【防治对象】番茄青枯病、西瓜枯萎病、黄瓜角斑病、西瓜炭疽病等。

【使用方法】喷雾、灌根、浸种、苗床泼浇。

番茄青枯病、烟草青枯病	用50亿CFU/克多黏类芽孢杆菌可湿性粉剂1 000～1 500倍液，于播种后10～15天对苗床或营养钵泼浇，大田定植缓苗后灌根，始花期至团棵期灌根，共施药3次，泼浇施药液量50毫升/株，第1次灌根施药液量200毫升/株，第2次灌根施药液量250毫升/株。
西瓜枯萎病	发病初期用10亿CFU/克多黏类芽孢杆菌可湿性粉剂500～1 000克/亩灌根处理，施药3次，间隔7天，注意兑足水量。
黄瓜角斑病	发病初期用10亿CFU/克多黏类芽孢杆菌可湿性粉剂100～200克/亩兑水均匀喷雾处理。

姜青枯病	发病初期用 10 亿 CFU/克多黏类芽孢杆菌可湿性粉剂 500～1 000 克/亩灌根处理，施药 3 次，间隔 7 天，注意兑足水量。
桃流胶病	用 50 亿 CFU/克多黏类芽孢杆菌可湿性粉剂 1 000～1 500 倍液于萌芽期、初花期、果实膨大期共施药 3 次，每次灌根加涂抹树干处理。
人参立枯病	用 50 亿 CFU/克多黏类芽孢杆菌可湿性粉剂 4～6 克/米^2 在播种前用药 1 次，按照药土比 1∶10 的量搅拌均匀（确保土壤湿润），进行参床土壤药土撒施，撒施均匀之后播种。
芒果细菌性角斑病	用 50 亿 CFU/克多黏类芽孢杆菌可湿性粉剂 500～1 000 倍液在病害发生前或发生初期对芒果植株均匀喷雾，视病害情况施药 3 次，施药间隔期 10 天。

4. 注意事项

禁止在河塘等水域中清洗施药器具，赤眼蜂等天敌放飞区域禁用。

木霉菌

Trichoderma

1. 作用特点

木霉菌属于微生物类低毒杀菌剂，作用机理是通过寄生和营养竞争作用，消耗侵染位点的营养物质，使病原菌停止生长和侵染，同时木霉菌还可产生挥发性或不挥发性的抗生素类物质，提高作物抗性。对霜霉病、灰霉病、纹枯病等多种真菌性植物病害有良好防效。

2. 主要产品

【单剂】可湿性粉剂：2 亿孢子/克、3 亿孢子/克、10 亿孢子/克；水分散粒剂：1 亿孢子/克、2 亿孢子/克、3 亿孢子/克；颗粒剂：1 亿孢子/克。

3. 应用

【适用作物】草莓、番茄、黄瓜、辣椒、葡萄等。

【防治对象】黄瓜霜霉病、草莓灰霉病、番茄早疫病、辣椒茎基腐病等。

【使用方法】喷雾、灌根。

黄瓜霜霉病	于发病前或发病初期，用 2 亿孢子/克木霉菌可湿性粉剂 150～200 克/亩兑水均匀喷雾处理，间隔 7 天用药 1 次，可连续用药 3 次。
草莓灰霉病	于发病前或发病初期，用 2 亿孢子/克木霉菌可湿性粉剂 100～300 克/亩兑水均匀喷雾处理，间隔 5～7 天用药 1 次，可连续用药 3 次。
番茄早疫病	于发病前或发病初期，用 2 亿孢子/克木霉菌可湿性粉剂 100～300 克/亩兑水均匀喷雾处理，间隔 5～7 天用药 1 次，可连续用药 3 次。

辣椒茎基腐病	于播种后定植前、定植时和初花期，用2亿孢子/克木霉菌可湿性粉剂4～6克/米² 各灌根1次，用水量为每平方米2升。
葡萄灰霉病	于发病前或发病初期，用2亿孢子/克木霉菌可湿性粉剂200～300克/亩兑水均匀喷雾处理，间隔5～7天用药1次，可连续用药3次。
小麦纹枯病	播种前每100千克种子用1亿孢子/克木霉菌水分散粒剂2.5～5千克溶于适量水中均匀拌种，种子阴干后播种。

4. 注意事项

远离水产养殖区用药，禁止在河塘等水体中清洗施药器具，避免药液污染水源。蚕室及桑园附近禁用。

寡雄腐霉菌

Pythium oligandrum

1. 作用特点

寡雄腐霉菌属于微生物类低毒杀菌剂，作用机理体现为以下方面：可以在农作物根围定殖，占领生态位，保护作物的根系免受病原菌侵染；通过寄生作用杀死病原菌；通过分泌抑菌物质抑制病原菌生长；增加植株中吲哚乙酸（IAA）的含量，促进植株生长。可防治晚疫病、腐烂病、立枯病、黑胫病。

2. 主要产品

【单剂】可湿性粉剂：100万孢子/克。

3. 应用

【适用作物】番茄、苹果、水稻、烟草。

【防治对象】番茄晚疫病、苹果腐烂病、水稻立枯病、烟草黑胫病。

【使用方法】喷雾、苗床喷雾和树干涂抹。

番茄晚疫病	于发病初期，用100万孢子/克寡雄腐霉菌可湿性粉剂7～20克/亩兑水均匀喷雾，每隔7天施药1次，共施用3次。
苹果腐烂病	用100万孢子/克寡雄腐霉菌可湿性粉剂500～1 000倍液涂抹树干，3月、6月、9月各涂刷树干1次。
水稻立枯病	用100万孢子/克寡雄腐霉菌可湿性粉剂2 500～3 000倍液苗床喷雾，在秧苗1叶1心、3叶1心时各喷1次。
烟草黑胫病	于发病初期，用100万孢子/克寡雄腐霉菌可湿性粉剂5～20克/亩喷雾，每隔7天施药1次，共施用3次。

4. 注意事项

对鱼低毒，远离水产养殖区施药，禁止在河塘等水体中清洗施药器具。

氨基寡糖素
Oligosaccharins

1. 作用特点

氨基寡糖素为抗生素类微毒杀菌剂、植物诱抗剂，具有预防、保护作用，可抑制真菌孢子萌发，诱发菌丝形态发生变异，使菌丝内生化反应发生变化等。能激发植物体内基因表达，产生具有抗病作用的几丁质酶、葡聚糖酶、植保素及PR蛋白等，同时具有细胞活化作用，有助于受害植株的恢复，促根壮苗，增强作物的抗逆性，促进植物生长发育。氨基寡糖素可有效防治由病毒、细菌、真菌引起的多种植物病害。

2. 主要产品

【单剂】水剂：0.5%、1%、2%、3%、5%、20克/升；可溶液剂：1%、2%、5%；可湿性粉剂：2%。

【混剂】氨基寡糖素·氰霜唑、氨基寡糖素·辛菌胺、氨基寡糖素·噁霉灵、氨基寡糖素·氟啶胺等。

3. 应用

【适用作物】番茄、棉花、水稻、黄瓜等。

【防治对象】白菜软腐病、烟草病毒病、番茄病毒病、稻瘟病等。

【使用方法】喷雾、灌根。

白菜软腐病	发病前或发病初期，用2%氨基寡糖素水剂188～250毫升/亩兑水均匀叶面喷雾，连续施药3～4次，施药间隔5～7天。
稻瘟病	发病前或发病初期，用2%氨基寡糖素水剂190～250毫升/亩兑水均匀叶面喷雾，连续施药2次，施药间隔10～14天。
西瓜枯萎病	发病前或发病初期，用3%氨基寡糖素水剂80～100毫升/亩兑水均匀叶面喷雾，每季最多使用3次。
黄瓜枯萎病	发病前或发病初期，用3%氨基寡糖素水剂600～1 000毫升/亩灌根，每株用稀释药液量250毫升，间隔10天1次，连续2～4次。
辣椒病毒病	发病前或发病初期，用5%氨基寡糖素水剂35～50毫升/亩兑水均匀叶面喷雾。
红枣黑斑病	发病前或发病初期，用5%氨基寡糖素水剂500～750倍液均匀叶面喷雾，每7～10天施药1次。
梨黑星病	发病前或发病初期，用5%氨基寡糖素水剂500～667倍液均匀叶面喷雾，每7～10天施药1次。

苹果斑点落叶病	发病前或发病初期，用5％氨基寡糖素水剂500～1 000倍液均匀叶面喷雾，每7～10天施药1次。
小麦赤霉病	发病前或发病初期，用5％氨基寡糖素水剂75～100毫升/亩兑水均匀叶面喷雾，每7～10天施药1次。
玉米粗缩病	发病前或发病初期，用5％氨基寡糖素水剂75～100毫升/亩兑水均匀叶面喷雾，每7～10天施药1次。
葡萄霜霉病	在发病前或发病初期，用2％氨基寡糖素可湿性粉剂600～800倍液均匀叶面喷雾。安全间隔期为10天，每季最多使用3次。

4. 注意事项

偏酸性，溅入眼睛或溅到皮肤时，用清水冲洗15分钟，并及时就医，误食及时用清水洗胃或催吐处理，并立即就医。

香菇多糖

Fungous proteoglycan

1. 作用特点

香菇多糖属于抗生素类低毒杀菌剂、植物诱抗剂，能够破坏病毒的蛋白质外壳，损坏病毒的DNA结构；而且能够阻断病毒细胞间传播通道——胞间连丝，从而防止病毒病在细胞间的传播，起到抗病毒效果。对病毒引起的多种植物病害有良好防效。

2. 主要产品

【单剂】水剂：0.5％、1％、2％；可溶液剂：2％。

【混剂】无。

3. 应用

【适用作物】番茄、烟草、水稻等。

【防治对象】番茄、烟草、辣椒、西葫芦、西瓜病毒病，水稻条纹叶枯病、水稻黑条矮缩病等。

【使用方法】喷雾。

番茄病毒病	于发病前或发病初期，用1％香菇多糖水剂80～125毫升/亩兑水均匀喷雾处理。安全间隔期为10天，每季最多使用3次。
烟草病毒病	于发病前或发病初期，用1％香菇多糖水剂75～100毫升/亩兑水均匀喷雾处理。安全间隔期为10天，每季最多使用3次。
水稻条纹叶枯病	于发病前或发病初期，用1％香菇多糖水剂100～120毫升/亩兑水均匀喷雾处理。安全间隔期为10天，每季最多使用3次。
水稻黑条矮缩病	于发病前或发病初期，用2％香菇多糖水剂100～120毫升/亩兑水均匀喷雾处理，间隔7～10天施药1次。安全间隔期为7～10天，每季最多使用3次。

辣椒病毒病	在发病前或初期使用 0.5%香菇多糖水剂 200~300 毫升/亩兑水均匀叶面喷雾。安全间隔期为 10 天，每季最多使用 3 次。
西葫芦病毒病	在发病前或初期使用 0.5%香菇多糖水剂 200~300 毫升/亩兑水均匀叶面喷雾。安全间隔期为 10 天，每季最多使用 3 次。
西瓜病毒病	在发病初期使用 1%香菇多糖水剂 200~400 倍液叶面均匀喷雾，根据病害发生情况连用 2~3 次。

4. 注意事项

（1）不可与强酸、强碱性物质混用。

（2）对蜜蜂、鱼类等水生生物、家蚕有毒，施药期间应避免对周围蜂群的影响，禁止在开花植物花期、蚕室和桑园附近使用。远离水产养殖区、河塘等水域施药。赤眼蜂等天敌放飞区域禁用。

盐酸吗啉胍

Moroxydine hydrochloride

1. 作用特点

盐酸吗啉胍属于低毒病毒防治剂，稀释后的药液喷施到植物叶面后，可通过水、气孔进入植物体内，抑制或破坏核酸和脂蛋白的形成，阻止病毒的复制过程，起到防治病毒的作用。可用于防治病毒引起的植物病害。

2. 主要产品

【单剂】可湿性粉剂：20%、80%；可溶粉剂：5%、23%、30%；水分散粒剂：80%；悬浮剂：20%。

【混剂】寡糖·吗呱、羟烯·吗啉胍、吗呱·乙酸铜、辛菌·吗啉胍、丙唑·吗啉胍、甲诱·吗啉胍等。

3. 应用

【适用作物】番茄、水稻、烟草。

【防治对象】番茄、烟草病毒病，水稻条纹叶枯病。

【使用方法】喷雾。

番茄病毒病	于发病初期用 5%盐酸吗啉胍可溶粉剂 187~375 克/亩兑水均匀喷雾处理。安全间隔期 5 天，每季最多使用 3 次。
烟草病毒病	于发病前或发病初期，用 30%盐酸吗啉胍可溶粉剂 50~64 克/亩兑水均匀喷雾处理，间隔 7~10 天施药 1 次。安全间隔期 30 天，每季最多使用 4 次。
水稻条纹叶枯病	于发病初期用 5%盐酸吗啉胍可溶粉剂 400~500 克/亩兑水均匀喷雾处理。安全间隔期 7 天，每季最多使用 3 次。

4. 注意事项

（1）在喷施过铜、碱性药剂后要间隔1周后才能喷此药。

（2）对蜜蜂、鱼类等水生生物、家蚕有毒，施药期间应避免对周围蜂群的影响，蜜源作物花期、蚕室和桑园附近禁用。远离水产养殖区施药，禁止在河塘等水体中清洗施药器具。

淡紫拟青霉

Paecilomyces lilacinus

1. 作用特点

淡紫拟青霉属于拟青霉属真菌，低毒。施入土壤后孢子萌发长出很多菌丝，菌丝分泌几丁质酶，从而破坏线虫卵壳的几丁质层，菌丝得以穿透卵壳，以卵内物质为养料大量繁殖，使线虫卵内的细胞和早期胚胎受破坏，不能孵出幼虫。

2. 主要产品

【单剂】颗粒剂：5亿活孢子/克、10亿活孢子/克；粉剂：2亿孢子/克。

【混剂】无。

3. 应用

【适用作物】番茄、草坪、柑橘等。

【防治对象】根结线虫。

【使用方法】穴施、沟施。

草坪根结线虫	使用5亿孢子/克淡紫拟青霉颗粒剂2 500～3 000克/亩，于播种前或移栽前均匀穴施、沟施在种子或幼苗根系附近，施药深度为20厘米左右，施药1次。
番茄根结线虫	使用5亿孢子/克淡紫拟青霉颗粒剂2 500～3 000克/亩，于播种前或移栽前均匀穴施、沟施在种子或幼苗根系附近，施药深度为20厘米左右，施药1次。
柑橘线虫	使用2亿孢子/克淡紫拟青霉粉剂10.5～15千克/亩撒施，于新梢抽发前或新根生长时，线虫发生前或初期使用，在树冠滴水线内先刨根部周围表土层1～2厘米，将药剂与适量细沙拌匀，然后均匀撒施，覆土淋水。

4. 注意事项

对鱼类等水生生物有毒，应避免接近水产养殖区、河塘等水体施药，施药后的水不得直接排入水体。禁止在河塘等水体中清洗施药器具。

厚孢轮枝菌

Verticillium chlamydosporium

1. 作用特点

厚孢轮枝菌属于内寄生性真菌，低毒。通过孢子在作物根系周围土壤中萌发，产生菌丝作用于根结线虫雌虫，导致线虫死亡。通过孢子萌发产生菌丝，寄生根结线虫的卵，使得虫卵不能孵化、繁殖。

2. 主要产品

【单剂】微粒剂：2.5 亿个孢子/克、25 亿孢子/克；颗粒剂：2.5 亿孢子/克。

【混剂】无。

3. 应用

【适用作物】烟草等。

【防治对象】根结线虫。

【使用方法】主要为穴施。

烟草根结线虫	可用25 亿孢子/克厚孢轮枝菌微粒剂175～250 克/亩穴施，施药时须与根部接触，在烟草移栽时与适量农家肥或土壤混匀穴施。每季最多使用2 次。

4. 注意事项

尽量避免与眼睛接触，防止由口鼻吸入。如不慎溅入眼睛，立即用大量清水冲洗；如误食量大，则应立即携带标签送医院诊治。

异硫氰酸烯丙酯

Allyl isothiocyanate

1. 作用特点

异硫氰酸烯丙酯是十字花科植物中存在的一种天然组分，中毒。对根结线虫及土传病害具有熏蒸、触杀作用，主要作用机理为对靶标酶具有抑制作用。

2. 主要产品

【单剂】可溶液剂：20％；水乳剂：20％。

【混剂】无。

3. 应用

【适用作物】番茄等。

【防治对象】根结线虫。

【使用方法】土壤喷雾并覆膜熏蒸。

| 番茄根结线虫 | 可用 20%异硫氰酸烯丙酯水乳剂对土壤喷雾并覆膜熏蒸，推荐剂量为3～5 千克/亩，放药前施足底肥，翻耕土壤，旋耕深度以 30 厘米为宜，整平地块。先浇清水（浇水量确保 3 吨/亩），按每亩用本品 3～5 升兑水（兑水量应不低于 250 升/亩）均匀泼浇或喷淋，同时覆盖塑料薄膜并四周压土，踩实。保持密闭熏蒸处理 10～15 天后揭膜，散气 7～10 天后即可移栽。每季最多施药 1 次。 |

4. 注意事项

对鱼类、藻类等水生生物毒性高，水产养殖区、河塘等水体附近禁止施药，禁止在河塘等水体中清洗施药器具。

噻 唑 膦

Fosthiazate

1. 作用特点

噻唑膦为有机磷类中毒杀线虫剂，为胆碱酯酶抑制剂，使神经递质乙酰胆碱累积，胆碱受体被反复激活，造成线虫神经过度兴奋而死亡。具有内吸作用。

2. 主要产品

【单剂】水乳剂：20%、40%；颗粒剂：5%、10%、15%；可溶液剂：5%、960 克/升；微囊悬浮剂：20%、30%；乳油：75%。

【混剂】阿维菌素·噻唑膦、寡糖·噻唑膦、二嗪·噻唑膦、噻虫嗪·噻唑膦、甲维·噻唑膦、几糖·噻唑膦等。

3. 应用

【适用作物】黄瓜、番茄、马铃薯、香蕉、烟草等。

【防治对象】根线线虫。

【使用方法】撒施、沟施、灌根等。

番茄根结线虫	可用 15%噻唑膦颗粒剂 1 000～1 333.3 克/亩撒施，于移栽前土壤处理1 次，为确保药效，应在施药后当天进行移栽；将药剂均匀撒施于土壤表面，然后耙地，和土壤混合均匀，要求耙深 15～20 厘米。每个作物周期最多使用 1 次。
黄瓜根结线虫	可用 20%噻唑膦水乳剂于黄瓜移栽后灌根施药，推荐剂量为 750～1 000毫升/亩，施药 1 次，注意移栽成活后，每亩按制剂量兑水 750 千克灌根施药（每株 200～250 毫升药液）。安全间隔期 21 天，每季最多使用 1 次。
西瓜根结线虫	可用 15%噻唑膦颗粒剂 1 500～2 000 克/亩撒施，于移栽前土壤处理 1次，为确保药效，应在施药后当天进行移栽；将药剂均匀撒施于土壤表面，然后耙地，和土壤混合均匀，要求耙深 15～20 厘米。每个作物周期最多使用 1 次。

姜根结线虫	可用 10％噻唑膦颗粒剂 1 500～2 000 克/亩撒施，定植前施用。为确保药效，应在施药后当天进行移栽。全面土壤混合施药，也可畦面施药及开沟施药；将药剂均匀撒于土壤表面，再用旋耕机或手工工具将药剂和土壤充分混合，药剂和土壤混合深度需 15～20 厘米。每季最多使用 1 次，施药前应将大块土壤打碎以保证药效。

4. 注意事项

　　对蜜蜂、鱼类等水生生物、家蚕有毒，施药期间应避免对周围蜂群的影响，开花植物花期、蚕室和桑园附近禁用。远离水产养殖区施药，禁止在河塘等水体中清洗施药器具，避免污染水源。鸟类保护区附近禁用，施药后立即覆土。

除 草 剂

高效氟吡甲禾灵
Haloxyfop‐P‐methyl

1. 作用特点

芳氧苯氧基丙酸酯类乙酰辅酶 A 羧化酶（ACCase）抑制剂，为内吸传导型低毒除草剂。由叶片、茎秆和根系吸收，在植物体内抑制脂肪酸合成，使细胞生长分裂停止、细胞膜含脂结构被破坏，导致杂草死亡。受药杂草一般在 48 小时后可见受害症状。

2. 主要产品

【单剂】乳油：10.8％、15.8％、22％、108 克/升；微乳剂：17％、28％；水乳剂：10.8％、108 克/升。

【混剂】

氟吡·烯草酮：高效氟吡甲禾灵＋烯草酮，22.5％、23％乳油，登记在油菜田使用。

氟吡·草除灵：高效氟吡甲禾灵＋草除灵，20％乳油，登记在油菜田使用。

草铵·高氟吡：草铵膦＋高效氟吡甲禾灵，20％微乳剂，登记在非耕地使用。

氟吡·氟磺胺：高效氟吡甲禾灵＋氟磺胺草醚，16％、24％乳油，25％微乳剂，14％可分散油悬浮剂，登记在大豆田使用。

乙羧·高氟吡：乙羧氟草醚＋高效氟吡甲禾灵，30％乳油，登记在花生田使用。

砜嘧·高氟吡：砜嘧磺隆＋高效氟吡甲禾灵，11％可分散油悬浮剂，登记在马铃薯田使用。

高氟吡·嗪草酮：高效氟吡甲禾灵＋嗪草酮，30％乳油，登记在马铃薯田使用。

吡·噁·氟磺胺：高效氟吡甲禾灵＋异噁草松＋氟磺胺草醚，35％可分散油悬浮剂，36％微乳剂，登记在大豆田使用。

砜嘧隆·高氟吡·嗪草酮：砜嘧磺隆＋高效氟吡甲禾灵＋嗪草酮，24％、25％可分散油悬浮剂，登记在马铃薯田使用。

3. 应用

【适用作物】马铃薯、大豆、油菜、花生、棉花、甘蓝、西瓜等非禾本科作物及非耕地。

【防治对象】禾本科杂草，如稗草、芦苇、白茅、狗牙根、马唐、牛筋草、狗尾草、野黍、画眉草、虎尾草、千金子、虮子草、野燕麦、看麦娘、早熟禾、茵草、硬草、鬼蜡烛等。

【使用方法】茎叶喷雾。

大豆田	108 克/升高效氟吡甲禾灵乳油 30～45 毫升/亩喷雾处理。禾本科杂草 3～5 叶期，兑水茎叶喷雾处理，每个作物周期使用 1 次。
花生田	108 克/升高效氟吡甲禾灵乳油 30～40 毫升/亩喷雾处理。禾本科杂草 3～5 叶期，兑水茎叶喷雾处理，每个作物周期使用 1 次。
棉花田	108 克/升高效氟吡甲禾灵乳油 25～30 毫升/亩喷雾处理。禾本科杂草 3～5 叶期，兑水茎叶喷雾处理，每个作物周期使用 1 次。
马铃薯田	108 克/升高效氟吡甲禾灵乳油 35～50 毫升/亩喷雾处理。禾本科杂草 3～5 叶期，兑水茎叶喷雾处理，每个作物周期使用 1 次。
油菜田	108 克/升高效氟吡甲禾灵乳油 20～30 毫升/亩喷雾处理。禾本科杂草 3～5 叶期，兑水茎叶喷雾处理，每个作物周期使用 1 次。
甘蓝田	108 克/升高效氟吡甲禾灵乳油 30～40 毫升/亩喷雾处理。禾本科杂草 3～5 叶期，兑水茎叶喷雾处理，每个作物周期使用 1 次。
西瓜田	108 克/升高效氟吡甲禾灵乳油 30～50 毫升/亩喷雾处理。禾本科杂草 3～5 叶期，兑水茎叶喷雾处理，每个作物周期使用 1 次。

4. 注意事项

（1）推荐无风晴天下午 4 时以后用药。遇高温、干旱、低温慎用。

（2）与禾本科作物间、混、套种的田块不能使用。

（3）玉米、水稻和小麦等禾本科作物对高效氟吡甲禾灵敏感，施药时应避免药雾飘移到上述作物上。

（4）对鱼类等水生生物不安全。应远离水产养殖区施药，禁止在河塘等水体中清洗施药工具。

精喹禾灵

Quizalofop – P – ethyl

1. 作用特点

芳氧苯氧基丙酸酯类乙酰辅酶 A 羧化酶（ACCase）抑制剂，为内吸传导型低毒除草剂。主要由叶片和茎秆吸收，在植物体内抑制脂肪酸合成，使细胞生长分裂停止、细胞膜结构被破坏，导致杂草死亡。受药杂草一般在 2 天内停止生长，施药后 5～7 天嫩叶和节上初生组织变枯，14 天内植株枯死。

2. 主要产品

【单剂】乳油：5%、8.8%、10%、15%、15.8%、20%；微乳剂：5%、8%、15%；悬浮剂：5%、8%、15%、20%；水乳剂：5%、10.8%；水分散粒剂：20%、60%。

【混剂】

精喹·嗪草酮：精喹禾灵＋嗪草酮，31%乳油，31%微乳剂，登记在马铃薯田使用。

精喹·乙草胺：精喹禾灵＋乙草胺，30%、35%乳油，登记在油菜田使用。

砜嘧·精喹：砜嘧磺隆＋精喹禾灵，11%、13%可分散油悬浮剂，登记在马铃薯田使用。

精喹·灭草松：精喹禾灵＋灭草松，30%乳油，登记在大豆田、马铃薯田使用。

砜·喹·嗪草酮：砜嘧磺隆＋精喹禾灵＋嗪草酮，23.2%、26%可分散油悬浮剂，登记在马铃薯田使用。

氟·喹·异噁松：三氟羧草醚＋精喹禾灵＋异噁草松，15.8%乳油，登记在大豆田使用。

松·喹·氟磺胺：异噁草松＋精喹禾灵＋氟磺胺草醚，15%、18%、21%、35%、45%乳油，13.6%、35%微乳剂，登记在大豆田使用。

精喹·异噁松：精喹禾灵＋异噁草松，29%乳油，登记在烟草田使用。

精喹·草除灵：精喹禾灵＋草除灵，14%、15%、17.5%、18%、20%乳油，38%悬浮剂，登记在油菜田使用。

灭·喹·氟磺胺：灭草松＋精喹禾灵＋氟磺胺草醚，25%、38%、42%微乳剂，24%乳油，登记在大豆田使用。

喹·唑·氟磺胺：精喹禾灵＋咪唑乙烟酸＋氟磺胺草醚，16.8%微乳剂，20%乳油，登记在大豆田使用。

精喹·氟磺胺：精喹禾灵＋氟磺胺草醚，15%、17%、20%微乳剂，15%、20%、21%、22%、24%、30%乳油，登记在大豆田使用。

精喹·氟羧草：精喹禾灵＋三氟羧草醚，28%乳油，登记在大豆田使用。

3. 应用

【适用作物】马铃薯、大豆、绿豆、油菜、花生、棉花、烟草、西瓜等。

【防治对象】禾本科杂草，如稗草、马唐、看麦娘、狗尾草、牛筋草、野燕麦、千金子、硬草、棒头草等。

【使用方法】茎叶喷雾。

大豆田	10%精喹禾灵乳油 30～40 毫升/亩喷雾处理，禾本科杂草 2～5 叶期，兑水茎叶喷雾处理，每个作物周期使用 1 次。
花生田	10%精喹禾灵乳油 30～40 毫升/亩喷雾处理，禾本科杂草 3～5 叶期，兑水茎叶喷雾处理，每个作物周期使用 1 次。

绿豆田	5％精喹禾灵乳油 70～90 毫升/亩（东北地区）、50～70 毫升/亩（其他地区）喷雾处理，禾本科杂草 3～5 叶期，兑水茎叶喷雾处理，每个作物周期使用 1 次。
棉花田	5％精喹禾灵乳油 60～90 毫升/亩喷雾处理，禾本科杂草 3～5 叶期，兑水茎叶喷雾处理，每个作物周期使用 1 次。
烟草田	10％精喹禾灵乳油 30～40 毫升/亩喷雾处理，禾本科杂草 2～4 叶期，兑水茎叶喷雾处理，每个作物周期使用 1 次。
油菜田	10％精喹禾灵乳油 30～40 毫升/亩喷雾处理，禾本科杂草 2～5 叶期，兑水茎叶喷雾处理，每个作物周期使用 1 次。
西瓜田	5％精喹禾灵乳油 40～60 毫升/亩喷雾处理，禾本科杂草 3～5 叶期，兑水茎叶喷雾处理，每个作物周期使用 1 次。

4. 注意事项

（1）油菜田除草要避开寒流天气，日平均气温低于 8 ℃时药效发挥缓慢，温度太低不宜使用。

（2）杂草叶龄小、生长茂盛、水分条件好时用推荐用量的下限，杂草叶龄大及干旱条件下用推荐用量的上限。干旱条件下，最好先灌溉或用水浇地后，确保在较好的土壤墒情条件下使用。大风天或预计 1 小时内降雨，请勿施药。

（3）避免药物飘移到小麦、玉米、水稻、高粱等禾本科作物上。

（4）生态毒性：鸟类低毒，鱼类高毒，大型溞高毒，家蚕低毒。注意避免混入鱼池和其他水源。赤眼蜂等天敌放飞区域禁用。

噁唑酰草胺

Metamifop

1. 作用特点

芳氧苯氧基丙酸酯类乙酰辅酶 A 羧化酶（ACCase）抑制剂，为内吸传导型低毒除草剂。叶片吸收后能迅速传导至整个植株，积累在植物分生组织，抑制植物体内乙酰辅酶 A 羧化酶，导致脂肪酸合成受阻，引起叶片黄化，最终枯死。用药后 7 天内敏感杂草叶面褪绿，生长停止，14 天干枯。

2. 主要产品

【单剂】乳油：10％、15％、20％；可湿性粉剂：10％；可分散油悬浮剂：10％、15％、20％。

【混剂】

噁唑·氰氟：噁唑酰草胺＋氰氟草酯，15％、20％、25％乳油，25％可分散油悬浮剂。

噁唑·灭草松：噁唑酰草胺＋灭草松，20％、24％微乳剂。

噁唑草·嘧啶肟：噁唑酰草胺＋嘧啶肟草醚，16％乳油。

噁唑·五氟磺：噁唑酰草胺＋五氟磺草胺，11％、12％可分散油悬浮剂。

噁唑草·二氯喹：噁唑酰草胺＋二氯喹啉酸，15％、20％可分散油悬浮剂。

噁唑胺·氯吡嘧：噁唑酰草胺＋氯吡嘧磺隆，20％可分散油悬浮剂。

二氯喹·噁唑胺·氰氟酯：二氯喹啉酸＋噁唑酰草胺＋氰氟草酯，30％、35％可分散油悬浮剂。

噁唑酰草胺·双草醚：噁唑酰草胺＋双草醚，16％可分散油悬浮剂。

噁唑草·氯吡酯·氰氟：噁唑酰草胺＋氯氟吡氧乙酸＋氰氟草酯，30％可分散油悬浮剂。

噁唑·氯吡嘧·双草醚：噁唑酰草胺＋氯吡嘧磺隆＋双草醚，20％可分散油悬浮剂。

以上混剂登记在水稻直播田使用。

3. 应用

【适用作物】水稻直播田。

【防治对象】禾本科杂草，如稗草、千金子、马唐、牛筋草、稻李氏禾等。

【使用方法】茎叶喷雾。

水稻田	20％噁唑酰草胺 30～40 毫升/亩喷雾处理。禾本科杂草 2～5 叶期，兑水茎叶喷雾处理。施药前排干田间水，药后 1～2 天灌水 3～5 厘米，保水 5～7 天，每个作物周期使用 1 次。

4. 注意事项

（1）低温阴雨时对水稻的安全性差，因此，在南方稻区早稻上施用要谨慎。杂交制种田慎用。

（2）不能与吡嘧磺隆、苄嘧磺隆混用。

（3）施药时注意水层勿淹没水稻心叶。不要加洗衣粉等清洁液作为助剂。

（4）安全间隔期 90 天。

（5）生态毒性：鱼类高毒，大型溞高毒，绿藻中至低毒，蜜蜂低毒，蚯蚓低毒，家蚕低毒。

氰氟草酯

Cyhalofop - butyl

1. 作用特点

芳氧苯氧基丙酸酯类乙酰辅酶 A 羧化酶（ACCase）抑制剂，为内吸传导型低毒除草剂。叶片吸收后能迅速传导至整个植株，积累在植物分生组织，抑制植物体内乙酰辅酶 A 羧化酶，导致脂肪酸合成受阻，引起叶片黄化，最终枯死。

用药后 7 天内敏感杂草叶面褪绿，生长停止，14 天后干枯。对水稻安全。

2. 主要产品

【单剂】乳油：10％、15％、20％、30％；可湿性粉剂：10％、20％；水乳剂：15％、20％、25％；可分散油悬浮剂：10％、15％、20％、30％、40％。

【混剂】

噁唑·氰氟：噁唑酰草胺＋氰氟草酯，15％、20％、25％乳油，25％可分散油悬浮剂。

氰氟·吡啶酯：氰氟草酯＋氯氟吡啶酯，13％乳油。

氰氟·二氯喹：氰氟草酯＋二氯喹啉酸，17％可分散油悬浮剂，20％、25％、40％、60％可湿性粉剂。

五氟·氰氟草：五氟磺草胺＋氰氟草酯，6％、12％、16％、17％、18％、20％可分散油悬浮剂。

嘧肟·氰氟草：嘧啶肟草醚＋氰氟草酯，9％、15％乳油，15％、20％水乳剂，13％、24％可分散油悬浮剂，9％微乳剂。

氰氟·吡嘧：氰氟草酯＋吡嘧磺隆，10％、15％、24％可湿性粉剂。

敌稗·氰氟草酯：敌稗＋氰氟草酯，40％、42％乳油。

氰氟·精噁唑：氰氟草酯＋精噁唑禾草灵，15％微乳剂。

氰氟·双草醚：氰氟草酯＋双草醚，16％、20％、25％可分散油悬浮剂，40％可湿性粉剂，20％悬浮剂。

二氯喹·噁唑胺·氰氟酯：二氯喹啉酸＋噁唑酰草胺＋氰氟草酯，30％、35％可分散油悬浮剂。

二氯喹·氰氟酯·五氟磺：二氯喹啉酸＋氰氟草酯＋五氟磺草胺，20％可分散油悬浮剂。

噁唑草·氯吡酯·氰氟：噁唑酰草胺＋氯氟吡氧乙酸＋氰氟草酯，30％可分散油悬浮剂。

二氯·吡·氰氟：二氯喹啉酸＋吡嘧磺隆＋氰氟草酯，20％可分散油悬浮剂。

苄·五氟·氰氟：苄嘧磺隆＋五氟磺草胺＋氰氟草酯，21％可分散油悬浮剂。

五氟·丙·氰氟：五氟磺草胺＋丙草胺＋氰氟草酯，28％可分散油悬浮剂。

五氟·唑·氰氟：五氟磺草胺＋唑草酮＋氰氟草酯，16％可分散油悬浮剂。

五氟·氰·嘧肟：五氟磺草胺＋氰氟草酯＋嘧啶肟草醚，13％、25％可分散油悬浮剂。

五氟·吡·氰氟：五氟磺草胺＋吡嘧磺隆＋氰氟草酯，21％、24％可分散油悬浮剂。

五氟·双·氰氟：五氟磺草胺＋双草醚＋氰氟草酯，14％可分散油悬浮剂。

五氟·氰·氯吡：五氟磺草胺＋氰氟草酯＋氯氟吡氧乙酸，28％可分散油悬浮剂。

嘧肟·吡·氰氟：嘧啶肟草醚＋吡嘧磺隆＋氰氟草酯，20％可分散油悬浮剂。

氰氟·肟·灭松：氰氟草酯＋嘧啶肟草醚＋灭草松，28％可分散油悬浮剂。

嘧肟·丙·氰氟：嘧啶肟草醚＋丙草胺＋氰氟草酯，35％乳油。

氰氟·吡·双草：氰氟草酯＋吡嘧磺隆＋双草醚，22％可分散油悬浮剂。

氰氟·松·氯吡：氰氟草酯＋异噁草松＋氯氟吡氧乙酸，35％乳油。

氯吡嘧磺隆·氰氟草酯：氯吡嘧磺隆＋氰氟草酯，15％水分散粒剂。

以上混剂登记在水稻田使用。

3. 应用

【适用作物】水稻。

【防治对象】禾本科杂草，对千金子具有特效，并能有效抑制稗草、马唐等。

【使用方法】茎叶喷雾。

水稻田	10％氰氟草酯乳油 60～80 毫升/亩喷雾处理。禾本科杂草 2～3 叶期，兑水茎叶喷雾处理。施药前排干田水，药后 1～2 天灌水 3～5 厘米，保水 5～7 天，每个作物周期使用 1 次。

4. 注意事项

（1）与三氯吡氧乙酸有拮抗作用，不可混用。

（2）生态毒性：鸟类低毒，鱼类中等毒，大型溞中等毒，绿藻中等毒，蜜蜂低毒，蚯蚓低毒，家蚕低毒，对水生节肢动物毒性大，避免流入水产养殖场所。

炔 草 酯

Clodinafop - propargyl

1. 作用特点

芳氧苯氧基丙酸酯类乙酰辅酶 A 羧化酶（ACCase）抑制剂，内吸传导型中等毒除草剂。叶片吸收后能迅速传导至整个植株，积累在植物分生组织，抑制植物体内乙酰辅酶 A 羧化酶，导致脂肪酸合成受阻，引起叶片黄化，最终枯死。从炔草酯被吸收到杂草死亡一般需 7～21 天。

2. 主要产品

【单剂】乳油：8％、24％；水乳剂：8％、10％、15％、24％、30％；可湿性粉剂：15％、20％；微乳剂：15％、24％；可分散油悬浮剂：8％、15％。

【混剂】

唑啉·炔草酯：唑啉草酯＋炔草酯，5％、10％、20％乳油，10％可分散油悬浮剂，20％微乳剂。

苯磺·炔草酯：苯磺隆＋炔草酯，15％、30％可湿性粉剂，14％可分散油悬浮剂。

氯吡·炔草酯：氯氟吡氧乙酸＋炔草酯，18％悬浮剂，18％可湿性粉剂。

精噁·炔草酯：精噁唑禾草灵＋炔草酯，16％可湿性粉剂，8％乳油。

氟唑·炔草酯：氟唑磺隆＋炔草酯，13％、15％、16％、18％可分散油悬浮剂。

2甲·炔草酯：2甲4氯＋炔草酯，45％可湿性粉剂。

双氟·炔草酯：双氟磺草胺＋炔草酯，7％可分散油悬浮剂。

异隆·炔草酯：异丙隆＋炔草酯，50％、60％、65％可湿性粉剂。

二磺·炔草酯：甲基二磺隆＋炔草酯，9％、11.5％、22％、23％可分散油悬浮剂。

二磺·炔草酯·唑草酮：甲基二磺隆＋炔草酯＋唑草酮，12％可分散油悬浮剂。

炔草酯·双氟·唑草酮：炔草酯＋双氟磺草胺＋唑草酮，18％微乳剂。

滴辛酯·炔草酯·双氟：2,4-滴异辛酯＋炔草酯＋双氟磺草胺，37％悬浮剂。

苄·羧·炔草酯：苄嘧磺隆＋乙羧氟草醚＋炔草酯，30％可湿性粉剂。

炔·苄·唑草酮：炔草酯＋苄嘧磺隆＋唑草酮，37％可湿性粉剂。

炔·唑·氯氟吡：炔草酯＋唑草酮＋氯氟吡氧乙酸，40％可湿性粉剂。

异丙·炔·氟唑：异丙隆＋炔草酯＋氟唑磺隆，68％可湿性粉剂。

二磺·双氟·炔：甲基二磺隆＋双氟磺草胺＋炔草酯，8％可分散油悬浮剂。

以上混剂登记在小麦田使用。

3. 应用

【适用作物】小麦。

【防治对象】禾本科杂草，如野燕麦、看麦娘、硬草、茵草、棒头草等。对雀麦、节节麦、早熟禾活性低。

【使用方法】茎叶喷雾。

小麦田	15％炔草酯水乳剂22～38毫升/亩喷雾处理。多数禾本科杂草2～3叶期、冬小麦2～5叶期兑水茎叶喷雾处理。每个作物周期使用1次，严格按推荐剂量使用，切勿超量使用。

4. 注意事项

（1）在无风或风较小时喷雾处理，并尽量避免在正午高温时用药。预计1小时内降雨勿施用。

（2）不宜与2甲4氯钠盐、乙氧氟草醚、唑草酮混用。

（3）对部分小麦品种安全性差。大麦或燕麦田不能使用。

（4）生态毒性：鸟类低毒，鱼类高毒，大型溞中等毒，绿藻中等毒，蜜蜂低毒，蚯蚓低毒。

烯 草 酮

Clethodim

1. 作用特点

环己烯酮类乙酰辅酶 A 羧化酶（ACCase）抑制剂，内吸传导型低毒除草剂。叶片吸收后能传导至整个植株，积累在分生组织，抑制植物体内乙酰辅酶 A 羧化酶，导致脂肪酸合成受阻，引起叶片黄化，最终枯死。施药后靶标杂草一般 3 天后开始叶色变黄，7 天时心叶基部变色，21 天后大部分死亡。

2. 主要产品

【单剂】乳油：12%、13%、24%、26%、30%、35%；可分散油悬浮剂：12%。

【混剂】

氟吡·烯草酮：高效氟吡甲禾灵＋烯草酮，22.5%、23%乳油，冬油菜田登记使用。

氟磺·烯草酮：氟磺胺草醚＋烯草酮，25%乳油，21%、28%可分散油悬浮剂，30%微乳剂，绿豆、大豆、红小豆田登记使用。

二吡·烯草酮：二氯吡啶酸＋烯草酮，8%可分散油悬浮剂，油菜田登记使用。

烯酮·草除灵：烯草酮＋草除灵，12%乳油，油菜田登记使用。

砜嘧·烯草酮：砜嘧磺隆＋烯草酮，15%可分散油悬浮剂，马铃薯田、烟草田登记使用。

氟·松·烯草酮：氟磺胺草醚＋异噁草松＋烯草酮，22%、32%、39%乳油，37%可分散油悬浮剂，大豆田登记使用。

二吡·烯·氨吡：二氯吡啶酸＋烯草酮＋氨氯吡啶酸，20%可分散油悬浮剂，油菜田登记使用。

二吡·烯·草灵：二氯吡啶酸＋烯草酮＋草除灵，16%可分散油悬浮剂，油菜田登记使用。

嗪·烯·砜嘧：嗪草酮＋烯草酮＋砜嘧磺隆，22%、25%、28%可分散油悬浮剂，马铃薯田登记使用。

砜嘧·烯草酮：砜嘧磺隆＋烯草酮，15%可分散油悬浮剂，烟草田和马铃薯田登记使用。

3. 应用

【适用作物】大豆、油菜、马铃薯。

【防治对象】禾本科杂草，如稗草、马唐、狗尾草、牛筋草、看麦娘、野燕麦、千金子、硬草等，高剂量下对早熟禾有效。

【使用方法】茎叶喷雾。

油菜田	24%烯草酮乳油 15～20 毫升/亩喷雾处理。禾本科杂草 2～5 叶期，兑水茎叶喷雾处理，每个作物周期使用 1 次，严格按推荐剂量使用，切勿超量使用。
大豆田	24%烯草酮乳油 20～40 毫升/亩喷雾处理。大豆 2～3 片复叶，禾本科杂草 3～5 叶期，兑水茎叶喷雾处理，每个作物周期使用 1 次。
马铃薯田	24%烯草酮乳油 20～40 毫升/亩喷雾处理。一年生禾本科杂草齐苗后，3～5 叶期，兑水茎叶喷雾处理，每个作物周期使用 1 次。

4. 注意事项

（1）大风天或预计 1 小时内降雨勿施药。

（2）避免药剂飘移到小麦、大麦、水稻、谷子、玉米、高粱等禾本科作物上造成药害。

（3）生态毒性：鸟类中等毒，鱼类低毒，大型溞低毒，绿藻低毒，蜜蜂低毒，蚯蚓低毒，家蚕低毒。

烯 禾 啶

Sethoxydim

1. 作用特点

环己烯酮类乙酰辅酶 A 羧化酶（ACCase）抑制剂，内吸传导型低毒除草剂。能被禾本科杂草茎叶迅速吸收，并传导到顶端和节间分生组织，使其细胞分裂遭到破坏。由生长点和节间分生组织开始坏死，受药植株 3 天后停止生长，7 天后新叶褪色或出现花青素色，14～21 天后枯死。

2. 主要产品

【单剂】乳油：12.5%、20%、25%。

【混剂】

氟胺·烯禾啶：氟磺胺草醚＋烯禾啶，20.8%、31.5%、32%乳油，20.8%微乳剂，登记在大豆田使用。

3. 应用

【适用作物】大豆、花生、棉花、油菜、亚麻、甜菜等。

【防治对象】禾本科杂草，如稗草、野燕麦、狗尾草、看麦娘、马唐、牛筋草等。

【使用方法】茎叶喷雾。

大豆田	12.5%烯禾啶乳油 66～120 毫升/亩喷雾处理。大豆 1～3 片复叶，禾本科杂草 2～5 叶期，兑水茎叶喷雾处理，每个作物周期使用 1 次。

花生田	12.5%烯禾啶乳油66～100毫升/亩喷雾处理。禾本科杂草3～5叶期，兑水茎叶喷雾处理，每个作物周期使用1次。
棉花田	12.5%烯禾啶乳油66～100毫升/亩喷雾处理。禾本科杂草2～3叶期，兑水茎叶喷雾处理，每个作物周期使用1次。
亚麻田	12.5%烯禾啶乳油66～100毫升/亩喷雾处理。禾本科杂草2～3叶期，兑水茎叶喷雾处理，每个作物周期使用1次。
油菜田	12.5%烯禾啶乳油66.4～100毫升/亩喷雾处理。禾本科杂草2～3叶期，兑水茎叶喷雾处理，每个作物周期使用1次。
甜菜田	20%烯禾啶乳油100毫升/亩喷雾处理。禾本科杂草2～3叶期，兑水茎叶喷雾处理，每个作物周期使用1次。

4. 注意事项

（1）大风天或预计1小时内降雨勿施药。

（2）避免药剂飘移到小麦、大麦、水稻、谷子、玉米、高粱等禾本科作物上造成药害。

（3）施药后28天方可播种禾谷类作物。在油菜、大豆、甜菜、花生等作物上用药的安全间隔期分别为60天、14天、60天和90天，在亚麻、棉花作物上不要求制订安全间隔期。

（4）生态毒性：鸟类低毒，鱼类低毒，大型溞低毒，绿藻低毒，蜜蜂中等毒。

唑啉草酯

Pinoxaden

1. 作用特点

苯基吡唑啉类乙酰辅酶A羧化酶（ACCase）抑制剂，内吸传导型中等毒除草剂，叶片吸收后能迅速传导至整个植株，积累在植物分生组织，抑制植物体内乙酰辅酶A羧化酶活性，导致脂肪酸合成受阻，引起叶片黄化，最终枯死。从唑啉草酯被吸收到杂草死亡一般需7～21天。

2. 主要产品

【单剂】乳油：5%、10%；悬浮剂：10%；可分散油悬浮剂：10%、20%。

【混剂】

唑啉·炔草酯：唑啉草酯＋炔草酯，5%、10%、20%乳油，10%可分散油悬浮剂，20%微乳剂。

唑啉草酯·甲基二磺隆：唑啉草酯＋甲基二磺隆，8%可分散油悬浮剂。

异丙隆·唑啉草酯：异丙隆＋唑啉草酯，32%可分散油悬浮剂。

氯吡酯·唑啉草：氯氟吡氧乙酸＋唑啉草酯，11.6%乳油。

双氟磺草胺·唑啉草酯：双氟磺草胺＋唑啉草酯，4％可分散油悬浮剂。

吡氟酰·异丙隆·唑啉草：吡氟酰草胺＋异丙隆＋唑啉草酯，75％水分散粒剂。

二磺·氟唑·唑啉草酯：甲基二磺隆＋氟唑磺隆＋唑啉草酯，10％可分散油悬浮剂。

以上混剂登记在小麦田使用。

3. 应用

【适用作物】小麦。

【防治对象】禾本科杂草，如野燕麦、黑麦草、狗尾草、看麦娘、硬草、茵草、棒头草、大穗看麦娘、燕麦属、䅟草属和狗尾草属等。

【使用方法】茎叶喷雾。

小麦田	10％唑啉草酯乳油 30～40 毫升/亩喷雾处理。最佳用药期为田间大多数禾本科杂草 3～5 叶期，杂草生长旺盛期兑水茎叶喷雾处理，每个作物周期使用 1 次。

4. 注意事项

（1）避免在极端气候如气温大幅波动前后 3 天内，高温、干旱、低温（日最高温度低于 10℃）、田间积水、小麦生长不良或遭受涝害、冻害、旱害、盐碱害、病害等胁迫条件下使用，否则可能影响药效或导致作物药害。勿在冬前使用，避免因特殊气候的影响造成大面积药害。

（2）不推荐与激素类除草剂混用，如 2,4-滴、2 甲 4 氯、麦草畏等。

（3）避免药液飘移到邻近作物上；避免药物残留造成玉米、高粱及其他敏感作物药害。

（4）对家蚕最外围桑树的风险不可接受，外围一行桑树作为隔离带，不可采摘桑叶饲喂家蚕，次外围的桑叶可用来饲喂家蚕；避免在蚕室或桑园附近使用。

苄嘧磺隆

Bensulfuron - methyl

1. 作用特点

磺酰脲类乙酰乳酸合成酶（ALS）抑制剂，内吸传导型低毒除草剂。施药后有效成分被杂草根和叶片吸收后传导到植株各部位，抑制乙酰乳酸合成酶活性，从而影响支链氨基酸（亮氨酸、异亮氨酸、缬氨酸）生物合成，致杂草死亡。

2. 主要产品

【单剂】可湿性粉剂：10％、30％、32％；水分散粒剂：30％、60％；颗粒剂：0.5％、5％；水面扩散剂：1.1％。

【混剂】

苄嘧·丙草胺：苄嘧磺隆＋丙草胺，10％、20％、25％、30％、35％、

38%、40%可湿性粉剂，0.1%、0.2%、0.3%、3%、5%、15%颗粒剂，30%、33%、35%、40%、55%可分散油悬浮剂，40%悬乳剂，30%乳油，登记在水稻田使用。

苄·噁·丙草胺：苄嘧磺隆＋异噁草松＋丙草胺，38%可湿性粉剂，登记在水稻田使用。

异丙·苄：异丙草胺＋苄嘧磺隆，10%、18.5%、30%可湿性粉剂，登记在水稻田使用。

苄嘧·苯噻酰：苄嘧磺隆＋苯噻酰草胺，18%、37%、46%、50%、53%、55%、60%、68%、69%、75%、80%、82%、85%可湿性粉剂，0.11%、0.2%、0.33%、0.36%、0.5%、6%颗粒剂，69%水分散粒剂，42.5%泡腾粒剂，19%悬浮剂，登记在水稻田使用。

苯·苄·异丙草：苯噻酰草胺＋苄嘧磺隆＋异丙甲草胺，33%、34%可湿性粉剂，登记在水稻田使用。

苯·苄·乙草胺：苯噻酰草胺＋苄嘧磺隆＋乙草胺，30%、32%、33%、36%、40%、45%可湿性粉剂，登记在水稻田使用。

苯·苄·甲草胺：苯噻酰草胺＋苄嘧磺隆＋甲草胺，30%泡腾粒剂，登记在水稻田使用。

苯·苄·西草净：苯噻酰草胺＋苄嘧磺隆＋西草净，76%、80%可湿性粉剂，登记在水稻田使用。

苯·苄·二氯：苯噻酰草胺＋苄嘧磺隆＋二氯喹啉酸，88%可湿性粉剂，登记在水稻田使用。

苯·苄·硝草酮：苯噻酰草胺＋苄嘧磺隆＋硝磺草酮，79%、81%、83%可湿性粉剂，10%颗粒剂，登记在水稻田使用。

苯·苄·莎稗磷：苯噻酰草胺＋苄嘧磺隆＋莎稗磷，55%、76%可湿性粉剂，登记在水稻田使用。

苄·丁：苄嘧磺隆＋丁草胺，15%、25%、30%、35%、37.5%、47%可湿性粉剂，0.101%、0.21%、0.32%、0.64%、32%颗粒剂，25%细粒剂，10%、20%微粒剂，登记在水稻田使用。

苄·丁·扑草净：苄嘧磺隆＋丁草胺＋扑草净，33%可湿性粉剂，登记在水稻育秧田使用。

苄·丁·乙草胺：苄嘧磺隆＋丁草胺＋乙草胺，27.4%可湿性粉剂，登记在水稻田使用。

苄·丁·异丙隆：苄嘧磺隆＋丁草胺＋异丙隆，50%可湿性粉剂，登记在水稻田使用。

苄·丁·草甘膦：苄嘧磺隆＋丁草胺＋草甘膦，50%可湿性粉剂，登记在免耕直播水稻田使用。

苄嘧·草甘膦：苄嘧磺隆＋草甘膦，75%可湿性粉剂，登记在非耕地使用。

苄嘧·异丙隆：苄嘧磺隆＋异丙隆，50％、60％、70％可湿性粉剂，登记在水稻直播田使用。

苄·戊·异丙隆：苄嘧磺隆＋二甲戊灵＋异丙隆，50％可湿性粉剂，登记在水稻田使用。

苄·乙：苄嘧磺隆＋乙草胺，10％、12％、14％、18％、20％、25％、30％可湿性粉剂，2％、35％颗粒剂，6％微粒剂，20％大粒剂，16％泡腾粒剂，12％粉剂，登记在水稻田使用。

苄·乙·扑：苄嘧磺隆＋乙草胺＋扑草净，19％可湿性粉剂，7％、14.5％粉剂，登记在水稻移栽田和冬小麦田使用。

苄·乙·二氯喹：苄嘧磺隆＋乙草胺＋二氯喹啉酸，19.2％可湿性粉剂，登记在水稻田使用。

苄嘧·二甲戊：苄嘧磺隆＋二甲戊灵，16％、18％、20％可湿性粉剂，登记在水稻田使用。

苄嘧·仲丁灵：苄嘧磺隆＋仲丁灵，32％可湿性粉剂，登记在水稻田使用。

苄嘧·禾草敌：苄嘧磺隆＋禾草敌：45％细粒剂，登记在水稻田使用。

苄嘧·禾草丹：苄嘧磺隆＋禾草丹：35％、35.75％、50％可湿性粉剂，登记在水稻田使用。

苄嘧·莎稗磷：苄嘧磺隆＋莎稗磷：15％、20％、38％细粒剂，登记在水稻田使用。

2甲·苄：2甲4氯＋苄嘧磺隆，18％、38％可湿性粉剂，登记在水稻移栽田和冬小麦田使用。

苄嘧·扑草净：苄嘧磺隆＋扑草净，26％、36％可湿性粉剂，登记在水稻田使用。

苄·西·扑草净（苄·扑·西草净）：苄嘧磺隆＋西草净＋扑草净，38％、45％可湿性粉剂，登记在水稻田使用。

苄嘧·唑草酮：苄嘧磺隆＋唑草酮，38％可湿性粉剂，登记在水稻田使用。

苄·二氯：苄嘧磺隆＋二氯喹啉酸，22％、27.5％、28％、32％、35％、36％、38％、38.5％、40％、44％可湿性粉剂，31％、36％泡腾粒剂，18％泡腾片剂，25％悬浮剂，40％水分散粒剂，0.3％、3％颗粒剂，登记在水稻田使用。

苄嘧·双草醚：苄嘧磺隆＋双草醚，30％可湿性粉剂，登记在水稻田使用。

苄嘧·嘧草醚：苄嘧磺隆＋嘧草醚，30％可湿性粉剂，登记在水稻田使用。

苄·羧·炔草酯：苄嘧磺隆＋乙羧氟草醚＋炔草酯，30％可湿性粉剂，登记在小麦田使用。

炔·苄·唑草酮：炔草酯＋苄嘧磺隆＋唑草酮，37％可湿性粉剂，登记在小麦田使用。

苄嘧·哌草丹：哌草丹＋苄嘧磺隆，17.2％可湿性粉剂，登记在水稻秧田和水稻田使用。

苄嘧·五氟磺：苄嘧磺隆＋五氟磺草胺，6％可分散油悬浮剂，22％悬浮剂，登记在水稻田使用。

苄·五氟·氰氟：苄嘧磺隆＋五氟磺草胺＋氰氟草酯，21％可分散油悬浮剂，登记在水稻田使用。

苄·丙·噁草酮：苄嘧磺隆＋丙草胺＋噁草酮，6％颗粒剂，登记在水稻田使用。

苄嘧·苯磺隆：苄嘧磺隆＋苯磺隆，30％、35％、38％可湿性粉剂，登记在小麦田使用。

3. 应用

【适用作物】水稻、小麦。

【防治对象】一年生阔叶杂草和莎草，如异型莎草、碎米莎草、水虱草、丁香蓼、鳢肠、鸭舌草、野慈姑、牛毛毡、节节菜、水苋菜等稻田杂草，以及猪殃殃、繁缕、碎米荠、播娘蒿、荠菜、大巢菜、藜、稻槎菜等麦田杂草。对刚毛荸荠、水莎草、眼子菜、扁秆藨草、萤蔺防效不佳，对稗草有一定的抑制作用。

【使用方法】药土法、撒施、茎叶喷雾、土壤喷雾。

水稻直播田和育秧田	10％苄嘧磺隆可湿性粉剂15～20克/亩喷雾处理。可在杂草2叶期前后兑水茎叶喷雾处理，每个作物周期使用1次。
水稻移栽田	10％苄嘧磺隆可湿性粉剂20～30克/亩药土法处理。在移栽前至移栽后3周内均可使用，药土法施用；移栽田用药时田间应有3～5厘米水层，用药后保水5～7天，每个作物周期使用1次。
水稻抛秧田	10％苄嘧磺隆可湿性粉剂15～20克/亩兑水喷雾处理。在抛秧后5～10天秧苗活棵返青后，药土法处理，每个作物周期使用1次。
小麦田	10％苄嘧磺隆可湿性粉剂30～40克/亩喷雾处理。小麦播种后冬前杂草2叶期前或春季小麦返青拔节期前，兑水茎叶喷雾施用，每个作物周期使用1次。

4. 注意事项

（1）大风天或预计6小时内降雨勿施药。

（2）东北地区莎草科杂草严重田块及防除多年生藨草宜在第一次用药后20～25天进行第二次施药。

（3）不可与氰氟草酯混用，两者施用间隔期至少10天。不能与碱性物质混用，以免药剂分解影响药效。

（4）避免药液飘移到邻近双子叶作物上。

（5）安全间隔期：南方地区80天，北方地区90天。

（6）生态毒性：鸟类中等毒，鱼类低毒，蜜蜂低毒，家蚕低毒，蚯蚓低毒。

吡嘧磺隆

Pyrazosulfuron - ethyl

1. 作用特点

磺酰脲类乙酰乳酸合成酶（ALS）抑制剂，内吸传导型低毒除草剂。施药后有效成分被杂草根和叶片吸收后传导到植株各部位，抑制乙酰乳酸合成酶活性，从而影响支链氨基酸（亮氨酸、异亮氨酸、缬氨酸）生物合成，致杂草死亡。

2. 主要产品

【单剂】可湿性粉剂：10％、20％、30％；水分散粒剂：33％、35％、75％；颗粒剂：0.6％；可分散油悬浮剂：12％、15％、20％；泡腾粒剂：15％；泡腾片剂：2.5％、10％。

【混剂】

吡嘧·丙草胺：吡嘧磺隆＋丙草胺，20％、35％、36％、38％、40％可湿性粉剂，17％泡腾片剂，0.44％、2％、6％颗粒剂，16％大粒剂，22％展膜油剂，35％、36％可分散油悬浮剂，登记在水稻田和茭白田使用。

五氟·丙·吡嘧：五氟磺草胺＋丙草胺＋吡嘧磺隆，36％可分散油悬浮剂。

吡·松·丙草胺：吡嘧磺隆＋异噁草松＋丙草胺，38％可湿性粉剂。

吡嘧·嘧草·丙：吡嘧磺隆＋嘧草醚＋丙草胺，35％可分散油悬浮剂。

吡嘧·二氯喹：吡嘧磺隆＋二氯喹啉酸，20％、50％可湿性粉剂。

二氯·丙·吡嘧：二氯喹啉酸＋丙草胺＋吡嘧磺隆，6％颗粒剂。

二氯·吡·氰氟：二氯喹啉酸＋吡嘧磺隆＋氰氟草酯，20％可分散油悬浮剂。

吡·氯·双草醚：吡嘧磺隆＋二氯喹啉酸＋双草醚，60％可湿性粉剂。

二氯·唑·吡嘧：二氯喹啉酸＋唑草酮＋吡嘧磺隆，56％可湿性粉剂。

二氯·肟·吡嘧：二氯喹啉酸＋嘧啶肟草醚＋吡嘧磺隆，25％可分散油悬浮剂。

吡嘧·苯噻酰（苯噻·吡磺隆）：吡嘧磺隆＋苯噻酰草胺，27％、40％、42％、50％、52.5％、68％、74％、80％可湿性粉剂，0.15％、0.3％、0.43％、7％、8％、17％颗粒剂，25％、31％泡腾粒剂，27％泡腾片剂，26％大粒剂，68％水分散粒剂。

苯·吡·西草净：苯噻酰草胺＋吡嘧磺隆＋西草净，17％颗粒剂，57％、80％水分散粒剂，56％、78.4％可湿性粉剂。

苯·吡·甲草胺：苯噻酰草胺＋吡嘧磺隆＋甲草胺，31％泡腾粒剂。

吡嘧·丁草胺：吡嘧磺隆＋丁草胺，24％、28％可湿性粉剂。

吡·松·丁草胺：吡嘧磺隆＋异噁草松＋丁草胺，70％可分散油悬浮剂。

吡嘧·丙噁：吡嘧磺隆＋丙炔噁草酮，43％可湿性粉剂，24％可分散油悬浮剂。

吡嘧·二甲戊：吡嘧磺隆＋二甲戊灵，20％、33％可湿性粉剂。

吡·戊·噁草酮：吡嘧磺隆＋二甲戊灵＋噁草酮，63％可湿性粉剂。

吡·松·二甲戊：吡嘧磺隆＋异噁草松＋二甲戊灵，42％微囊悬浮剂。

吡·氧·甲戊灵：吡嘧磺隆＋乙氧氟草醚＋二甲戊灵，66％可湿性粉剂。

吡嘧·硝草酮：吡嘧磺隆＋硝磺草酮，25％可湿性粉剂。

吡嘧·莎稗磷：吡嘧磺隆＋莎稗磷，20.5％、22.5％、24％可湿性粉剂，32％乳油。

吡嘧·五氟磺：吡嘧磺隆＋五氟磺草胺，0.03％、5％颗粒剂，4％、6％、10％、13％、20％可分散油悬浮剂，20％悬浮剂。

五氟·吡·氰氟：五氟磺草胺＋吡嘧磺隆＋氰氟草酯，21％、24％可分散油悬浮剂。

五氟·吡·二氯：五氟磺草胺＋吡嘧磺隆＋二氯喹啉酸，26％可分散油悬浮剂。

氰氟·吡嘧：氰氟草酯＋吡嘧磺隆，10％、15％、24％可湿性粉剂。

氰氟·吡·双草：氰氟草酯＋吡嘧磺隆＋双草醚，22％可分散油悬浮剂。

嘧肟·吡·氰氟：嘧啶肟草醚＋吡嘧磺隆＋氰氟草酯，20％可分散油悬浮剂。

吡嘧·双草醚：吡嘧磺隆＋双草醚，25％、30％可湿性粉剂，15％可分散油悬浮剂。

2甲·吡嘧：2甲4氯＋吡嘧磺隆，18％可湿性粉剂，66％可分散油悬浮剂。

2甲4氯异辛酯·吡嘧磺隆：2甲4氯异辛酯＋吡嘧磺隆，66％可分散油悬浮剂。

吡·甲·唑草酮：吡嘧磺隆＋2甲4氯＋唑草酮，63％可湿性粉剂。

吡·甲·氯氟吡：吡嘧磺隆＋2甲4氯＋氯氟吡氧乙酸，55％可湿性粉剂。

吡嘧·嘧草醚：吡嘧磺隆＋嘧草醚，25％可分散油悬浮剂，25％可湿性粉剂。

吡嘧·嘧草·丙：吡嘧磺隆＋嘧草醚＋丙草胺，35％可分散油悬浮剂。

吡·西·扑草净：吡嘧磺隆＋西草净＋扑草净，26％、27％、31％、39％、41％、50％、55％可湿性粉剂。

吡嘧·吡氟酰：吡嘧磺隆＋吡氟酰草胺，70％水分散粒剂。

丁草胺·滴辛酯·吡嘧隆：丁草胺＋2,4-滴异辛酯＋吡嘧磺隆，75％可分散油悬浮剂。

以上混剂除吡嘧·丙草胺外，均登记在水稻田使用。

3. 应用

【适用作物】水稻。

【防治对象】一年生阔叶杂草和莎草，如鳢肠、异型莎草、水芹、节节菜、鸭舌草、牛毛毡、狼杷草、雨久花、泽泻、矮慈姑、眼子菜、紫萍、浮萍等；对稗草有一定的抑制作用。对扁秆藨草、水莎草、萤蔺、野慈姑等防效不佳，对千金子无效。

【使用方法】药土法、茎叶喷雾。

水稻直播田	20％吡嘧磺隆可湿性粉剂 7.5～10 克/亩，茎叶喷雾处理。水稻 2～3 叶期（水稻播后 5～10 天）兑水茎叶喷雾施用，施药前排干田水，保持土壤湿润，施药后 2 天灌水入田，后保持 3～5 厘米水层，水层勿淹没水稻心叶，避免药害，保水 5～7 天，每个作物周期使用 1 次。
水稻移栽田	10％吡嘧磺隆可湿性粉剂 10～20 克/亩，药土法处理。移栽田水稻插秧返青后拌土施药一次，施药后保持田间水层 3～5 厘米 5～7 天，水层不能淹没秧心。
水稻抛秧田	20％吡嘧磺隆可湿性粉剂 7.5～10 克/亩，药土法处理。在水稻抛秧返青后施药（抛秧后 7～15 天），拌细土均匀撒施于田间，用药前灌 3～5 厘米深的水层，水层不能淹没秧心。施药后保水 5～7 天。

4. 注意事项

（1）大风天或预计 6 小时内降雨勿施药。严重漏水田不宜使用。

（2）不可与强酸性、碱性农药等物质混用，以免药剂分解影响药效。

（3）粳稻、糯稻 2 叶期之前对吡嘧磺隆较敏感。

（4）安全间隔期 80 天以上。

（5）生态毒性：鸟类低毒，鱼类低毒，大型溞低毒，蜜蜂低毒，家蚕低毒。

氯吡嘧磺隆

Halosulfuron－methyl

1. 作用特点

磺酰脲类乙酰乳酸合成酶（ALS）抑制剂，内吸传导型低毒除草剂。施药后有效成分被杂草根和叶片吸收后传导到植株各部位，抑制乙酰乳酸合成酶活性，从而影响支链氨基酸（亮氨酸、异亮氨酸、缬氨酸）生物合成，致杂草死亡。土壤兼茎叶处理除草剂，杂草苗前土壤处理和杂草苗后茎叶处理均可，持效期较长。杂草吸收药剂后，生长点 7 天左右变褐色，15 天左右坏死，茎叶吸收后 20 天左右杂草死亡。

2. 主要产品

【单剂】可湿性粉剂：30％；水分散粒剂：35％、75％；可分散油悬浮剂：12％、15％。

【混剂】

噁唑胺·氯吡嘧：噁唑酰草胺＋氯吡嘧磺隆，20％可分散油悬浮剂，登记在水稻田使用。

丙草胺·氯吡嘧磺隆：丙草胺＋氯吡嘧磺隆，38％可分散油悬浮剂，登记在水稻田使用。

噁唑·氯吡嘧·双草醚：噁唑酰草胺＋氯吡嘧磺隆＋双草醚，20％可分散油悬浮剂，登记在水稻田使用。

氯吡·苯磺隆：氯吡嘧磺隆＋苯磺隆，19％、20％可湿性粉剂，18％可分散油悬浮剂，登记在小麦田使用。

双氟·氯吡隆：双氟磺草胺＋氯吡嘧磺隆，75％水分散粒剂，登记在小麦田使用。

氯吡嘧磺隆·氰氟草酯：氯吡嘧磺隆＋氰氟草酯，15％水分散粒剂，登记在水稻田使用。

氯吡·氟唑磺：氯吡嘧磺隆＋氟唑磺隆，60％水分散粒剂，登记在小麦田使用。

氯嘧·烟·氯吡：氯吡嘧磺隆＋烟嘧磺隆＋氯氟吡氧乙酸，22％可分散油悬浮剂，登记在玉米田使用。

莠灭·氯吡隆：莠灭净＋氯吡嘧磺隆，83％可湿性粉剂，登记在甘蔗田使用。

敌草隆·氯吡嘧·莠灭净：敌草隆＋氯吡嘧磺隆＋莠灭净，85％可湿性粉剂，登记在甘蔗田使用。

异隆·丙·氯吡：异丙隆＋丙草胺＋氯吡嘧磺隆，47％可湿性粉剂，登记在水稻、小麦田使用。

苯噻·氯·硝磺：苯噻酰草胺＋氯吡嘧磺隆＋硝磺草酮，29％泡腾片剂，登记在水稻田使用。

烟嘧·氯吡嘧：烟嘧磺隆＋氯吡嘧磺隆，22％可分散油悬浮剂，登记在玉米田使用。

氯吡隆·硝磺：氯吡嘧磺隆＋硝磺草酮，60％水分散粒剂，登记在甘蔗田使用。

3. 应用

【适用作物】水稻、小麦、玉米、甘蔗、高粱、番茄等。

【防治对象】阔叶杂草和莎草，对香附子、野荸荠、扁秆藨草等莎草科杂草特效。

【使用方法】土壤喷雾、茎叶喷雾。

水稻田	杂草2～5叶期可采用12％氯吡嘧磺隆可分散油悬浮剂15～25毫升/亩，兑水茎叶喷雾处理。施药前1天排干水，保持土壤湿润，药后1天复水，保水1周，勿淹没水稻心叶，恢复正常管理。每个作物周期使用1次。
小麦田	可采用75％氯吡嘧磺隆水分散粒剂5～6克/亩，于杂草2～5叶期，兑水茎叶喷雾处理。每个作物周期使用1次。

玉米田	可采用 75%氯吡嘧磺隆水分散粒剂 3～4 克/亩，于玉米 3～5 叶期，杂草 2～5 叶期，兑水茎叶喷雾处理。每个作物周期使用 1 次。
甘蔗田	可采用 75%氯吡嘧磺隆水分散粒剂 5～6 克/亩，于玉米 3～5 叶期，杂草 2～5 叶期，兑水茎叶喷雾处理。每个作物周期使用 1 次。
高粱田	可采用 75%氯吡嘧磺隆水分散粒剂 3～4 克/亩，于杂草 2～5 叶期，兑水茎叶喷雾处理。每个作物周期使用 1 次。
番茄田	可采用 75%氯吡嘧磺隆水分散粒剂 6～8 克/亩，于番茄移栽前 1 天，杂草 2～4 叶期兑水土壤喷雾处理。每个作物周期使用 1 次。

4. 注意事项

（1）在玉米田使用时，不能与 2 甲 4 氯、2,4-滴等除草剂混用。

（2）在沙土田使用时可适当降低用量。

（3）小麦、玉米、高粱的安全间隔期为 2 个月，甜菜的安全间隔期为 21 个月。

乙氧磺隆

Ethoxysulfuron

1. 作用特点

磺酰脲类乙酰乳酸合成酶（ALS）抑制剂，内吸传导型低毒除草剂。施药后有效成分被杂草根和叶片吸收后传导到植株各部位，抑制乙酰乳酸合成酶活性，从而影响支链氨基酸（亮氨酸、异亮氨酸、缬氨酸）生物合成，致杂草死亡。土壤兼茎叶处理除草剂，杂草苗前土壤处理和杂草苗后茎叶处理均可，持效期较长。

2. 主要产品

【单剂】水分散粒剂：15%；可分散油悬浮剂：5%。

【混剂】

莎稗磷·乙氧磺隆：莎稗磷＋乙氧磺隆，30%可湿性粉剂。

乙磺·苯噻酰：乙氧磺隆＋苯噻酰草胺，70%、75%可湿性粉剂。

五氟磺草胺·乙氧磺隆：五氟磺草胺＋乙氧磺隆，30%水分散粒剂。

嘧草醚·五氟磺·乙磺隆：嘧草醚＋五氟磺草胺＋乙氧磺隆，18%可分散油悬浮剂。

莎稗磷·五氟磺·乙磺隆：莎稗磷＋五氟磺草胺＋乙氧磺隆，0.52%颗粒剂。

五氟磺·硝磺·乙磺隆：五氟磺草胺＋硝磺草酮＋乙氧磺隆，0.22%颗粒剂。

以上混剂登记在水稻田使用。

3. 应用

【适用作物】水稻。

【防治对象】阔叶杂草和莎草，如鸭舌草、日照飘拂草、异型莎草、碎米莎草、牛毛毡、水莎草、萤蔺、眼子菜、泽泻、鳢肠、矮慈姑、野慈姑、狼杷草、鬼针草、草龙、丁香蓼、节节菜、耳叶水苋、水苋菜、四叶萍、小茨藻、苦草、水绵、谷精草等。对野荸荠、扁秆藨草防效不佳。

【使用方法】药土法、茎叶喷雾。

水稻直播田	南方直播稻播后 10～15 天，北方直播稻播后 15～20 天，稻苗 2～4 叶期，兑水喷雾施药，每个作物周期使用 1 次，严格按推荐剂量使用，切勿超量使用。用量：15％乙氧磺隆水分散粒剂，华南地区 4～6 克/亩、长江流域 6～9 克/亩、华北及东北地区 10～15 克/亩。
水稻移栽田和抛秧田	药土法撒施，南方移栽稻、抛秧田栽后 3～6 天，北方移栽稻、抛秧田栽后 4～10 天，杂草 2 叶期前，拌沙土或化肥混匀撒施到有 3～5 厘米水层的稻田中，施用后保持 3～5 厘米水层 7～10 天，勿使水层淹没稻苗心叶。每个作物周期使用 1 次，严格按推荐剂量使用，切勿超量使用。用量：15％乙氧磺隆水分散粒剂，华南地区 3～5 克/亩、长江流域 5～7 克/亩、华北及东北地区 7～14 克/亩。
水稻插秧田、抛秧田	5％乙氧磺隆水分散粒剂 15～30 克/亩喷雾处理。栽后 10～20 天，杂草 2～4 叶期，兑水喷雾施药。防除露出水面的大龄杂草时，应采用茎叶喷雾处理。在野荸荠危害较重的稻田，可以在栽秧后 4～6 天先施用莎稗磷，栽后 20 天再施用乙氧磺隆。每个作物周期使用 1 次。

4. 注意事项

（1）不宜在栽前使用。

（2）盐碱地中采用推荐的低用药量，施药 3 天后可换水排盐。

（3）乙氧磺隆与二氯喹啉酸混用对 4 叶期之前的水稻易产生药害。

氟吡磺隆

Flucetosulfuron

1. 作用特点

磺酰脲类乙酰乳酸合成酶（ALS）抑制剂，内吸传导型低毒除草剂。施药后有效成分被杂草根和茎、叶吸收后传导到植株各部位，抑制乙酰乳酸合成酶活性，从而影响支链氨基酸（亮氨酸、异亮氨酸、缬氨酸）生物合成，使杂草生长停止，失绿，顶端分生组织死亡，植株在 14～21 天后死亡。

2. 主要产品

【单剂】可湿性粉剂：10％。

【混剂】无。

3. 应用

【适用作物】水稻。

【防治对象】一年生杂草，如慈姑、泽泻、鸭舌草等阔叶杂草，异型莎草、牛毛毡、日照飘拂草等莎草科杂草。对稗草有特效。

【使用方法】药土法、茎叶喷雾。

水稻移栽田	杂草苗前，用10%氟吡磺隆可湿性粉剂13～20克/亩，拌土或肥均匀撒施；杂草2～4叶期，用10%氟吡磺隆20～26克/亩，拌土或肥均匀撒施。每个作物周期使用1次。
水稻直播田	10%氟吡磺隆可湿性粉剂13～20克/亩喷雾处理。杂草2～5叶期兑水茎叶喷雾处理，使用前应当排干田间积水，药后1～2天后覆水，并保水3～5天。每个作物周期使用1次。

4. 注意事项

（1）后茬仅可种植水稻、油菜、小麦、大蒜、胡萝卜、萝卜、菠菜、移栽黄瓜、甜瓜、辣椒、番茄、草莓、莴苣。

（2）中毒可能导致睾丸发育不良。误服：应饮催吐剂，使其吐出，并及时携带标签送医院诊治。无特殊解毒剂，对症治疗。误吸：移至空气清新处，如呼吸困难或持续不适，立即携带标签请医生诊治。溅入眼睛：用大量清水冲洗至少15分钟。皮肤接触：脱除受污染的衣服，并用大量肥皂和清水冲洗。

醚 磺 隆

Cinosulfuron

1. 作用特点

磺酰脲类乙酰乳酸合成酶（ALS）抑制剂，内吸传导型低毒除草剂。施药后有效成分被杂草根和茎、叶吸收后传导到植株各部位，抑制乙酰乳酸合成酶活性，从而影响支链氨基酸（亮氨酸、异亮氨酸、缬氨酸）生物合成，使杂草生长停止，失绿，顶端分生组织死亡。敏感杂草吸收药剂后停止生长，5～10天后植株开始黄化，枯萎死亡。

2. 主要产品

【单剂】可湿性粉剂：10%。

【混剂】

醚磺·乙草胺：醚磺隆＋乙草胺，25%可湿性粉剂。

醚磺·丙草胺：醚磺隆＋丙草胺，21%可湿性粉剂。

以上混剂登记在水稻田使用。

3. 应用

【适用作物】水稻。

【防治对象】一年生阔叶杂草和莎草，如水苋菜、矮慈姑、鸭舌草、节节菜、丁香蓼、陌上菜、泽泻、眼子菜、繁缕、鸭跖草、反枝苋、水竹叶、碎米莎草、异型莎草、萤蔺、扁秆藨草等。

【使用方法】药土法。

水稻移栽田	10%醚磺隆可湿性粉剂12～20克/亩撒施。水稻插秧后5～15天秧苗已返青时施用，采用药土法均匀施用，每个作物周期使用1次。

4. 注意事项

（1）在水稻移栽后4～10天内用药最佳。施药前后田间应保持2～4厘米水层，药后保水5～7天。

（2）由于该除草剂的水溶性高，所以施药后田间不能串灌。不宜用于渗漏性大的稻田，以免有效成分随水渗漏集中到水稻根区，导致药害。

（3）水稻3叶期以前不宜使用。

（4）生态毒性：鸟类低毒，鱼类低毒，大型溞低毒，藻类低毒，蜜蜂低毒，蚯蚓低毒。

（5）对眼、皮肤、黏膜有刺激作用。如不慎吸入，应移至空气流通处。若溅入眼睛，立即用大量清水冲洗至少15分钟，仍有不适时，就医。误服则应立即携带标签送医院诊治。若摄入量大，病人十分清醒，可用吐根糖浆诱吐，还可在服用的活性炭泥中加入山梨醇。无特效解毒剂。

苯 磺 隆
Tribenuron – methyl

1. 作用特点

磺酰脲类乙酰乳酸合成酶（ALS）抑制剂，内吸传导型低毒除草剂。施药后有效成分被杂草根和茎、叶吸收后传导到植株各部位，抑制乙酰乳酸合成酶活性，从而影响支链氨基酸（亮氨酸、异亮氨酸、缬氨酸）生物合成，使杂草生长停止，失绿，顶端分生组织死亡。敏感杂草吸收药剂后停止生长，7～21天后死亡。

2. 主要产品

【单剂】可湿性粉剂：10%、20%、25%、75%；水分散粒剂：75%；干悬浮剂：75%；可分散粒剂：75%；可溶粉剂：20%。

【混剂】

苯磺·异丙隆：苯磺隆＋异丙隆，50%、70%可湿性粉剂。

氯吡·苯磺隆：氯吡嘧磺隆＋苯磺隆，19%、20%可湿性粉剂，18%可分散油悬浮剂。

苄嘧·苯磺隆：苄嘧磺隆＋苯磺隆，30%、35%、38%可湿性粉剂。

苯磺·炔草酯：苯磺隆＋炔草酯，15%、30%可湿性粉剂，14%可分散油悬浮剂。

乙羧·苯磺隆：乙羧氟草醚＋苯磺隆，20％可湿性粉剂。

唑草·苯磺隆：唑草酮＋苯磺隆，24％、26％、28％、36％可湿性粉剂，36％、40％水分散粒剂。

苯·唑·氯氟吡：苯磺隆＋唑草酮＋氯氟吡氧乙酸，29.5％可湿性粉剂。

氟唑·苯磺隆：氟唑磺隆＋苯磺隆，75％水分散粒剂。

噻吩·苯磺隆：噻吩磺隆＋苯磺隆，10％可湿性粉剂。

噻·噁·苯磺隆：噻吩磺隆＋精噁唑禾草灵＋苯磺隆，55％可湿性粉剂。

苯·唑·2甲钠：苯磺隆＋唑草酮＋2甲4氯钠，55％可湿性粉剂。

2甲·苯磺隆：2甲4氯＋苯磺隆，50.8％可湿性粉剂。

双氟·苯磺隆：双氟磺草胺＋苯磺隆，75％水分散粒剂。

以上混剂登记在小麦田使用。

3. 应用

【适用作物】小麦。

【防治对象】一年生阔叶杂草，对播娘蒿、荠菜、碎米荠菜、麦家公、藜、反枝苋、野老鹳草等效果较好，对地肤、繁缕、蓼、猪殃殃等也有一定的防效。对田蓟、卷茎蓼、田旋花、泽漆等效果不佳。

【使用方法】茎叶喷雾。

小麦田	75％苯磺隆可湿性粉剂1～2毫升/亩兑水喷雾处理。冬小麦在2叶期至拔节前均可使用，以小麦3～4叶期、杂草萌芽出土不超过10厘米高时喷药最佳。每个作物周期使用1次。

4. 注意事项

（1）用量小，称药要准确，与水充分混匀。在气温 10 ℃以上、土壤水分充足时用药有利于药效发挥。遇干旱时，加入1％植物油型助剂，可提高药效。

（2）后茬轮作花生、大豆等阔叶作物的冬小麦田应在冬前施药，安全间隔期90天以上。

（3）阔叶作物对苯磺隆敏感，应注意避免飘移药害。

（4）生态毒性：鸟类低毒，鱼类低毒，大型溞低毒，绿藻高毒，蜜蜂中等毒，蚯蚓低毒，家蚕低毒。

甲基二磺隆

Mesosulfuron - methyl

1. 作用特点

磺酰脲类乙酰乳酸合成酶（ALS）抑制剂，内吸传导型低毒除草剂。施药后有效成分被杂草根和茎、叶吸收后传导到植株各部位，抑制乙酰乳酸合成酶活性，从而影响支链氨基酸（亮氨酸、异亮氨酸、缬氨酸）生物合成，使杂草生长停止，失绿，顶端分生组织死亡。敏感杂草吸收药剂后停止生长，14～28 天枯萎死亡。

2. 主要产品

【单剂】可分散油悬浮剂：0.3%、1%。

【混剂】

氟唑磺隆·甲基二磺隆：氟唑磺隆＋甲基二磺隆，3%、5%可分散油悬浮剂。

唑啉草酯·甲基二磺隆：唑啉草酯＋甲基二磺隆，8%可分散油悬浮剂。

二磺·甲碘隆（二磺·甲磺隆）：甲基二磺隆＋甲基碘磺隆钠盐，3.6%水分散粒剂，1.2%可分散油悬浮剂。

甲基二磺隆·异丙隆：甲基二磺隆＋异丙隆，36%可分散油悬浮剂。

双氟·二磺：双氟磺草胺＋甲基二磺隆，1%、2%、4%、6%可分散油悬浮剂。

2甲·二磺·双氟：2甲4氯异辛酯＋甲基二磺隆＋双氟磺草胺，25%可分散油悬浮剂。

二磺·滴辛酯：甲基二磺隆＋2,4-滴异辛酯，52%可分散油悬浮剂。

二磺·炔草酯：甲基二磺隆＋炔草酯，9%、11.5%、22%、23%可分散油悬浮剂。

二磺·炔草酯·唑草酮：甲基二磺隆＋炔草酯＋唑草酮，12%可分散油悬浮剂。

二磺·双氟·炔：甲基二磺隆＋双氟磺草胺＋炔草酯，8%可分散油悬浮剂。

唑啉草酯·甲基二磺隆：唑啉草酯＋甲基二磺隆，8%可分散油悬浮剂。

二磺·氟唑·唑啉草酯：甲基二磺隆＋氟唑磺隆＋唑啉草酯，10%可分散油悬浮剂。

二磺·氯吡酯·双氟草：甲基二磺隆＋氯氟吡氧乙酸＋双氟磺草胺，26%可分散油悬浮剂。

以上混剂登记在小麦田使用。

3. 应用

【适用作物】小麦。

【防治对象】一年生杂草，如看麦娘、野燕麦、棒头草、早熟禾、硬草、多花黑麦草、毒麦、菵草、冰草、荠菜、播娘蒿、牛繁缕、自生油菜等。对雀麦、节节麦防效欠佳，对婆婆纳、猪殃殃、宝盖草防效差。

【使用方法】茎叶喷雾。

小麦田	30克/升甲基二磺隆可分散油悬浮剂20～35毫升/亩喷雾处理。于小麦3～6叶期，禾本科杂草出齐苗（2.5～5叶期），兑水茎叶喷雾施药。每个作物周期使用1次。

4. 注意事项

（1）不宜与2,4-滴混用，以免产生药害。

（2）施用8小时后降雨一般不影响药效。

（3）不适用于大麦田。

（4）某些春小麦和角质（强筋或硬质）型小麦品种（如扬麦 158、豫麦 18、济麦 20 等）对甲基二磺隆敏感，使用前须先进行小范围安全性试验验证。

（5）施药过晚或用量超过有效成分 18 克/公顷（1.2 克/亩）常造成小麦黄化药害。

（6）施用后有蹲苗作用，某些小麦品种可能出现黄化或矮化现象，小麦返青起身后黄化自然消失，可抑制小麦徒长倒伏。

氟唑磺隆

Flucarbazone - sodium

1. 作用特点

磺酰脲类乙酰乳酸合成酶（ALS）抑制剂，内吸传导型低毒除草剂，施药后有效成分被杂草根和茎、叶吸收后传导到植株各部位，抑制乙酰乳酸合成酶活性，从而影响支链氨基酸（亮氨酸、异亮氨酸、缬氨酸）生物合成，使杂草生长停止，失绿，顶端分生组织死亡。药后 20～30 天敏感杂草枯死。

2. 主要产品

【单剂】水分散粒剂：70%；可分散油悬浮剂：5%、10%、35%。

【混剂】

氟唑磺隆·异丙隆：氟唑磺隆＋异丙隆，35%可分散油悬浮剂，42%悬浮剂，75%可湿性粉剂。

氯吡·氟唑磺：氯吡嘧磺隆＋氟唑磺隆，60%水分散粒剂。

双氟·氟唑磺：双氟磺草胺＋氟唑磺隆，50%水分散粒剂。

氟唑·唑草酮：氟唑磺隆＋唑草酮，55%水分散粒剂，60%水分散粒剂。

氟唑·炔草酯：氟唑磺隆＋炔草酯，13%、15%、16%、18%可分散油悬浮剂。

异丙·炔·氟唑：异丙隆＋炔草酯＋氟唑磺隆，68%可湿性粉剂。

二磺·氟唑·唑啉草酯：甲基二磺隆＋氟唑磺隆＋唑啉草酯，10%可分散油悬浮剂。

氟唑·苯磺隆：氟唑磺隆＋苯磺隆，75%水分散粒剂。

氟唑磺隆·甲基二磺隆：氟唑磺隆＋甲基二磺隆，3%、5%可分散油悬浮剂。

以上混剂登记在小麦田使用。

3. 应用

【适用作物】小麦。

【防治对象】一年生杂草，如雀麦、看麦娘、日本看麦娘、狗尾草、稗草、猪殃殃、荠菜、播娘蒿等。对繁缕、硬草、野燕麦、鬼蜡烛、节节麦、菵草、早熟禾等效果不理想。

【使用方法】茎叶喷雾。

小麦田	70％氟唑磺隆水分散粒剂3～4克/亩喷雾处理。春小麦2～3叶期、一年生杂草1～3叶期，冬小麦3叶期至返青、一年生杂草2～4叶期兑水茎叶喷雾施药，每个作物周期使用1次。

4. 注意事项

（1）大风天或预计1小时内降雨勿使用。干旱、低温、冰冻、洪涝和肥力不足土壤等不良条件下不宜使用，施药时气温应高于8℃。

（2）不可在大麦、燕麦、十字花科和豆科作物田使用。勿在套种或间作大麦、燕麦、十字花科作物及豆类等作物的小麦田使用。

（3）使用9个月后，可以轮作萝卜、大麦、红花、油菜、大豆、菜豆、向日葵、亚麻和马铃薯，11个月后可种植豌豆，24个月后可种植小扁豆。下茬种植燕麦、芥菜、扁豆可能有残留药害。

烟嘧磺隆

Nicosulfuron

1. 作用特点

磺酰脲类乙酰乳酸合成酶（ALS）抑制剂，内吸传导型微毒除草剂。通过根、叶吸收，并在木质部和韧皮部内传导，积累于植物分生组织内，阻止乙酰乳酸合成酶的作用，影响缬氨酸、亮氨酸、异亮氨酸的生物合成，从而使蛋白质合成受阻，使植物生长受抑制而死亡。施用后杂草停止生长，4～5天新叶褪色、坏死，并逐步扩展到整个植株，一般条件下处理后20～25天植株死亡。玉米对该药有较好的耐药性，处理后出现暂时褪绿或轻微发育迟缓，但一般能迅速恢复而且不减产。

2. 主要产品

【单剂】水分散粒剂：75％；可分散油悬浮剂：4％、6％、8％、10％、20％；可湿性粉剂：80％。

【混剂】

烟嘧·硝草酮：烟嘧磺隆＋硝磺草酮，13％、14％、18％、25％可分散油悬浮剂。

烟嘧·嗪草酮：烟嘧磺隆＋嗪草酮，8％可分散油悬浮剂。

烟嘧·莠去津：烟嘧磺隆＋莠去津，52％可湿性粉剂，15％、21％、23％、24％、25％、26％、30％可分散油悬浮剂。

硝·烟·辛酰溴：硝磺草酮＋烟嘧磺隆＋辛酰溴苯腈，22％可分散油悬浮剂。

硝磺草·烟嘧隆·特丁津：硝磺草酮＋烟嘧磺隆＋特丁津，31％可分散油悬浮剂。

氯吡·硝·烟嘧：氯氟吡氧乙酸＋硝磺草酮＋烟嘧磺隆，22％、23％、28％可分散油悬浮剂，50％水分散粒剂。

烟·硝·莠去津：烟嘧磺隆＋硝磺草酮＋莠去津，24％、28％、30％、32％、33％、35％、40％、43％可分散油悬浮剂。

辛·烟·莠去津：辛酰溴苯腈＋烟嘧磺隆＋莠去津，38％、39％可分散油悬浮剂。

烟嘧·乙·莠：烟嘧磺隆＋乙草胺＋莠去津，40％、42％、51％、52％、64％可分散油悬浮剂。

丁·莠·烟嘧：丁草胺＋莠去津＋烟嘧磺隆，32％、42％可分散油悬浮剂。

烟嘧·莠·异丙：烟嘧磺隆＋莠去津＋异丙草胺，37％、42％可分散油悬浮剂。

精·烟·莠去津：精异丙甲草胺＋烟嘧磺隆＋莠去津，35％、50％可分散油悬浮剂。

2甲·莠·烟嘧：2甲4氯异辛酯＋莠去津＋烟嘧磺隆，45％可湿性粉剂，36％可分散油悬浮剂。

辛·烟·氯氟吡：辛酰溴苯腈＋烟嘧磺隆＋氯氟吡氧乙酸，30％可分散油悬浮剂。

烟嘧·氯氟吡：烟嘧磺隆＋氯氟吡氧乙酸，12％可分散油悬浮剂。

烟嘧·莠·氯吡：烟嘧磺隆＋莠去津＋氯氟吡氧乙酸，28％、33％、35％、37％、40％可分散油悬浮剂。

烟嘧·氯吡嘧：烟嘧磺隆＋氯吡嘧磺隆，22％可分散油悬浮剂。

氯嘧·烟·氯吡：氯吡嘧磺隆＋烟嘧磺隆＋氯氟吡氧乙酸，22％可分散油悬浮剂。

氯吡·麦·烟嘧：氯氟吡氧乙酸＋麦草畏＋烟嘧磺隆，24％可分散油悬浮剂。

烟嘧·麦草畏：烟嘧磺隆＋麦草畏，75％可溶粉剂，40％可湿性粉剂。

麦草畏·烟嘧隆·莠去津：麦草畏＋烟嘧磺隆＋莠去津，30％可分散油悬浮剂。

烟·莠·灭草松：烟嘧磺隆＋莠去津＋灭草松，33％可分散油悬浮剂。

烟·莠·唑嘧胺：烟嘧磺隆＋莠去津＋唑嘧磺草胺，25％可分散油悬浮剂。

苯唑酮·烟嘧隆·莠去津：苯唑草酮＋烟嘧磺隆＋莠去津，25％、30％可分散油悬浮剂。

苯唑酮·特丁津·烟嘧隆：苯唑草酮＋特丁津＋烟嘧磺隆，30％可分散油悬浮剂。

嗪·烟·莠去津：嗪草酸甲酯＋烟嘧磺隆＋莠去津，20％可分散油悬浮剂。

烟·莠·二氯吡：烟嘧磺隆＋莠去津＋二氯吡啶酸，40％可分散油悬浮剂。

烟·莠·滴辛酯：烟嘧磺隆＋莠去津＋2,4-滴异辛酯，31％、34％、35％、

44%可分散油悬浮剂。

烟嘧·滴辛酯：烟嘧磺隆＋2,4-滴异辛酯，40%可分散油悬浮剂。

烟嘧·特丁津·滴异辛酯：烟嘧磺隆＋特丁津＋2,4-滴异辛酯，33%可分散油悬浮剂。

辛酰·烟·滴异：辛酰溴苯腈＋烟嘧磺隆＋2,4-滴异辛酯，30%可分散油悬浮剂。

烟嘧·砜嘧：烟嘧磺隆＋砜嘧磺隆，6%可分散油悬浮剂。

以上混剂登记在玉米田使用。

3. 应用

【适用作物】玉米。

【防治对象】多种一年生禾本科杂草、阔叶杂草及莎草科杂草，对稗草、马唐、狗尾草、野燕麦、反枝苋、牛筋草、香附子的防效好；对藜、小藜、本氏蓼、荸草、苍耳有效；对马齿苋、铁苋菜、狗牙根、苘麻、婆婆纳、一年蓬、龙葵、鸭跖草、地肤和鼬瓣花的防效差。

【使用方法】茎叶喷雾。

| 玉米田 | 10%烟嘧磺隆可分散油悬浮剂 30～40 毫升/亩喷雾处理。玉米 3～6 叶期，杂草 2～4 叶期兑水茎叶喷雾处理。每个作物周期使用 1 次。 |

4. 注意事项

（1）推荐无风晴天下午 4 时以后用药。高温、干旱、低温、玉米生长弱小时慎用。

（2）不能和有机磷杀虫剂混用，施用前后 7 天内不能使用有机磷类农药。

（3）注意玉米品种耐药性差异。适用于马齿型和硬质玉米品种。个别马齿型玉米品种（如登海系列济单 7 号）较为敏感，初次使用时应当先进行试验。糯玉米、甜玉米、爆裂玉米、制种玉米田、自交系玉米田及玉米 2 叶前及 6 叶后，不宜使用。

（4）玉米对该药有较好的耐药性，处理后出现暂时褪绿或轻微的发育迟缓，但一般能迅速恢复而不减产。

（5）对后茬小白菜、甜菜、菠菜等有药害，尤其是后茬为甜菜的种植区应减量使用；在粮菜间作或轮作地区，应做好对后茬蔬菜的敏感性试验。

（6）生态毒性：鸟类低毒，鱼类低毒，大型溞低毒，绿藻低毒，蜜蜂低毒，家蚕低毒，蚯蚓低毒。

噻吩磺隆

Thifensulfuron - methyl

1. 作用特点

磺酰脲类乙酰乳酸合成酶（ALS）抑制剂，内吸传导型微毒除草剂。施药后有效成分被杂草根和茎、叶吸收后传导到植株各部位，抑制乙酰乳酸合成酶活性，从而影响支链氨基酸（亮氨酸、异亮氨酸、缬氨酸）生物合成，使杂草生长停止，失绿，顶端分生组织死亡。施药后敏感植物即停止生长并在7～21天内死亡；低温时用药，药后28天以上杂草才能全部死亡。

2. 主要产品

【单剂】可湿性粉剂：15％、20％、25％、70％、75％；水分散粒剂：75％；干悬浮剂：75％。

【混剂】

噻磺·乙草胺：噻吩磺隆＋乙草胺，50％乳油，20％、39％、50％可湿性粉剂，登记在小麦田、花生田、玉米田、大豆田使用。

噻磺·异丙隆：噻吩磺隆＋异丙隆，72％可湿性粉剂，登记在小麦田使用。

砜嘧·噻吩：砜嘧磺隆＋噻吩磺隆，34％、75％水分散粒剂，登记在玉米田使用。

苄·噻磺：苄嘧磺隆＋噻吩磺隆，15％可湿性粉剂，登记在小麦田使用。

噻吩·唑草酮：噻吩磺隆＋唑草酮，22％、36％可湿性粉剂，登记在小麦田使用。

噻吩·苯磺隆：噻吩磺隆＋苯磺隆，10％可湿性粉剂，登记在小麦田使用。

扑·噻·乙草胺：扑草净＋噻吩磺隆＋乙草胺，76％乳油，登记在马铃薯田、花生田使用。

噻·噁·苯磺隆：噻吩磺隆＋精噁唑禾草灵＋苯磺隆，55％可湿性粉剂，登记在小麦田使用。

滴辛酯·噻吩隆·乙草胺：2,4-滴异辛酯＋噻吩磺隆＋乙草胺，81％、83％乳油，登记在春玉米田使用。

3. 应用

【适用作物】小麦、玉米、大豆、花生、马铃薯。

【防治对象】一年生阔叶杂草，对播娘蒿、荠菜、碎米荠等十字花科杂草和牛繁缕、繁缕、反枝苋、鳢肠防效好，对苘麻、宝盖草、米瓦罐、稻槎菜、大巢菜、毛茛、卷耳、一年蓬、龙葵、苍耳、蓼等具有一定的防效。对猪殃殃、麦家公、铁苋菜、莕缀、泥胡菜等防效欠佳，对婆婆纳、泽漆、通泉草、刺儿菜、田旋花的防效差。

【使用方法】茎叶喷雾、土壤喷雾。

小麦田	75％噻吩磺隆可湿性粉剂2～3克/亩喷雾处理。冬小麦2叶至拔节前均可施药，以杂草出齐2～4叶期为佳，兑水茎叶喷雾施药，每个作物周期使用1次。
玉米田	15％噻吩磺隆可湿性粉剂8～12克/亩喷雾处理。春玉米播后苗前兑水土壤喷雾处理，夏玉米苗后阔叶杂草2～4叶期兑水茎叶喷雾处理，每个作物周期使用1次。

大豆田	15%噻吩磺隆可湿性粉剂8～12克/亩喷雾处理。春大豆播后苗前兑水土壤喷雾处理，夏大豆播后苗前兑水土壤喷雾处理，每个作物周期使用1次。
花生田	15%噻吩磺隆可湿性粉剂8～12克/亩喷雾处理。播后苗前兑水土壤喷雾施药1次，每个作物周期使用1次。

4. 注意事项

（1）当作物处于不良环境时（如干旱、严寒、土壤水分过饱和及病虫害危害等），不宜施药。10℃以下效果差，死草速度慢。大风天或预计1小时内降雨勿使用。

（2）阔叶杂草叶龄大于5叶（株高5厘米）时防效差。

（3）与阔叶作物间作或套种大豆的玉米田禁用。

（4）施药与后茬作物安全间隔期60天。

砜嘧磺隆

Rimsulfuron

1. 作用特点

磺酰脲类乙酰乳酸合成酶（ALS）抑制剂，内吸传导型低毒除草剂。由根、叶吸收，传导至分生组织，通过抑制乙酰乳酸合成酶活性，使植物体内支链氨基酸缬氨酸和异亮氨酸的生物合成受阻碍，抑制植物生长端的细胞分裂，从而阻止植物生长，植株显现紫红色并失绿坏死。

2. 主要产品

【单剂】可分散油悬浮剂：4%、12%；水分散粒剂：17%，25%；可湿性粉剂：15%。

【混剂】

砜嘧·噻吩：砜嘧磺隆＋噻吩磺隆，34%、75%水分散粒剂，登记在玉米田使用。

砜嘧·高氟吡：砜嘧磺隆＋高效氟吡甲禾灵，11%可分散油悬浮剂，登记在烟草田和马铃薯田使用。

砜嘧·精喹：砜嘧磺隆＋精喹禾灵，11%、13%可分散油悬浮剂，登记在马铃薯田使用。

砜嘧隆·高氟吡·嗪草酮：砜嘧磺隆＋高效氟吡甲禾灵＋嗪草酮，24%、25%可分散油悬浮剂，登记在马铃薯田使用。

砜·喹·嗪草酮：砜嘧磺隆＋精喹禾灵＋嗪草酮，23.2%、26%可分散油悬浮剂，登记在马铃薯田使用。

嗪·烯·砜嘧：嗪草酮＋烯草酮＋砜嘧磺隆，22%、25%、28%可分散油悬浮剂，登记在马铃薯田使用。

砜·硝·氯氟吡：砜嘧磺隆＋硝磺草酮＋氯氟吡氧乙酸，32％可分散油悬浮剂，登记在玉米田使用。

砜嘧·莠去津：砜嘧磺隆＋莠去津，50％可湿性粉剂，19.5％、25％可分散油悬浮剂，登记在玉米田使用。

砜嘧·烯草酮：砜嘧磺隆＋烯草酮，15％可分散油悬浮剂，登记在烟草田和马铃薯田使用。

烟嘧·砜嘧：烟嘧磺隆＋砜嘧磺隆，6％可分散油悬浮剂，登记在玉米田使用。

砜嘧·硝磺：砜嘧磺隆＋硝磺草酮，50％水分散粒剂，登记在玉米田使用。

3. 应用

【适用作物】马铃薯、玉米、烟草。

【防治对象】香附子、田蓟、莎草、皱叶酸模等多年生杂草，野燕麦、稗草、止血马唐、狗尾草、千金子等一年生禾本科杂草，苘麻、藜、繁缕、猪殃殃、反枝苋等一年生阔叶杂草。

【使用方法】茎叶喷雾、定向茎叶喷雾。

马铃薯田	25％砜嘧磺隆水分散粒剂 4～6 克/亩喷雾处理。杂草 2～5 叶期，兑水茎叶喷雾，每季最多施药 1 次。
玉米田	25％砜嘧磺隆水分散粒剂 5～7 克/亩茎叶定向喷雾处理。玉米苗后 3～5 叶期，禾本科杂草 2～4 叶、阔叶杂草 3～4 叶期、多年生杂草 6 叶以前，大多数杂草出齐时，兑水茎叶喷雾，每季作物最多施药 1 次。
烟草田	25％砜嘧磺隆水分散粒剂 5～6 克/亩喷雾处理。杂草 2～4 叶期，兑水茎叶喷雾，每季最多施药 1 次，后茬作物安全间隔期为 90 天。

4. 注意事项

（1）勿使用弥雾机施药。在喷药时，应控制喷头高度，使药液正好覆盖在作物行间，沿行间均匀喷施。避免将药液直接喷到马铃薯叶和烟叶上以及玉米喇叭口内。

（2）甜玉米、爆玉米、糯玉米及制种玉米田不宜使用。

（3）使用前后 7 天内禁止使用有机磷杀虫剂，避免产生药害。

（4）水产养殖区、河塘等水体附近禁用。

啶嘧磺隆

Flazasulfuron

1. 作用特点

磺酰脲类乙酰乳酸合成酶（ALS）抑制剂，为内吸传导型低毒除草剂。药剂经叶面吸收并转移至植物各组织，阻碍支链氨基酸（亮氨酸、异亮氨酸和缬氨酸）合成，抑制植物生长端的细胞分裂，从而阻止植物生长，植株显现紫红色并失绿坏死。一般情况下，处理后杂草立即停止生长，吸收 4～5 天后新叶褪绿，20～40 天彻底枯死。土壤或茎叶喷雾均可，早期茎叶处理使用效果较好，尤以杂草 3～4 叶期最好。

2. 主要产品

【单剂】水分散粒剂：25％；可分散油悬浮剂：40 克/升。

【混剂】无。

3. 应用

【适用作物】暖季型草坪。

【防治对象】主要用于防除一年生阔叶杂草和禾本科杂草，也能防除多年生阔叶杂草和莎草科杂草，如稗草、马唐、牛筋草、早熟禾、看麦娘、狗尾草、香附子、水蜈蚣、碎米莎草、异型莎草、扁穗莎草、白车轴草、空心莲子草、小飞蓬、黄花草、绿苋、荠菜、繁缕、大巢菜等，对短叶水蜈蚣、马唐和香附子防效极佳。

【使用方法】茎叶喷雾。

暖季型草坪	25％啶嘧磺隆水分散粒剂 10～20 克/亩喷雾处理。杂草 2～4 叶期茎叶喷雾使用，喷液量要足，使杂草能充分接触到药液，勿重喷和漏喷，每季最多使用 1 次。

4. 注意事项

（1）除草活性高，需严格掌握用药量，施药后 4～7 天杂草逐渐失绿，然后枯死，部分杂草在 20～40 天后完全枯死，勿重新用药。

（2）该药剂对暖季型草坪结缕草（马尼拉等）、狗牙根（百慕大等）安全性高，草坪草休眠期到生长期均可使用；高羊茅、黑麦草、早熟禾等冷季型草坪对该药高度敏感，严禁使用。

甲嘧磺隆

Sulfometuron - methyl

1. 作用特点

磺酰脲类乙酰乳酸合成酶（ALS）抑制剂，内吸传导型灭生性微毒除草剂。通过抑制乙酰乳酸合成酶活性，使植物体内的支链氨基酸合成受阻碍，抑制植物生长端的细胞分裂，从而阻止植物生长，植株显现紫红色并失绿坏死。除草灭灌谱广，活性高，可使杂草的根、茎、叶彻底坏死。渗入土壤后发挥芽前活性，抑制杂草种子萌发，叶面处理后立即发挥芽后活性。可用于防除禾本科杂草和阔叶杂草，以及灌木。施药量视土壤类型、杂草、灌木种类而异，持效长达数月甚至一年以上。某些针叶树可将甲嘧磺隆代谢为无活性的糖苷，具有选择性。主要用于开辟森林防火隔离带、伐木后林地清理、荒地开垦前、休闲非耕地和荒地除草灭灌、针叶苗圃和幼林抚育，对短叶松、长叶松、多脂松、沙生地、湿地松、油松等和几种云杉安全，对花旗杉、大冷杉、美国黄松有药害，对针叶树以外的各种植物包括农作物、观赏植物、绿化落叶树木等均可造成药害。

2. 主要产品

【单剂】悬浮剂：10％；可湿性粉剂：10％、75％；水分散粒剂：75％。

【混剂】无。

3. 应用

【适用作物】非耕地、林地、防火隔离带、针叶苗圃。

【防治对象】主要用于防除一年生和多年生禾本科和阔叶杂草，包括丝叶泽兰、羊茅、柳兰、一枝黄花、小飞蓬、六月禾、油莎草、黍、豚草、荨麻叶泽兰、黄香草木樨等。

【使用方法】茎叶喷雾、土壤喷雾。

非耕地	10％甲嘧磺隆可湿性粉剂兑水茎叶喷雾处理。用于防除草本杂草时推荐制剂用量250～500克/亩，用于防除灌木时推荐制剂用量700～2 000克/亩。
林地	10％甲嘧磺隆可湿性粉剂兑水茎叶喷雾处理。用于防除草本杂草时推荐制剂用量250～500克/亩，用于防除灌木时推荐制剂用量700～2 000克/亩。
防火隔离带	10％甲嘧磺隆可湿性粉剂兑水茎叶喷雾处理。用于防除草本杂草时推荐制剂用量250～500克/亩，用于防除灌木时推荐制剂用量700～2 000克/亩。
针叶苗圃	10％甲嘧磺隆可湿性粉剂70～140克/亩兑水喷雾处理。从杂草萌发后至整个生育期均可使用。

4. 注意事项

（1）非耕地除草剂，农田禁用。不得以任何形式污染农田及水源。不可在临近雨季时用药，以免连续降雨而将药剂冲刷到附近农田而造成药害。

（2）呈弱碱性，避免与酸性药剂混用。

（3）不宜在杉木、落叶松、门氏黄松、美国黄松等上使用，以免产生药害。

（4）施药后大片杂草、杂灌枯死时，注意防火。

（5）对蜜蜂、鱼类等水生生物、家蚕、鸟类不安全，施药时应避免对周围蜂群的影响，蜜源作物花期、蚕室和桑园附近慎用。远离水产养殖区施药，应避免药液流入河塘等水体中，清洗喷药器械时应避免污染水源。

咪唑乙烟酸

Imazethapyr

1. 作用特点

咪唑啉酮类乙酰乳酸合成酶（ALS）抑制剂，为内吸传导型低毒除草剂。通过根、叶吸收，并在木质部和韧皮部内传导，积累于植物分生组织内，阻止乙酰乳酸合成酶的作用，影响缬氨酸、亮氨酸、异亮氨酸的生物合成，从而使蛋白质合成受阻，使植物生长受抑制而死亡。豆科植物吸收咪唑乙烟酸后，使其在体内很快分解，对大豆安全，在大豆体内的半衰期为1～6天。杀草谱广，芽前及早期苗后施用，可以防除多种一年生、多年生禾本科杂草和阔叶杂草。

2. 主要产品

【单剂】水剂：5％、10％、15％、16％；微乳剂：5％；可湿性粉剂：70％；水分散粒剂：70％。

【混剂】

松·烟·氟磺胺：异噁草松＋咪唑乙烟酸＋氟磺胺草醚，18％、38％微乳剂。

咪乙·异噁松：咪唑乙烟酸＋异噁草松，30％、36％、40％、40.5％乳油，20％微乳剂。

咪乙·甲戊灵：咪唑乙烟酸＋二甲戊灵，34％乳油。

氟·咪·灭草松：氟磺胺草醚＋咪唑乙烟酸＋灭草松，32％水剂。

唑喹·咪乙烟：咪唑喹啉酸＋咪唑乙烟酸，7.5％水剂。

喹·唑·氟磺胺：精喹禾灵＋咪唑乙烟酸＋氟磺胺草醚，16.8％微乳剂，20％乳油。

咪乙·氟磺胺：咪唑乙烟酸＋氟磺胺草醚，25％水剂。

以上混剂登记在大豆田使用。

3. 应用

【适用作物】大豆。

【防治对象】主要用于防除多种一年生、多年生禾本科杂草和阔叶杂草，如稗草、马唐、狗尾草、野高粱（高用量）、马齿苋、反枝苋、荠菜、藜、酸模叶蓼、苍耳、香薷、曼陀罗、龙葵、苘麻、狼杷草、鸭跖草（3叶期以前）等。对多年生刺儿菜、蓟、苣荬菜有抑制作用；对牛筋草、千金子防效差；对决明、田菁等杂草无效。

【使用方法】土壤喷雾、茎叶喷雾。

大豆田	10％咪唑乙烟酸水剂60～70毫升/亩喷雾处理。在大豆1～2复叶、杂草2～4叶期，兑水茎叶喷雾处理或大豆播后苗前土壤喷雾处理。每个作物周期使用1次。

4. 注意事项

（1）干旱条件下应在推荐范围内适当提高用水量，以保证药效的正常发挥；大风天及高温天勿施药；低洼田块、酸性土壤慎用；勿采用飞机高空喷药或超低容量喷药。

（2）施药后初期对大豆生长有明显抑制作用，但能很快恢复。

（3）在土壤中的残留期较长，敏感作物如白菜、油菜、黄瓜、马铃薯、茄子、辣椒、番茄、甜菜、西瓜、高粱等均不能在施用咪唑乙烟酸 3 年内种植。如按推荐剂量使用，后茬可种春小麦、大豆或玉米。

（4）生态毒性：鸟类低毒，鱼类低毒，大型溞低毒，蜜蜂低毒，蚯蚓低毒，家蚕低毒。

甲氧咪草烟

Imazamox

1. 作用特点

咪唑啉酮类乙酰乳酸合成酶（ALS）抑制剂，为内吸传导型微毒除草剂。通过根、叶吸收，并在木质部和韧皮部内传导，积累于植物分生组织内，阻止缬氨酸、亮氨酸、异亮氨酸的生物合成，从而使蛋白质合成受阻，使植物生长受抑制而死亡。豆科植物吸收甲氧咪草烟后，使其在体内很快分解，对大豆安全。

2. 主要产品

【单剂】水剂：4%。

【混剂】无。

3. 应用

【适用作物】大豆。

【防治对象】多种一年生禾本科及阔叶杂草，如杂草稻、狗尾草、野燕麦、稗草、马唐、野黍、异型莎草、碎米莎草、苋、蓼、龙葵、藜、马齿苋、苍耳、荠菜、苘麻、荞麦蔓、鸭跖草等。

【使用方法】土壤喷雾。

大豆田	4%甲氧咪草烟水剂 75～80 毫升/亩，播后苗前土壤喷雾使用，每个作物周期使用 1 次。

4. 注意事项

（1）干旱条件下应在推荐范围内适当提高用水量，以保证药效的正常发挥；大风天及高温天勿施药；低洼田块、酸性土壤慎用；勿采用飞机高空喷药或超低容量施药。

（2）施药初期对大豆生长有明显抑制作用，但能很快恢复。施药后 2 天内遇 16 ℃以下低温，大豆对其代谢能力降低，易造成药害。

（3）在土壤中的残留期较长，按推荐剂量使用后合理安排后茬作物，间隔 4 个月后播种冬小麦、春小麦、大麦；12 个月后播种玉米、棉花、谷子、向日葵、烟草、西瓜、马铃薯、移栽稻；18 个月后播种甜菜、油菜（土壤 pH≥6.2）。

（4）水稻田使用后间隔 4 个月可种植小麦、油菜、大蒜、蚕豆，其他作物需进行小区试验后种植。

（5）加入 2%硫酸铵可提高对杂草的防效。加入增效剂可增加除草活性，但也可能增加大豆药害。不可与农用增效剂 YZ-901 混用，添加增效剂混用前应先开展作物安全性评价。

（6）在低温或作物长势较弱的情况下应慎重使用。

（7）生态毒性：鸟类低毒，鱼类低毒，大型溞低毒，绿藻低毒，蜜蜂低毒，蚯蚓低毒，家蚕低毒。

双氟磺草胺

Florasulam

1. 作用特点

三唑并嘧啶磺酰胺类乙酰乳酸合成酶（ALS）抑制剂，内吸传导型低毒除草剂，施药后有效成分被杂草根和茎、叶吸收后传导到植株各部位，抑制乙酰乳酸合成酶活性，从而影响支链氨基酸（亮氨酸、异亮氨酸、缬氨酸）生物合成，使杂草生长停止，失绿，顶端分生组织死亡。药后 20～30 天敏感杂草枯死。在低温下药效稳定，即使是在 2 ℃时仍能保证稳定药效。

2. 主要产品

【单剂】悬浮剂：5％、10％、50 克/升；水分散粒剂：10％、25％；可湿性粉剂：10％；可分散油悬浮剂：5％。

【混剂】

双氟·氯氟吡：双氟磺草胺＋氯氟吡氧乙酸，15％、16％悬浮剂，31％可分散油悬浮剂，登记在小麦田、高羊茅草坪、玉米田使用。

2 甲·双氟：2 甲 4 氯异辛酯＋双氟磺草胺，40％、43％、46％悬浮剂，42％、46％可湿性粉剂，登记在小麦田使用。

双氟·滴辛酯：双氟磺草胺＋2,4-滴异辛酯，42％、45.9％、55％悬浮剂，登记在小麦田使用。

双氟·唑嘧胺：双氟磺草胺＋唑嘧磺草胺，5％、5.8％、17.5％悬浮剂，登记在小麦田使用。

双氟·唑草酮：双氟磺草胺＋唑草酮，6％可湿性粉剂，6％可分散油悬浮剂，3％、8％悬浮剂，登记在小麦田使用。

双氟·炔草酯：双氟磺草胺＋炔草酯，7％可分散油悬浮剂，登记在小麦田使用。

炔草酯·双氟·唑草酮：炔草酯＋双氟磺草胺＋唑草酮，18％微乳剂，登记在小麦田使用。

滴辛酯·炔草酯·双氟：2,4-滴异辛酯＋炔草酯＋双氟磺草胺，37％悬浮剂，登记在小麦田使用。

二磺·双氟·炔：甲基二磺隆＋双氟磺草胺＋炔草酯，8％可分散油悬浮剂，登记在小麦田使用。

双氟磺草胺·唑啉草酯：双氟磺草胺＋唑啉草酯，4％可分散油悬浮剂，登记在小麦田使用。

双氟·苯磺隆：双氟磺草胺＋苯磺隆，75％水分散粒剂，登记在小麦田使用。

双氟·二磺：双氟磺草胺＋甲基二磺隆，1％、2％、4％、6％可分散油悬浮剂，登记在小麦田使用。

2甲·二磺·双氟：2甲4氯异辛酯＋甲基二磺隆＋双氟磺草胺，25％可分散油悬浮剂，登记在小麦田使用。

二磺·氯吡酯·双氟草：甲基二磺隆＋氯氟吡氧乙酸异辛酯＋双氟磺草胺，26％可分散油悬浮剂，登记在小麦田使用。

双氟·氟唑磺：双氟磺草胺＋氟唑磺隆，50％水分散粒剂，登记在小麦田使用。

2甲·氯·双氟：2甲4氯异辛酯＋氯氟吡氧乙酸＋双氟磺草胺，48％悬浮剂，登记在小麦田使用。

2甲·唑·双氟：2甲4氯＋唑草酮＋双氟磺草胺，54％可湿性粉剂，登记在小麦田使用。

氯吡·唑·双氟：氯氟吡氧乙酸＋唑草酮＋双氟磺草胺，9.2％、16％悬浮剂，登记在小麦田使用。

3. 应用

【适用作物】小麦。

【防治对象】阔叶杂草，如猪殃殃、播娘蒿、荠菜、繁缕、蓼属杂草、麦家公、泽漆、麦瓶草、菊科杂草等。对萹蓄、藜和小藜防效欠佳。

【使用方法】茎叶喷雾。

小麦田	50克/升双氟磺草胺悬浮剂5～6毫升/亩喷雾处理。冬小麦出苗后阔叶杂草3～6叶期兑水茎叶喷雾施药，每个作物周期使用1次。

4. 注意事项

大风天或预计1小时内降雨，不可施药。

唑嘧磺草胺

Flumetsulam

1. 作用特点

三唑并嘧啶磺酰胺类乙酰乳酸合成酶（ALS）抑制剂，为内吸传导型低毒除草剂。通过根、叶吸收，并在木质部和韧皮部内传导，积累于植物分生组织内，阻止缬氨酸、亮氨酸、异亮氨酸的生物合成，从而使蛋白质合成受阻，使植物生长受抑制而死亡。施用后杂草停止生长，叶片中脉失绿，叶脉和叶尖褪色，由心叶开始黄白化，紫化，节间变短，顶芽死亡，最终全株死亡。大豆、玉米等作物吸收唑嘧磺草胺后能迅速降解代谢，因而具有耐药性。

2. 主要产品

【单剂】水分散粒剂：80％；可分散油悬浮剂：20％、25％；悬浮剂：5.8％、10％、17.5％。

【混剂】

双氟·唑嘧胺：双氟磺草胺＋唑嘧磺草胺，5％、5.8％、17.5％悬浮剂，登记在小麦田使用。

莠·唑嘧胺：莠去津＋唑嘧磺草胺，38％悬浮剂，登记在玉米田使用。

乙·莠·唑嘧胺：乙草胺＋莠去津＋唑嘧磺草胺，56％、75％悬浮剂，登记在玉米田使用。

精喹禾灵·唑嘧磺草胺：精喹禾灵＋唑嘧磺草胺，16％可分散油悬浮剂，登记在甘薯田使用。

滴辛酯·异甲胺·唑草胺：2,4-滴异辛酯＋异丙甲草胺＋唑嘧磺草胺，80％可分散油悬浮剂，登记在玉米田使用。

烟·莠·唑嘧胺：烟嘧磺隆＋莠去津＋唑嘧磺草胺，25％可分散油悬浮剂，登记在玉米田使用。

3. 应用

【适用作物】大豆、玉米、小麦、甘薯等。

【防治对象】防治各种阔叶杂草，如藜、反枝苋、凹头苋、铁苋菜、苘麻、酸模叶蓼、卷茎蓼、苍耳、柳叶刺蓼、龙葵、苣荬菜、野西瓜苗、香薷、野薄荷、水棘针、繁缕、猪殃殃、大巢菜、毛茛、问荆、地肤以及荠菜、遏蓝菜、风花菜等。对猪殃殃有特效，对幼龄期禾本科杂草有抑制效果。

【使用方法】茎叶喷雾、土壤喷雾。

大豆田	80％唑嘧磺草胺水分散粒剂 3～5 克/亩喷雾处理。在大豆播前或播后苗前兑水土壤喷雾处理。每个作物周期使用 1 次。
玉米田	80％唑嘧磺草胺水分散粒剂 3～5 克/亩喷雾处理。玉米播种前或播后芽前兑水土壤喷雾处理。每个作物周期使用 1 次。
小麦田	80％唑嘧磺草胺水分散粒剂 1.6～2.5 克/亩喷雾处理。在小麦 3 叶期至冬前或早春返青至拔节期前杂草 2～4 叶期，兑水茎叶喷雾处理。每个作物周期使用 1 次。
甘薯田	20％唑嘧磺草胺水分散粒剂 10～20 克/亩喷雾处理。甘薯移栽成活后，杂草 2～4 叶期兑水茎叶喷雾处理。每个作物周期使用 1 次。

4. 注意事项

（1）勿在大豆、玉米出苗后施药，否则易产生药害。不宜在地表太干燥或下雨时施药。

（2）残留期较长，正常推荐剂量下后茬可以安全种植玉米、小麦、大麦、水稻、高粱；后茬如果种植油菜、棉花、甜菜、向日葵、马铃薯、亚麻及十字花科蔬菜等敏感作物需隔年。

（3）避免在水产养殖区、河塘等水体附近使用。

五氟磺草胺

Penoxsulam

1. 作用特点

三唑并嘧啶磺酰胺类乙酰乳酸合成酶（ALS）抑制剂，内吸传导型低毒除草剂，施药后有效成分被杂草根和茎、叶吸收后传导到植株各部位，抑制乙酰乳酸合成酶活性，从而影响支链氨基酸（亮氨酸、异亮氨酸、缬氨酸）生物合成，使杂草生长停止，失绿，顶端分生组织死亡。处理后 7～14 天杂草顶芽变红、坏死，14～28 天后植株死亡。

2. 主要产品

【单剂】可分散油悬浮剂：5％、10％、20％、25 克/升；颗粒剂：0.025％、0.12％、0.3％、0.5％；悬浮剂：10％、22％。

【混剂】

五氟·丙草胺（丙草胺·五氟磺草胺）：五氟磺草胺＋丙草胺，28％、30％、31％、31.5％、36％、42％可分散油悬浮剂，5％颗粒剂，16％、40％悬浮剂。

五氟·吡啶酯：五氟磺草胺＋氯氟吡啶酯，3％可分散油悬浮剂。

噁唑·五氟磺：噁唑酰草胺＋五氟磺草胺，11％、12％可分散油悬浮剂。

五氟·氰氟草：五氟磺草胺＋氰氟草酯，6％、12％、16％、17％、18％、20％可分散油悬浮剂。

五氟·氯氟吡：五氟磺草胺＋氯氟吡氧乙酸，16％、24％、29％可分散油悬浮剂。

五氟·丁草胺：五氟磺草胺＋丁草胺，0.33％、5％颗粒剂，40％悬浮剂，60％乳油。

五氟·二氯喹：五氟磺草胺＋二氯喹啉酸，25％悬浮剂，24％、25％可分散油悬浮剂。

五氟·双草醚：五氟磺草胺＋双草醚，4％悬浮剂，6％、8％、10％可分散油悬浮剂。

五氟·灭草松：五氟磺草胺＋灭草松，26％可分散油悬浮剂。

五氟·嘧肟：五氟磺草胺＋嘧啶肟草醚，6％、18％可分散油悬浮剂。

噁嗪草·五氟磺：噁嗪草酮＋五氟磺草胺，6％可分散油悬浮剂。

硝磺·五氟磺：硝磺草酮＋五氟磺草胺，16％、18％可分散油悬浮剂，0.03％颗粒剂。

丙噁·五氟磺：丙炔噁草酮＋五氟磺草胺，15％可分散油悬浮剂。

苯噻酰·五氟磺：苯噻酰草胺＋五氟磺草胺，70％水分散粒剂。

精噁·五氟磺：精噁唑禾草灵＋五氟磺草胺，10％可分散油悬浮剂。

嘧草醚·五氟磺草胺：嘧草醚＋五氟磺草胺，10％悬浮剂。

二氯·双·五氟：二氯喹啉酸＋双草醚＋五氟磺草胺，27％可分散油悬浮剂。

二氯喹·氰氟酯·五氟磺：二氯喹啉酸＋氰氟草酯＋五氟磺草胺，20％可分散油悬浮剂。

苄·五氟·氰氟：苄嘧磺隆＋五氟磺草胺＋氰氟草酯，21％可分散油悬浮剂。

五氟·丙·氰氟：五氟磺草胺＋丙草胺＋氰氟草酯，28％可分散油悬浮剂。

五氟·唑·氰氟：五氟磺草胺＋唑草酮＋氰氟草酯，16％可分散油悬浮剂。

五氟·氰·嘧肟：五氟磺草胺＋氰氟草酯＋嘧啶肟草醚，13％、25％可分散油悬浮剂。

五氟·吡·氰氟：五氟磺草胺＋吡嘧磺隆＋氰氟草酯，21％、24％可分散油悬浮剂。

五氟·双·氰氟：五氟磺草胺＋双草醚＋氰氟草酯，14％可分散油悬浮剂。

五氟·氰·氯吡：五氟磺草胺＋氰氟草酯＋氯氟吡氧乙酸，28％可分散油悬浮剂。

苄嘧·五氟磺：苄嘧磺隆＋五氟磺草胺，6％可分散油悬浮剂，22％悬浮剂。

五氟·丙·吡嘧：五氟磺草胺＋丙草胺＋吡嘧磺隆，36％可分散油悬浮剂。

吡嘧·五氟磺：吡嘧磺隆＋五氟磺草胺，0.03％、5％颗粒剂，4％、6％、10％、13％、20％可分散油悬浮剂，20％悬浮剂。

五氟·吡·二氯：五氟磺草胺＋吡嘧磺隆＋二氯喹啉酸，26％可分散油悬浮剂。

五氟磺草胺·乙氧磺隆：五氟磺草胺＋乙氧磺隆，30％水分散粒剂。

嘧草醚·五氟磺·乙磺隆：嘧草醚＋五氟磺草胺＋乙氧磺隆，18％可分散油悬浮剂。

莎稗磷·五氟磺·乙磺隆：莎稗磷＋五氟磺草胺＋乙氧磺隆，0.52％颗粒剂。

五氟磺·硝磺·乙磺隆：五氟磺草胺＋硝磺草酮＋乙氧磺隆，0.22％颗粒剂。

苯噻酰·五氟磺·硝磺草：苯噻酰草胺＋五氟磺草胺＋硝磺草酮，22％水分散片剂。

以上混剂均登记在水稻田使用。

3. 应用

【适用作物】水稻。

【防治对象】对一年生禾本科、莎草科及阔叶杂草有较好的效果，对稗草有特效，但对千金子防效极差。

【使用方法】茎叶喷雾、药土法。

水稻田	25克/升五氟磺草胺可分散油悬浮剂60～80毫升/亩茎叶喷雾施用或药土法撒施。稗草2～3叶期施药,兑水茎叶喷雾,施药前排水,使杂草茎叶2/3以上露出水面,施药后1～3天内灌水,保持3～5厘米水层5～7天。每个作物周期使用1次。
水稻秧田	25克/升五氟磺草胺可分散油悬浮剂35～45毫升/亩喷雾处理。稗草1.5～2.5叶期兑水茎叶喷雾处理。施药前排水,使杂草茎叶2/3以上露出水面,施药后1～3天内灌水,保持3～5厘米水层5～7天。每个作物周期使用1次。

4. 注意事项

(1)不得与碱性农药、碱性物质混用。

(2)对非靶标作物如黄瓜、小麦、小白菜等有一定的影响,施药时应防止药液飘移到邻近作物田,以免产生药害。

(3)对鱼、溞、藻类等水生生物不安全,水产养殖区、河塘等水体附近禁用,鱼或虾蟹套养的稻田禁用,施药后的田水不得直接排入水体。

(4)蚕室和桑园附近禁用,不可使用最外围桑树上的叶片饲喂家蚕。对天敌赤眼蜂有高风险,赤眼蜂等天敌放飞区域禁用。

(5)对眼睛有轻度至中度刺激性。使用时要注意防护,若溅入眼睛,用大量清水冲洗至少15分钟,仍有不适时,就医。对皮肤有轻度刺激性,如不慎接触皮肤,脱除受污染的衣服,并用肥皂和大量清水冲洗。误吸移至空气清新处。误服立即携带标签送医院,对症治疗,无特效解毒剂。

啶磺草胺

Pyroxsulam

1. 作用特点

别名甲氧磺草胺,三唑并嘧啶磺酰胺类乙酰乳酸合成酶(ALS)抑制剂,内吸传导型低毒除草剂。施药后有效成分被杂草根和茎、叶吸收后传导到植株各部位,抑制乙酰乳酸合成酶活性,从而影响支链氨基酸(亮氨酸、异亮氨酸、缬氨酸)生物合成,使杂草生长停止,失绿,顶端分生组织死亡。药后14～28天敏感杂草枯死。

2. 主要产品

【单剂】水分散粒剂:7.5%;可分散油悬浮剂:4%。

【混剂】啶磺·氟氯酯:啶磺草胺+氟氯吡啶酯,20%水分散粒剂,登记在小麦田使用。

3. 应用

【适用作物】小麦。

【防治对象】可有效防除看麦娘、日本看麦娘、雀麦等小麦田一年生禾本科杂草，同时还可抑制硬草、野燕麦、多花黑麦草、大巢菜、牛繁缕等杂草。对野老鹳草、婆婆纳有效。对荩草、节节麦防效差，防除早熟禾需加量。

【使用方法】茎叶喷雾。

小麦田	4％啶磺草胺可分散油悬浮剂15～25毫升/亩喷雾处理。冬前或早春施用，麦苗4～6叶期，一年生禾本科杂草2.5～5叶期，杂草出齐后用药越早越好，兑水茎叶喷雾处理。小麦起身拔节后不可使用。每个作物周期使用1次。

4. 注意事项

（1）大风天或预计1小时内降雨勿施药。不宜在霜冻低温（最低气温低于2℃）等恶劣天气前后施药，不宜在遭受干旱、涝害、冻害、盐害、病害及营养不良的麦田施用，施用前后2天内不可大水漫灌麦田。干旱、低温时杂草枯死速度稍慢；施药1小时后降雨不显著影响药效。

（2）施药后麦苗有时会出现临时性黄化或蹲苗现象，正常使用条件下小麦返青后黄化消失，一般不影响产量。请勿在制种田施用。

氟酮磺草胺

Triafamone

1. 作用特点

三唑并嘧啶磺酰胺类乙酰乳酸合成酶（ALS）抑制剂，内吸传导型低毒除草剂。施药后有效成分被杂草根和茎、叶吸收后传导到植株各部位，抑制乙酰乳酸合成酶活性，从而影响支链氨基酸（亮氨酸、异亮氨酸、缬氨酸）生物合成，使杂草生长停止，失绿，顶端分生组织死亡。对水稻高度安全，用药适宜期长，可以从播种或者移栽阶段一直用到芽后晚期。在移栽稻田可于移栽前7天或移栽后7天使用。兼具有土壤封闭和早期茎叶杀灭作用，持效期40～45天。

2. 主要产品

【单剂】悬浮剂：19％。

【混剂】氟酮·呋喃酮：氟酮磺草胺＋呋喃磺草酮，27％悬浮剂。

3. 应用

【适用作物】水稻。

【防治对象】主要防治一年生杂草，如稗属杂草、千金子、陌上菜、节节菜、双穗雀稗、狗尾草、丁香蓼等，并能抑制慈姑、醴肠、眼子菜、狼杷草及萤蔺、扁秆藨草等杂草的生长。对分蘖期千金子防效差。

【使用方法】甩施、药土法、茎叶喷雾。

水稻移栽田	19％氟酮磺草胺悬浮剂 8～12 毫升/亩甩施法或药土法施用。移栽当天甩施使用，须避免药液施到稻苗茎、叶上。移栽后于水稻充分缓苗后、大部分杂草出苗前通过甩施或药土法施用。用药后保持 3～5 厘米水层 7 天以上，只灌不排，水层勿淹没水稻心叶。每个作物周期使用 1 次。
水稻直播田	19％氟酮磺草胺悬浮剂 8～12 毫升/亩喷雾处理。水稻 3 叶期、杂草 2～4 叶期，兑水茎叶喷雾施药。每个作物周期使用 1 次。

4. 注意事项

（1）病弱苗、浅根苗及盐碱地、漏水田、药后 5 天内大幅降温、暴雨天气不宜施用。

（2）于稗草 3.5 叶期前使用。

（3）栽前 4 周内前茬作物秸秆还田的稻田，须酌情减量施药。秸秆还田时，要将秸秆打碎并彻底与耕层土壤混匀，以免因秸秆集中腐烂造成水稻根际缺氧而引起稻苗受害。

（4）生态毒性：鸟类低毒，鱼类低毒，大型溞低毒，绿藻低毒，蜜蜂低毒，蚯蚓低毒，家蚕低毒。

双 草 醚

Bispyribac‐sodium

1. 作用特点

嘧啶水杨酸类乙酰乳酸合成酶（ALS）抑制剂，内吸传导型低毒除草剂，施药后有效成分被杂草根和茎、叶吸收后传导到植株各部位，抑制乙酰乳酸合成酶活性，从而影响支链氨基酸（亮氨酸、异亮氨酸、缬氨酸）生物合成，使杂草生长停止，失绿，顶端分生组织死亡。

2. 主要产品

【单剂】悬浮剂：10％、15％、20％、40％；可分散油悬浮剂：10％、20％；可湿性粉剂：20％、40％。

【混剂】

噁唑酰草胺·双草醚：噁唑酰草胺＋双草醚，16％可分散油悬浮剂。

噁唑·氯吡嘧·双草醚：噁唑酰草胺＋氯吡嘧磺隆＋双草醚，20％可分散油悬浮剂。

氰氟·双草醚：氰氟草酯＋双草醚，16％、20％、25％可分散油悬浮剂，40％可湿性粉剂，20％悬浮剂。

二氯·双草醚：二氯喹啉酸＋双草醚，25％、28％、35％悬浮剂，35％可湿性粉剂。

　　唑草·双草醚：唑草酮＋双草醚，25％可湿性粉剂。

　　双醚·灭草松：双草醚＋灭草松，41％可湿性粉剂。

　　五氟·双·氰氟：五氟磺草胺＋双草醚＋氰氟草酯，14％可分散油悬浮剂。

　　氰氟·吡·双草：氰氟草酯＋吡嘧磺隆＋双草醚，22％可分散油悬浮剂。

　　苄嘧·双草醚：苄嘧磺隆＋双草醚，30％可湿性粉剂。

　　吡·氯·双草醚：吡嘧磺隆＋二氯喹啉酸＋双草醚，60％可湿性粉剂。

　　吡嘧·双草醚：吡嘧磺隆＋双草醚，25％、30％可湿性粉剂，15％可分散油悬浮剂。

　　五氟·双草醚：五氟磺草胺＋双草醚，4％悬浮剂，6％、8％、10％可分散油悬浮剂。

　　二氯·双·五氟：二氯喹啉酸＋双草醚＋五氟磺草胺，27％可分散油悬浮剂。

　　以上混剂登记在水稻田使用。

3. 应用

【适用作物】水稻。

【防治对象】稗草、双穗雀稗、稻李氏禾、马唐、匍茎剪股颖、看麦娘、东北甜茅、狼杷草、异型莎草、水虱草、碎米莎草、萤蔺、日本藨草、扁秆藨草、鸭舌草、雨久花、野慈姑、泽泻、眼子菜、谷精草、牛毛毡、节节菜、陌上菜、水竹叶、空心莲子草、花蔺、丁香蓼等。对水莎草、千金子防效差。

【使用方法】茎叶喷雾。

| 水稻直播田 | 10％双草醚悬浮剂15～20毫升/亩喷雾施用。水稻4～6叶期，稗草3～7叶期，兑水茎叶喷雾。施药前须排干田水，使杂草全部露出且保持田间湿润；施药后1～2天复水，保持4～5厘米水层5天。水层勿淹没水稻心叶。每个作物周期使用1次。 |

4. 注意事项

　　（1）水稻4叶前使用，苗小、苗弱容易产生药害。

　　（2）双草醚对不同水稻品种的安全性存在差异，顺序是籼稻＞杂交稻＞粳稻＞糯稻。籼稻、粳稻3叶1心期前使用都会有褪绿现象，籼稻4叶期后使用，粳稻5叶期以后使用。

　　（3）在田间苗弱、气温骤变、施用量偏高等情况下，施用双草醚后3天会出现水稻秧苗褪绿现象，一般在施药7～10天后即可返青。

　　（4）勿用弥雾机喷药，防止药液浓度过高造成秧苗药害。气温低于15℃时，双草醚的防效表现不稳定，且可能发生水稻药害。南方地区，尤其是在长江中下游稻区，早稻田用药时期气温变化较大，不建议使用双草醚；若在5月使用，气温低于 20 ℃易产生药害。

（5）贮存应避免高温。高温下施用双草醚虽有利于药效发挥，但可能会缩短药剂持效期，气温高于 35 ℃施用容易导致水稻药害。

嘧啶肟草醚

Pyribenzoxim

1. 作用特点

嘧啶水杨酸类乙酰乳酸合成酶（ALS）抑制剂，内吸传导型低毒除草剂。施药后有效成分被杂草根和茎、叶吸收后传导到植株各部位，抑制乙酰乳酸合成酶活性，从而影响支链氨基酸（亮氨酸、异亮氨酸、缬氨酸）生物合成，使杂草生长停止，失绿，顶端分生组织死亡。用药后 3～5 天杂草叶片开始出现黄化现象，杂草彻底死亡需 5～10 天。

2. 主要产品

【单剂】乳油：5％、10％；悬浮剂：10％；可分散油悬浮剂：10％；微乳剂：5％；水乳剂：10％。

【混剂】

噁唑草·嘧啶肟：噁唑酰草胺＋嘧啶肟草醚，16％乳油。

嘧肟·丙草胺：嘧啶肟草醚＋丙草胺，30.6％、31％乳油。

嘧肟·氰氟草：嘧啶肟草醚＋氰氟草酯，9％、15％乳油，15％、20％水乳剂，13％、24％可分散油悬浮剂，9％微乳剂。

五氟·氰·嘧肟：五氟磺草胺＋氰氟草酯＋嘧啶肟草醚，13％、25％可分散油悬浮剂。

嘧肟·吡·氰氟：嘧啶肟草醚＋吡嘧磺隆＋氰氟草酯，20％可分散油悬浮剂。

氰氟·肟·灭松：氰氟草酯＋嘧啶肟草醚＋灭草松，28％可分散油悬浮剂。

嘧肟·丙·氰氟：嘧啶肟草醚＋丙草胺＋氰氟草酯，35％乳油。

二氯·肟·吡嘧：二氯喹啉酸＋嘧啶肟草醚＋吡嘧磺隆，25％可分散油悬浮剂。

五氟·嘧肟：五氟磺草胺＋嘧啶肟草醚，6％、18％可分散油悬浮剂。

以上混剂登记于水稻田使用。

3. 应用

【适用作物】水稻。

【防治对象】稗草、马唐、狗尾草、狗牙根、合萌、反枝苋、鸭舌草、眼子菜、四叶萍、泽泻、牛毛毡、日本藨草、异型莎草、水莎草等。

【使用方法】茎叶喷雾。

水稻直播田	10%嘧啶肟草醚乳油 20~30 毫升/亩喷雾处理。稻田稗草 3.5~4.5 叶期兑水茎叶喷雾施药，施药前排水，使杂草露出水面再喷雾。施药后 1~2 天再灌水入田，保持 5~7 厘米水层 7 天，水层勿淹没水稻心叶。每个作物周期使用 1 次。

4. 注意事项

（1）必须喷到杂草叶片上才能发挥药效，药土法施用无效。

（2）用药后 3 小时以上降雨不影响药效。

（3）与 2 甲 4 氯、氯吡嘧磺隆复配可能会有拮抗作用。

（4）在低温条件下施药过量水稻会出现叶黄、生长受抑制现象，可恢复正常生长，一般不影响产量。高温条件下对水稻药害较明显。

（5）施用后 3~5 天有时水稻会出现叶片黄化现象，此后 4~5 天长出绿色新叶，水稻恢复正常生长，不影响水稻产量。

（6）对籼稻安全性较好，对粳稻安全性有品种差异。

（7）鱼或虾蟹套养稻田禁用，赤眼蜂等天敌放飞区域禁用。

环酯草醚

Pyriftalid

1. 作用特点

嘧啶水杨酸类乙酰乳酸合成酶（ALS）抑制剂，内吸传导型低毒除草剂。施药后有效成分被杂草根和茎、叶吸收后传导到植株各部位，抑制乙酰乳酸合成酶活性，从而影响支链氨基酸（亮氨酸、异亮氨酸、缬氨酸）生物合成，使杂草生长停止，失绿，顶端分生组织死亡。以根部吸收为主，药剂被吸收后迅速传导到植株其他部位。药后几天见效，杂草在药后 10~21 天内死亡。

2. 主要产品

【单剂】悬浮剂：24.3%。

【混剂】无。

3. 应用

【适用作物】水稻。

【防治对象】对 3 叶期之前的稗草有特效，对低龄千金子、马唐、狗尾草、牛筋草等禾本科杂草防效突出，对繁缕、丁香蓼、碎米莎草、牛毛毡、节节菜、鸭舌草等阔叶杂草和莎草有一定的防效。对鳢肠、雨久花、扁秆藨草、狼杷草、眼子菜、矮慈姑、乱草防效不佳。

【使用方法】茎叶喷雾。

	24.3%环酯草醚悬浮剂 50～80 毫升/亩喷雾处理。水稻移栽后 5～7 天，杂草 2～3 叶期（稗草 2 叶期前，以稗草叶龄为主）兑水茎叶喷雾施用，施药前 1 天排干田水，施药后 1～2 天复水 3～5 厘米并保持 5～7 天。每个作物周期使用 1 次。
水稻移栽田	

4. 注意事项

（1）仅限于南方移栽水稻田的杂草防除，贮藏温度应避免低于－10 ℃或高于 40 ℃。

（2）燃烧后形成浓密的黑烟，对人有害，因此，在救火时应穿戴全套防护服和自给式空气呼吸器。无专用解毒剂，对症治疗。

（3）生态毒性：鸟类低毒，鱼类低毒，大型溞剧毒，绿藻低毒，蜜蜂低毒，蚯蚓低毒，家蚕低毒。

嘧 草 醚

Pyriminobac - methyl

1. 作用特点

嘧啶水杨酸类乙酰乳酸合成酶（ALS）抑制剂，内吸传导型低毒除草剂。施药后有效成分被杂草根和茎、叶吸收后传导到植株各部位，抑制乙酰乳酸合成酶活性，从而影响支链氨基酸（亮氨酸、异亮氨酸、缬氨酸）生物合成，使杂草生长停止，失绿，顶端分生组织死亡。对水稻安全性高，直播田水稻播后 0～3 天皆可施用。移栽和直播稻田均可使用。在有水层的条件下，持效期可长达 40～60 天，甚至更长。

2. 主要产品

【单剂】可湿性粉剂：10%、15%、25%；可分散油悬浮剂：6%；大粒剂：2%。

【混剂】

苄嘧·嘧草醚：苄嘧磺隆＋嘧草醚，30%可湿性粉剂。

丙草胺·嘧草醚：丙草胺＋嘧草醚，38%可分散油悬浮剂。

丙草胺·嘧草醚·乙氧氟：丙草胺＋嘧草醚＋乙氧氟草醚，30%可分散油悬浮剂。

吡嘧·嘧草·丙：吡嘧磺隆＋嘧草醚＋丙草胺，35%可分散油悬浮剂。

吡嘧·嘧草醚：吡嘧磺隆＋嘧草醚，25%可分散油悬浮剂，25%可湿性粉剂。

吡嘧·嘧草·丙：吡嘧磺隆＋嘧草醚＋丙草胺，35%可分散油悬浮剂。

嘧草醚·五氟磺·乙磺隆：嘧草醚＋五氟磺草胺＋乙氧磺隆，18%可分散油悬浮剂。

嘧草醚·五氟磺草胺：嘧草醚＋五氟磺草胺，10%悬浮剂。

以上混剂登记在水稻田使用。

3. 应用

【适用作物】水稻。

【防治对象】稗草，对小龄千金子也有防效。

【使用方法】药土法、茎叶喷雾、撒施。

水稻移栽田	10%嘧草醚可湿性粉剂 20～30 克/亩药土法撒施，或 2%嘧草醚大粒剂 150～200 克/亩撒施。稗草 3 叶期前撒施，施药时田间应保水 3～5 厘米，施药后保水 5～7 天。每个作物周期使用 1 次。
水稻直播田	10%嘧草醚可湿性粉剂 20～30 克/亩药土法撒施；或水稻 3～5 叶期，稗草 2～4 叶期，兑水茎叶喷雾施药，施药前排水，使杂草茎叶 2/3 以上露出水面，施药后 1～3 天内复水，保持 3～5 厘米水层 5～7 天，注意水层勿淹没水稻心叶，避免药害。每个作物周期使用 1 次。

4. 注意事项

鱼或虾蟹套养稻田禁用，赤眼蜂等天敌放飞区域禁用。

莠 去 津
Atrazine

1. 作用特点

别名阿特拉津，三氮苯类光合作用光系统 IIA 位点抑制剂，内吸传导型选择性低毒除草剂。主要以根吸收为主，茎、叶吸收较少，迅速传导到植物分生组织及叶部，干扰光合作用，使杂草致死。在玉米等抗性作物体内，被玉米酮酶分解生成无毒物质，因而对作物安全。易被雨水淋洗至较深层，因此对某些深根杂草有抑制作用。在土壤中可被微生物分解，残留期受用药剂量、土壤质地等因素影响。

2. 主要产品

【单剂】悬浮剂：20%、25%、38%、45%、60%；可分散油悬浮剂：8%、20%、25%、45%、50%、60%；水分散粒剂：90%；可湿性粉剂：48%、80%。

【混剂】

烟嘧·莠去津：烟嘧磺隆＋莠去津，52%可湿性粉剂，15%、21%、23%、24%、25%、26%、30%可分散油悬浮剂。

烟·硝·莠去津：烟嘧磺隆＋硝磺草酮＋莠去津，24%、28%、30%、32%、33%、35%、40%、43%可分散油悬浮剂。

辛·烟·莠去津：辛酰溴苯腈＋烟嘧磺隆＋莠去津，38%、39%可分散油悬浮剂。

烟嘧·乙·莠：烟嘧磺隆＋乙草胺＋莠去津，40%、42%、51%、52%、64%可分散油悬浮剂。

丁・莠・烟嘧：丁草胺＋莠去津＋烟嘧磺隆，32％、42％可分散油悬浮剂。

烟嘧・莠・异丙：烟嘧磺隆＋莠去津＋异丙草胺，37％、42％可分散油悬浮剂。

异丙・莠去津：精异丙甲草胺＋莠去津，53％、67％悬浮剂。

精・烟・莠去津：精异丙甲草胺＋烟嘧磺隆＋莠去津，35％、50％可分散油悬浮剂。

精异草・异噁酮・莠去津：精异丙甲草胺＋异噁唑草酮＋莠去津，42％悬浮剂。

2甲・莠・烟嘧：2甲4氯异辛酯＋莠去津＋烟嘧磺隆，45％可湿性粉剂，36％可分散油悬浮剂。

烟嘧・莠・氯吡：烟嘧磺隆＋莠去津＋氯氟吡氧乙酸，28％、33％、35％、37％、40％可分散油悬浮剂。

麦草畏・烟嘧隆・莠去津：麦草畏＋烟嘧磺隆＋莠去津，30％可分散油悬浮剂。

烟・莠・灭草松：烟嘧磺隆＋莠去津＋灭草松，33％可分散油悬浮剂。

烟・莠・唑嘧胺：烟嘧磺隆＋莠去津＋唑嘧磺草胺，25％可分散油悬浮剂。

苯唑酮・烟嘧隆・莠去津：苯唑草酮＋烟嘧磺隆＋莠去津，25％、30％可分散油悬浮剂。

苯唑酮・特丁津・烟嘧隆：苯唑草酮＋特丁津＋烟嘧磺隆，30％可分散油悬浮剂。

嗪・烟・莠去津：嗪草酸甲酯＋烟嘧磺隆＋莠去津，20％可分散油悬浮剂。

烟・莠・二氯吡：烟嘧磺隆＋莠去津＋二氯吡啶酸，40％可分散油悬浮剂。

莠・唑嘧胺：莠去津＋唑嘧磺草胺，38％悬浮剂。

乙・莠・唑嘧胺：乙草胺＋莠去津＋唑嘧磺草胺，56％、75％悬浮剂。

扑・莠・乙草胺：扑草净＋莠去津＋乙草胺，42％悬浮剂。

苯唑・莠去津：苯唑草酮＋莠去津，31％、43％悬浮剂，25％、26％可分散油悬浮剂。

苯唑酮・烟嘧隆・莠去津：苯唑草酮＋烟嘧磺隆＋莠去津，25％、30％可分散油悬浮剂。

硝・莠・氯氟吡：硝磺草酮＋莠去津＋氯氟吡氧乙酸，29％、30％可分散油悬浮剂。

硝・精・莠去津：硝磺草酮＋精异丙甲草胺＋莠去津，38.5％悬浮剂，40％微囊悬浮剂，54％可分散油悬浮剂。

硝・乙・莠去津：硝磺草酮＋乙草胺＋莠去津，40％微囊悬浮剂，55％、58％悬浮剂。

丁・硝・莠去津：丁草胺＋硝磺草酮＋莠去津，40％、52％悬浮剂。

硝磺・异丙・莠：硝磺草酮＋异丙甲草胺＋莠去津，33.5％、45％、48％悬浮剂，46％可分散油悬浮剂。

硝磺·莠去津：硝磺草酮＋莠去津，50％可湿性粉剂，25％、30％、36％、40％、46％、50％、55％悬浮剂，25％、30％、35％、50％可分散油悬浮剂。

异噁唑·莠：异噁唑草酮＋莠去津，34％、50％、53％悬浮剂。

硝磺草·异噁酮·莠去津：硝磺草酮＋异噁唑草酮＋莠去津，27％悬浮剂。

硝·辛·莠去津：硝磺草酮＋辛酰溴苯腈＋莠去津，35％可分散油悬浮剂。

2甲4氯·硝磺·莠去津：2甲4氯＋硝磺草酮＋莠去津，64％可湿性粉剂。

甲戊·莠去津：二甲戊灵＋莠去津，40％、42％悬浮剂。

乙·莠·氯氟吡：乙草胺＋莠去津＋氯氟吡氧乙酸，60％悬浮剂。

乙·莠·滴辛酯：乙草胺＋莠去津＋2,4-滴异辛酯，66％、68％、69％、70％、71％、73％、74％、76％悬浮剂。

烟·莠·滴辛酯：烟嘧磺隆＋莠去津＋2,4-滴异辛酯，31％、34％、35％、44％可分散油悬浮剂。

乙·莠：乙草胺＋莠去津，40％、48％、52％、55％、61％、62％、67％悬浮剂，40％、48％可湿性粉剂。

乙·莠·异丙甲：乙草胺＋莠去津＋异丙甲草胺，40％悬浮剂。

乙·莠·唑嘧胺：乙草胺＋莠去津＋唑嘧磺草胺，56％悬浮剂。

乙·莠·氰草津：乙草胺＋莠去津＋氰草津，40％、70％悬浮剂。

2甲·乙·莠：2甲4氯异辛酯＋乙草胺＋莠去津，58％、63％、75.6％悬浮剂。

甲·乙·莠：甲草胺＋乙草胺＋莠去津，40％、42％悬浮剂。

绿·莠·乙草胺：绿麦隆＋莠去津＋乙草胺，40％、48％悬浮剂。

丁·乙·莠去津：丁草胺＋乙草胺＋莠去津，42％、48％、63％悬浮剂。

异丙·乙·莠：异丙草胺＋乙草胺＋莠去津，52％悬浮剂。

莠去津·乙草胺·异噁酮：莠去津＋乙草胺＋异噁唑草酮，55％悬浮剂。

丁·莠：丁草胺＋莠去津，25％、40％、42％、48％悬浮剂。

丁·异·莠去津：丁草胺＋异丙草胺＋莠去津，42％、50％悬浮剂。

异丙草·莠（异丙·莠去津）：异丙草胺＋莠去津，40％、41％、42％、50％、52％、58％悬浮剂。

甲·异·莠去津：甲草胺＋异丙草胺＋莠去津，42％悬浮剂。

2甲·莠去津：2甲4氯＋莠去津，45％悬浮剂。

甲·莠·敌草隆：2甲4氯＋莠去津＋敌草隆，20％可湿性粉剂。

甲·灭·莠去津：2甲4氯＋莠灭净＋莠去津，35％可湿性粉剂。

砜嘧·莠去津：砜嘧磺隆＋莠去津，50％可湿性粉剂，19.5％、25％可分散油悬浮剂。

精异草·异噁酮·莠去津：精异丙甲草胺＋异噁唑草酮＋莠去津，42％悬浮剂。

滴异·莠去津：2,4-滴异辛酯＋莠去津，51％悬浮剂。

以上混剂登记在玉米田使用。

3. 应用

【适用作物】玉米、高粱。

【防治对象】主要用于防除多种一年生禾本科和阔叶杂草，如马唐、稗草、狗尾草、看麦娘、狗牙根、牛筋草、莎草、苘麻、苣荬菜、蓼、藜、十字花科与豆科杂草等，对某些多年生杂草也有一定抑制作用。

【使用方法】茎叶喷雾、土壤喷雾。

玉米田	38％莠去津悬浮剂喷雾处理。玉米播后苗前土壤喷雾处理，春玉米推荐制剂量300～400毫升/亩，夏玉米推荐制剂量200～300毫升/亩；或玉米3～5叶期，杂草2～5叶期兑水茎叶喷雾处理，春玉米推荐制剂量200～300毫升/亩，夏玉米推荐制剂量180～250毫升/亩。每个作物周期使用1次。
高粱田	38％莠去津悬浮剂316～395毫升/亩，高粱播后苗前土壤喷雾处理每个作物周期使用1次。

4. 注意事项

（1）蔬菜、瓜类、桃树、小麦、棉花等对莠去津敏感。残留期较长，对浅根系树木易发生药害，避免使用。

（2）不能用于大豆、棉花、水稻等敏感作物田。套种大豆、花生、西瓜等作物的玉米田不能使用。小麦套种玉米田需麦收后才能使用。

（3）酸性、有机质含量高、杂草密度大的地块可使用推荐剂量上限；反之，盐碱地及有机质含量低的地块使用推荐剂量下限。

（4）作物播后苗前土壤处理时，要求施药前整地要平，土块要整细。

（5）在禾本科杂草发生严重的地块，单独使用效果不佳。

（6）玉米田后茬为小麦、水稻时应降低用药剂量。有机质含量超过6％的土壤，不宜使用莠去津作土壤处理。

（7）生态毒性：鸟类低毒，鱼类中等毒，绿藻高毒，蜜蜂低毒，家蚕低毒。

莠 灭 净

Ametryn

1. 作用特点

三氮苯类光合作用光系统ⅡA位点抑制剂，内吸传导型选择性低毒除草剂。通过植物根系和茎、叶吸收，向上传导并集中于植物顶端分生组织，抑制敏感植物光合作用中的电子传递，导致叶片内亚硝酸盐积累，致植物受害死亡。其选择性与植物生态和生化反应的差异有关，对刚萌发的杂草防治效果好，可被0～5

厘米土壤吸附，形成药层，使杂草萌发出土时接触药剂。在低浓度下，能促进植物生长，即刺激幼芽与根的生长，促进叶面积增大，茎加粗等；在高浓度下，则对植物产生强烈的抑制作用。

2. 主要产品

【单剂】水分散粒剂：80%；可湿性粉剂：40%、70%、75%、80%；悬浮剂：45%、50%；水分散粒剂：70%。

【混剂】

甲·灭·莠去津：2甲4氯＋莠灭净＋莠去津，35%可湿性粉剂，登记在甘蔗田使用。

乙氧·莠灭净：乙氧氟草醚＋莠灭净，38%悬浮剂，登记在苹果园使用。

莠·唑·2甲钠：莠灭净＋唑草酮＋2甲4氯，73%可湿性粉剂，登记在甘蔗田使用。

硝·2甲·莠灭：硝磺草酮＋2甲4氯＋莠灭净，59%、60%、70%可湿性粉剂，登记在甘蔗田使用。

硝·灭·氰草津：硝磺草酮＋莠灭净＋氰草津，38%可湿性粉剂，登记在甘蔗田使用。

莠灭·乙草胺：莠灭净＋乙草胺，40%、42%悬浮剂，登记在玉米田使用。

2甲·莠灭净：2甲4氯＋莠灭净，48%、49%可湿性粉剂，登记在甘蔗田使用。

甲·灭·敌草隆：2甲4氯＋莠灭净＋敌草隆，30%、35%、48%、55%、62%、65%、68%、72%、73%、75%、77%、80%、81%、88%可湿性粉剂，登记在甘蔗田使用。

甲·灭·莠去津：2甲4氯＋莠灭净＋莠去津，35%可湿性粉剂，登记在甘蔗田使用。

甲·灭·氰草津：2甲4氯＋莠灭净＋氰草津，48%可湿性粉剂，登记在甘蔗田使用。

莠·唑·2甲钠：莠灭净＋唑草酮＋2甲4氯，73%可湿性粉剂，登记在甘蔗田使用。

溴腈·莠灭净：溴苯腈＋莠灭净，78%可湿性粉剂，登记在玉米田、甘蔗田使用。

敌草隆·氯吡嘧·莠灭净：敌草隆＋氯吡嘧磺隆＋莠灭净，85%可湿性粉剂，登记在甘蔗田使用。

硝磺草酮·莠灭净：硝磺草酮＋莠灭净，75%可湿性粉剂，登记在甘蔗田使用。

莠灭·氯吡隆：莠灭净＋氯吡嘧磺隆，83%可湿性粉剂，登记在甘蔗田使用。

3. 应用

【适用作物】玉米、甘蔗、菠萝。

【防治对象】主要用于防除一年生禾本科和阔叶杂草，如稗草、牛筋草、狗牙根、马唐、雀稗、狗尾草、大黍、秋稷、千金子、苘麻、一点红、菊芹、大戟属、蓼属、眼子菜、马蹄莲、田荠、胜红蓟、苦苣菜、空心莲子草、水蜈蚣、苋菜、鬼针草、田旋花、臂形草、藜属、猪屎豆、野荸荠等。

【使用方法】茎叶喷雾、定向茎叶喷雾、土壤喷雾。

甘蔗田	80%莠灭净可湿性粉剂 130～200 克/亩喷雾使用，①甘蔗种后芽前，杂草萌芽前土壤喷雾；②甘蔗 3～4 叶期，杂草 2～4 叶期，兑水定向茎叶喷雾处理，杂草高至 10～20 厘米为施药最佳时期，尽量避免药液直接喷到甘蔗心叶上并减少药液向外飘移。
玉米田	80%莠灭净可湿性粉剂 120～180 克/亩，夏玉米播后苗前兑水土壤喷雾施用。
菠萝田	80%莠灭净可湿性粉剂 120～150 克/亩，菠萝收获后或种植后杂草 2～3 叶期，兑水定向茎叶喷雾处理。

4. 注意事项

（1）不可与碱性农药混用。

（2）对香蕉苗、水稻、花生、红薯及谷类、豆类、茄类、瓜类、叶菜类均有药害，均不宜使用，间作大豆、花生等的甘蔗田不能使用。

（3）对果蔗有一定的抑制作用，勿使用。

（4）土壤墒情影响药效，最好在雨后或浇一次水后施用。施药时保持地面平整。低洼积水田易发生药害。杂草高大茂密地块要确保药液喷到杂草根部，避免直接喷到作物上。

（5）稗草、千金子、胜红蓟、田旋花、空心莲子草及狗牙根发生较重田块建议杂草萌芽前施药。

（6）沙性土壤、积水地或用药量大时，叶片会发黄，但一般经 10 天左右即可恢复正常，不影响甘蔗的产量。

（7）生态毒性：鸟类低毒，鱼类中等毒，大型溞低毒，绿藻高毒，蜜蜂低毒，蚯蚓低毒，家蚕中等毒。

扑 草 净

Prometryn

1. 作用特点

三嗪类（甲硫基三氮苯类）光合作用光系统ⅡA位点抑制剂，内吸传导型低毒除草剂，药剂可从根部吸收，也可从茎、叶渗入体内，运输至叶片抑制杂草光合作用，受害杂草失绿，逐渐干枯死亡，处理后 7～14 天顶芽坏死，14～28

天植株死亡。

2. 主要产品

【单剂】可湿性粉剂：25％、40％、50％、66％；泡腾颗粒剂：25％；悬浮剂：50％。

【混剂】

扑·乙：扑草净＋乙草胺，20％、40％、50％、51％、52％、53％、68％、69％乳油，35％、37.5％、40％可湿性粉剂，30％、40％、55％、70％悬浮剂，20％粉剂，登记在小麦田、水稻田、油菜田、大豆田、花生田、玉米田、棉花田、大蒜田、莲藕田、南瓜田等使用。

甲戊·扑草净：二甲戊灵＋扑草净，35％乳油，35％悬浮剂，登记在棉花田、马铃薯田、大蒜田使用。

异丙甲·扑净：异丙甲草胺＋扑草净，60％、63％悬浮剂，登记在南瓜田、花生田使用。

丁·扑：丁草胺＋扑草净，1.2％粉剂，19％可湿性粉剂，40％乳油，1.15％、4.7％颗粒剂，登记在水稻秧田使用。

扑草·仲丁灵：扑草净＋仲丁灵，33％乳油，登记在大蒜田、棉花田使用。

氟乐·扑草净：氟乐灵＋扑草净，48％乳油，登记在大豆田、花生田、棉花田使用。

氧氟·扑草净：乙氧氟草醚＋扑草净，30％可湿性粉剂，登记在大蒜田使用。

甲戊灵·扑草净·乙氧氟：二甲戊灵＋扑草净＋乙氧氟草醚，36％悬浮剂，登记在棉花田使用。

异·异丙·扑净：异噁草松＋异丙甲草胺＋扑草净，35％乳油，56％悬浮剂，10％颗粒剂，登记在南瓜田、莲藕田使用。

异·乙·扑草净：异丙甲草胺＋乙氧氟草醚＋扑草净，61％悬浮剂，登记在花生田使用。

苄·丁·扑草净：苄嘧磺隆＋丁草胺＋扑草净，33％可湿性粉剂，登记在水稻育秧田使用。

苄·乙·扑：苄嘧磺隆＋乙草胺＋扑草净，19％可湿性粉剂，7％、14.5％粉剂，登记在水稻移栽田和冬小麦田使用。

扑·莠·乙草胺：扑草净＋莠去津＋乙草胺，42％悬浮剂，登记在玉米田使用。

苄嘧·扑草净：苄嘧磺隆＋扑草净，26％、36％可湿性粉剂，登记在稻田使用。

苄·西·扑草净：苄嘧磺隆＋西草净＋扑草净，38％、45％可湿性粉剂，登记在稻田使用。

吡·西·扑草净：吡嘧磺隆＋西草净＋扑草净，26％、27％、31％、39％、

41％、50％、55％可湿性粉剂，登记在稻田使用。

扑·噻·乙草胺：扑草净＋噻吩磺隆＋乙草胺，76％乳油，登记在马铃薯田、花生田使用。

3. 应用

【适用作物】水稻、小麦、棉花、大豆、大蒜、甘蔗、茶园、苗圃、苎麻、谷子、果园等。

【防治对象】稗草、千金子、马唐、画眉草、看麦娘、日本看麦娘、大穗看麦娘、播娘蒿、硬草、眼子菜、鸭舌草、牛毛毡、节节菜、苹、野慈姑、异型莎草、藜、马齿苋、牛筋草、狗尾草等。对茼草、荠菜、猪殃殃等具有较好的抑制作用。对稗草防效较差。

【使用方法】药土法、土壤喷雾。

水稻移栽田	50％扑草净可湿性粉剂 20～120 克/亩撒施。水稻移栽后 5～7 天，秧苗返青时药土法撒施，也可在水稻移栽后 15～20 天（南方地区）、25～45 天（北方地区）药土法施用，药后保水 5～7 天。每个作物周期使用 1 次。
水稻秧田	50％扑草净可湿性粉剂 20～120 克/亩喷雾处理。播种覆土后盖膜前兑水土壤喷雾处理。每个作物周期使用 1 次。
小麦田	40％扑草净可湿性粉剂 80～120 克/亩喷雾处理。小麦 2～3 叶期、杂草 1～2 叶期，兑水茎叶喷雾施用。每个作物周期使用 1 次。
花生田	50％扑草净可湿性粉剂 100～150 克/亩喷雾处理。播后苗前兑水土壤喷雾处理。每个作物周期使用 1 次。
大豆田	50％扑草净可湿性粉剂 100～150 克/亩喷雾处理。播后苗前兑水土壤喷雾处理。每个作物周期使用 1 次。
棉花田	50％扑草净悬浮剂 50～100 毫升/亩喷雾处理。播后苗前兑水土壤喷雾处理。每个作物周期使用 1 次。
大蒜田	50％扑草净悬浮剂 80～120 毫升/亩喷雾处理。播后苗前兑水土壤喷雾处理。每个作物周期使用 1 次。
谷子田	50％扑草净可湿性粉剂 50 克/亩喷雾处理。播后苗前兑水土壤喷雾处理。每个作物周期使用 1 次。
甘蔗田	50％扑草净可湿性粉剂 200～300 克/亩喷雾处理。播后苗前兑水土壤喷雾处理。每个作物周期使用 1 次。

苎麻田	50％扑草净可湿性粉剂 200～300 克/亩喷雾处理。播后苗前兑水土壤喷雾处理。每个作物周期使用1次。
苗圃	50％扑草净可湿性粉剂 250～400 克/亩喷雾处理。杂草萌发期或中耕后兑水土壤喷雾施药。每个作物周期使用1次。
茶园	50％扑草净可湿性粉剂 250～400 克/亩喷雾处理。杂草萌发期或中耕后兑水土壤喷雾施药。每个作物周期使用1次。
果园	50％扑草净可湿性粉剂 250～400 克/亩喷雾处理。杂草萌发期或中耕后兑水土壤喷雾施药。每个作物周期使用1次。

4. 注意事项

（1）在水稻田只能做土壤处理，茎叶处理易产生药害，除草效果不佳；施药后 7 天内不排不灌，保持 4～6 厘米水层；有机质含量低的沙质土慎用，水稻生长期禁用。

（2）棉田使用时，棉苗出土后不能施药，地膜育苗不宜使用，以免发生药害。

（3）有机质含量少的沙质土、盐碱土及酸性较强土使用易发生药害。

（4）气候对药效的发挥、药害的产生有直接关系，气温高于 28 ℃时易发生药害，覆膜花生田慎用，适当的土壤水分是发挥药效的主要因素。

（5）土壤墒情好（土壤水分含量适当）是发挥药效的关键。该药水溶性大，在土壤中易移动至下层，沙质土不宜使用。

（6）苗圃、果园、茶园施药不要把药液喷到植株上，以免产生药害。

（7）生态毒性：鸟类低毒，鱼类中等毒，大型溞低毒，绿藻高毒，蜜蜂低毒，蚯蚓低毒，家蚕低毒。鱼或虾蟹套养稻田慎用。施药期间应避免对周围蜂群的影响，开花植物花期、蚕室和桑园附近禁用。

西 草 净

Simetryn

1. 作用特点

三嗪类（甲硫基三氮苯类）光合作用光系统ⅡA位点抑制剂，内吸传导型低毒除草剂。施药后有效成分经茎、叶、幼芽及根系吸收，通过木质部和韧皮部传导至分生组织，抑制植株生长。主要通过植物根系吸收，叶片也可吸收部分药剂传导到全株，抑制植物的光合作用。难溶于水，易溶于有机溶剂，持效期长。

2. 主要产品

【单剂】可湿性粉剂：20％、55％；乳油：13％、18％。

【混剂】

丙草·西草净：丙草胺＋西草净，14％悬浮剂。

噁草·西草净（噁酮·西草净）：噁草酮＋西草净，25％、28％乳油。

硝磺·西草净：硝磺草酮＋西草净，18％可湿性粉剂。

西净·乙草胺：西草净＋乙草胺，40％乳油，登记在大豆田、玉米田、花生田使用。

丁·西：丁草胺＋西草净，5.3％颗粒剂。

苄·西·扑草净（苄·扑·西草净）：苄嘧磺隆＋西草净＋扑草净，38％、45％可湿性粉剂。

吡·西·扑草净：吡嘧磺隆＋西草净＋扑草净，26％、27％、31％、39％、41％、50％、55％可湿性粉剂。

苯·苄·西草净：苯噻酰草胺＋苄嘧磺隆＋西草净，76％、80％可湿性粉剂。

苯·吡·西草净：苯噻酰草胺＋吡嘧磺隆＋西草净，17％颗粒剂，57％、80％水分散粒剂，56％、73％、75％、78.4％可湿性粉剂。

丙草胺·西草净·乙氧氟：丙草胺＋西草净＋乙氧氟草醚，40％乳油。

丙噁酮·西草净·异噁松：丙炔噁草酮＋西草净＋异噁草松，28％乳油。

丙噁酮·丁草胺·西草净：丙炔噁草酮＋丁草胺＋西草净，50％乳油。

噁草酮·莎稗磷·西草净：噁草酮＋莎稗磷＋西草净，42％乳油。

丙草胺·丙噁酮·西草净：丙草胺＋丙炔噁草酮＋西草净，48％乳油。

丁草胺·噁草酮·西草净：丁草胺＋噁草酮＋西草净，43％乳油。

以上混剂除西净·乙草胺外，均登记在水稻田使用。

3. 应用

【适用作物】水稻。

【防治对象】眼子菜、泽泻、野慈姑、母草、矮慈姑、水绵等，对眼子菜有特效，对牛毛毡、2叶期前稗草有较好防效。

【使用方法】药土法、土壤喷雾。

水稻田	25％西草净可湿性粉剂200～250克/亩（东北地区）、100～150克/亩（其他地区）撒施。于水稻移栽后15～20天（南方）、25～45天（北方）水稻分蘖期，直播田在水稻分蘖后期，眼子菜发生盛期，叶片大部分由红转绿时药土法撒施。施药时水层2～5厘米，保持5～7天。每个作物周期使用1次。

4. 注意事项

（1）田间以稗草及阔叶杂草为主，于秧苗返青后施药；但小苗、弱苗易产生药害。

（2）有机质含量少的沙质土、低洼排水不良地及重碱或强酸性土壤使用易发生药害，不宜使用。

（3）用药时气温应在 30 ℃以下，气温超过 30 ℃以上，施药易造成药害。

（4）不同水稻品种对西草净耐药性不同，在新品种稻田使用时，应注意水稻的敏感性。

（5）生态毒性：鸟类低毒，鱼类低毒，大型溞中等毒，绿藻高毒，蜜蜂低毒，家蚕低毒。

嗪 草 酮

Metribuzin

1. 作用特点

三嗪酮类光合作用光系统ⅡA位点抑制剂，内吸传导型选择性低毒除草剂。可被杂草根系吸收，随蒸腾流向上部传导，也可被叶片吸收，在体内作有限的传导，可作芽前或芽后处理。主要通过抑制敏感植物的光合作用发挥杀草活性，施药后各种敏感杂草萌发出苗不受影响，出苗后叶片褪绿，最后营养枯竭而致死。症状为叶缘变黄或火烧状，整个叶可变黄，但叶脉常常残留有淡绿色（间隔失绿）。土壤有机质及结构对嗪草酮的除草效能及作物对药液的吸收有影响。若土壤含有大量黏质土及腐殖质，使用推荐剂量的上限，反之使用推荐剂量的下限。温度对嗪草酮的除草效果及作物安全性亦有一定影响，温度高的较温度低的地区用药量低。嗪草酮在土壤中的持效性视气候条件及土壤类型而异，一般条件下半衰期为 28 天左右。

2. 主要产品

【单剂】可分散油悬浮剂：15%、20%；可湿性粉剂：50%、70%；悬浮剂：1%、10%、30%、44%、58%；水分散粒剂：70%、75%。

【混剂】

高氟吡·嗪草酮：高效氟吡甲禾灵＋嗪草酮，30%乳油，登记在马铃薯田使用。

砜嘧隆·高氟吡·嗪草酮：砜嘧磺隆＋高效氟吡甲禾灵＋嗪草酮，24%、25%可分散油悬浮剂，登记在马铃薯田使用。

精喹·嗪草酮：精喹禾灵＋嗪草酮，31%乳油，31%微乳剂，登记在马铃薯田使用。

砜·喹·嗪草酮：砜嘧磺隆＋精喹禾灵＋嗪草酮，23.2%、26%可分散油悬浮剂，登记在马铃薯田使用。

嗪·烯·砜嘧：嗪草酮＋烯草酮＋砜嘧磺隆，22%、25%、28%可分散油悬浮剂，登记在马铃薯田使用。

丙·噁·嗪草酮：异丙草胺＋异噁草松＋嗪草酮，52％乳油，登记在大豆田使用。

乙·嗪·滴辛酯：乙草胺＋嗪草酮＋2,4 -滴异辛酯，60％、82％乳油，登记在玉米田使用。

嗪酮·乙草胺：嗪草酮＋乙草胺，50％、56％、75％乳油，24％、28％可湿性粉剂，登记在玉米田、大豆田、马铃薯田使用。

2甲4氯酯·嗪草酮·乙草胺：2甲4氯异辛酯＋嗪草酮＋乙草胺，82％乳油，登记在大豆田使用。

嗪·异·滴辛酯：嗪草酮＋异丙甲草胺＋2,4 -滴异辛酯，81％乳油，登记在玉米田使用。

异甲·嗪草酮：异丙甲草胺＋嗪草酮，42％乳油，登记在马铃薯田使用。

烟嘧·嗪草酮：烟嘧磺隆＋嗪草酮，8％可分散油悬浮剂，登记在玉米田使用。

3. 应用

【适用作物】大豆、马铃薯。

【防治对象】主要用于防除一年生阔叶杂草，如藜、蓼、苋、马齿苋、苣荬菜、繁缕等。对禾本科杂草防效较差，对多年生杂草防效差。

【使用方法】土壤喷雾、茎叶喷雾。

大豆田	70％嗪草酮可湿性粉剂兑水土壤喷雾处理，春大豆田推荐制剂量60～70克/亩、夏大豆田推荐制剂量35～55克/亩，于播种后出苗前使用。南方大豆田因土壤轻质，气候湿润，用量可减少。
马铃薯田	①70％嗪草酮可湿性粉剂18～22克/亩兑水茎叶喷雾处理。马铃薯3～5叶期，杂草2～5叶期，全田茎叶喷雾施用。安全间隔期为35天，每季作物最多使用1次。②75％嗪草酮水分散粒剂50～60克/亩兑水茎叶喷雾处理。马铃薯播后苗前土壤喷雾处理。每季作物最多使用1次。

4. 注意事项

（1）施药后遇有较大量降雨或大水漫灌、施药量过高、施药不均匀时，作物的根部会大量吸收药剂而发生药害，使用时要根据不同情况灵活用药。

（2）有机质含量低的沙壤土及半山区岗坡地施药量过高、施药不均匀时，易发生药害。

（3）用药量过大或低洼地排水不良、田间积水、高湿低温、病虫危害造成大豆生长发育不良的条件下，可造成大豆药害，轻者叶片浓绿、皱缩，重者叶片失绿、变黄、变褐，坏死，下部叶片先受影响，上部叶片一般不受影响。

环 嗪 酮

Hexazinone

1. 作用特点

三嗪酮类光合作用光系统ⅡA位点抑制剂，为内吸型选择性低毒除草剂。经植物根系和叶面吸收后，主要通过木质部运输，抑制植物光合作用的希尔反应，使代谢紊乱，导致植物死亡。环嗪酮是优良的林用除草剂，用于常绿针叶林，如红松、樟子松、云杉、马尾松等幼林抚育、造林前除草灭灌、维护森林防火线及林分改造等，其进入土壤后能被土壤微生物分解，对松树根部没有伤害。可有效防除多种一年生或多年生杂草，用于森林防火道防除杂草与杂灌时，不能接近落叶树或其他植株。在土壤中的移动性大，持效期长，药效进程较慢，杂草1个月，灌木2个月，乔木3～10个月。

2. 主要产品

【单剂】水分散粒剂：75％；颗粒剂：5％；可溶液剂：25％；可湿性粉剂：60％。

【混剂】

环嗪酮·敌草隆（环嗪·敌草隆）：环嗪酮＋敌草隆，60％可湿性粉剂，60％水分散粒剂，登记在甘蔗田使用。

3. 应用

【适用作物】森林、森林防火道。

【防治对象】主要用于防除大部分禾本科和阔叶杂草，以及木本植物。草本杂草包括狗尾草、蚊母草、走马芹、羊胡薹草、香薷、窄叶山蒿、蕨、铁线莲、婆婆纳、刺儿菜、野燕麦、蓼、稗草、藜等；木本植物包括黄花忍冬、珍珠梅、榛子、柳叶绣线菊、刺五加、山杨、木桦、椴、水曲柳、黄波罗、核桃楸、小叶樟等。

【使用方法】茎叶喷雾。

森林防火道	75％环嗪酮120～200克/亩水分散粒剂喷雾处理。于杂草生长期兑水茎叶喷雾施用，施药时尽可能做到喷雾均匀，最好在雨前施用。

4. 注意事项

（1）兑水稀释时水温不可过低，否则易有结晶析出，影响药效。

（2）药效的发挥与降雨有密切关系，最好在雨前用药；如果施药后15天不降雨，应在施药处浇水，否则药效较差。暴雨前勿使用，以防药剂被雨水冲走。

（3）点射施药时，药液应落在土壤上，不要喷施到枯枝落叶层上，以防药液被风吹走。可在药液中加入红、蓝染料，以标记施药地点。

（4）使用时注意树种，落叶松对该药敏感，不能使用。

（5）生态毒性：鸟类低毒，鱼类低毒，大型溞低毒，绿藻高毒，蜜蜂低毒，家蚕低毒。水产养殖区、河塘等水体及其附近禁用。

苯嘧磺草胺

Saflufenacil

1. 作用特点

嘧啶二酮类原卟啉原氧化酶（PPO酶）抑制剂，为触杀型需光型低毒除草剂。可抑制原卟啉原氧化酶活性，使原卟啉原在细胞液中增加并转化成原卟啉，暴露在日光下时，细胞液的原卟啉分子与氧结合形成纯态氧，引起光合作用膜的脂质过氧化反应，使细胞膜的完整性迅速遭到破坏，引起细胞的泄漏，组织坏死，最终导致植物死亡。主要通过植物茎、叶吸收，用量低，速效，药后1~3天见效。可有效防除70多种阔叶杂草，包括抗莠去津、草甘膦和乙酰乳酸合成酶抑制剂的杂草，对小飞蓬效果尤佳。

2. 主要产品

【单剂】水分散粒剂：70％。

【混剂】

苯嘧·草甘膦：苯嘧磺草胺＋草甘膦，31％悬浮剂，32％、40％可分散油悬浮剂、75％水分散粒剂，登记在非耕地使用。

3. 应用

【适用作物】非耕地、柑橘园、苹果园、水稻旱直播田。

【防治对象】主要用于防除阔叶杂草，如马齿苋、反枝苋、藜、蓼、苍耳、龙葵、苘麻、黄花蒿、苣荬菜、泥胡菜、牵牛花、苦苣菜、铁苋菜、鳢肠、饭包草、旱莲草、小飞蓬、一年蓬、蒲公英、委陵菜、还阳参、皱叶酸模、大籽蒿、酢浆草、乌蔹莓、加拿大一枝黄花、薇甘菊、鸭跖草、牛膝菊、耳草、粗叶耳草、胜红蓟、地桃花、天名精等。

【使用方法】土壤喷雾、茎叶喷雾、定向茎叶喷雾。

非耕地	70％苯嘧磺草胺水分散粒剂5~7.5克/亩茎叶喷雾。于阔叶杂草的株高或茎长达10~15厘米时，兑水茎叶喷雾处理。
柑橘园	70％苯嘧磺草胺水分散粒剂5~7.5克/亩定向茎叶喷雾。于阔叶杂草的株高或茎长达10~15厘米时，兑水茎叶喷雾处理。
苹果园	70％苯嘧磺草胺水分散粒剂5~7.5克/亩定向茎叶喷雾。于阔叶杂草的株高或茎长达10~15厘米时，兑水茎叶喷雾处理。
水稻旱直播田	70％苯嘧磺草胺水分散粒剂2.5~5克/亩土壤喷雾。在水稻播种盖土浇水落干后出苗前，兑水土壤喷雾处理。施药时避免种子直接接触药液。药后1~3天如遇大雨，应及时排水，以免积水造成药害。

4. 注意事项

（1）加入增效剂可有效提高防效，降低使用剂量。

（2）施药应均匀周到，避免重喷、漏喷或超过推荐剂量用药。

甜 菜 安
Desmedipham

1. 作用特点

苯基氨基甲酸酯类光合作用光系统ⅡA位点抑制剂，为内吸型选择性低毒除草剂。只能通过叶片吸收，抑制光合作用。用于甜菜田苗后防除阔叶杂草，可与甜菜宁混用。

2. 主要产品

【单剂】乳油：16％。

【混剂】

甜菜安·宁：甜菜安＋甜菜宁，16％乳油，登记在甜菜田使用。

安·宁·乙呋黄：甜菜安＋甜菜宁＋乙氧呋草黄，18％、21％、27％、27.4％乳油，登记在甜菜田使用。

3. 应用

【适用作物】甜菜。

【防治对象】主要用于防治阔叶杂草。如反枝苋、藜、龙葵、马齿苋、豚草、野荞麦、野芥菜、繁缕、荠菜、野芝麻、鼬瓣花等。

【使用方法】茎叶喷雾。

甜菜田	16％甜菜安乳油 370～400 毫升/亩喷雾处理。于阔叶杂草 2～4 叶期，兑水茎叶喷雾施用。配制药剂时，应先在喷雾箱内加少量水，倒入药剂摇匀后加入足量清水再摇匀，一经稀释应立即喷雾。

4. 注意事项

（1）药剂应使用清水配制，避免与碱性介质混配。

（2）甜菜子叶期至 2 真叶期，杂草 2～4 叶期时防效最佳。

（3）生态毒性：鸟类低毒，鱼类中等毒，大型溞高毒，绿藻高毒，蜜蜂低毒，蚯蚓低毒，家蚕低毒。水产养殖区、河塘等水体及其附近禁用。

甜 菜 宁
Phenmedipham

1. 作用特点

苯基氨基甲酸酯类光合作用光系统ⅡA位点抑制剂，为内吸型选择性低毒除草剂。通过植物叶片吸收，并在质外体传导，抑制光合作用希尔反应中的电子传递，从而使杂草的光合同化作用遭到破坏。甜菜对进入体内的甜菜宁可进行水解代谢，使之转化为无害化合物，从而获得选择性。

2. 主要产品

【单剂】乳油：16%。

【混剂】

甜菜安·宁：甜菜安＋甜菜宁，16%乳油，登记在甜菜田使用。

安·宁·乙呋黄：甜菜安＋甜菜宁＋乙氧呋草黄，18%、21%、27%、27.4%乳油，登记在甜菜田使用。

3. 应用

【适用作物】甜菜。

【防治对象】主要用于防除一年生阔叶杂草，如藜、繁缕、荞麦蔓、蓼、鼬瓣花、荠菜、牛舌草、野萝卜、野芝麻、牛膝菊等。

【使用方法】茎叶喷雾。

甜菜田	16%甜菜宁乳油370～400毫升/亩茎叶喷雾处理。于阔叶杂草子叶2～4叶期，阔叶杂草株高5厘米以内施药最佳。配制药剂时，应先在喷雾箱内加少量水，倒入药剂摇匀后加入足量清水再摇匀，一经稀释应立即喷雾。

4. 注意事项

（1）甜菜子叶期至2真叶期，杂草2～4叶期时防效最佳。

（2）在气候条件不好、干旱、杂草出苗不齐的情况下宜采用低量分次用药。

（3）作茎叶喷雾处理，施药后要求6小时内无降雨。

（4）生态毒性：鸟类低毒，鱼类中等毒，大型溞中等毒，蜜蜂低毒，蚯蚓低毒，家蚕低毒。

异 丙 隆

Isoproturon

1. 作用特点

取代脲类光合作用光系统ⅡA位点抑制剂，内吸传导型低毒除草剂。主要由杂草根和茎、叶吸收，在导管内随水分向上传导至叶片，多分布在叶尖和叶缘，在绿色细胞内发挥作用，干扰光合作用进行。阳光充足、温度高、土壤湿度大时有利于药效发挥，干旱时药效差。可土壤处理使用，也可茎叶处理使用。药效发挥速度较快，施用后会降低小麦的抗冻能力，药后遇寒流易导致小麦发生冻害，麦苗发黄，生长受抑制。

2. 主要产品

【单剂】可湿性粉剂：25%、50%、70%；可分散油悬浮剂：35%、40%；

悬浮剂：50％；水分散粒剂：75％。

【混剂】

异隆·炔草酯：异丙隆＋炔草酯，50％、60％、65％可湿性粉剂，登记在小麦田使用。

环吡·异丙隆：环吡氟草酮＋异丙隆，25％可分散油悬浮剂，登记在小麦田使用。

吡酰·异丙隆：吡氟酰草胺＋异丙隆，60％可湿性粉剂，48％、55％悬浮剂，60％可分散油悬浮剂，登记在小麦田使用。

噁禾·异丙隆：精噁唑禾草灵＋异丙隆，50％可湿性粉剂，登记在小麦田使用。

2甲·异丙隆：2甲4氯＋异丙隆，50％可湿性粉剂，登记在水稻田使用。

禾丹·异丙隆：禾草丹＋异丙隆，50％可湿性粉剂，登记在水稻田使用。

丙草·异丙隆：丙草胺＋异丙隆，60％可湿性粉剂，登记在小麦田使用。

异隆·乙草胺：异丙隆＋乙草胺，40％可湿性粉剂，登记在小麦田使用。

绿麦·异丙隆：绿麦隆＋异丙隆，50％可湿性粉剂，登记在小麦田使用。

异隆·丙·氯吡：异丙隆＋丙草胺＋氯吡嘧磺隆，47％可湿性粉剂，登记在水稻田、小麦田使用。

异丙·炔·氟唑：异丙隆＋炔草酯＋氟唑磺隆，68％可湿性粉剂，登记在小麦田使用。

异丙隆·唑啉草酯：异丙隆＋唑啉草酯，32％可分散油悬浮剂，登记在小麦田使用。

吡氟酰·异丙隆·唑啉草：吡氟酰草胺＋异丙隆＋唑啉草酯，75％水分散粒剂，登记在小麦田使用。

苄·丁·异丙隆：苄嘧磺隆＋丁草胺＋异丙隆，50％可湿性粉剂，登记在水稻田使用。

苄嘧·异丙隆：苄嘧磺隆＋苄嘧磺隆，50％、60％、70％可湿性粉剂，登记在水稻田使用。

苄·戊·异丙隆：苄嘧磺隆＋二甲戊灵＋异丙隆，50％可湿性粉剂，登记在水稻田使用。

苯磺·异丙隆：苯磺隆＋异丙隆，50％、70％可湿性粉剂，登记在小麦田使用。

甲基二磺隆·异丙隆：甲基二磺隆＋异丙隆，36％可分散油悬浮剂，登记在小麦田使用。

氟唑磺隆·异丙隆：氟唑磺隆＋异丙隆，35％可分散油悬浮剂，42％悬浮剂，75％可湿性粉剂，登记在小麦田使用。

噻磺·异丙隆：噻吩磺隆＋异丙隆，72％可湿性粉剂，登记在小麦田使用。

3. 应用

【适用作物】小麦。

【防治对象】禾本科杂草和部分阔叶杂草，如硬草、菵草、看麦娘、日本看麦娘、野燕麦、早熟禾、马唐、狗尾草、藜、小藜、播娘蒿、蚤缀、米瓦罐、卷耳、碎米荠、蓼、反枝苋、麦家公等。对问荆、蓟、苣荬菜、田旋花、宝盖草、猪殃殃防效差。

【使用方法】土壤喷雾、茎叶喷雾。

小麦田	50%异丙隆可湿性粉剂 150～200 克/亩兑水茎叶喷雾处理。秋、冬期用药：套种麦、板田麦、耕翻麦在小麦 2 叶期用药，以杂草生长旺盛期（2～4 叶期）用药效果最好。春季用药：在气温回升、小麦返青至拔节前用药，拔节后勿用。使用异丙隆应避开冬季第一次寒流，第一次寒流后小麦经过低温锻炼，抗冻能力增强，前期未用药的田可用异丙隆。另外，积水田必须排水炼苗后用药，避免小麦"湿冻害"。每个作物周期使用 1 次。

4. 注意事项

（1）阳光充足、温度高、土壤湿度大时有利于药效发挥，干旱时药效差。麦苗弱、涝渍易发生药害。

（2）施用过磷酸钙的土地、作物生长势弱或受冻害、漏耕地段及沙性重或排水不良的土壤不宜使用。

（3）土壤湿度高利于根吸收传导，喷药前后降雨、温度高利于药效发挥；施药后遇寒流会加重冻害，因此施药应在冬前早期进行。

（4）长江中下游冬麦田使用时，对后茬水稻的安全间隔期不少于 109 天。也适于小麦、玉米套作区推广应用。

（5）生态毒性：鸟类低毒，鱼类低毒，大型溞高毒，绿藻高毒，蜜蜂低毒，蚯蚓低毒。

敌 草 隆

Diuron

1. 作用特点

取代脲类光合作用光系统 ⅡA 位点电子转移抑制剂，为吸收传导型低毒除草剂。可被植物的根、叶吸收，以根系吸收为主，杂草根系吸收药剂后，传到地上部叶片中，并沿着叶脉向周围传播。可抑制光合作用中的希尔反应，使受害杂草从叶尖和边缘开始褪色，直至全叶枯萎，不能制造养分，植株饥饿而死。敌草隆需要光才能发挥药效。在低剂量下可通过位差及时差选择进行除草，高剂量时成为灭生性除草剂。药效可持续 60 天以上。

2. 主要产品

【单剂】悬浮剂：20％、40％、63％、80％；可湿性粉剂：25、80％；水分散粒剂：80％、90％。

【混剂】

甲·莠·敌草隆：2甲4氯＋莠去津＋敌草隆，20％可湿性粉剂。

甲·灭·敌草隆（2甲·灭·敌隆、2甲·莠·敌）：2甲4氯＋莠灭净＋敌草隆，30％、35％、48％、55％、62％、65％、68％、72％、73％、75％、77％、80％、81％、88％可湿性粉剂，登记在甘蔗田使用。

敌草隆·氯吡嘧·莠灭净：敌草隆＋氯吡嘧磺隆＋莠灭净，85％可湿性粉剂，登记在甘蔗田使用。

环嗪酮·敌草隆（环嗪·敌草隆）：环嗪酮＋敌草隆，60％可湿性粉剂，60％水分散粒剂，登记在甘蔗田使用。

甲戊·敌草隆：二甲戊灵＋敌草隆，42％悬浮剂，登记在棉花田使用。

草甘·敌草隆：草甘膦铵盐＋敌草隆，80％水分散粒剂，登记在非耕地使用。

仲灵·敌草隆：仲丁灵＋敌草隆，42％悬浮剂，登记在棉花田使用。

3. 应用

【适用作物】非耕地、甘蔗、棉花。

【防治对象】主要用于防除一年生禾本科杂草和某些阔叶杂草，如稗草、马唐、狗尾草、牛筋草、画眉草、旱稗、小藜、反枝苋、婆婆纳、独行菜、小飞蓬、黄花蒿、繁缕、香附子、狗牙根、双穗雀稗、刺儿菜等。

【使用方法】茎叶喷雾。

非耕地	80％敌草隆可湿性粉剂 375～667 克/亩茎叶喷雾处理。于杂草生长旺盛时期，兑水定向喷雾处理。
甘蔗田	80％敌草隆可湿性粉剂 140～180 克/亩土壤喷雾处理。于甘蔗播后杂草出苗前兑水土壤喷雾使用。
棉花田	80％敌草隆水分散粒剂 81～94 克/亩土壤喷雾处理。于棉花播后苗前，兑水土壤喷雾使用。

4. 注意事项

（1）在甘蔗每个作物周期最多用药1次。轮作花生、大豆的安全间隔期不少于240天。

（2）套种其他作物的甘蔗田不能使用敌草隆；不建议在后茬轮作作物种类较多的果蔬上推广。使用敌草隆的甘蔗田后茬可种植甘蔗、芦笋、花生、大豆、棉花，毁种时只能种植甘蔗或棉花。

（3）对辣椒、西瓜、油菜、小麦、桃树等作物敏感，对作物的叶片有杀伤效果。因此施药应选择在晴朗无风天气下进行，以免药液飘移到邻近作物上。

（4）沙性土壤用药量应比黏土适当减少。土壤湿润有利于药效发挥，施药时遇土面干旱，则每亩兑水量增加到 100 千克以上。

（5）生态毒性：鸟类低毒，鱼类中等毒，绿藻高毒，蜜蜂低毒，家蚕中等毒。

辛酰溴苯腈

Bromoxynil octanoate

1. 作用特点

苯腈类光合作用光系统ⅡB位点抑制剂，为触杀型选择性中毒除草剂。主要由叶片吸收，在植物体内进行极有限的传导，通过抑制光合作用的各个过程，包括抑制光合磷酸化反应和电子传递，特别是光合作用的希尔反应，使植物组织迅速坏死，气温较高时加速叶片枯死。

2. 主要产品

【单剂】可分散油悬浮剂：25％；乳油：25％、30％。

【混剂】

硝·烟·辛酰溴：硝磺草酮＋烟嘧磺隆＋辛酰溴苯腈，22％可分散油悬浮剂，登记在玉米田使用。

烟嘧·辛酰溴：烟嘧磺隆＋辛酰溴苯腈，20％油悬浮剂，20％可分散油悬浮剂，登记在玉米田使用。

辛·烟·莠去津：辛酰溴苯腈＋烟嘧磺隆＋莠去津，38％、39％可分散油悬浮剂，登记在玉米田使用。

硝·辛·莠去津：硝磺草酮＋辛酰溴苯腈＋莠去津，35％可分散油悬浮剂，登记在玉米田使用。

2甲·溴苯腈：2甲4氯钠＋溴苯腈，40％乳油，登记在小麦田使用。

2甲4氯酯·溴苯腈：2甲4氯异辛酯＋溴苯腈，56.3％乳油，登记在小麦田使用。

辛·烟·氯氟吡：辛酰溴苯腈＋烟嘧磺隆＋氯氟吡氧乙酸，24％、30％可分散油悬浮剂，登记在玉米田使用。

3. 应用

【适用作物】小麦、玉米、大蒜。

【防治对象】主要用于防除播娘蒿、麦瓶草、猪殃殃、婆婆纳、藜、蓼、荠菜、鸭跖草、马齿苋等一年生阔叶杂草。

【使用方法】茎叶喷雾。

小麦田	25％辛酰溴苯腈乳油 100～150 毫升/亩茎叶喷雾处理。于冬小麦3～6叶期，兑水施用。
玉米田	25％辛酰溴苯腈乳油 100～150 毫升/亩茎叶喷雾处理。于玉米苗后3～5叶期，杂草出齐至4叶期兑水施药。

大蒜田	30%辛酰溴苯腈乳油75~90毫升/亩茎叶喷雾处理。于大蒜3~4叶期，阔叶杂草基本出齐后兑水施药。

4. 注意事项

（1）避免药液飘移到邻近的阔叶作物田。

（2）施药后玉米叶片可能会出现褪绿或烧灼褐斑，为药剂的正常反应，可恢复，不影响产量。

（3）高温或低温均可降低药效并加重药害反应；恶劣天气条件下谨慎使用。

（4）勿与碱性农药或肥料混用。

（5）对家蚕、蜜蜂低毒，对鸟中毒，对鱼类高毒，施药应远离水产养殖区，禁止在河塘等水体中清洗药械，并注意对鸟类的影响。

敌 草 快

Diquat

1. 作用特点

联吡啶类光合电子传递抑制剂，为触杀型灭生性低毒除草剂，兼具弱内吸输导作用。绿色植物吸收后抑制光合作用的电子传递，还原状态的联吡啶化合物在光诱导下，有氧存在时很快被氧化，形成活泼的过氧化氢，这种物质的积累使植物细胞膜破坏，受药部位枯黄。可被植物绿色组织迅速吸收，但不能穿透成熟的树皮，对地下根茎基本无破坏作用，在土壤中迅速丧失活力，适用于在作物种子萌发前杀灭杂草。植物着药的部位2~3小时即开始变黄，2~3天植株枯黄致死。可用于阔叶杂草占优势的地块除草，还可作为种子植物的干燥剂，也可用作马铃薯、棉花、大豆、玉米、高粱、亚麻、向日葵等作物的催枯剂，使成熟作物残余的绿色部分和杂草迅速干枯，提早收割，减少种子损失。

2. 主要产品

【单剂】水剂：10%、20%、25%、200克/升；可溶液剂：200克/升。

【混剂】无。

3. 应用

【适用作物】非耕地、柑橘、苹果、小麦、冬油菜、蔬菜。

【防治对象】稗草、马唐、牛筋草、狗尾草、千金子、蚵子草、反枝苋、空心莲子草、苘麻、马齿苋、苍耳、铁苋菜、叶下珠、通泉草、小飞蓬、藿香蓟、鬼针草、牛膝菊、打碗花、苣荬菜、刺儿菜、异型莎草、碎米莎草等。

【使用方法】茎叶喷雾、定向茎叶喷雾。

非耕地	20%敌草快水剂300~350毫升/亩兑水茎叶喷雾处理。于单子叶杂草7~9期或阔叶杂草10~12期使用，田间杂草密度高、草龄大时，使用高剂量；反之使用低剂量，均匀喷雾。

柑橘园	20%敌草快水剂150～200毫升/亩定向喷雾处理。于柑橘园杂草生长旺盛期兑水茎叶喷雾施药。
苹果园	20%敌草快水剂150～200毫升/亩定向喷雾处理。于苹果园杂草生长旺盛期兑水茎叶喷雾施药。
小麦免耕田	20%敌草快水剂150～200毫升/亩定向喷雾处理。于小麦播前或播后苗前兑水喷雾处理。
冬油菜免耕田	20%敌草快水剂150～200毫升/亩喷雾处理。于免耕冬油菜移栽前1～3天，杂草2～5叶期，兑水喷雾于杂草茎、叶上，每季作物最多使用1次。
蔬菜免耕田	20%敌草快水剂200～300毫升/亩喷雾处理。在免耕蔬菜地清园除草时，于前茬作物收获后，下茬蔬菜播种/移栽前，兑水喷雾使用。

4. 注意事项

（1）敌草快属非选择性除草剂，施药最佳时期为杂草的生长旺盛期，勿对作物幼苗进行直接喷雾，作物绿色部分接触到药液会产生严重药害。

（2）勿与碱性磺酸盐湿润剂、激素型除草剂的碱金属盐类等化合物混合使用。

（3）避免在大风和高温天气施药；施药时应避免雾滴飘移；施药地块24小时之内禁止放牧和畜禽进入。

（4）生态毒性：鸟类中等毒，鱼类低毒，大型溞中等毒，绿藻中等毒，蜜蜂低毒，蚯蚓低毒，家蚕低毒。施药应远离水产养殖区，应避免药剂或使用过的容器污染水塘、河道或沟渠，蜜源作物、鸟类保护区、蚕室及桑园附近禁用。

（5）无面部和皮肤防护使用时可引起手指甲变形及鼻出血，经口吞服有致死性。开始口、咽部立即有烧灼感，恶心、呕吐、胃疼、胸闷，呼吸时伴有泡沫。如药液溅到皮肤上，应立即用滑石粉吸干，再用肥皂清洗；如药液溅入眼中，立即用清水冲洗至少15分钟；如误服中毒，立即送医院对症治疗，无特殊解毒剂，可催吐，活性炭调水让病人喝下。

氟磺胺草醚

Fomesafen

1. 作用特点

二苯醚类原卟啉原氧化酶（PPO）抑制剂，为触杀型选择性低毒除草剂。芽前、苗后使用均能很快被杂草吸收，使原卟啉氧化酶受抑制，引起原卟啉积累，使细胞膜脂质过氧化作用增强，破坏杂草的光合作用，导致其叶片黄化并迅速枯萎死亡。喷药后4～6小时内遇雨不会显著降低除草效果。药液在土壤里被根部吸收也能发挥杀草作用，而大豆吸收药剂后能迅速降解。

2. 主要产品

【单剂】水剂：25％、250克/升；微乳剂：12.8％、20％、30％；可溶粉剂：90％；乳油：10％、12.8％、20％；水分散粒剂：75％。

【混剂】

氟吡·氟磺胺：高效氟吡甲禾灵＋氟磺胺草醚，16％、24％乳油，25％微乳剂，14％可分散油悬浮剂，登记在大豆田使用。

吡·噁·氟磺胺：高效氟吡甲禾灵＋氟磺胺草醚＋异噁草松，35％可分散油悬浮剂，36％微乳剂，登记在大豆田使用。

松·喹·氟磺胺：异噁草松＋精喹禾灵＋氟磺胺草醚，15％、18％、21％、35％、45％乳油，13.6％、35％微乳剂，登记在大豆田使用。

灭·喹·氟磺胺：灭草松＋精喹禾灵＋氟磺胺草醚，25％、38％、42％微乳剂，24％乳油，登记在大豆田使用。

喹·唑·氟磺胺：精喹禾灵＋咪唑乙烟酸＋氟磺胺草醚，16.8％微乳剂，20％乳油，登记在大豆田使用。

氟磺·烯草酮：氟磺胺草醚＋烯草酮，25％乳油，21％、28％可分散油悬浮剂，30％微乳剂，登记在绿豆田、大豆田、红小豆田使用。

氟·松·烯草酮：氟磺胺草醚＋异噁草松＋烯草酮，22％、32％、39％乳油，37％可分散油悬浮剂，登记在大豆田使用。

氟胺·烯禾啶：氟磺胺草醚＋烯禾啶，20.8％、31.5％、32％乳油，20.8％微乳剂，登记在大豆田使用。

松·烟·氟磺胺：异噁草松＋咪唑乙烟酸＋氟磺胺草醚，18％、38％微乳剂，登记在大豆田使用。

氟·咪·灭草松：氟磺胺草醚＋咪唑乙烟酸＋灭草松，32％水剂，登记在大豆田使用。

咪乙·氟磺胺：咪唑乙烟酸＋氟磺胺草醚，25％水剂，登记在大豆田使用。

乙羧·氟磺胺：乙羧氟草醚＋氟磺胺草醚，30％水剂，登记在大豆田使用。

异噁·氟磺胺：异噁草松＋氟磺胺草醚，26％、36％乳油，18％微乳剂，登记在大豆田使用。

氟胺·灭草松：氟磺胺草醚＋灭草松，30％、40％、44.7％、50％水剂，55％可溶液剂，82％可溶粉剂，登记在大豆田使用。

精喹·氟磺胺：精喹禾灵＋氟磺胺草醚，15％、17％、20％微乳剂，15％、20％、21％、22％、24％、30％乳油，登记在大豆田使用。

乳禾·氟磺胺：乳氟禾草灵＋氟磺胺草醚，15％乳油，登记在大豆田使用。

灭·羧·氟磺胺：灭草松＋三氟羧草醚＋氟磺胺草醚，31％微乳剂，登记在大豆田使用。

3. 应用

【适用作物】非耕地、春大豆、花生。

【防治对象】主要用于防除一年生和多年生阔叶杂草，如马齿苋、苍耳、铁苋菜、藜、地肤、蓼草、柳叶刺蓼、猪毛菜、风花菜、豚草、水棘针、苘麻、野西瓜苗、鬼针草、曼陀罗、龙葵、反枝苋等，对鸭跖草、刺儿菜、问荆的防效较差。

【使用方法】茎叶喷雾。

非耕地	250 克/升氟磺胺草醚水剂 100～120 毫升/亩茎叶喷雾处理。在杂草生长旺盛期，兑水 40～50 升/亩茎叶喷雾施用。
大豆田	250 克/升氟磺胺草醚水剂 60～80 毫升/亩（夏大豆）或 80～100 毫升/亩（春大豆）茎叶喷雾处理。于大豆 1～3 片复叶期，阔叶杂草 2～4 叶期，兑水茎叶喷雾施药。
花生田	250 克/升氟磺胺草醚水剂 40～50 毫升/亩茎叶喷雾处理。于阔叶杂草 2～4 叶期，兑水茎叶喷雾施药。

4. 注意事项

（1）间套种或混种有其他作物的大豆田，不能使用。

（2）在干旱、低温或低洼易涝地，当大豆生长不良时勿用。

（3）在土壤中的残留期较长，用药量不宜过大，否则会对后茬敏感作物如白菜、谷子、高粱、甜菜、玉米、小麦、亚麻等产生不同程度药害。

（4）玉米、油菜、亚麻、豌豆、菜豆、马铃薯、瓜类、高粱、谷子、向日葵、苜蓿、水稻、甜菜、花生、烟草等对氟磺胺草醚敏感，施药时应避免药液飘移到邻近敏感作物田，以免产生药害。

（5）生态毒性：鸟类低毒，鱼类低毒，大型溞低毒，绿藻高毒，蜜蜂低毒，家蚕低毒。远离水产养殖区、河塘等水体施药。

乙羧氟草醚

Fluoroglycofen - ethyl

1. 作用特点

二苯醚类原卟啉原氧化酶（PPO）抑制剂，触杀型低毒除草剂。被植物吸收后，使原卟啉氧化酶受抑制，生成对植物细胞具有毒性的四吡咯，积聚而发生作用。具有作用速度快、活性高、不影响下茬作物等特点。

2. 主要产品

【单剂】乳油：10％、15％、20％；微乳剂：10％。

【混剂】

乙羧·高氟吡：乙羧氟草醚＋高效氟吡甲禾灵，30％乳油，登记在花生田使用。

苄·羧·炔草酯：苄嘧磺隆＋乙羧氟草醚＋炔草酯，30％可湿性粉剂，登记在小麦田使用。

乙羧·苯磺隆：乙羧氟草醚＋苯磺隆，20％可湿性粉剂，登记在小麦田使用。

乙羧·草甘膦：乙羧氟草醚＋草甘膦，71％、78％、80％、82％可湿性粉剂，31％、32％、33％可分散油悬浮剂，88％可溶粒剂，登记在非耕地使用。

乙羧·草铵膦：乙羧氟草醚＋草铵膦，11％、20％、21％、23％微乳剂，20％、21％、24％、32％可分散油悬浮剂，20％可溶液剂，74％水分散粒剂，登记在非耕地使用。

草甘·甲·乙羧：草甘膦铵盐＋2甲4氯＋乙羧氟草醚，88％可溶粒剂，登记在非耕地使用。

喹·羧·草甘膦：精喹禾灵＋乙羧氟草醚＋草甘膦，33％可分散油悬浮剂，登记在非耕地使用。

草铵膦·精喹禾·乙羧氟：草铵膦＋精喹禾灵＋乙羧氟草醚，23％微乳剂，登记在非耕地使用。

精喹·乙羧氟：精喹禾灵＋乙羧氟草醚，15％乳油，12％水乳剂，登记在花生田使用。

乙羧·氟磺胺：乙羧氟草醚＋氟磺胺草醚，30％水剂，登记在大豆田使用。

3. 应用

【适用作物】小麦、大豆、花生、棉花等。

【防治对象】阔叶杂草，如藜、蓼、苋菜、龙葵、马齿苋、鸭跖草、大蓟等。

【使用方法】茎叶喷雾。

小麦田	10％乙羧氟草醚乳油 40～60 毫升/亩喷雾处理。春小麦 3～4 叶期，阔叶杂草 2～5 叶期兑水茎叶喷雾使用。每个作物周期使用 1 次。
大豆田	10％乙羧氟草醚乳油 40～60 毫升/亩（夏大豆）或 60～70 毫升/亩（春大豆）喷雾处理。在大豆 2 片复叶期以后，阔叶杂草 2～5 叶期，杂草已基本出齐时，兑水茎叶喷雾施用。每个作物周期使用 1 次。
花生田	10％乙羧氟草醚乳油 30～50 毫升/亩喷雾处理。花生 4～5 叶期，阔叶杂草 2～6 叶期施药，兑水茎叶喷雾施用。每个作物周期使用 1 次。
棉花田	10％乙羧氟草醚乳油 30～40 毫升/亩喷雾处理。阔叶杂草 3～5 叶期，杂草已基本出齐时，兑水行间定向茎叶喷雾施用，喷药时在喷头加保护罩，以免喷到植株茎、叶上造成药害。每个作物周期使用 1 次。

4. 注意事项

（1）气温过高或在作物上局部触药过多时，作物上会产生不同程度的灼伤斑，由于不具有内吸传导作用，经过 10～15 天后可恢复。

（2）在光照条件下才能发挥效力，所以应在晴天施药。大风天或预计 1 小时内有降雨不能使用。

（3）杂草较小、气温高、阳光充足，有利于药效发挥，杂草过大影响药效。

（4）生态毒性：鸟类低毒，鱼类低至中毒，大型溞低毒，蜜蜂低毒，家蚕低毒。

（5）间套种阔叶作物的田块不能使用。

三氟羧草醚

Acifluorfen

1. 作用特点

二苯醚类原卟啉原氧化酶（PPO）抑制剂，为触杀型低毒除草剂。苗后早期处理，可被植株茎、叶吸收，能促使气孔关闭，借助于光发挥除草活性，增高植物体温度引起坏死，并抑制线粒体电子的传递，引起呼吸系统和能量生产系统的停滞，抑制细胞分裂，使杂草死亡。能被土壤中的微生物和日光降解成二氧化碳，在土壤中半衰期为 30～60 天。进入大豆体内，可被迅速代谢。

2. 主要产品

【单剂】水剂：14.8％、21.4％；微乳剂：28％；可溶液剂：21.4％。

【混剂】

氟·喹·异噁松：三氟羧草醚＋精喹禾灵＋异噁草松，15.8％乳油，登记在大豆田使用。

氟醚·灭草松：三氟羧草醚＋灭草松，40％、44％、47％水剂，44％可溶液剂，登记在大豆田使用。

精喹·氟羧草：精喹禾灵＋三氟羧草醚，28％乳油，登记在大豆田使用。

氟羧醚·高氟吡·灭草松：三氟羧草醚＋高效氟吡甲禾灵＋灭草松，26％乳油，登记在花生田使用。

灭·羧·氟磺胺：灭草松＋三氟羧草醚＋氟磺胺草醚，31％微乳剂，登记在大豆田使用。

氟草·喹禾灵：三氟羧草醚＋喹禾灵，7.5％乳油，登记在大豆田使用。

3. 应用

【适用作物】大豆。

【防治对象】主要用于防除一年生阔叶杂草，如马齿苋、铁苋菜、鸭跖草、龙葵、藜、苍耳、水棘针、辣子草、鬼针草、苋等，对 1～3 叶期的狗尾草、野高粱等禾本科杂草也有一定防效，但效果较差，对多年生的苣荬菜、刺儿菜、大蓟、问荆等有一定抑制作用。

【使用方法】茎叶喷雾。

| 大豆田 | 21.4%三氟羧草醚水剂 115～150 毫升/亩茎叶喷雾处理。于大豆1～3片复叶期兑水喷雾使用，每季作物最多使用1次。 |

4. 注意事项

（1）对阔叶杂草的使用时期不能超过6叶期，否则防效较差。

（2）施药时注意风向，不要使雾剂飘入棉花、甜菜、向日葵、观赏植物与敏感作物中。喷雾要均匀，勿重喷或漏喷。

（3）大豆生长在不良环境中，如干旱、水淹、肥料过多、土壤含盐碱过多、风伤、霜伤、寒流、日最高温度低于 21 ℃或土温低于 15 ℃及大豆苗已受其他除草剂伤害、病害、虫害严重等均不宜使用三氟羧草醚，以免产生药害。

（4）施药后大豆叶片出现褐色锈斑，10 天后恢复。大豆 3 片复叶后用药，因叶片遮盖杂草，使药效受影响，而大豆受药量增加易产生药害。

（5）生态毒性：鸟类低毒，鱼类低毒，大型溞低毒，蜜蜂低毒，蚯蚓低毒，家蚕低毒。

乙氧氟草醚

Oxyfluorfen

1. 作用特点

二苯醚类原卟啉原氧化酶（PPO）抑制剂，触杀型低毒除草剂。具有一定的内吸传导性，被植物吸收后，使原卟啉氧化酶受抑制，生成对植物细胞具有毒性的四吡咯，积聚而发生作用。在有光的情况下发挥除草活性。主要通过胚芽鞘、中胚轴进入植物体内，经根部吸收较少，并有极微量通过根部向上运输进入叶部。以茎叶杀草为主，兼具土壤封闭活性。

2. 主要产品

【单剂】乳油：20%、24%、30%、32%、240 克/升；悬浮剂：5%、25%、35%；水乳剂：3%、10%；微乳剂：6%、30%；展膜油剂：10%。

【混剂】

乙氧·莠灭净：乙氧氟草醚＋莠灭净，38%悬浮剂，登记在苹果园使用。

氧氟·异丙草：乙氧氟草醚＋异丙草胺，50%可湿性粉剂，登记在水稻田使用。

氧氟·丙草胺：乙氧氟草醚＋丙草胺，20%水乳剂，40%微乳剂，登记在水稻田使用。

氧氟·草铵膦：乙氧氟草醚＋草铵膦，32%可湿性粉剂，17%、20%可分散油悬浮剂，17%微乳剂，20%水分散粒剂，登记在非耕地使用。

氧氟·草甘膦：乙氧氟草醚＋草甘膦，40%、45%、70%、80%可湿性粉剂，

67.6%、80%、81%水分散粒剂，40%可分散油悬浮剂，登记在非耕地使用。

氧氟·扑草净：乙氧氟草醚＋扑草净，30%可湿性粉剂，登记在大蒜田使用。

氧氟·甲戊灵：乙氧氟草醚＋二甲戊灵，20%、34%乳油，34%水乳剂，登记在水稻田使用。

氧氟·噁草酮：乙氧氟草醚＋噁草酮，14%乳油，32%微乳剂，登记在水稻田、棉花田使用。

氧氟·乙草胺：乙氧氟草醚＋乙草胺，26%、40%、42%、43%、57%乳油，登记在大蒜田使用。

氧氟·丁草胺：乙氧氟草醚＋丁草胺，30%水乳剂，登记在甘蔗田使用。

氧氟·二氯吡：乙氧氟草醚＋二氯吡啶酸，27%悬浮剂，登记在苗圃（云杉）使用。

吡·氧·甲戊灵：吡嘧磺隆＋乙氧氟草醚＋二甲戊灵，66%可湿性粉剂，登记在水稻田使用。

吡酰·氧氟：吡氟酰草胺＋乙氧氟草醚，33%悬浮剂，登记在大蒜田使用。

丙噁·乙氧氟：丙炔噁草酮＋乙氧氟草醚，22%悬浮剂，20%可分散油悬浮剂，22%水分散粒剂，登记在水稻田使用。

丙草胺·嘧草醚·乙氧氟：丙草胺＋嘧草醚＋乙氧氟草醚，30%可分散油悬浮剂，登记在水稻田使用。

丙草胺·西草净·乙氧氟：丙草胺＋西草净＋乙氧氟草醚，40%乳油，登记在水稻田使用。

丙噁·氧·丙草：丙炔噁草酮＋乙氧氟草醚＋丙草胺，16%、33%乳油，20%水乳剂，登记在水稻田使用。

丙·氧·噁草酮：丙草胺＋乙氧氟草醚＋噁草酮，34%、37%、52%乳油，34%、51%微乳剂，5%颗粒剂，登记在水稻田使用。

乙氧·精异丙：乙氧氟草醚＋精异丙甲草胺，30%水乳剂，登记在花生田使用。

硝磺草酮·乙氧氟草醚：硝磺草酮＋乙氧氟草醚，2%颗粒剂，登记在水稻田使用。

噁·氧·莎稗磷（莎·氧·噁草酮）：噁草酮＋乙氧氟草醚＋莎稗磷，37%、42%、45%乳油，37%、41%微乳剂，登记在水稻田使用。

噁·氧·二甲戊：噁草酮＋乙氧氟草醚＋二甲戊灵，40%、45%乳油，44%微乳剂，登记在水稻田使用。

丁·氧·噁草酮：丁草胺＋乙氧氟草醚＋噁草酮，21%、43%乳油，22%水乳剂，登记在水稻田使用。

戊·氧·乙草胺：二甲戊灵＋乙氧氟草醚＋乙草胺，44%、45%、51.5%、

52%乳油，登记在大蒜田使用。

甲戊灵·扑草净·乙氧氟：二甲戊灵＋扑草净＋乙氧氟草醚，36%悬浮剂，登记在棉花田使用。

异·乙·扑草净：异丙甲草胺＋乙氧氟草醚＋扑草净，61%悬浮剂，登记在花生田使用。

乙氧·异·甲戊：乙氧氟草醚＋异丙甲草胺＋二甲戊灵，50%、55%、56%、60%乳油，登记在大蒜田使用。

3. 应用

【适用作物】水稻、大蒜、生姜、花生、甘蔗等。

【防治对象】一年生杂草，如稗草、千金子、牛毛草、异型莎草、水虱草、鸭舌草、水苋菜、节节菜、田菁、陌上菜等。

【使用方法】土壤喷雾、茎叶喷雾、药土法、甩施。

水稻移栽田	240克/升乙氧氟草醚乳油15～20毫升/亩撒施。水稻移栽后5～7天，秧苗缓苗后稗草1叶1心期前施药。施用时应在露水干后用毒土法均匀撒施，适用于水稻大苗移栽田使用（稻苗高应在20厘米以上，秧龄在30天以上）。不能用于秧田、直播田、小苗移栽田、病弱苗田、漏水田等。施药时气温应在20～30℃，施药后田间保水7天以上，水层3～5厘米。每个作物周期使用1次。
花生田	24%乙氧氟草醚乳油40～60毫升/亩喷雾处理。播后苗前兑水土壤喷雾施用。每个作物周期使用1次。
大蒜田	24%乙氧氟草醚乳油40～50毫升/亩喷雾处理。播后苗前兑水土壤喷雾施用。每个作物周期使用1次。
姜田	24%乙氧氟草醚乳油40～50毫升/亩喷雾处理。播后苗前兑水土壤喷雾施用。每个作物周期使用1次。
甘蔗田	240克/升乙氧氟草醚乳油30～50毫升/亩喷雾处理。移栽后苗前兑水土壤喷雾施用。每个作物周期使用1次。

4. 注意事项

（1）气温过高或在作物上局部触药过多时，作物上会产生不同程度的灼伤斑，由于不具有内吸传导作用，经过10～15天后恢复。

（2）在光照条件下才能发挥效力，所以应在晴天施药。大风天或预计1小时内有降雨，请勿使用。

（3）杂草较小、气温高、阳光充足，有利于药效发挥，杂草过大影响药效。

吡 草 醚

Pyraflufen‑ethyl

1. 作用特点

吡唑类原卟啉原氧化酶（PPO）抑制剂，为触杀型需光型低毒除草剂。通过植物细胞中原卟啉原 IX 积累而发挥药效。茎叶处理后，可被迅速吸收到植物组织中，使植物迅速坏死，或在阳光照射下，使茎、叶脱水干枯。因其在禾本科作物体内可被迅速代谢降解，因而对禾本科作物较安全，还可用于棉花成熟期脱叶。

2. 主要产品

【单剂】微乳剂：2%；悬浮剂：2%。

【混剂】

草甘·吡草醚：草甘膦＋吡草醚，30.2%悬浮剂，登记在非耕地使用。

3. 应用

【适用作物】小麦。

【防治对象】主要用于防除阔叶杂草，如猪殃殃、小野芝麻、繁缕、阿拉伯婆婆纳、洋甘菊等，对猪殃殃（2～4 叶期）活性尤佳。

【使用方法】茎叶喷雾。

小麦田	2%吡草醚悬浮剂 30～40 毫升/亩茎叶喷雾。于冬前小麦 3～5 叶期或小麦返青后至拔节前、杂草2～4 叶期兑水喷施。大风天或预计 1 小时内降雨不可施药。

4. 注意事项

（1）不能与强酸、强碱性农药混用。

（2）大风时不要施药，以免飘移伤及邻近敏感作物。

（3）使用后小麦叶片会出现轻微白色小斑点，但对小麦的生长发育及产量无影响。

（4）小麦拔节开始后避免使用。

（5）对鸟、蜜蜂、家蚕、鱼等水生生物不安全，对赤眼蜂有高风险性。清洗喷药器械或弃置废料时，切忌污染水源，清洗容器及喷雾器的水不可流入鱼塘、河道；水产养殖区、河塘等水体附近禁用。桑园及蚕室附近禁用。蜜源作物花期禁用，赤眼蜂等天敌放飞区禁用。

丙炔氟草胺

Flumioxazin

1. 作用特点

酰亚胺类原卟啉原氧化酶（PPO）抑制剂，为触杀型选择性低毒除草剂。可被植物的幼芽和叶片吸收，抑制原卟啉原氧化酶活性，引起原卟啉积累，使细胞膜脂质过氧化作用增强，导致敏感杂草的细胞膜结构和细胞功能不可逆损害。茎叶处理时，可被植物的幼芽和叶片吸收，在植物体内进行传导，受药杂草常在24～48小时内由凋萎、白化到坏死及枯死。土壤处理时，药剂可在土壤表面形成处理层，杂草发芽时，幼苗接触药剂处理层就枯死。在土壤中残留期短，正确使用对后茬作物安全。

2. 主要产品

【单剂】水分散粒剂：51％、72％；悬浮剂：30％、48％；可湿性粉剂：50％；水分散粒剂：70％。

【混剂】

丙炔氟草胺·二甲戊灵：丙炔氟草胺＋二甲戊灵，34％乳油，45％微囊悬浮剂，登记在棉花田使用。

丙炔氟草胺·乙草胺：丙炔氟草胺＋乙草胺，73％乳油，登记在大豆田使用。

氟草·草铵膦：丙炔氟草胺＋草铵膦，66％、77％可湿性粉剂，21％、22％、33％悬浮剂，20％可分散油悬浮剂，登记在非耕地使用。

氟草·草甘膦：丙炔氟草胺＋草甘膦，66％可湿性粉剂，31％悬浮剂，31％可分散油悬浮剂，登记在非耕地使用。

精异草·丙炔氟：精异丙甲草胺＋丙炔氟草胺，33％微囊悬浮剂，52％悬浮剂，登记在大豆田使用。

3. 应用

【适用作物】大豆、花生、棉花、柑橘。

【防治对象】主要用于防除一年生阔叶杂草和部分禾本科杂草，阔叶杂草包括鸭跖草、黄花稔、苍耳、苘麻、马齿苋、萹蓄、鼬瓣花、龙葵、反枝苋、香薷、藜、小藜、柳叶刺蓼、酸模叶蓼、节蓼等；禾本杂草包括马唐、牛筋草等，对稗草、狗尾草、金狗尾草、野燕麦及苣荬菜等亦有一定的抑制作用。

【使用方法】土壤喷雾、定向茎叶喷雾。

大豆田	5％丙炔氟草胺水分散粒剂8～12克/亩土壤喷雾处理。于大豆播前或播后苗前均匀喷施于土壤表面，一般播后不超过3天施药，为保证药效，可在施药后耥蒙头土或浅混土。
花生田	50％丙炔氟草胺可湿性粉剂6～8克/亩土壤喷雾处理。于花生播后2天内施药。
棉花田	50％丙炔氟草胺可湿性粉剂8～12克/亩土壤喷雾处理。于棉花播前或播后覆膜前施药。
柑橘园	50％丙炔氟草胺可湿性粉剂53～80克/亩兑水定向茎叶喷雾。应在杂草低龄期施药，若杂草数量大且草龄较大，应选用高剂量。

4. 注意事项

（1）为保证杀草效果，药剂喷洒后注意不要破坏药剂层。

（2）不可过量使用，大豆、花生、棉花拱土或出苗期不能施药。柑橘园施药应定向喷雾于杂草上，避免喷施到柑橘树叶片及嫩枝上。避免药液飘移到敏感作物田。

（3）禾本科杂草较多的田块，推荐和防除禾本科杂草的除草剂混用。

（4）春季低温多雨天气，或遇温度高于 30 ℃，部分棉苗可能出现药害，最佳施药温度 13～25 ℃。

噁 草 酮

Oxadiazon

1. 作用特点

别名恶草灵，噁二唑类有机杂环类原卟啉原氧化酶（PPO）抑制剂，触杀型低毒除草剂。主要通过杂草幼芽或茎、叶吸收，在有光的条件下发挥良好的杀草活性。对萌发期的杂草效果最好，随着杂草长大而效果下降，对成株杂草基本无效。

2. 主要产品

【单剂】乳油：12％、12.5％、13％、25％、25.5％、26％、31％、250 克/升；水乳剂：8％、30％；悬浮剂：35％、38％、40％、48％；颗粒剂：0.06％、0.6％；微乳剂：30％。

【混剂】

丁草·噁草酮：噁草酮＋丁草胺，18％、20％、36％、40％、42％、45％、60％、70％乳油，36％水乳剂，65％微乳剂，登记在水稻田使用。

丁草胺·噁草酮·西草净：丁草胺＋噁草酮＋西草净，43％乳油，登记在水稻田使用。

丁·氧·噁草酮：丁草胺＋乙氧氟草醚＋噁草酮，21％、43％乳油，22％水乳剂，登记在水稻田使用。

苄·丙·噁草酮：苄嘧磺隆＋丙草胺＋噁草酮，6％颗粒剂，登记在水稻田使用。

吡·戊·噁草酮：吡嘧磺隆＋二甲戊灵＋噁草酮，63％可湿性粉剂，登记在水稻田使用。

甲戊·噁草酮：二甲戊灵＋噁草酮，39％、40％乳油，30％、39％、40％悬浮剂，登记在水稻田使用。

噁草·仲丁灵：噁草酮＋仲丁灵，32％水乳剂，登记在水稻田使用。

噁草·西草净：噁草酮＋西草净，25％、28％乳油，登记在水稻田使用。

噁草·乙草胺：噁草酮＋乙草胺，36％、54％乳油，登记在大豆、棉花田使用。

噁草·丙草胺：噁草酮＋丙草胺，57％可分散油悬浮剂，38％、50％乳油，25％展膜油剂，38％微乳剂，40％、60％水乳剂，登记在水稻田使用。

噁草酮·莎稗磷·西草净：噁草酮＋莎稗磷＋西草净，42％乳油，登记在水稻田使用。

丙噁酮·莎稗磷·异噁松：噁草酮＋莎稗磷＋异噁草松，37％乳油，登记在水稻田使用。

氧氟·噁草酮：乙氧氟草醚＋噁草酮，14％乳油，32％微乳剂，登记在水稻田、棉花田使用。

丙·氧·噁草酮：丙草胺＋乙氧氟草醚＋噁草酮，34％、37％、52％乳油，34％、51％微乳剂，5％颗粒剂，登记在水稻田使用。

丙草·噁·异松：丙草胺＋噁草酮＋异噁草松，54％微乳剂，54％、70％乳油，登记在水稻田使用。

噁·氧·莎稗磷（莎·氧·噁草酮）：噁草酮＋乙氧氟草醚＋莎稗磷，37％、42％、45％乳油，37％、41％微乳剂，登记在水稻田使用。

噁·氧·二甲戊：噁草酮＋乙氧氟草醚＋二甲戊灵，40％、45％乳油，44％微乳剂，登记在水稻田使用。

3. 应用

【适用作物】水稻、大豆、棉花、花生。

【防治对象】稗草、千金子、马唐、雀稗、异型莎草、鸭舌草、瓜皮草、节节菜、矮慈姑、牛毛毡、水虱草以及多种苋科、藜科、大戟科、酢浆草科、旋花科一年生杂草。

【使用方法】土壤喷雾、甩施、药土法。

水稻移栽田	250 克/升噁草酮乳油 100～125 毫升/亩甩施。可于水稻移栽前 1～2 天或移栽后 4～5 天，用瓶装甩施，施药后保持浅水层 3 天，自然落干。每个作物周期使用 1 次。
水稻直播田	250 克/升噁草酮乳油 100～132 毫升/亩喷雾处理。播后苗前兑水土壤喷雾施用，每个作物周期使用 1 次。
大豆田	25.5％噁草酮乳油 200～300 毫升/亩喷雾处理。于春大豆播后苗前兑水土壤喷雾施用，每个作物周期使用 1 次。

花生田	250 克/升噁草酮乳油 100～200 毫升/亩喷雾处理。播后苗前兑水土壤喷雾施用，每个作物周期使用 1 次。
棉花田	120 克/升噁草酮乳油 230～260 毫升/亩喷雾处理。播后苗前兑水土壤喷雾施用，每个作物周期使用 1 次。

4. 注意事项

（1）催芽播种秧田，必须在播种前 2～3 天施药，如播种后马上施药，易出现药害。

（2）以土壤活性为主，对已萌发的杂草效果较差，宜早用。

（3）旱田使用，土壤要保持湿润，否则药效无法发挥。

（4）田间积水易导致药害。稻田用药后如遇低温、暴雨天气，应及时进行田间排水和采取措施补救药害。

（5）对蜜蜂、鸟类及鱼类不安全。

丙炔噁草酮

Oxadiargyl

1. 作用特点

噁二唑类含氮杂环类原卟啉原氧化酶（PPO）抑制剂，触杀型低毒除草剂。主要用于水稻、马铃薯、向日葵、蔬菜、甜菜、果园等苗前除草。具有施用方便快捷、杀草谱广、持效期长等特点。

2. 主要产品

【单剂】乳油：10％、15％；水乳剂：8％、12％；悬浮剂：10％、25％；可湿性粉剂：80％。

【混剂】

吡嘧·丙噁：吡嘧磺隆＋丙炔噁草酮，43％可湿性粉剂，24％可分散油悬浮剂，登记在水稻田使用。

丙噁·五氟磺：丙炔噁草酮＋五氟磺草胺，15％可分散油悬浮剂，登记在水稻田使用。

丙噁·丁草胺：丙炔噁草酮＋丁草胺，30％微囊悬浮剂，登记在水稻田使用。

丙噁·丙草胺：丙炔噁草酮＋丙草胺，31％水乳剂，31％乳油，登记在水稻田使用。

丙噁酮·西草净·异噁松：丙炔噁草酮＋西草净＋异噁草松，28％乳油，登记在水稻田使用。

丙噁酮·丁草胺·西草净：丙炔噁草酮＋丁草胺＋西草净，50％乳油，登记在水稻田使用。

丙草胺·丙噁酮·西草净：丙草胺＋丙炔噁草酮＋西草净，48％乳油，登记在水稻田使用。

丙噁·乙氧氟：丙炔噁草酮＋乙氧氟草醚，22％悬浮剂，20％可分散油悬浮剂，22％水分散粒剂，登记在水稻田使用。

丙噁·氧·丙草：丙炔噁草酮＋乙氧氟草醚＋丙草胺，16％、33％乳油，20％水乳剂，登记在水稻田使用。

丙噁酮·莎稗磷·异噁松：丙炔噁草酮＋莎稗磷＋异噁草松，37％乳油，登记在水稻田使用。

丙草·丙噁·松（松·丙噁·丙草）：丙草胺＋丙炔噁草酮＋异噁草松，26％、48％乳油，登记在水稻田使用。

丙噁酮·丁草胺·噁嗪酮：丙炔噁草酮＋丁草胺＋噁嗪草酮，37％可分散油悬浮剂，登记在水稻田使用。

3. 应用

【适用作物】水稻、马铃薯。

【防治对象】能有效防除稗草、千金子、异型莎草、牛毛毡、碎米莎草、节节菜、鸭舌草、陌上菜、紫萍、水绵、小茨藻等杂草，也能杀伤和抑制萤蔺、扁秆藨草、藨草、荆三棱、雨久花、泽泻、野慈姑和眼子菜等。

【使用方法】甩施、药土法、土壤喷雾。

水稻移栽田	80％丙炔噁草酮可湿性粉剂 6～8 克/亩甩施。于水稻移栽前3～7 天，稗草 1 叶期以前，稻田灌水整平后呈泥水或清水状时，兑水甩施，甩施时田间保有 5～7 厘米水层（甩施幅度 4 米宽，步速 0.7～0.8 米/秒）。施药后 2 天内不排水，插秧后保持 3～5 厘米水层，避免淹没稻苗心叶。稻田采用喷雾器甩施施用时，应于水稻移栽前 3～7 天，兑水甩施施药。每个作物周期使用 1 次。
马铃薯田	80％丙炔噁草酮可湿性粉剂 15～18 克/亩喷雾处理。播后苗前兑水土壤喷雾处理。施用前后要求田间土壤湿润，否则应灌水增墒后使用。每个作物周期使用 1 次。

4. 注意事项

（1）不推荐用于抛秧和直播水稻及盐碱地水稻田中。

（2）秸秆还田（旋耕整地、打浆）的稻田，也必须于水稻移栽前3～7 天趁清水或浑水施药，且秸秆要打碎并彻底与耕层土壤混匀，以免因秸秆集中腐烂造成水稻根际缺氧，引起稻苗受害。

（3）水稻移栽后使用应采用"药土法"撒施，以保证药效，避免药害。

（4）栽前施用丙炔噁草酮，再于水稻栽后 15～18 天使用其他除草剂，两次施药间隔期应在 20 天以上。

（5）对水生藻类高毒，鱼或虾蟹套养稻田禁用。

唑 草 酮

Carfentrazone‑ethyl

1. 作用特点

三唑啉酮类原卟啉原氧化酶（PPO）抑制剂，触杀型低毒除草剂。在有光的条件下，在叶绿素生物合成过程中，通过抑制原卟啉原氧化酶导致有毒中间物的积累，从而破坏杂草的细胞膜，使叶片迅速干枯、死亡。在喷药后 15 分钟内即被植物叶片吸收，其不受雨淋影响，施用 3~4 小时后杂草就出现中毒症状，2~4 天死亡。杀草速度快，受低温影响小，用药范围广，有良好的耐低温和耐雨水冲刷效应，对后茬作物十分安全。

2. 主要产品

【单剂】可湿性粉剂：10%、15%、20%；乳油：40%；水分散粒剂：10%、40%；微乳剂：5%。

【混剂】

五氟·唑·氰氟：五氟磺草胺＋唑草酮＋氰氟草酯，16%可分散油悬浮剂，登记在水稻田使用。

二磺·炔草酯·唑草酮：甲基二磺隆＋炔草酯＋唑草酮，12%可分散油悬浮剂，登记在小麦田使用。

二氯·唑·吡嘧：二氯喹啉酸＋唑草酮＋吡嘧磺隆，56%可湿性粉剂，登记在水稻田使用。

炔草酯·双氟·唑草酮：炔草酯＋双氟磺草胺＋唑草酮，18%微乳剂，登记在小麦田使用。

炔·苄·唑草酮：炔草酯＋苄嘧磺隆＋唑草酮，37%可湿性粉剂，登记在小麦田使用。

炔·唑·氯氟吡：炔草酯＋唑草酮＋氯氟吡氧乙酸，40%可湿性粉剂，登记在小麦田使用。

苄嘧·唑草酮：苄嘧磺隆＋唑草酮，38%可湿性粉剂，登记在水稻田使用。

吡·甲·唑草酮：吡嘧磺隆＋2甲4氯＋唑草酮，63%可湿性粉剂，登记在小麦田使用。

唑草·苯磺隆：唑草酮＋苯磺隆，24%、26%、28%、36%可湿性粉剂，36%、40%水分散粒剂，登记在小麦田使用。

苯·唑·氯氟吡：苯磺隆＋唑草酮＋氯氟吡氧乙酸，29.5%可湿性粉剂，登记在小麦田使用。

苯·唑·2甲钠：苯磺隆＋唑草酮＋2甲4氯钠，55%可湿性粉剂，登记在小麦田使用。

噻吩·唑草酮：噻吩磺隆＋唑草酮，22％、36％可湿性粉剂，登记在小麦田使用。

双氟·唑草酮：双氟磺草胺＋唑草酮，6％可湿性粉剂，6％可分散油悬浮剂，3％、8％悬浮剂，登记在小麦田使用。

2甲·唑·双氟：2甲4氯＋唑草酮＋双氟磺草胺，54％可湿性粉剂，登记在小麦田使用。

氯吡·唑·双氟：氯氟吡氧乙酸＋唑草酮＋双氟磺草胺，9.2％、16％悬浮剂，登记在小麦田使用。

氯吡·唑草酮：氯氟吡氧乙酸＋唑草酮，34％可湿性粉剂，登记在小麦田使用。

唑草·双草醚：唑草酮＋双草醚，25％可湿性粉剂，登记在水稻田使用。

唑草·灭草松：唑草酮＋灭草松，40％水分散粒剂，登记在水稻田使用。

氟唑·唑草酮：氟唑磺隆＋唑草酮，55％、60％水分散粒剂，登记在小麦田使用。

2甲·唑草酮：2甲4氯＋唑草酮，64％、70.5％可湿性粉剂，登记在水稻田使用。

莠·唑·2甲钠：莠灭净＋唑草酮＋2甲4氯钠，73％可湿性粉剂，登记在甘蔗田使用。

3. 应用

【适用作物】水稻、小麦。

【防治对象】阔叶杂草和莎草，如猪殃殃、田紫草、反枝苋、播娘蒿、宝盖草、麦家公、婆婆纳、泽漆、野慈姑、异型莎草、野荸荠、矮慈姑、节节菜、鳢肠、水苋菜、陌上菜等。

【使用方法】茎叶喷雾。

水稻移栽田	10％唑草酮可湿性粉剂10～15克/亩喷雾处理。水稻移栽后15天左右、杂草2～5叶期兑水茎叶喷雾施用。每个作物周期使用1次。
小麦田	10％唑草酮可湿性粉剂18～20克/亩（冬小麦）或22～24克/亩（春小麦）喷雾处理。在冬小麦返青期至拔节前、阔叶杂草2～5叶期，兑水茎叶喷雾施用。也可在春小麦3～4叶期兑水茎叶喷雾处理。小麦倒二叶抽出后勿用药。每个作物周期使用1次。

4. 注意事项

（1）干旱或杂草过多、过大时，需在推荐用量范围内加大用药量和用水量；土壤湿度大或气温在15℃以上时有利于药效发挥。

（2）生态毒性：鸟类低毒，鱼类中等毒，大型溞低毒，绿藻高毒，蜜蜂低毒，蚯蚓低毒，家蚕低毒。

苯唑草酮

Topramezone

1. 作用特点

三酮类对羟苯基丙酮酸双加氧酶（HPPD）抑制剂，为内吸传导型低毒除草剂。通过根、幼苗、叶吸收，传导到分生组织，抑制质体醌生物合成，进而抑制类胡萝卜素的生物合成，并且抑制光合作用电子传递和植物细胞抗氧化能力，导致杂草白化和枯死，一般在玉米田施药后 2～4 天即可见效。用于玉米田茎叶处理防治一年生禾本科和阔叶杂草，并具有土壤封闭效果。对各种品种的玉米（大田玉米、甜玉米、爆裂玉米）具有较好的安全性。

2. 主要产品

【单剂】悬浮剂：15％、30％；可分散油悬浮剂：4％、10％、30％。

【混剂】

苯唑·莠去津：苯唑草酮＋莠去津，31％、43％悬浮剂，25％、26％可分散油悬浮剂。

苯唑酮·烟嘧隆·莠去津：苯唑草酮＋烟嘧磺隆＋莠去津，25％、30％可分散油悬浮剂。

苯唑酮·特丁津·烟嘧隆：苯唑草酮＋特丁津＋烟嘧磺隆，30％可分散油悬浮剂。

苯唑草酮·特丁津：苯唑草酮＋特丁津，40％悬浮剂，28％、33％可分散油悬浮剂。

以上混剂登记在玉米田使用。

3. 应用

【适用作物】玉米。

【防治对象】一年生禾本科和阔叶杂草，如马唐、稗草、牛筋草、野黍、狗尾草、藜、蓼、苘麻、马齿苋、苍耳、龙葵、一点红等。

【使用方法】茎叶喷雾。

玉米田	30％苯唑草酮悬浮剂 5～6 毫升/亩喷雾处理。玉米 2～5 叶期兑水茎叶喷雾处理。每个作物周期使用 1 次。

4. 注意事项

（1）推荐无风晴天下午 4 时以后用药。如遇高温、干旱、低温、玉米生长弱小时，请慎用。

（2）低温和干旱天气会影响杂草对药剂的吸收，杂草死亡的时间会延长。

（3）后茬种植苜蓿、棉花、花生、马铃薯、高粱、大豆、向日葵、菜豆、豌豆、甜菜、油菜等作物需先进行小面积试验，然后种植。

硝磺草酮

Mesotrione

1. 作用特点

别名甲基磺草酮，三酮类4-羟基苯基丙酮酸酯双氧化酶（HPPD）抑制剂，内吸传导型低毒除草剂。植物通过根部及叶片吸收后，在体内迅速传导，阻碍4-羟基苯基丙酮酸向尿黑酸的转变，间接抑制类胡萝卜素的生物合成。由于类胡萝卜素有保护叶绿素避免被光照伤害的作用，因此植物体内的类胡萝卜素生物合成被抑制后，分生组织产生白化现象，生长停滞，最终导致死亡。

2. 主要产品

【单剂】悬浮剂：10%、15%、20%、25%、40%；可湿性粉剂：82%；泡腾粒剂：12%；可分散油悬浮剂：10%、20%、25%、30%；水分散粒剂：25%、75%。

【混剂】

苯·苄·硝草酮：苯噻酰草胺＋苄嘧磺隆＋硝磺草酮，79%、81%、83%可湿性粉剂，10%颗粒剂，登记在水稻田使用。

五氟磺·硝磺·乙磺隆：五氟磺草胺＋硝磺草酮＋乙氧磺隆，0.22%颗粒剂，登记在水稻田使用。

硝磺·五氟磺：硝磺草酮＋五氟磺草胺，16%、18%可分散油悬浮剂，0.03%颗粒剂，登记在水稻田使用。

硝磺·仲丁灵：硝磺草酮＋仲丁灵，28%悬浮剂，登记在水稻田使用。

氯吡隆·硝磺：氯吡嘧磺隆＋硝磺草酮，60%水分散粒剂，登记在甘蔗田使用。

硝磺·丙草胺：硝磺草酮＋丙草胺，25%细粒剂，5%、25%颗粒剂，登记在水稻田使用。

吡嘧·硝草酮：吡嘧磺隆＋硝磺草酮，25%可湿性粉剂，登记在水稻田使用。

苯噻酰·五氟磺·硝磺草：苯噻酰草胺＋五氟磺草胺＋硝磺草酮，22%水分散片剂，登记在水稻田使用。

苯噻·氯·硝磺：苯噻酰草胺＋氯吡嘧磺隆＋硝磺草酮，29%泡腾片剂，登记在水稻田使用。

硝磺·西草净：硝磺草酮＋西草净，18%可湿性粉剂，登记在水稻田使用。

硝磺草酮·乙氧氟草醚：硝磺草酮＋乙氧氟草醚，2%颗粒剂，登记在水稻田使用。

烟嘧·硝草酮：烟嘧磺隆＋硝磺草酮，13%、14%、18%、25%可分散油悬浮剂，登记在玉米田使用。

特丁津·硝磺草酮：特丁津＋硝磺草酮，35％悬浮剂，28％可分散油悬浮剂，登记在玉米田使用。

硝磺·二氯吡：硝磺草酮＋二氯吡啶酸，25％可分散油悬浮剂，登记在玉米田使用。

硝·莠·氯氟吡：硝磺草酮＋莠去津＋氯氟吡氧乙酸，29％、30％可分散油悬浮剂，登记在玉米田使用。

硝·烟·辛酰溴：硝磺草酮＋烟嘧磺隆＋辛酰溴苯腈，22％可分散油悬浮剂，登记在玉米田使用。

硝磺草·烟嘧隆·特丁津：硝磺草酮＋烟嘧磺隆＋特丁津，31％可分散油悬浮剂，登记在玉米田使用。

氯吡·硝·烟嘧：氯氟吡氧乙酸＋硝磺草酮＋烟嘧磺隆，22％、23％、28％可分散油悬浮剂，50％水分散粒剂，登记在玉米田使用。

硝·精·莠去津：硝磺草酮＋精异丙甲草胺＋莠去津，38.5％悬浮剂，40％微囊悬浮剂，54％可分散油悬浮剂，登记在玉米田使用。

精异草·特丁津·硝磺草：精异丙甲草胺＋特丁津＋硝磺草酮，49％悬浮剂，登记在玉米田使用。

硝·乙·莠去津：硝磺草酮＋乙草胺＋莠去津，40％微囊悬浮剂，55％、58％悬浮剂，登记在玉米田使用。

丁·硝·莠去津：丁草胺＋硝磺草酮＋莠去津，40％、52％悬浮剂，登记在玉米田使用。

硝磺·异丙·莠：硝磺草酮＋异丙甲草胺＋莠去津，33.5％、45％、48％悬浮剂，46％可分散油悬浮剂，登记在玉米田使用。

烟·硝·莠去津：烟嘧磺隆＋硝磺草酮＋莠去津，24％、28％、30％、32％、33％、35％、40％、43％可分散油悬浮剂，登记在玉米田使用。

硝磺·莠去津：硝磺草酮＋莠去津，50％可湿性粉剂，25％、30％、36％、40％、46％、50％、55％悬浮剂，25％、30％、35％、50％可分散油悬浮剂，登记在玉米田使用。

硝磺草·异噁酮·莠去津：硝磺草酮＋异噁唑草酮＋莠去津，27％悬浮剂，登记在玉米田使用。

硝·辛·莠去津：硝磺草酮＋辛酰溴苯腈＋莠去津，35％可分散油悬浮剂，登记在玉米田使用。

2甲4氯·硝磺·莠去津：2甲4氯＋硝磺草酮＋莠去津，64％可湿性粉剂，登记在玉米田使用。

砜·硝·氯氟吡：砜嘧磺隆＋硝磺草酮＋氯氟吡氧乙酸，32％可分散油悬浮剂，登记在玉米田使用。

硝·2甲·莠灭：硝磺草酮＋2甲4氯＋莠灭净，59％、60％、70％可湿性粉剂，登记在甘蔗田使用。

硝磺草酮·莠灭净：硝磺草酮＋莠灭净，75％可湿性粉剂，登记在甘蔗田使用。

硝·灭·氰草津：硝磺草酮＋莠灭净＋氰草津，38％可湿性粉剂，登记在甘蔗田使用。

砜嘧·硝磺：砜嘧磺隆＋硝磺草酮，50％水分散粒剂，登记在玉米田使用。

3. 应用

【适用作物】玉米、水稻、甘蔗。

【防治对象】萤蔺、异型莎草、碎米莎草、水莎草、慈姑、泽泻、雨久花、鸭舌草、眼子菜、狼杷草、鬼针草、稗草、千金子、反枝苋、凹头苋、铁苋菜、藿香蓟、藜、马唐、牛筋草、狗尾草、苍耳、香附子等一年生杂草。

【使用方法】药土法、茎叶喷雾。

水稻移栽田	10％硝磺草酮悬浮剂60毫升/亩在水稻移栽后7～10天，水稻返青追肥时，通过药土法撒施。施药时稻田保持3～5厘米水层，施药后保水5～7天，避免水层淹没稻苗心叶。每个作物周期使用1次。
玉米田	10％硝磺草酮可分散油悬浮剂80～100毫升/亩在玉米3～6叶期兑水茎叶喷雾处理。每个作物周期使用1次。
甘蔗田	10％硝磺草酮悬浮剂70～90毫升/亩在甘蔗苗后、杂草2～4叶期，兑水均匀茎叶喷雾处理。每个作物周期使用1次。

4. 注意事项

（1）勿与有机磷类、氨基甲酸酯类杀虫剂混用或在间隔7天内使用。

（2）勿通过任何灌溉系统使用该药剂。

（3）勿与悬浮肥料、乳油剂型的苗后茎叶处理剂混用。

（4）后茬种植甜菜、苜蓿、烟草、蔬菜、油菜、豆类需先做试验，后种植。一年两熟制地区后茬作物不得种植油菜。

（5）移栽水稻缓苗不充分勿用该药。水稻田严禁兑水喷雾，喷雾有严重药害。应严格控制用量，勿超剂量使用。

（6）豆类、十字花科作物对硝磺草酮敏感，施药时须防止飘移，以免其他作物发生药害。

（7）勿用于爆裂玉米和观赏玉米。如遇毁（翻、补）种，只可补种玉米，补种后请勿再施用。对个别品种敏感，初次使用的品种应小区试验后再大面积使用。制种田、甜玉米、套种田不可使用。少数品种施药后有白化现象，10～15天恢复，不影响产量。

（8）生态毒性：鸟类低毒，鱼类低毒，大型溞低毒，绿藻低毒，蜜蜂低毒，家蚕低毒，蚯蚓低毒。赤眼蜂等天敌放飞区禁用。

异噁草松

Clomazone

1. 作用特点

又名异恶草酮，异噁唑烷酮类（有机杂环类）1-脱氧-D-木酮糖-5-磷酸合成酶（DOXP）抑制剂，内吸传导兼触杀型低毒除草剂。异噁草松苗前使用能够通过杂草根、芽部吸收，能抑制敏感植物的双萜（异戊二烯）化合物合成，阻碍胡萝卜素和叶绿素的生物合成，造成叶片失绿白化，枯死。苗前使用，敏感杂草种子吸收药剂后虽能出苗，仍会枯死。茎叶处理仅有触杀作用，不向下传导。大豆、甘蔗、马铃薯、花生和烟草等作物吸收异噁草松后可经细胞内代谢作用将其转变为无毒物质。

2. 主要产品

【单剂】乳油：36％、48％；微囊悬浮剂：36％、360 克/升。

【混剂】

吡·噁·氟磺胺：高效氟吡甲禾灵＋氟磺胺草醚＋异噁草松，35％可分散油悬浮剂，36％微乳剂，登记在大豆田使用。

氰氟·松·氯吡：氰氟草酯＋异噁草松＋氯氟吡氧乙酸，35％乳油，登记在水稻田使用。

氟·松·烯草酮：氟磺胺草醚＋异噁草松＋烯草酮，22％、32％、39％乳油，37％可分散油悬浮剂，登记在大豆田使用。

苄·噁·丙草胺：苄嘧磺隆＋异噁草松＋丙草胺，38％可湿性粉剂，登记在水稻田使用。

吡·松·丙草胺：吡嘧磺隆＋异噁草松＋丙草胺，38％可湿性粉剂，登记在水稻田使用。

吡·松·丁草胺：吡嘧磺隆＋异噁草松＋丁草胺，70％可分散油悬浮剂，登记在水稻田使用。

吡·松·二甲戊：吡嘧磺隆＋异噁草松＋二甲戊灵，42％微囊悬浮剂，登记在水稻田使用。

吡嘧隆·异噁松·仲丁灵：吡嘧磺隆＋异噁草松＋仲丁灵，25％可分散油悬浮剂，登记在水稻田使用。

异·异丙·扑净：异噁草松＋异丙甲草胺＋扑草净，35％乳油，56％悬浮剂，10％颗粒剂，登记在南瓜田、莲藕田使用。

异噁·异丙甲：异噁草松＋异丙甲草胺，80％乳油，登记在大豆田、马铃薯田、烟草田使用。

异噁·氟磺胺：异噁草松＋氟磺胺草醚，26％、36％乳油，18％微乳剂，登记在大豆田使用。

异噁·甲戊灵：异噁草松＋二甲戊灵，18％可湿性粉剂，40％微囊悬浮剂，登记在水稻田使用。

异甲胺·异噁松·滴辛酯：异丙甲草胺＋异噁草松＋2,4-滴异辛酯，70％乳油，登记在大豆田使用。

异松·乙草胺：异噁草松＋乙草胺，35％可湿性粉剂，36％、45％、50％、58％、67％、75％、80％、81％乳油，登记在大豆田、马铃薯田、油菜田使用。

异噁·丁草胺：异噁草松＋丁草胺，60％乳油，48％可湿性粉剂，登记在水稻田使用。

丙噁酮·西草净·异噁松：丙炔噁草酮＋西草净＋异噁草松，28％乳油，登记在水稻田使用。

丙噁酮·莎稗磷·异噁松：噁草酮＋莎稗磷＋异噁草松，37％乳油，登记在水稻田使用。

丙草·噁·异松：丙草胺＋噁草酮＋异噁草松，54％微乳剂，54％、70％乳油，登记在水稻田使用。

丙草·丙噁·松（松·丙噁·丙草）：丙草胺＋丙炔噁草酮＋异噁草松，26％、48％乳油，登记在水稻田使用。

丙·噁·嗪草酮：异丙草胺＋异噁草松＋嗪草酮，52％乳油，登记在大豆田使用。

松·烟·氟磺胺：异噁草松＋咪唑乙烟酸＋氟磺胺草醚，18％、38％微乳剂，登记在大豆田使用。

松·喹·氟磺胺：异噁草松＋精喹禾灵＋氟磺胺草醚，15％、18％、21％、35％、45％乳油，13.6％、35％微乳剂，登记在大豆田使用。

精喹·异噁松：精喹禾灵＋异噁草松，29％乳油，登记在烟草田使用。

仲灵·异噁松：仲丁灵＋异噁草松，40％、50％乳油，登记在烟草田使用。

咪乙·异噁松：咪唑乙烟酸＋异噁草松，30％、36％、40％、40.5％乳油，20％微乳剂，登记在大豆田使用。

氟·喹·异噁松：三氟羧草醚＋精喹禾灵＋异噁草松，15.8％乳油，登记在大豆田使用。

松·吡·氟磺胺：异噁草松＋精吡氟禾草灵＋异噁草松，27％乳油，登记在大豆田使用。

3. 应用

【适用作物】大豆、水稻、油菜田等。

【防治对象】稗草、狗尾草、马唐、牛筋草、马齿苋、藜、鸭跖草、龙葵、苍耳、豚草、苣荬菜、大蓟、刺儿菜、问荆、香薷、水棘针、野西瓜苗、蓼、苋、鬼针草、狼杷草等一年生禾本科杂草和阔叶杂草。

【使用方法】土壤喷雾、茎叶喷雾、药土法。

大豆田	春大豆播前3~5天或播后芽前，用48％异恶草松乳油139~167毫升/亩兑水土壤喷雾处理；夏大豆播种后8~9天，用360克/升异恶草松微囊悬浮剂700~1 000毫升/亩兑水全田喷雾施用。每个作物周期使用1次。
水稻直播田	在水稻播种后，水稻立针期之前用480克/升异恶草松乳油25~35毫升/亩兑水土壤喷雾施药，药后7~10天保持田间湿润。水稻2叶1心后建立水层，水层高度以不淹没水稻心叶为准。每个作物周期使用1次。
水稻移栽田	480克/升异恶草松乳油15~30毫升/亩撒施。移栽后5天通过药土法撒施，施药时田间需有水层2~3厘米，药后保水5天。每个作物周期使用1次。
油菜田	360克/升异恶草松微囊悬浮剂26~33毫升/亩喷雾处理。甘蓝型油菜移栽前1~3天兑水土壤喷雾施用。对白菜型油菜和芥菜型油菜敏感，禁止使用。每个作物周期使用1次。

4. 注意事项

（1）大风天或预计4小时内降雨勿施药。异恶草松具有较高的蒸气压，施药后会从土壤表面挥发，危害其他非靶标植物，若使用不当可能挥发损伤远至1.6千米外的作物，如葡萄、番茄、胡椒等，因此宜在小风天气施药，以最大限度减少飘移。

（2）低温时会出现结晶，应贮存在5℃以上避免结晶。如有结晶，将其移置18℃以上环境中，让其溶解后使用，不会影响其药效的正常发挥。

（3）当土壤沙性过强、有机质含量过低或土壤偏碱性时，异恶草松不宜与嗪草酮混用，否则会使大豆产生药害。不能与碱性物质混用。

（4）异恶草松在土壤中生物活性可持续6个月以上。因此大豆田施用异恶草松当年秋天（即施用后4~5个月）或春天（即施用后6~10个月）都不宜种植小麦、大麦、燕麦、黑麦、谷子、苜蓿等作物；大豆田施用异恶草松后翌年春季可以种植水稻、玉米、棉花、花生和向日葵等作物。

（5）生态毒性：鸟类低毒，鱼类低毒，大型溞低毒，绿藻低毒，蜜蜂低毒，蚯蚓低毒，家蚕低毒。

异噁唑草酮

Isoxaflutole

1. 作用特点

异噁唑酮类对羟苯基丙酮酸双加氧酶（HPPD）抑制剂，为内吸传导型低毒除草剂。具有广谱除草活性、苗前和苗后均可使用。主要经由植物幼根吸收传导而起作用，通过抑制对羟基苯基丙酮酸酯双氧化酶的合成，导致酪氨酸的积累，使质体醌和生育酚的生物合成受阻，进而影响类胡萝卜素的生物合成，杂草出现白化后死亡。因此 HPPD 抑制剂与类胡萝卜素生物合成抑制剂造成的症状相似，但其化学结构特点如极性和电离度与已知的类胡萝卜素生物合成抑制剂等有明显的不同。

2. 主要产品

【单剂】悬浮剂：20％、28％、45％、48％；水分散粒剂：75％。

【混剂】

精异草·异噁酮·莠去津：精异丙甲草胺＋异噁唑草酮＋莠去津，42％悬浮剂。

硝磺草·异噁酮·莠去津：硝磺草酮＋异噁唑草酮＋莠去津，27％悬浮剂。

莠去津·乙草胺·异噁酮：莠去津＋乙草胺＋异噁唑草酮，55％悬浮剂。

滴辛酯·乙草·异噁酮：2,4-滴异辛酯＋乙草胺＋异噁唑草酮，72％可分散油悬浮剂。

特丁津·异噁唑草酮：特丁津＋异噁唑草酮，55％悬浮剂。

异噁唑·莠：异噁唑草酮＋莠去津，34％、50％、53％悬浮剂。

噻酮·异噁唑：噻酮磺隆＋异噁唑草酮，26％悬浮剂。

3. 应用

【适用作物】玉米。

【防治对象】可防除多种一年生阔叶杂草，如苘麻、苍耳、藜、地肤、繁缕、龙葵、婆婆纳、香薷、曼陀罗、猪毛菜、柳叶刺蓼、春蓼、酸模叶蓼、鬼针草、反枝苋、马齿苋、铁苋菜、水棘针等，对稗草、牛筋草、马唐、秋稷、稷、千金子、狗尾草和大狗尾草等禾本科杂草也有较好的防效。

【使用方法】土壤喷雾、茎叶喷雾。

玉米田	20％异噁唑草酮悬浮剂 25～35 毫升/亩土壤喷雾。于玉米播后苗前施药，用二次稀释法，经充分搅拌后再均匀喷于地表。 夏玉米田可在夏玉米 3～5 叶期、杂草 2～4 叶期用 75％异噁唑草酮水分散粒剂 8～10 克/亩兑水茎叶喷雾。

4. 注意事项

（1）风沙地、河沙地、积水低洼地、盐碱地、树林地严禁使用。长期干旱或持续降雨，对药效有一定的影响，导致效果下降。土壤有机质含量高于5％应适当增加用量，但最高不超过推荐剂量的上限。

（2）适用于马齿、半马齿、硬质、粉质型等各种普通类型的常规杂交玉米田，禁止在玉米自交系、甜玉米和爆裂玉米田使用。

（3）建议均匀喷施，严禁重喷、漏喷或过量喷施。施用时避免雾滴飘移到临近作物。不可与长残效除草剂混用。

（4）生态毒性：鸟类低毒，鱼类低毒，绿藻中等毒，蜜蜂低毒，蚯蚓低毒，家蚕低毒。

双唑草酮

Bipyrazone

1. 作用特点

三唑啉酮类对羟苯基丙酮酸双加氧酶（HPPD）抑制剂，内吸传导型低毒除草剂。抑制HPPD的活性，使对羟基苯基丙酮酸转化为尿黑酸的过程受阻，从而导致生育酚及质体醌无法正常合成，影响靶标体内类胡萝卜素合成，导致叶片发白后逐渐枯死。

2. 主要产品

【单剂】可分散油悬浮剂：10％。

【混剂】

氟吡·双唑酮：氯氟吡氧乙酸＋双唑草酮，22％可分散油悬浮剂。

3. 应用

【适用作物】小麦。

【防治对象】阔叶杂草，如播娘蒿、荠菜、野油菜、繁缕、牛繁缕、麦家公、宝盖草等。

【使用方法】茎叶喷雾。

| 小麦田 | 10％双唑草酮可分散油悬浮剂20～25毫升/亩喷雾处理。冬小麦返青期至拔节前，阔叶杂草2～5叶期兑水茎叶喷雾施用。每个作物周期使用1次。 |

4. 注意事项

（1）最适施药温度10～25℃，大风天或预计8小时内降雨不可施药。

（2）施药时避免药液飘移到油菜、蚕豆等阔叶作物上，以免产生药害。

环吡氟草酮

Cypyrafluone

1. 作用特点

苯甲酰吡唑类（吡唑酮类）4-羟基苯基丙酮酸酯双氧化酶（HPPD）抑制

剂，内吸传导型低毒除草剂。杂草吸收后，HPPD 活性受抑制，使对羟基苯基丙酮酸转化为尿黑酸的过程受阻，从而导致生育酚及质体醌无法正常合成，影响靶标体内类胡萝卜素合成，导致叶片发白后逐渐枯死。

2. 主要产品

【单剂】可分散油悬浮剂：6%。

【混剂】

环吡·异丙隆：环吡氟草酮＋异丙隆，25%可分散油悬浮剂，登记在小麦田使用。

3. 应用

【适用作物】小麦。

【防治对象】看麦娘、日本看麦娘等一年生禾本科杂草及部分阔叶杂草。

【使用方法】茎叶喷雾。

小麦田	6%环吡氟草酮可分散油悬浮剂 150～200 毫升/亩喷雾处理。冬小麦返青期至拔节前，杂草 2～5 叶期兑水茎叶喷雾施用。每个作物周期使用 1 次。

4. 注意事项

（1）大风天或预计 24 小时内降雨不可施药。

（2）施药时避免药液飘移到油菜、蚕豆等阔叶作物上，以免产生药害。

三唑磺草酮

Tripyrasulfone

1. 作用特点

吡唑酮类对羟苯基丙酮酸双加氧酶（HPPD）抑制剂，内吸传导型低毒除草剂。抑制 HPPD 的活性使对羟基苯基丙酮酸转化为尿黑酸的过程受阻，从而导致生育酚及质体醌无法正常合成，影响靶标体内类胡萝卜素合成，导致叶片发白后逐渐枯死。药后 3～5 天，杂草显著白化；药后 5～7 天，从上向下开始萎蔫、干枯；药后 10～14 天，整株死亡。

2. 主要产品

【单剂】可分散油悬浮剂：6%。

【混剂】

敌稗·三唑磺草酮：敌稗＋三唑磺草酮，28%可分散油悬浮剂，登记在水稻田使用。

3. 应用

【适用作物】水稻。

【防治对象】稗草。

【使用方法】茎叶喷雾。

水稻直播田	6％三唑磺草酮可分散油悬浮剂 115～150 毫升/亩喷雾处理。直播稻田除草须在 3 叶期后，稗草 2～4 叶期兑水茎叶喷雾施用。施药前排水确保杂草 2/3 以上露出水面，施药后 48 小时上水并保持 3～5 厘米水层 7 天以上，水层勿淹没水稻心叶，避免药害。每个作物周期使用 1 次。
水稻移栽田	水稻移栽缓苗后、稗草 2～4 叶期兑水茎叶喷雾施用。施药前排水确保杂草 2/3 以上露出水面，施药后 48 小时上水并保持 3～5 厘米水层 7 天以上，水层勿淹没水稻心叶，避免药害。东北地区用量为 6％三唑磺草酮 200～250 毫升/亩，其他地区用量为 6％三唑磺草酮 150～180 毫升/亩。每个作物周期使用 1 次。

4. 注意事项

（1）低温、寡照天气下一定程度影响药效发挥，强光、高温利于药效发挥。

（2）避免在糯稻和杂交水稻制种田使用。部分籼稻品种对此药剂敏感，施药后 5～7 天会出现临时性发白症状，正常推荐用量下，对水稻长势及产量无影响。

（3）病苗田、弱苗田、浅根苗田及盐碱地、漏水田、已遭受或药后 5 天内易遭受冻涝害等胁迫的田块，不宜施用。

草 甘 膦

Glyphosate

1. 作用特点

有机磷类 5-烯醇丙酮酰莽草酸-3-膦（EPSP）抑制剂，为内吸传导型灭生性低毒除草剂。主要通过抑制植物体内 5-烯醇丙酮酰莽草酸-3-磷酸合成酶，从而抑制莽草酸向苯丙氨酸、酪氨酸及色氨酸的转化，使蛋白质的合成受到干扰，导致植物死亡。其内吸传导性强，不仅能通过茎、叶传导到地下部分，而且在同一株的不同分蘖间也能传导，对多年生深根杂草的地下组织破坏力很强，入土后很快与铁、铝等金属离子结合而失去活性。杀草谱广，广泛应用于农林牧、工业、交通等各方面，包括森林、橡胶园、农田、茶园、桑园、果园、甘蔗田、边防大道、森林防火隔离带，以及铁路、机场、仓库、油库、电站等除草。

2. 主要产品

【单剂】

草甘膦：可溶粒剂：58％；水剂：30％；可溶粉剂：30％、50％、58％。

草甘膦异丙胺盐：水剂：30％、41％、46％、62％。

草甘膦二甲胺盐：可溶粒剂：63％；水剂：35％。

草甘膦铵盐：可溶粒剂：68％、80％、86％；水剂：30％、35％、41％；可溶粉剂：30％、50％、65％、80％。

草甘膦钾盐：可溶粒剂：63%、68%、69.7%；水剂：35%、41%、46%、50%。

【混剂】

苄·丁·草甘膦：苄嘧磺隆＋丁草胺＋草甘膦，50%可湿性粉剂，登记在免耕直播稻田使用。

草甘·敌草隆：草甘膦铵盐＋敌草隆，80%水分散粒剂，登记在非耕地使用。

乙羧·草甘膦：乙羧氟草醚＋草甘膦，71%、78%、80%、82%可湿性粉剂，31%、32%、33%可分散油悬浮剂，88%可溶粒剂，登记在非耕地使用。

草甘·甲·乙羧：草甘膦铵盐＋2甲4氯＋乙羧氟草醚，88%可溶粒剂，登记在非耕地使用。

喹·羧·草甘膦：精喹禾灵＋乙羧氟草醚＋草甘膦，33%可分散油悬浮剂，登记在非耕地使用。

氧氟·草甘膦：乙氧氟草醚＋草甘膦，40%、45%、70%、80%可湿性粉剂，67.6%、80%、81%水分散粒剂，40%可分散油悬浮剂，登记在非耕地使用。

氟草·草甘膦：丙炔氟草胺＋草甘膦，66%可湿性粉剂，31%悬浮剂，31%可分散油悬浮剂，登记在非耕地使用。

2甲·草·氯吡：2甲4氯＋草甘膦铵盐＋氯氟吡氧乙酸，60%可湿性粉剂，登记在桉树林使用。

2甲·草甘膦：2甲4氯＋草甘膦，32%、33%、35%、36%、38%、44%、47%、49%、50%、51%水剂，80%可溶粒剂，38%、46%、50%、56%、68.1%、75%、84.5%、90%、93%可溶粉剂，32%、32.7%、33%、35%、36%、47.5%可溶液剂，登记在非耕地使用。

草甘·氯氟吡：草甘膦＋氯氟吡氧乙酸，33%可分散油悬浮剂，35%、58%、61.5%可湿性粉剂，登记在非耕地使用。

草甘·三氯吡：草甘膦＋三氯吡氧乙酸，60%可湿性粉剂，70%可溶粉剂，39%水剂，登记在非耕地使用。

麦·草·三氯吡：麦草畏＋草甘膦＋三氯吡氧乙酸，62%可湿性粉剂，登记在非耕地使用。

麦畏·草甘膦：麦草畏＋草甘膦，33%、35%、38%、39%、40%、53%水剂，33%、35.8%、40%可溶液剂，64.5%、70%可溶粒剂，62%可湿性粉剂，70%可溶粉剂，登记在非耕地使用。

草铵·草甘膦：草铵膦＋草甘膦，36%、38%、40%水剂，36%、40%可溶液剂，80%可溶粒剂，登记在非耕地使用。

滴酸·草甘膦：2,4-滴钠盐＋草甘膦，31%、32.4%、35%、43%水剂，32%、32.4%可溶液剂，82.2%可溶粒剂，84.5%、90%可溶粉剂，登记在非耕地使用。

滴胺·草甘膦：2,4-滴二甲胺盐＋草甘膦，43%、50%水剂，登记在非耕地使用。

苄嘧·草甘膦：苄嘧磺隆＋草甘膦，75％可湿性粉剂，登记在非耕地使用。

苯嘧·草甘膦：苯嘧磺草胺＋草甘膦，31％悬浮剂，32％、40％可分散油悬浮剂，75％水分散粒剂，登记在非耕地使用。

双醚·草甘膦：双草醚＋草甘膦，42％水剂，79％水分散粒剂，登记在非耕地使用。

甲嘧·草甘膦：甲嘧磺隆＋草甘膦，32％悬浮剂，登记在非耕地使用。

草甘·吡草醚：草甘膦＋吡草醚，30.2％悬浮剂，登记在非耕地使用。

3. 应用

【适用作物及场所】非耕地、防火隔离带、公路、铁路、林场、免耕抛秧晚稻、水稻田埂、小麦、油菜、玉米、棉花、甘蔗、柑橘、梨、苹果、香蕉、茶、桑、橡胶、剑麻、百合。

【防治对象】杀草谱广，能有效防除 40 多科 100 多种一年生及多年生禾本科、莎草科和阔叶杂草，以及灌木等，豆科和百合科植物对草甘膦的耐药性较强。

【使用方法】茎叶喷雾。

非耕地	41％草甘膦异丙胺盐水剂 183～488 毫升/亩茎叶喷雾。于杂草生长旺盛期兑水茎叶喷雾处理，多年生杂草、顽固性和较大杂草应采用高剂量。
公路	30％草甘膦水剂 314～827 毫升/亩茎叶喷雾。于杂草生长旺盛期兑水茎叶喷雾处理，多年生杂草、顽固性和较大杂草应采用高剂量。
铁路	30％草甘膦水剂 314～827 毫升/亩茎叶喷雾。于杂草生长旺盛期兑水茎叶喷雾处理，多年生杂草、顽固性和较大杂草应采用高剂量。
防火隔离带	30％草甘膦水剂 235～627 毫升/亩茎叶喷雾。于杂草生长旺盛期兑水茎叶喷雾处理，多年生杂草、顽固性和较大杂草应采用高剂量。
林场	30％草甘膦水剂 250～500 毫升/亩茎叶喷雾。于杂草生长旺盛期兑水茎叶喷雾处理，多年生杂草、顽固性和较大杂草应采用高剂量。
免耕抛秧晚稻田	41％草甘膦异丙胺盐水剂 341～415 毫升/亩定向茎叶喷雾。于杂草生长旺盛期兑水茎叶喷雾处理，多年生杂草、顽固性和较大杂草应采用高剂量。安全间隔期 7 天，每季最多使用 1 次。
水稻田埂	41％草甘膦异丙胺盐水剂 200～400 毫升/亩定向茎叶喷雾。于杂草生长旺盛期兑水茎叶喷雾处理，多年生杂草、顽固性和较大杂草应采用高剂量。
免耕小麦田	41％草甘膦异丙胺盐水剂 200～250 毫升/亩茎叶喷雾。于杂草生长旺盛期兑水茎叶喷雾处理。
免耕油菜田	41％草甘膦异丙胺盐水剂 183～366 毫升/亩定向茎叶喷雾。于免耕春油菜田杂草生长旺盛期兑水茎叶喷雾处理。

玉米田	30％草甘膦水剂 183～366 毫升/亩行间定向茎叶喷雾。于杂草生长旺盛期兑水茎叶喷雾处理，多年生杂草、顽固性和较大杂草应采用高剂量。安全间隔期 7 天，每季最多使用 1 次。
棉花田	30％草甘膦水剂 183～366 毫升/亩行间定向茎叶喷雾。于杂草生长旺盛期兑水茎叶喷雾处理，多年生杂草、顽固性和较大杂草应采用高剂量。安全间隔期 7 天，每季最多使用 1 次。
甘蔗田	30％草甘膦水剂 250～500 毫升/亩定向茎叶喷雾。于杂草生长旺盛期兑水茎叶喷雾处理。
柑橘园	41％草甘膦异丙胺盐水剂 183～366 毫升/亩定向茎叶喷雾。于杂草生长旺盛期兑水茎叶喷雾处理，多年生杂草、顽固性和较大杂草应采用高剂量。安全间隔期 14 天，每季最多使用 2 次。
梨园	30％草甘膦水剂 250～500 毫升/亩定向茎叶喷雾。于杂草生长旺盛期兑水茎叶喷雾处理。
苹果园	30％草甘膦水剂 250～500 毫升/亩定向茎叶喷雾。于杂草生长旺盛期兑水茎叶喷雾处理。
香蕉园	30％草甘膦水剂 250～500 毫升/亩定向茎叶喷雾。于杂草生长旺盛期兑水茎叶喷雾处理。
茶园	30％草甘膦水剂 250～500 毫升/亩定向茎叶喷雾。于杂草生长旺盛期兑水茎叶喷雾处理，多年生杂草、顽固性和较大杂草应采用高剂量。安全间隔期 7 天，每季最多使用 1 次。
桑园	41％草甘膦异丙胺盐水剂 183～366 毫升/亩定向茎叶喷雾。于杂草生长旺盛期兑水茎叶喷雾处理，多年生杂草、顽固性和较大杂草应采用高剂量。
橡胶园	41％草甘膦异丙胺盐水剂 183～368 毫升/亩定向茎叶喷雾。于杂草生长旺盛期兑水茎叶喷雾处理，多年生杂草、顽固性和较大杂草应采用高剂量。
剑麻园	30％草甘膦水剂 250～500 毫升/亩定向茎叶喷雾。于杂草生长旺盛期兑水茎叶喷雾处理。
百合田	30％草甘膦水剂 150～200 毫升/亩定向茎叶喷雾。于杂草生长旺盛期兑水茎叶喷雾处理。

4. 注意事项

（1）低温贮存时会有结晶析出，用时应充分摇动容器，使结晶溶解，以保证药效。

（2）施药的最佳时期为杂草生长旺盛期，施用后 5 天内不要割草、放牧或翻地，施药后 4 小时内下雨会降低药效，应及时补喷。

（3）使用时应用清水配制，否则降低药效。

（4）温暖晴天用药效果优于低温天气。

（5）对金属制成的镀锌容器有腐化作用，易引起火灾。

（6）只可作茎叶处理。

（7）非耕地用药，禁止在田间道路、田埂、果树行间、休耕地、林场林地等农林业区域使用。

草 铵 膦

Glufosinate - ammonium

1. 作用特点

有机磷类谷氨酰胺合成酶（GS）抑制剂，为触杀型灭生性低毒除草剂。兼具弱内吸输导作用。可抑制谷氨酰胺合成酶的活性，造成植物体内铵离子大量累积而中毒，氮代谢紊乱，必需氨基酸缺乏，迅速抑制光合作用中二氧化碳（CO_2）固定，破坏光呼吸途径，导致植物死亡。杀草迅速，受害植物失绿后呈黄白色，2～5 天后开始枯死。以触杀除草为主，对未出土的幼芽和种子无害，接触土壤后失去活性，对后茬作物安全。主要用于防除果园、橡胶园、非耕地等地的多种一年生及多年生阔叶杂草和禾本科杂草，对莎草和蕨类植物也有一定效果，可有效治理对草甘膦抗（耐）药的恶性杂草，如小飞蓬、牛筋草、马齿苋等。

2. 主要产品

【单剂】水剂：10％、18％、30％、50％、200 克/升；可溶粒剂：50％、80％、88％；可溶液剂：5.66％、10％、18％、20％、30％、200 克/升。

【混剂】

草铵·高氟吡：草铵膦＋高效氟吡甲禾灵，20％微乳剂，登记在非耕地使用。

乙羧·草铵膦：乙羧氟草醚＋草铵膦，11％、20％、21％、23％微乳剂，20％、21％、24％、32％可分散油悬浮剂，20％可溶液剂，74％水分散粒剂，登记在非耕地使用。

草铵膦·精喹禾·乙羧氟：草铵膦＋精喹禾灵＋乙羧氟草醚，23％微乳剂，登记在非耕地使用。

氧氟·草铵膦（乙氧·草铵膦）：乙氧氟草醚＋草铵膦，32％可湿性粉剂，17％、20％可分散油悬浮剂，17％微乳剂，20％水分散粒剂，登记在非耕地使用。

氟草·草铵膦：丙炔氟草胺＋草铵膦，66％、77％可湿性粉剂，21％、22％、33％悬浮剂，20％可分散油悬浮剂，登记在非耕地使用。

草胺·草甘膦：草铵膦＋草甘膦，36％、38％、40％水剂，36％、40％可溶液剂，80％可溶粒剂，登记在非耕地使用。

2甲·草铵膦：2甲4氯＋草铵膦，8％、13％、16％、28％水剂，13.6％、

14.9%、20%、23.5%、27.3%可溶液剂,登记在非耕地使用。

草铵膦·麦草畏:草铵膦+麦草畏,33%可溶液剂,登记在非耕地使用。

2,4-滴·草铵膦:2,4-滴钠盐+草铵膦,20%、24%可溶液剂,登记在非耕地使用。

3. 应用

【适用作物】非耕地、柑橘、香蕉、木瓜、葡萄、茶、冬枣、芒果、梨、桃、苹果、香蕉、桑、荔枝、蔬菜、咖啡、杨梅、豇豆。

【防治对象】主要用于防除多种一年生及多年生阔叶杂草和禾本科杂草,如牛筋草、稗草、马唐、狗尾草、狗牙根、黑麦草、芦苇、早熟禾、野燕麦、雀麦、小飞蓬、一年蓬、铁苋菜、羊蹄、苍耳、苘麻、猪殃殃、龙葵、繁缕、反枝苋、藜、马齿苋等,对莎草和蕨类植物有一定效果。

【使用方法】茎叶喷雾、定向茎叶喷雾。

非耕地	200克/升草铵膦水剂350~580毫升/亩兑水茎叶喷雾。在杂草生长旺盛期施药。
柑橘园	18%草铵膦可溶液剂200~300毫升/亩兑水定向茎叶喷雾。于杂草出齐后10~20厘米高时,选无风、湿润的晴天,于树行间或树下进行杂草茎叶定向喷雾处理。
香蕉园	18%草铵膦可溶液剂200~300毫升/亩兑水定向茎叶喷雾。于杂草出齐后10~20厘米高时,选无风、湿润的晴天,于树行间或树下进行杂草茎叶定向喷雾处理。
木瓜园	18%草铵膦可溶液剂200~300毫升/亩兑水定向茎叶喷雾。于杂草出齐后10~20厘米高时,选无风、湿润的晴天,于树行间或树下进行杂草茎叶定向喷雾处理。
葡萄园	18%草铵膦可溶液剂200~300毫升/亩兑水定向茎叶喷雾。于杂草出齐后10~20厘米高时,选无风、湿润的晴天,于树行间或树下进行杂草茎叶定向喷雾处理。
茶园	18%草铵膦可溶液剂200~300毫升/亩兑水定向茎叶喷雾。于杂草出齐后10~20厘米高时,选无风、湿润的晴天,于树行间或树下进行杂草茎叶定向喷雾处理。
冬枣园	200克/升草铵膦可溶液剂200~300毫升/亩兑水定向茎叶喷雾。在杂草生长旺盛期施药。
芒果园	18%草铵膦可溶液剂200~300毫升/亩兑水定向茎叶喷雾。于杂草出齐后,兑水30~50升/亩,于树行间或树下进行杂草茎叶定向喷雾处理。
梨园	18%草铵膦可溶液剂200~300毫升/亩兑水定向茎叶喷雾。于杂草出齐后,兑水30~50升/亩,于树行间或树下进行杂草茎叶定向喷雾处理。

桃园	18%草铵膦可溶液剂 200～300 毫升/亩兑水定向茎叶喷雾。于杂草出齐后，兑水 30～50 升/亩，于树行间或树下进行杂草茎叶定向喷雾处理。
苹果园	18%草铵膦可溶液剂 200～300 毫升/亩兑水定向茎叶喷雾。于杂草出齐后，兑水 30～50 升/亩，于树行间或树下进行杂草茎叶定向喷雾处理。
桑园	18%草铵膦可溶液剂 200～300 毫升/亩兑水定向茎叶喷雾。于杂草出齐后，兑水 30～50 升/亩，于树行间或树下进行杂草茎叶定向喷雾处理。每季最多施用 1 次，安全间隔期 10 天。
荔枝园	18%草铵膦可溶液剂 200～300 毫升/亩兑水定向茎叶喷雾。于杂草出齐后，兑水 30～50 升/亩，于树行间或树下进行杂草茎叶定向喷雾处理。
咖啡园	200 毫升/亩草铵膦水剂 200～300 毫升/亩兑水定向茎叶喷雾。于杂草生长旺盛期，兑水 30～50 升/亩，于树行间或树下进行均匀定向茎叶喷雾 1 次。
杨梅园	200 克/升草铵膦水剂 200～300 毫升/亩兑水定向茎叶喷雾。于杂草生长旺盛期，兑水 30～50 升/亩，于树行间或树下进行均匀定向茎叶喷雾。每季最多施用 1 次，安全间隔期 14 天。
蔬菜田	18%草铵膦可溶液剂 150～250 毫升/亩兑水定向茎叶喷雾。①蔬菜地行间除草使用时，于蔬菜生长期，杂草出齐后，兑水 30～50 升/亩，喷头加装保护罩于蔬菜作物行间进行杂草茎叶定向喷雾处理。②蔬菜地清园使用时，于上茬蔬菜采收后、下茬蔬菜栽种前，兑水 30～50 升/亩，对残余作物和杂草进行茎叶喷雾处理，灭茬清园。
豇豆田	200 克/升草铵膦水剂 200～300 毫升/亩兑水定向茎叶喷雾。①豇豆田行间除草使用时，于豇豆生长期，杂草出齐后，兑水 30～50 升/亩，喷头加装保护罩于行间进行杂草茎叶定向喷雾处理。②豇豆田清园使用时，于上茬作物采收后、下茬作物栽种前，每亩兑水 30～50 升，对残余作物和杂草进行茎叶喷雾处理，灭茬清园。

4. 注意事项

（1）施药的最佳时期为杂草的生长旺盛期。

（2）不可与呈碱性的农药等物质混合使用。

（3）喷雾时应注意防止药液飘移到邻近作物田，防止产生药害。

（4）对鱼、赤眼蜂等天敌不安全，防止污染水源；禁止在天敌放飞区使用。

（5）用于矮小的果树作物（行距≥75 厘米）行间定向茎叶喷雾处理时，应在喷头上加装保护罩，避免将雾滴喷到或飘移到作物植株的绿色部位，以免产生药害。

（6）生态毒性：鸟类低毒，鱼类低毒，大型溞低毒，家蚕中等毒。

（7）非耕地用药，禁止在田间道路、田埂、果树行间、休耕地、林场林地等农林业区域使用。

精草铵膦

Glufosinate‑P

1. 作用特点

有机磷类谷氨酰胺合成酶（GS）抑制剂，为触杀型灭生性中毒除草剂。兼具弱内吸输导作用。精草铵膦即 L‑草铵膦，除草活性是外消旋 DL‑草铵膦混合物的两倍。可抑制谷氨酰胺合成酶的活性，造成植物体内铵离子大量累积而中毒，氮代谢紊乱，必需氨基酸缺乏，迅速抑制光合作用中 CO_2 固定，破坏光呼吸途径，导致植物死亡。杀草迅速，受害植物失绿后呈黄白色，2～5 天后开始枯死。以触杀除草为主，对未出土的幼芽和种子无害，接触土壤后失去活性，对后茬作物安全。主要用于防除果园、非耕地等地的多种一年生及多年生阔叶杂草和禾本科杂草，对莎草和蕨类植物也有一定效果，可有效治理对草甘膦抗（耐）药的恶性杂草，如小飞蓬、牛筋草、马齿苋等。

2. 主要产品

【单剂】

精草铵膦：可溶液剂：10%。

精草铵膦铵盐：可溶液剂：10%、15%、20%。

精草铵膦钠盐：水剂：10%；可溶液剂：10%。

【混剂】无。

3. 应用

【适用作物】非耕地、柑橘。

【防治对象】主要用于防除多种一年生及多年生阔叶杂草和禾本科杂草，如牛筋草、稗草、马唐、狗尾草、狗牙根、黑麦草、芦苇、早熟禾、野燕麦、雀麦、小飞蓬、一年蓬、铁苋菜、羊蹄、苍耳、苘麻、猪殃殃、龙葵、繁缕、反枝苋、藜、马齿苋等，对莎草和蕨类植物也有一定效果。

【使用方法】茎叶喷雾、定向茎叶喷雾。

柑橘园	10%精草铵膦可溶液剂 380～580 毫升/亩茎叶喷雾。于杂草旺盛生长期兑水定向茎叶喷雾施药 1 次。
非耕地	10%精草铵膦可溶液剂 200～400 毫升/亩茎叶喷雾。于杂草旺盛生长期兑水定向茎叶喷雾施药 1 次。

4. 注意事项

（1）使用时喷头上应加装保护罩，均匀全面定向喷雾，喷湿喷透，避免药液飘移到临近作物。

（2）对蜜蜂、鱼类、家蚕等不安全，施药期间应避免对周围蜂群的影响，禁止在开花植物花期、蚕室和桑园附近使用，鸟类保护区和赤眼蜂等天敌放飞区域禁用。

（3）非耕地用药，禁止在田间道路、田埂、果树行间、休耕地、林场林地等农林业区域使用。

二甲戊灵

Pendimethalin

1. 作用特点

二硝基苯胺类微管组装抑制剂，内吸传导型低毒除草剂。在杂草种子萌发过程中幼芽、茎和根吸收药剂后，抑制分生组织细胞分裂，进而抑制芽和次生根的形成。可作为烟草田植物生长调节剂使用。

2. 主要产品

【单剂】乳油：33％、330 克/升；微囊悬浮剂：45％、450 克/升；悬浮剂：35％、40％；可湿性粉剂：60％。

【混剂】

苄嘧·二甲戊：苄嘧磺隆＋二甲戊灵，16％、18％、20％可湿性粉剂，登记在稻田使用。

苄·戊·异丙隆：苄嘧磺隆＋二甲戊灵＋异丙隆，50％可湿性粉剂，登记在稻田使用。

吡嘧·二甲戊：吡嘧磺隆＋二甲戊灵，20％、33％可湿性粉剂，登记在稻田使用。

吡·戊·噁草酮：吡嘧磺隆＋二甲戊灵＋噁草酮，63％可湿性粉剂，登记在稻田使用。

吡·松·二甲戊：吡嘧磺隆＋异噁草松＋二甲戊灵，42％微囊悬浮剂，登记在稻田使用。

吡·氧·甲戊灵：吡嘧磺隆＋乙氧氟草醚＋二甲戊灵，66％可湿性粉剂，登记在稻田使用。

甲戊·扑草净：二甲戊灵＋扑草净，35％乳油，35％悬浮剂，登记在棉花田、马铃薯田、大蒜田使用。

甲戊·乙草胺：二甲戊灵＋乙草胺，33％、40％乳油，登记在棉花田使用。

甲戊·丁草胺：二甲戊灵＋丁草胺，60％乳油，登记在水稻田使用。

甲戊·噁草酮：二甲戊灵＋噁草酮，39％、40％乳油，30％、39％、40％悬浮剂，登记在水稻田使用。

甲戊·敌草隆：二甲戊灵＋敌草隆，42％悬浮剂，登记在棉花田使用。

甲戊·莠去津：二甲戊灵＋莠去津，40％、42％悬浮剂，登记在玉米田使用。

甲戊·氟节胺：二甲戊灵＋氟节胺，35％乳油，登记在烟草田作为植物生长调节剂使用。

甲戊·烯效唑：二甲戊灵＋氟节胺，30％微囊悬浮-水乳剂，登记在烟草田作为植物生长调节剂使用。

氧氟·甲戊灵：乙氧氟草醚＋二甲戊灵，20％、34％乳油，34％水乳剂，登记在水稻田使用。

噁·氧·二甲戊：噁草酮＋乙氧氟草醚＋二甲戊灵，40％、45％乳油，44％微乳剂，登记在水稻田使用。

戊·氧·乙草胺：二甲戊灵＋乙氧氟草醚＋乙草胺，44％、45％、51.5％、52％乳油，登记在大蒜田使用。

甲戊灵·扑草净·乙氧氟：二甲戊灵＋扑草净＋乙氧氟草醚，36％悬浮剂，登记在棉花田使用。

乙氧·异·甲戊：乙氧氟草醚＋异丙甲草胺＋二甲戊灵，50％、55％、56％、60％乳油，登记在大蒜田使用。

吡·松·二甲戊：吡嘧磺隆＋异噁草松＋二甲戊灵，42％微囊悬浮剂，登记在稻田使用。

异噁·甲戊灵：异噁草松＋二甲戊灵，18％可湿性粉剂，40％微囊悬浮剂，登记在水稻田使用。

丙炔氟草胺·二甲戊灵：丙炔氟草胺＋二甲戊灵，34％乳油，45％微囊悬浮剂登记在棉花田使用。

吡酰·二甲戊：吡氟酰草胺＋二甲戊灵，24％、36％悬浮剂，登记在水稻田使用。

咪乙·甲戊灵：咪唑乙烟酸＋二甲戊灵，34％乳油，登记在大豆田使用。

3. 应用

【适用作物】水稻、棉花、玉米、水稻、马铃薯、大豆、花生、烟草以及甘蓝等。

【防治对象】可有效防除稗草、马唐、狗尾草、千金子、画眉草、牛筋草、风花菜、繁缕、反枝苋、凹头苋、藜、早熟禾、尖瓣花、异型莎草、碎米莎草、水虱草、鳢肠、马齿苋等。

【使用方法】药土法、土壤喷雾。

水稻旱直播田	450 克/升二甲戊灵微囊悬浮剂 120～140 毫升/亩喷雾处理。播后苗前兑水土壤喷雾施用。每个作物周期使用 1 次。
水稻旱育秧田	33％二甲戊灵乳油 150～200 毫升/亩喷雾处理。播种覆土1～2 厘米后，兑水全苗床喷雾施用。每个作物周期使用 1 次。

玉米田	33％二甲戊灵乳油 227～303 毫升/亩喷雾处理。播后苗前兑水土壤喷雾施用，玉米种子需播种在 2～5 厘米深的土层内，避免种子接触药液。在玉米顶尖萌芽时及禾本科杂草 1 叶 1 心、阔叶杂草 2 叶期以前兑水茎叶处理施药。玉米顶尖萌芽期后施药可能会出现药害，在 1～2 周内可恢复，推荐剂量范围内施用一般不影响产量。每个作物周期使用 1 次。
棉花田	33％二甲戊灵乳油 150～200 毫升/亩喷雾处理。播种后苗前、杂草萌芽前兑水土壤喷雾施用，棉花种子必须用土壤覆盖严密，不能有露籽，否则易产生药害。每个作物周期使用 1 次。
大豆田	33％二甲戊灵乳油 150～200 毫升/亩（东北地区）或 110～150 毫升/亩（其他地区）喷雾处理。播种后苗前、杂草萌芽前兑水土壤喷雾施用。每个作物周期使用 1 次。
大蒜田	33％二甲戊灵乳油 150～200 毫升/亩喷雾处理。播种后苗前、杂草萌芽前兑水土壤喷雾施用，大蒜种子必须用土壤覆盖严密，不能有露籽，否则易产生药害，每个作物周期使用 1 次。
韭菜田	330 克/升二甲戊灵乳油 100～150 毫升/亩喷雾处理。韭菜在移栽前 1～3 天兑水土壤喷雾施药，或老韭菜收割伤口愈合后，兑水喷雾施药，或直播韭菜播后苗前兑水土壤喷雾施药，播种后覆土 2～3 厘米，避免种子直接接触药液，每个作物周期使用 1 次。
甘蓝田	33％二甲戊灵乳油 100～150 毫升/亩喷雾处理。移栽前 1～3 天兑水土壤喷雾施用，直播甘蓝播后苗前兑水土壤喷雾施药，种子播种后覆土 2～3 厘米，避免种子直接接触药液。每个作物周期使用 1 次。
马铃薯田	450 克/升二甲戊灵微囊悬浮剂 110～145 毫升/亩喷雾处理。移栽后或播种后杂草出苗前，兑水土壤喷雾施用。移栽前需保证作物的移栽深度在 3 厘米以上，并避免移栽时露根或根系接触到毒土层。播后苗前施药要避免露籽或覆土深度不够而导致药害。每个作物周期使用 1 次。
姜田	33％二甲戊灵乳油 130～150 毫升/亩喷雾处理。移栽后或播种后杂草出苗前，兑水土壤喷雾施用，移栽前需保证作物的移栽深度在 3 厘米以上，并避免移栽时露根或根系接触到毒土层。播后苗前施药要避免露籽或覆土深度不够而导致药害。每个作物周期使用 1 次。

4. 注意事项

（1）水溶性及挥发性低，对光稳定，施药后不用急于混土（混土时间可推迟到施药后 7 天内进行，但不能伤害芽）。不能与强酸、碱性物质混用，以免药剂分解影响药效。

（2）有机质含量低的沙壤田，可使用低剂量；土壤黏重或有机质含量超过 2％的土壤，使用高剂量。施药后不宜混土。大风天或预计 1 小时内降雨不可施药。

（3）在低温情况下或施药后浇水及降雨可能会使作物产生轻微药害或影响

药效。

（4）在双子叶杂草发生较多的田块建议同其他除草剂混用。

（5）番茄、辣椒等茄科作物对该药较敏感。

（6）生态毒性：鸟类低毒，鱼类高毒，大型溞高毒，绿藻高毒，蜜蜂低毒，蚯蚓低毒，家蚕低毒。鱼或虾蟹套养稻田禁用。开花植物花期、蚕室及桑园附近禁用。对赤眼蜂有风险，赤眼蜂等天敌放飞区域禁用。

氟 乐 灵

Trifluralin

1. 作用特点

二硝基苯胺类微管组装抑制剂，内吸传导型选择性低毒除草剂。做芽前土壤处理使用。通过杂草种子在发芽生长穿过土层过程中被吸收，主要是被禾本科植物的芽鞘、阔叶植物的下胚轴吸收，子叶和幼根也能吸收，但出苗后的茎和叶不能吸收，进入植物体内影响激素的生成或传递而导致其死亡。药害的典型症状是抑制生长，根尖与胚轴组织细胞体积显著膨大。

2. 主要产品

【单剂】乳油：45.5 ％、48％、480 克/升。

【混剂】

氟乐·扑草净：氟乐灵＋扑草净，48％乳油，登记在大豆田、花生田、棉花田使用。

3. 应用

【适用作物】大豆、棉花、花生、辣椒。

【防治对象】主要用于防除一年生禾本科杂草及部分阔叶杂草，如稗草、马唐、狗尾草、牛筋草、千金子、早熟禾、看麦娘、野燕麦、雀麦、苋、藜、繁缕、马齿苋、碎米莎草、异型莎草等。

【使用方法】土壤喷雾。

大豆田	480 克/升氟乐灵乳油 125～175 毫升/亩喷雾处理。于播种前 6～7 天，对土壤进行喷雾处理，用水量 200～500 千克/公顷。每季作物最多施药 1 次。
棉花田	480 克/升氟乐灵乳油 75～150 毫升/亩喷雾处理。于播后苗前土壤喷雾。每个作物周期使用 1 次。
花生田	480 克/升氟乐灵乳油 100～150 毫升/亩喷雾处理。于播后苗前土壤喷雾，用药后必须及时耙地、混土，混土深度为 5 厘米以上。每个作物周期使用 1 次。

辣椒田	480克/升氟乐灵乳油100～150毫升/亩喷雾处理。于播后苗前土壤喷雾。每个作物周期使用1次。

4. 注意事项

（1）严格控制药剂量，喷药后必须立即耙地、混土，混土深度应在5厘米以上，否则易光解失效。喷药后到播种时间间距必须达到6～7天，否则有药害。

（2）低温干旱地区要严格控制用药量，有机质含量在2%以下用推荐的低剂量，有机质含量在2%以上用推荐的高剂量。

（3）挥发性强，打开的包装要一次用完。

（4）施药时不要将药液喷洒到敏感作物上，以避免药害。

（5）在土壤中残留期较长，后茬不易种植玉米、高粱、谷子等敏感作物。

（6）乳剂易燃、易光解，不得接受高温与明火，应保存在阴凉处。

（7）生态毒性：鸟类低毒，鱼类剧毒，大型溞高毒，绿藻高毒，蜜蜂低毒，蚯蚓低毒，家蚕低毒。施药时应避免对周围蜂群的影响，蜜源作物花期、蚕室和桑园附近禁用。远离水产养殖区施药，应避免药液流入河塘等水体中，清洗喷药器械时切勿污染水源。

仲 丁 灵
Butralin

1. 作用特点

二硝基苯胺类微管组装抑制剂，内吸型选择性低毒芽前除草剂。作用特点与氟乐灵相似，药剂进入植物体内后，主要抑制分生组织的细胞分裂，从而抑制杂草幼芽与幼根的生长，导致杂草死亡。

2. 主要产品

【单剂】乳油：36%、37.3%、40%、48%；水乳剂：30%；悬浮剂：36%。

【混剂】

苄嘧·仲丁灵：苄嘧磺隆＋仲丁灵，32%可湿性粉剂，登记在稻田使用。

扑草·仲丁灵：扑草净＋仲丁灵，33%乳油，登记在大蒜田、棉花田使用。

仲灵·敌草隆：仲丁灵＋敌草隆，42%悬浮剂，登记在棉花田使用。

噁草·仲丁灵：噁草酮＋仲丁灵，32%水乳剂，登记在水稻田使用。

硝磺·仲丁灵：硝磺草酮＋仲丁灵，28%悬浮剂，登记在水稻田使用。

吡嘧隆·异噁松·仲丁灵：吡嘧磺隆＋异噁草松＋仲丁灵，25%可分散油悬浮剂，登记在水稻田使用。

仲灵·异噁松：仲丁灵＋异噁草松，40%、50%乳油，登记在烟草田使用。

仲灵·乙草胺：仲丁灵＋乙草胺，50%乳油，登记在大豆田、棉花田使用。

3. 应用

【适用作物】水稻、棉花、大豆、花生、西瓜、番茄、辣椒。

【防治对象】主要用于防除一年生单子叶杂草及部分双子叶杂草，如稗草、牛筋草、马唐、狗尾草等，对菟丝子也有较好的防除效果。

【使用方法】药土法、土壤喷雾。

水稻旱直播田	48%仲丁灵乳油200～300毫升/亩土壤喷雾处理。于作物苗前施药。每个作物周期使用1次。
棉花田	48%仲丁灵乳油200～250毫升/亩土壤喷雾处理。于作物苗前施药。每个作物周期使用1次。
大豆田	48%仲丁灵乳油200～300毫升/亩土壤喷雾处理。于大豆播前2～3天施药，春大豆推荐制剂用量250～300毫升/亩，夏大豆推荐制剂用量200～250毫升/亩。每个作物周期使用1次。
花生田	48%仲丁灵乳油200～250克/亩土壤喷雾处理。于作物播后苗前施药。每个作物周期使用1次。
番茄田	48%仲丁灵乳油150～250毫升/亩土壤喷雾处理。于作物苗前施药。每个作物周期使用1次。
西瓜田	48%仲丁乳油灵150～200毫升/亩壤喷雾处理。于西瓜播后苗前或移栽前施药。每个作物周期使用1次。
辣椒田	48%仲丁灵乳油150～250毫升/亩土壤喷雾处理。于杂草出苗前土壤喷雾。每个作物周期使用1次。

4. 注意事项

（1）属芽前除草剂，对已出苗杂草无效，用药前应先拔除已出苗杂草。

（2）遇天气干旱时，应适当增加土壤湿度，灌水后再施药，以充分发挥药效。

（3）避免在地表温度低于10℃的情况下施药，否则可能会降低药效。

（4）饱和蒸气压较高，在花生地膜中使用，用量应适当降低。

（5）大风天或预计4小时内降雨不可施药。

（6）对鱼类不安全，远离水产养殖区施药。

炔苯酰草胺

Propyzamide

1. 作用特点

苯甲酰胺类微管组装抑制剂，内吸传导型选择性低毒除草剂。通过根吸收，质外体传导，干扰杂草细胞的有丝分裂。可有效控制杂草的出苗，即使出苗后，杂草仍可通过芽鞘吸收药剂死亡。一般播后芽前比苗后早期用药效果好。

2. 主要产品

【单剂】水分散粒剂：50％、80％、90％；可湿性粉剂：50％。

【混剂】无。

3. 应用

【适用作物】姜、莴苣。

【防治对象】主要用于防除多种一年生和多年生禾本科杂草及阔叶杂草，如马唐、稗草、看麦娘、早熟禾、牛筋草、反枝苋、马齿苋、牛繁缕、藜等。

【使用方法】土壤喷雾。

姜田	90％炔苯酰草胺水分散粒剂100～120克/亩于姜播后苗前土壤喷雾处理。选择在雨后或土壤潮湿时施药，药后尽量不要破坏地表土层。每个作物周期使用1次。
莴苣田	50％炔苯酰草胺可湿性粉剂150～250克/亩于莴苣播后苗前、移栽前土壤喷雾，或移栽后定向土壤喷雾。配药时先配成母液，充分溶解后再加入足量水，混合均匀后进行喷施。每个作物周期使用1次。

4. 注意事项

（1）勿与碱性物质混用。

（2）大风天或预计1小时内有降雨不可施药。

（3）选择在雨后或土壤潮湿时施药，药后尽量不要破坏地表土层。湿冷的气候条件对药剂发挥有利。

（4）应用时应注意土壤有机质含量，如含量过低，则适当减少使用剂量，并避免因雨水或灌水而造成淋溶药害。

（5）生态毒性：鸟类高毒，鱼类中等毒，大型溞中等毒，绿藻中等毒，蜜蜂低毒，蚯蚓低毒，家蚕低毒。应远离水产养殖区、河塘等水体施药；赤眼蜂等天敌放飞区、鸟类保护区禁止使用。

乙 草 胺

Acetochlor

1. 作用特点

氯乙酰胺类细胞有丝分裂抑制剂，内吸传导型低毒除草剂。主要通过杂草幼芽和幼小的次生根吸收，抑制杂草体内蛋白质合成，使幼株肿大、畸形，色深绿，最终导致死亡。

2. 主要产品

【单剂】乳油：50％、81.5％、89％、90％、90.5％、99％；水乳剂：40％、

48%、50%、60%；可湿性粉剂：20%、40%；微囊悬浮剂：25%；微乳剂：50%。

【混剂】

苯·苄·乙草胺：苯噻酰草胺＋苄嘧磺隆＋乙草胺，30%、32%、33%、36%、40%、45%可湿性粉剂，登记在稻田使用。

苄·丁·乙草胺：苄嘧磺隆＋丁草胺＋乙草胺，27.4%可湿性粉剂，登记在稻田使用。

苄·乙：苄嘧磺隆＋乙草胺，10%、12%、14%、18%、20%、25%、30%可湿性粉剂，2%、35%颗粒剂，6%微粒剂，20%大粒剂，16%泡腾粒剂，12%粉剂，登记在稻田使用。

苄·乙·扑：苄嘧磺隆＋乙草胺＋扑草净，19%可湿性粉剂，7%、14.5%粉剂，登记在水稻移栽田和冬小麦田使用。

苄·乙·二氯喹：苄嘧磺隆＋乙草胺＋二氯喹啉酸，19.2%可湿性粉剂，登记在稻田使用。

醚磺·乙草胺：醚磺隆＋乙草胺，25%可湿性粉剂，登记在稻田使用。

噻磺·乙草胺：噻吩磺隆＋乙草胺，50%乳油，20%、39%、50%可湿性粉剂，登记在小麦田、花生田、玉米田、大豆田使用。

扑·噻·乙草胺：扑草净＋噻吩磺隆＋乙草胺，76%乳油，登记在马铃薯田、花生田使用。

滴辛酯·噻吩隆·乙草胺：2,4-滴异辛酯＋噻吩磺隆＋乙草胺，81%、83%乳油，登记在春玉米田使用。

扑·乙（乙·扑）：扑草净＋乙草胺，20%、40%、50%、51%、52%、53%、68%、69%乳油，35%、37.5%、40%可湿性粉剂，30%、40%、55%、70%悬浮剂，20%粉剂，登记在小麦、水稻、油菜、大豆、花生、玉米、棉花、大蒜等作物田使用。

扑·莠·乙草胺：扑草净＋莠去津＋乙草胺，42%悬浮剂，登记在玉米田使用。

西净·乙草胺：西草净＋乙草胺，40%乳油，登记在大豆、玉米、花生田使用。

异隆·乙草胺：异丙隆＋乙草胺，40%可湿性粉剂，登记在小麦田使用。

氧氟·乙草胺：乙氧氟草醚＋乙草胺，26%、40%、42%、43%、57%乳油，登记在大蒜田使用。

噁草·乙草胺：噁草酮＋乙草胺，36%、54%乳油，登记在大豆、棉花田使用。

硝·乙·莠去津：硝磺草酮＋乙草胺＋莠去津，40%微囊悬浮剂，55%、58%悬浮剂，登记在玉米田使用。

异松·乙草胺（乙·异噁、乙·异噁松）：异噁草松＋乙草胺，35%可湿性粉剂，36%、45%、50%、58%、67%、75%、80%、81%乳油，登记在大豆、马铃薯、油菜田使用。

乙·莠·氯氟吡：乙草胺＋莠去津＋氯氟吡氧乙酸，60％悬浮剂，登记在玉米田使用。

乙·莠·滴辛酯：乙草胺＋莠去津＋2,4-滴异辛酯，66％、68％、69％、70％、71％、73％、74％、76％悬浮剂，登记在玉米田使用。

乙·莠（乙草·莠去津、莠·乙）：乙草胺＋莠去津，40％、48％、52％、55％、61％、62％、67％悬浮剂，40％、48％可湿性粉剂，登记在玉米田使用。

烟嘧·乙·莠：烟嘧磺隆＋乙草胺＋莠去津，40％、42％、51％、52％、64％可分散油悬浮剂，登记在玉米田使用。

乙·莠·异丙甲：乙草胺＋莠去津＋异丙甲草胺，40％悬浮剂，登记在玉米田使用。

乙·莠·唑嘧胺：乙草胺＋莠去津＋唑嘧磺草胺，56％悬浮剂，登记在玉米田使用。

乙·莠·氰草津：乙草胺＋莠去津＋氰草津，40％、70％悬浮剂，登记在玉米田使用。

甲戊·乙草胺：二甲戊灵＋乙草胺，33％、40％乳油，登记在棉花田使用。

戊·氧·乙草胺：二甲戊灵＋乙氧氟草醚＋乙草胺，44％、45％、51.5％、52％乳油，登记在大蒜田使用。

2甲·乙·莠：2甲4氯异辛酯＋乙草胺＋莠去津，58％、63％、75.6％悬浮剂，登记在玉米田使用。

甲·乙·莠：甲草胺＋乙草胺＋莠去津，40％、42％悬浮剂，登记在玉米田使用。

绿·莠·乙草胺：绿麦隆＋莠去津＋乙草胺，40％、48％悬浮剂，登记在玉米田使用。

丁·乙·莠去津：丁草胺＋乙草胺＋莠去津，42％、48％、63％悬浮剂，登记在玉米田使用。

异丙·乙·莠：异丙草胺＋乙草胺＋莠去津，52％悬浮剂，登记在玉米田使用。

莠去津·乙草胺·异噁酮：莠去津＋乙草胺＋异噁唑草酮，55％悬浮剂，登记在玉米田使用。

滴辛酯·乙草·异噁酮：2,4-滴异辛酯＋乙草胺＋异噁唑草酮，72％可分散油悬浮剂，登记在玉米田使用。

乙·嗪·滴辛酯：乙草胺＋嗪草酮＋2,4-滴异辛酯，60％、82％乳油，登记在玉米田使用。

嗪酮·乙草胺：嗪草酮＋乙草胺，50％、56％、75％乳油，24％、28％可湿性粉剂，登记在玉米、大豆、马铃薯田使用。

莠灭·乙草胺：莠灭净＋乙草胺，40％、42％悬浮剂，登记在玉米田使用。

精喹·乙草胺：精喹禾灵＋乙草胺，30％、35％乳油，登记在油菜田使用。

仲灵·乙草胺：仲丁灵＋乙草胺，50％乳油，登记在大豆、棉花田使用。

丙炔氟草胺·乙草胺：丙炔氟草胺＋乙草胺，73％乳油，登记在大豆田使用。

2 甲 4 氯酯·嗪草酮·乙草胺：2 甲 4 氯异辛酯＋嗪草酮＋乙草胺，82％乳油，登记在大豆田使用。

氰津·乙草胺：氰草津＋乙草胺，40％悬浮剂，登记在玉米田使用。

磺草·乙草胺：磺草酮＋乙草胺，30％悬浮剂，登记在玉米田使用。

3. 应用

【适用作物】玉米、水稻、大豆、花生、棉花、马铃薯、油菜等。

【防治对象】一年生禾本科杂草和部分小粒种子的阔叶杂草，对马唐、狗尾草、牛筋草、稗草、千金子等一年生禾本科杂草有特效，对藜科、苋科、蓼科、鸭跖草、菟丝子等阔叶杂草有一定的防效，对牛毛毡、异型莎草也有一定的防效。

【使用方法】药土法、土壤喷雾。

水稻移栽田	20％乙草胺可湿性粉剂 30～37.5 克/亩撒施。移栽后 5～7 天，药土法撒施，施药后田间保持水层 3～5 厘米，水层不能超过秧苗心叶，药后保水 5～7 天。水稻萌芽和幼苗期对乙草胺较敏感，不适宜用于弱苗、倒苗、短秧龄小苗稻田。每个作物周期使用 1 次。
玉米田	50％乙草胺乳油 200～250 毫升/亩（东北地区）、100～140 毫升/亩（其他地区）土壤喷雾。播后苗前兑水土壤喷雾施用。每个作物周期使用 1 次。
油菜田	50％乙草胺乳油 70～100 毫升/亩土壤喷雾。冬油菜移栽前兑水土壤喷雾施用。每个作物周期使用 1 次。
花生田	50％乙草胺乳油 100～160 毫升/亩土壤喷雾。播后苗前兑水土壤喷雾施用。每个作物周期使用 1 次。
大豆田	50％乙草胺乳油 200～300 毫升/亩（东北地区）、130～180 毫升/亩（其他地区）土壤喷雾。播后苗前兑水土壤喷雾施用。每个作物周期使用 1 次。
棉花田	50％乙草胺乳油 150～200 毫升/亩土壤喷雾。播后苗前兑水土壤喷雾施用。每个作物周期使用 1 次。
马铃薯田	50％乙草胺乳油 180～250 毫升/亩土壤喷雾。播后 1～2 天兑水土壤喷雾施用。每个作物周期使用 1 次。

4. 注意事项

（1）大风天或预计 1 小时内降雨不可施药。

（2）须在杂草出土前施药。

（3）不可与呈碱性的农药等物质混合使用。

（4）黄瓜、菠菜、韭菜、谷子、高粱等对乙草胺敏感，不宜使用。

（5）生态毒性：鸟类低毒，鱼类高毒，大型溞中等毒，绿藻高毒，蜜蜂低毒，家蚕低毒，蚯蚓低毒。

丁 草 胺

Butachlor

1. 作用特点

氯乙酰胺类细胞有丝分裂抑制剂，内吸传导型低毒除草剂，主要通过杂草幼芽和幼小的次生根吸收，抑制杂草体内蛋白质合成，使幼株肿大、畸形，色深绿，最终导致死亡。

2. 主要产品

【单剂】乳油：50％、60％、80％、85％、90％；水乳剂：40％、60％；微粒剂：10％；微囊悬浮剂：25％；颗粒剂：5％；微乳剂：50％。

【混剂】

苄·丁：苄嘧磺隆＋丁草胺，15％、25％、30％、35％、37.5％、47％可湿性粉剂，0.101％、0.21％、0.32％、0.64％、32％颗粒剂，25％细粒剂，10％、20％微粒剂，登记在稻田使用。

苄·丁·扑草净：苄嘧磺隆＋丁草胺＋扑草净，33％可湿性粉剂，登记在水稻育秧田使用。

苄·丁·乙草胺：苄嘧磺隆＋丁草胺＋乙草胺，27.4％可湿性粉剂，登记在稻田使用。

苄·丁·异丙隆：苄嘧磺隆＋丁草胺＋异丙隆，50％可湿性粉剂，登记在稻田使用。

苄·丁·草甘膦：苄嘧磺隆＋丁草胺＋草甘膦，50％可湿性粉剂，登记在免耕直播稻田使用。

吡嘧·丁草胺：吡嘧磺隆＋丁草胺，24％、28％可湿性粉剂。

吡·松·丁草胺：吡嘧磺隆＋异噁草松＋丁草胺，70％可分散油悬浮剂。

五氟·丁草胺：五氟磺草胺＋丁草胺，0.33％、5％颗粒剂，40％悬浮剂，60％乳油。

丁·扑：丁草胺＋扑草净，1.2％粉剂，19％可湿性粉剂，40％乳油，1.15％、4.7％颗粒剂，登记在水稻育秧田使用。

丁·西：丁草胺＋西草净，5.3％颗粒剂，登记在水稻田使用。

丙噁酮·丁草胺·西草净：丙炔噁草酮＋丁草胺＋西草净，50％乳油，登记在水稻田使用。

丁草胺·噁草酮·西草净：丁草胺＋噁草酮＋西草净，43％乳油，登记在水稻田使用。

氧氟·丁草胺：乙氧氟草醚＋丁草胺，30％水乳剂，登记在甘蔗田使用。

丁·氧·噁草酮：丁草胺＋乙氧氟草醚＋噁草酮，21％、43％乳油，22％水乳剂，登记在水稻田使用。

丁草·噁草酮（噁草·丁草胺）：噁草酮＋丁草胺，18％、20％、36％、40％、42％、45％、60％、70％乳油，36％水乳剂，65％微乳剂，登记在水稻田使用。

丙噁·丁草胺：丙炔噁草酮＋丁草胺，30％微囊悬浮剂。

丙噁酮·丁草胺·噁嗪酮：丙炔噁草酮＋丁草胺＋噁嗪草酮，37％可分散油悬浮剂，登记在水稻田使用。

丁·莠：丁草胺＋莠去津，25％、40％、42％、48％悬浮剂，登记在玉米田使用。

丁·硝·莠去津：丁草胺＋硝磺草酮＋莠去津，40％、52％悬浮剂，登记在玉米田使用。

丁·异·莠去津：丁草胺＋异丙草胺＋莠去津，42％、50％悬浮剂，登记在玉米田使用。

丁·乙·莠去津：丁草胺＋乙草胺＋莠去津，42％、48％悬浮剂，登记在玉米田使用。

丁·莠·烟嘧：丁草胺＋莠去津＋烟嘧磺隆，32％、42％可分散油悬浮剂，登记在玉米田使用。

异噁·丁草胺：异噁草松＋丁草胺，60％乳油，48％可湿性粉剂，登记在水稻田使用。

甲戊·丁草胺：二甲戊灵＋丁草胺，60％乳油，登记在水稻田使用。

敌稗·丁草胺：敌稗＋丁草胺，55％、70％乳油，登记在水稻田使用。

丁草胺·滴辛酯·吡嘧隆：丁草胺＋2,4-滴异辛酯＋吡嘧磺隆，75％可分散油悬浮剂，登记在水稻田使用。

3. 应用

【适用作物】水稻。

【防治对象】以种子萌发的禾本科杂草、一年生莎草及部分一年生阔叶杂草，如稗草、马唐、牛筋草、狗尾草、千金子、水虱草、蓄蓄、胜红蓟、假臭草、绿穗苋、裸柱菊、瓜皮草、牛毛毡、鸭舌草、尖瓣花、萤蔺、碎米莎草、异型莎草等。

【使用方法】药土法、土壤喷雾。

水稻直播田	60％丁草胺乳油80～120毫升/亩喷雾处理。在播种后3～5天，兑水土壤喷雾施用。每个作物周期使用1次。
水稻移栽田	50％丁草胺乳油120～180毫升/亩在早稻插秧后5～7天，晚稻插秧后3～5天，药土法撒施，施药后田间保持水层3～5厘米，水层不能超过秧苗心叶，北方地区稻田保水5～7天，南方地区稻田保水3～5天。每个作物周期使用1次。

水稻抛秧田	60%丁草胺乳油110～140毫升/亩在水稻抛秧后5～7天，插秧返青后稗草1.5叶前药土法撒施，施药后田间保持水层3～5厘米，水层不能超过秧苗心叶，北方地区稻田保水5～7天。每个作物周期使用1次。

4. 注意事项

（1）不含安全剂的丁草胺适用于水稻移栽田、抛秧田、旱直播田，在水直播田和秧田须使用含安全剂的丁草胺。

（2）施药期应在杂草出苗破土前为佳，杂草出苗后防效下降，如果整地后不能在3～4天内插秧，应在整地后立即施药。稗草2叶后施药效果显著下降。阔叶杂草危害严重的田块，可与防除阔叶杂草的除草剂，如苄嘧磺隆混用。

（3）大风天或预计1小时内降雨不可施药。

（4）旱田作物喷施药剂前后，土壤宜保持湿润，以确保药效。东北地区干旱、无灌水的条件下，可采用混土法施药，混土深度以不触及作物种子为宜。

（5）生态毒性：鸟类低毒，鱼类高毒，大型溞中等毒，绿藻高毒，蜜蜂低毒，家蚕低毒。禁止在开花植物花期、蚕室和桑园附近使用。赤眼蜂等天敌放飞区域禁用。地下水、饮用水水源地禁用。

丙 草 胺

Pretilachlor

1. 作用特点

氯乙酰胺类细胞有丝分裂抑制剂，内吸传导型低毒除草剂。可通过植物下胚轴、中胚轴和胚芽鞘吸收，根部略有吸收，干扰靶标杂草细胞内蛋白质合成；受害杂草幼苗扭曲，初生叶难伸出，叶色变深绿，生长停止，直至死亡。水稻对丙草胺有较强的降解能力，但水稻芽对丙草胺的耐药能力不强。在丙草胺中加入安全剂解草啶，可增强对水稻芽及幼苗的安全性，但不影响对靶标杂草的毒性，持效期可达30～50天。

2. 主要产品

【单剂】乳油：30%、50%、500克/升；颗粒剂：5%；水乳剂：50%、55%、85%；微乳剂：85%；可湿性粉剂：40%；细粒剂：30%；可分散油悬浮剂：60%。

【混剂】

苄嘧·丙草胺：苄嘧磺隆＋丙草胺，10%、20%、25%、30%、35%、38%、40%可湿性粉剂，0.1%、0.2%、0.3%、3%、5%、15%颗粒剂，30%、33%、35%、40%、55%可分散油悬浮剂，40%悬乳剂，30%乳油，登记在水稻田使用。

五氟·丙·氰氟：五氟磺草胺＋丙草胺＋氰氟草酯，28％可分散油悬浮剂，登记在水稻田使用。

嘧肟·丙·氰氟：嘧啶肟草醚＋丙草胺＋氰氟草酯，35％乳油，登记在水稻田使用。

苄·噁·丙草胺：苄嘧磺隆＋异噁草松＋丙草胺，38％可湿性粉剂，登记在水稻田使用。

苄·丙·噁草酮：苄嘧磺隆＋丙草胺＋噁草酮，6％颗粒剂，登记在水稻田使用。

吡嘧·丙草胺：吡嘧磺隆＋丙草胺，20％、35％、36％、38％、40％可湿性粉剂，17％泡腾片剂，0.44％、2％、6％颗粒剂，16％大粒剂，22％展膜油剂，35％、36％可分散油悬浮剂，登记在水稻田和茭白田使用。

五氟·丙·吡嘧：五氟磺草胺＋丙草胺＋吡嘧磺隆，36％可分散油悬浮剂，登记在水稻田使用。

吡·松·丙草胺：吡嘧磺隆＋异噁草松＋丙草胺，38％可湿性粉剂，登记在水稻田使用。

吡嘧·嘧草·丙：吡嘧磺隆＋嘧草醚＋丙草胺，35％可分散油悬浮剂，登记在水稻田使用。

二氯·丙·吡嘧：二氯喹啉酸＋丙草胺＋吡嘧磺隆，6％颗粒剂，登记在水稻田使用。

醚磺·丙草胺：醚磺隆＋丙草胺，21％可湿性粉剂，登记在水稻田使用。

五氟·丙草胺（丙草胺·五氟磺草胺）：五氟磺草胺＋丙草胺，28％、30％、31％、31.5％、36％、42％可分散油悬浮剂，5％颗粒剂，16％、40％悬浮剂，登记在水稻田使用。

嘧肟·丙草胺：嘧啶肟草醚＋丙草胺，30.6％、31％乳油，登记在水稻田使用。

丙草胺·嘧草醚：丙草胺＋嘧草醚，38％可分散油悬浮剂，登记在水稻田使用。

丙草胺·嘧草醚·乙氧氟：丙草胺＋嘧草醚＋乙氧氟草醚，30％可分散油悬浮剂，登记在水稻田使用。

丙草·西草净：丙草胺＋西草净，14％悬浮剂，登记在水稻田使用。

丙草胺·西草净·乙氧氟：丙草胺＋西草净＋乙氧氟草醚，40％乳油，登记在水稻田使用。

丙草胺·丙噁酮·西草净：丙草胺＋丙炔噁草酮＋西草净，48％乳油，登记在水稻田使用。

丙草·异丙隆：丙草胺＋异丙隆，60％可湿性粉剂，登记在小麦田使用。

异隆·丙·氯吡：异丙隆＋丙草胺＋氯吡嘧磺隆，47％可湿性粉剂，登记在水稻、小麦田使用。

丙草胺·氯吡嘧磺隆：丙草胺＋氯吡嘧磺隆，38％可分散油悬浮剂，登记在水稻田使用。

氧氟·丙草胺：乙氧氟草醚＋丙草胺，20％水乳剂，40％微乳剂，登记在水稻田使用。

丙噁·氧·丙草：丙炔噁草酮＋乙氧氟草醚＋丙草胺，16％、33％乳油，20％水乳剂，登记在水稻田使用。

丙·氧·噁草酮：丙草胺＋乙氧氟草醚＋噁草酮，34％、37％、52％乳油，34％、51％微乳剂，5％颗粒剂，登记在水稻田使用。

噁草·丙草胺：噁草酮＋丙草胺，57％可分散油悬浮剂，38％、50％乳油，25％展膜油剂，38％微乳剂，40％、60％水乳剂，登记在水稻田使用。

丙草·噁·异松：丙草胺＋噁草酮＋异噁草松，54％微乳剂，54％、70％乳油，登记在水稻田使用。

丙噁·丙草胺：丙炔噁草酮＋丙草胺，31％水乳剂，31％乳油，登记在水稻田使用。

丙草·丙噁·松（松·丙噁·丙草）：丙草胺＋丙炔噁草酮＋异噁草松，26％、48％乳油，登记在水稻田使用。

硝磺·丙草胺：硝磺草酮＋丙草胺，25％细粒剂，5％、25％颗粒剂，登记在水稻田使用。

3. 应用

【适用作物】水稻、小麦。

【防治对象】以种子萌发的禾本科杂草、一年生莎草及部分一年生阔叶杂草，如稗草属、千金子、马唐、牛筋草、窄叶泽泻、水苋菜、丁香蓼、母草、鸭舌草等。

【使用方法】药土法、土壤喷雾。

水稻直播田和育秧田	播后 3～5 天用 30％丙草胺乳油兑水土壤喷雾施药，用量：水直播田 100～120 毫升/亩、旱直播田 100～150 毫升/亩、水稻育秧田 100～117 毫升/亩。每个作物周期使用 1 次。
水稻移栽田和抛秧田	30％丙草胺乳油药土法撒施。水稻移栽田 100～120 毫升/亩，于水稻移栽后 5～7 天，插秧返青后，稗草 1.5 叶期，采用药土法撒施，施药时保持 3～5 厘米水层，施药后保水 5～7 天；抛秧田 110～150 毫升/亩，要求水稻秧龄在 3.5 叶以上，待抛秧立苗后方可施用。施药后的稻田保水层不能淹没稻苗心叶，以免产生药害。每个作物周期使用 1 次。

	500 克/升丙草胺乳油 80～100 毫升/亩喷雾处理。冬小麦播种后出苗前，兑水土壤喷雾施用，土壤墒情好有利于药效发挥，土壤干旱时建议先造墒后施药；施药后遇雨应及时排水，避免田间积水。整地要平整、细致，如有植物残株，需清理或深翻，同时避免小麦种子裸露在外。每个作物周期使用1次。
小麦田	

4. 注意事项

（1）无论是单剂还是混剂，不含安全剂的丙草胺制剂不能用于水直播稻田和秧田及高渗漏稻田，渗漏会把药剂过多地集中在水稻根区，导致药害。播后覆土的旱直播田、移栽田和抛秧田使用的丙草胺可以不含安全剂。

（2）丙草胺用药时间不宜太晚，对 1.5 叶期后的稗草防效欠佳。

（3）不能与碱性物质混用，以免药剂分解影响药效。

（4）生态毒性：鸟类低毒，鱼类中等毒，大型溞中毒，绿藻高毒，蜜蜂低毒，蚯蚓低毒。

异丙草胺

Propisochlor

1. 作用特点

氯乙酰胺类细胞有丝分裂抑制剂，内吸传导型低毒除草剂。可通过植物下胚轴、中胚轴和胚芽鞘吸收，根部略有吸收，干扰靶标杂草细胞内蛋白质合成。受害杂草幼苗扭曲，初生叶难伸出，叶色变深绿，生长停止，直至死亡。

2. 主要产品

【单剂】乳油：50%、72%、86.8%、720 克/升；颗粒剂：5%；可湿性粉剂：30%。

【混剂】

异丙·苄：异丙草胺＋苄嘧磺隆，10%、18.5%、30%可湿性粉剂，登记在水稻田使用。

异丙草·莠（异丙·莠去津）：异丙草胺＋莠去津，40%、41%、42%、50%、52%、58%悬浮剂，登记在玉米田使用。

烟嘧·莠·异丙：烟嘧磺隆＋莠去津＋异丙草胺，37%、42%可分散油悬浮剂，登记在玉米田使用。

氧氟·异丙草：乙氧氟草醚＋异丙草胺，50%可湿性粉剂，登记在水稻田使用。

丙·噁·嗪草酮：异丙草胺＋异噁草松＋嗪草酮，52%乳油，登记在大豆田使用。

异丙·乙·莠：异丙草胺＋乙草胺＋莠去津，52%悬浮剂，登记在玉米田使用。

丁·异·莠去津：丁草胺＋异丙草胺＋莠去津，42％、50％悬浮剂，登记在玉米田使用。

硝磺·异丙·莠（硝磺·异甲·莠）：硝磺草酮＋异丙甲草胺＋莠去津，33.5％、45％、48％悬浮剂，46％可分散油悬浮剂，登记在玉米田使用。

甲·异·莠去津：甲草胺＋异丙草胺＋莠去津，42％悬浮剂，登记在玉米田使用。

异丙·异噁松：异丙草胺＋异噁草松，51％乳油，登记在大豆、油菜、花生田使用。

3. 应用

【适用作物】水稻、大豆、玉米、花生、马铃薯、油菜等。

【防治对象】一年生禾本科杂草及部分小粒种子阔叶杂草，如稗草、牛筋草、马唐、千金子、狗尾草、金狗尾草、早熟禾、虎尾草、龙葵、画眉草、藜、反枝苋、鬼针草等。

【使用方法】土壤喷雾、药土法。

水稻移栽田	50％异丙草胺乳油 15～20 毫升/亩（南方地区）药土法撒施。水稻移栽后 3～5 天，采用药土法撒施，施药时保持 3～5 厘米水层，施药后保水 5～7 天。每个作物周期使用 1 次。
玉米田	玉米播后、杂草出苗前，50％异丙草胺乳油兑水土壤喷雾施用。用量：夏玉米 150～200 毫升/亩、春玉米 180～250 毫升/亩。每个作物周期使用 1 次。
大豆田	播前或播后 3 天内杂草出苗前，50％异丙草胺乳油兑水土壤喷雾施用，用量：夏大豆 150～200 毫升/亩、春大豆 180～250 毫升/亩。每个作物周期使用 1 次。
花生田	720 克/升异丙草胺乳油 120～150 毫升/亩喷雾处理。播前或播后 3 天内杂草出苗前兑水土壤喷雾施用。每个作物周期使用 1 次。
油菜田	720 克/升异丙草胺乳油 125～175 毫升/亩喷雾处理。于春油菜播后苗前兑水土壤喷雾施用，每个作物周期使用 1 次。
甘薯田	50％异丙草胺乳油 200～250 毫升/亩喷雾处理。甘薯移栽后杂草出苗前兑水土壤喷雾施用。每个作物周期使用 1 次。

4. 注意事项

（1）杀草谱广，但只对萌芽期杂草有效。旱田作物喷施药剂前后，土壤宜保持湿润，以确保药效。东北地区干旱、无灌水的条件下，可采用混土法施药，混土深度以不触及作物种子为宜。

（2）覆盖地膜田块应注意适当降低用药量。

（3）土壤有机质含量高、黏土或干旱情况下，建议采用较高药量；反之，土壤有机质含量低，沙壤土或有降雨、灌溉的情况下，建议采用下限药量。

（4）用药后多雨、土壤湿度太大或排水不良易造成玉米、大豆等作物药害，这时应加强玉米水肥管理或喷施芸苔素内酯等植物生长调节剂，促进其恢复正常生长。

（5）水稻萌芽及幼苗期对异丙草胺敏感，不能使用。弱苗移栽田，使用易出现药害。苋菜、菠菜、生菜等对异丙草胺敏感，施药时应注意避免飘移药害。

（6）生态毒性：鸟类低毒，鱼类高毒，大型溞低毒，绿藻高毒，蜜蜂低毒，蚯蚓低毒，家蚕低毒。

精异丙甲草胺

S‐metolachlor

1. 作用特点

酰胺类细胞分裂抑制剂，为内吸传导型选择性低毒除草剂。精异丙甲草胺是异丙甲草胺的活性异构体，芽前处理使用。通过单子叶植物的胚芽鞘、双子叶植物的下胚轴吸收，向上传导，种子和根也吸收传导，但吸收量较少，传导速度慢，主要通过阻碍蛋白质的合成，抑制杂草细胞分裂，使芽和根停止生长，不定根无法形成。持效期30～35天。

2. 主要产品

【单剂】乳油：96％、960克/升；微囊悬浮剂：40％、45％。

【混剂】

精·烟·莠去津（烟·精·莠去津）：精异丙甲草胺＋烟嘧磺隆＋莠去津，35％、50％可分散油悬浮剂。

乙氧·精异丙：乙氧氟草醚＋精异丙甲草胺，30％水乳剂，登记在花生田使用。

精异草·丙炔氟：精异丙甲草胺＋丙炔氟草胺，33％微囊悬浮剂，52％悬浮剂，登记在大豆田使用。

硝·精·莠去津：硝磺草酮＋精异丙甲草胺＋莠去津，38.5％悬浮剂，40％微囊悬浮剂，54％可分散油悬浮剂，登记在玉米田使用。

异丙·莠去津：精异丙甲草胺＋莠去津，53％、67％悬浮剂，登记在玉米田使用。

草胺·特丁津：精异丙甲草胺＋特丁津，50％悬浮剂，登记在玉米田使用。

精异草·异噁酮·莠去津：精异丙甲草胺＋异噁唑草酮＋莠去津，42％悬浮剂，登记在玉米田使用。

精异草·特丁津·硝磺草：精异丙甲草胺＋特丁津＋硝磺草酮，49％悬浮剂，登记在玉米田使用。

3. 应用

【适用作物】油菜、玉米、大豆、花生、马铃薯、棉花、大蒜、洋葱、菜豆、番茄、甘蓝、甜菜、西瓜、向日葵、烟草、芝麻、冬枣。

【防治对象】主要用于防除一年生禾本科杂草和部分阔叶杂草，如稗草、马唐、狗尾草、画眉草、早熟禾、牛筋草、臂形草、黑麦草等，对繁缕、藜、小藜、反枝苋、猪毛菜、马齿苋、荠菜、柳叶刺蓼、酸模叶蓼等阔叶杂草有较好防除效果，但对看麦娘、野燕麦防效差。

【使用方法】土壤喷雾。

油菜（移栽田）	960克/升精异丙甲草胺乳油45～60毫升/亩土壤喷雾处理。于移栽前土壤喷雾。
玉米田	960克/升精异丙甲草胺乳油60～85毫升/亩土壤喷雾处理。于夏玉米播后苗前土壤喷雾。
大豆田	960克/升精异丙甲草胺乳油80～120毫升/亩（春大豆）或60～85毫升/亩（夏大豆）于播后苗前土壤喷雾。
花生田	960克/升精异丙甲草胺乳油45～60毫升/亩土壤喷雾处理。于播后苗前土壤喷雾。
马铃薯田	960克/升精异丙甲草胺乳油52.5～130毫升/亩土壤喷雾处理。土壤有机质含量小于3％的地区推荐制剂用量52.5～65毫升/亩，土壤有机质含量3％～4％的地区推荐制剂用量100～130毫升/亩，于播后苗前土壤喷雾。
棉花田	960克/升精异丙甲草胺乳油60～100毫升/亩土壤喷雾处理。
大蒜田	960克/升精异丙甲草胺乳油50～65毫升/亩土壤喷雾处理。于播后苗前土壤喷雾。
洋葱田	960克/升精异丙甲草胺乳油52.5～65毫升/亩土壤喷雾处理。于播后苗前土壤喷雾。
菜豆田	960克/升精异丙甲草胺乳油土壤喷雾处理。东北地区推荐制剂用量65～85毫升/亩，其他地区推荐制剂用量50～65毫升/亩，于播后苗前土壤喷雾。
番茄田	960克/升精异丙甲草胺乳油土壤喷雾处理。东北地区推荐制剂用量65～85毫升/亩，其他地区推荐制剂用量50～65毫升/亩，于播后苗前土壤喷雾。

甘蓝田	960 克/升精异丙甲草胺乳油 45～55 毫升/亩土壤喷雾处理。于移栽前土壤喷雾。
甜菜田	960 克/升精异丙甲草胺乳油 75～90 毫升/亩土壤喷雾处理。于播后苗前土壤喷雾。
西瓜田	960 克/升精异丙甲草胺乳油 40～65 毫升/亩土壤喷雾处理。于移栽前土壤喷雾。
向日葵田	960 克/升精异丙甲草胺乳油 100～130 毫升/亩土壤喷雾处理。于播后苗前土壤喷雾。
烟草田	960 克/升精异丙甲草胺乳油 40～75 毫升/亩土壤喷雾处理。于移栽前土壤喷雾。
芝麻田	960 克/升精异丙甲草胺乳油 50～65 毫升/亩土壤喷雾处理。于播后苗前土壤喷雾。
冬枣园	960 克/升精异丙甲草胺乳油 50～80 毫升/亩土壤喷雾处理。于杂草未出土前土壤喷雾，避开开花期用药。

4. 注意事项

（1）在作物播后苗前施药后如遇持续降雨，会抑制作物苗期生长，一般可以恢复。

（2）生态毒性：鸟类低毒，鱼类低毒至中等毒，大型溞低毒，绿藻高毒，蜜蜂低毒，蚯蚓低毒，家蚕低毒。应避免污染水源，远离水产养殖区、河塘等水体施药。

（3）对眼睛有轻度刺激性。

苯噻酰草胺

Mefenacet

1. 作用特点

酰苯胺类细胞有丝分裂抑制剂，内吸传导型低毒除草剂。通过芽鞘和根吸收，经木质部和韧皮部传导至杂草的幼芽和嫩叶，禾本科杂草接触此药后很快聚集在生长点处抑制细胞分裂和生长，茎、叶和根部生长点异常肥大，叶鞘变浓绿，植株生长受抑制，最后茎、叶变黄枯死。

2. 主要产品

【单剂】泡腾粒剂：30%；可湿性粉剂：50%、88%。

【混剂】

苄嘧·苯噻酰：苄嘧磺隆＋苯噻酰草胺，18%、37%、46%、50%、53%、55%、60%、68%、69%、75%、80%、82%、85% 可湿性粉剂，0.11%、0.2%、0.33%、0.36%、0.5%、6%颗粒剂，69%水分散粒剂，42.5%泡腾粒剂，19%悬浮剂。

苯·苄·异丙草：苯噻酰草胺＋苄嘧磺隆＋异丙甲草胺，33%、34%可湿性粉剂。

苯·苄·乙草胺：苯噻酰草胺＋苄嘧磺隆＋乙草胺，30％、32％、33％、36％、40％、45％可湿性粉剂。

苯·苄·甲草胺：苯噻酰草胺＋苄嘧磺隆＋甲草胺，30％泡腾粒剂。

苯·苄·西草净：苯噻酰草胺＋苄嘧磺隆＋西草净，76％、80％可湿性粉剂。

苯·苄·二氯：苯噻酰草胺＋苄嘧磺隆＋二氯喹啉酸，88％可湿性粉剂。

苯·苄·硝草酮：苯噻酰草胺＋苄嘧磺隆＋硝磺草酮，79％、81％、83％可湿性粉剂，10％颗粒剂。

苯·苄·莎稗磷：苯噻酰草胺＋苄嘧磺隆＋莎稗磷，55％、76％可湿性粉剂。

吡嘧·苯噻酰（苯噻·吡磺隆）：吡嘧磺隆＋苯噻酰草胺，27％、40％、42％、50％、52.5％、68％、74％、80％可湿性粉剂，0.15％、0.3％、0.43％、7％、8％、17％颗粒剂，25％、31％泡腾粒剂，27％泡腾片剂，26％大粒剂，68％水分散粒剂。

苯·吡·西草净：苯噻酰草胺＋吡嘧磺隆＋西草净，17％颗粒剂，57％、80％水分散粒剂，56％、78.4％可湿性粉剂。

苯·吡·甲草胺：苯噻酰草胺＋吡嘧磺隆＋甲草胺，31％泡腾粒剂。

乙磺·苯噻酰：乙氧磺隆＋苯噻酰草胺，70％、75％可湿性粉剂。

苯噻酰·五氟磺：苯噻酰草胺＋五氟磺草胺，70％水分散粒剂。

苯噻酰·五氟磺·硝磺草：苯噻酰草胺＋五氟磺草胺＋硝磺草酮，22％水分散片剂。

苯噻·氯·硝磺：苯噻酰草胺＋氯吡嘧磺隆＋硝磺草酮，29％泡腾片剂。

以上混剂登记在水稻田使用。

3. 应用

【适用作物】水稻。

【防治对象】对萌芽至 2 叶期稗草有特效，对千金子、异型莎草、牛筋草、节节菜、鸭跖草、泽泻、雨久花、狗尾草、马唐有一定防效。

【使用方法】药土法、茎叶喷雾。

水稻移栽田	50％苯噻酰草胺可湿性粉剂 60～80 克/亩（北方地区），50～60 克/亩（南方地区）撒施。水稻移栽后 3～7 天，稗草 2 叶期之前，采用药土法撒施，施药时保持 3～5 厘米水层，施药后保水 5～10 天。每个作物周期使用 1 次。
水稻抛秧田	50％苯噻酰草胺可湿性粉剂 60～70 克/亩撒施。水稻抛秧后 3～7 天，稗草 2 叶期之前，采用药土法撒施，施药时保持 3～5 厘米水层，施药后保水 5～10 天。每个作物周期使用 1 次。
水稻直播田	30％苯噻酰草胺泡腾颗粒剂 120～140 克/亩撒施。水稻播种出苗后 1.5～3.5 叶期（播后 15～20 天），稗草 1.5 叶左右，其他大部分杂草刚出土时，药土法抛撒，施药时保持 3～5 厘米水层，施药后保水 5～7 天。每个作物周期使用 1 次。

4. 注意事项

（1）稻田施药后如缺水可缓慢补水，不能排水，以免降低除草效果。

（2）漏水地段、沙质土、漏水田应用效果较差。

（3）养鱼稻田禁用。

敌　稗
Propanil

1. 作用特点

酰胺类光合作用光系统 IIA 位点抑制剂，触杀型低毒除草剂。破坏植物的光合作用，且抑制呼吸作用与氧化磷酸化，干扰核酸与蛋白质合成等。敏感植物吸收后失水、叶片逐渐枯干，死亡。敌稗在水稻体内被水解酶迅速分解成无毒物质，因此对水稻安全。

2. 主要产品

【单剂】乳油：16％、34％、45％、48％；水分散粒剂：80％。

【混剂】

敌稗・丁草胺：丁草胺＋敌稗，55％、70％乳油。

敌稗・噁唑酰草胺：敌稗＋噁唑酰草胺，38％乳油。

敌稗・氰氟草酯：敌稗＋氰氟草酯，39％、40％、42％乳油。

敌稗・异噁松：敌稗＋异噁草松，39％乳油。

敌稗・三唑磺草酮：敌稗＋三唑磺草酮，28％可分散油悬浮剂。

敌稗・二氯喹啉酸：敌稗＋二氯喹啉酸，36％、40％可分散油悬浮剂。

敌稗・丁草胺・异噁草松：敌稗＋丁草胺＋异噁草松，46％乳油。

以上混剂登记在水稻田使用。

3. 应用

【适用作物】水稻。

【防治对象】稗草等。

【使用方法】茎叶喷雾。

水稻直播田	34％敌稗乳油 600～800 毫升/亩茎叶喷雾使用。稗草 1 叶 1 心至 2～3 叶期，兑水茎叶喷雾使用，喷药前 1 天排水落干，喷药后 24 小时灌水淹没杂草心叶，保水 2 天。注意不可让水层淹没水稻心叶。每个作物周期使用 1 次。
水稻移栽田	34％敌稗乳油 550～830 毫升/亩茎叶喷雾使用。稗草 2～3 叶期，兑水茎叶喷雾使用，喷药前 1 天排水落干，喷药后 24 小时灌水淹没杂草心叶，保水 2 天。注意不可让水层淹没水稻心叶。每个作物周期使用 1 次。

4. 注意事项

（1）对乱草防效差。稗草 4 叶期之后用药防效下降。

（2）由于有机磷酸酯类和氨基甲酸酯类药剂能抑制水稻体内酰胺水解酶的活性，因此水稻在喷施敌稗前后 10 天内不能施用此类农药。

（3）应避免与液体肥料一起使用。

（4）气温高时除草效果好，可适当降低用药量，施药时气温不要超过 30 ℃。

（5）盐碱较重的秧田，由于晒田引起泛盐，也会伤害水稻，可在保持浅水或秧根湿润的情况下施药，以免产生药害。

（6）敌稗易燃、易挥发，贮存中会出现结晶，使用时略加热，等结晶溶解后再稀释使用。

（7）生态毒性：鸟类中等毒，鱼类中等毒，大型溞中等毒，绿藻高毒，蜜蜂低毒，蚯蚓低毒，家蚕低毒。鱼、虾、蟹套养稻田禁用，赤眼蜂等天敌放飞区域禁用。

2 甲 4 氯

MCPA

1. 作用特点

苯氧羧酸类激素类内吸传导型低毒除草剂。具有较强的内吸传导性，主要用于苗后茎叶处理，能穿过角质层和细胞膜，最后传导到各部位，在不同部位对核酸和蛋白质的合成产生不同影响。在植物顶端抑制核酸代谢和蛋白质的合成，使生长点停止生长，幼嫩叶片不能伸展，抑制光合作用的正常进行。传导到植株下部的药剂，使植物茎部组织核酸和蛋白质的合成增加，促进细胞异常分裂，根尖膨大，丧失吸收能力，造成茎秆扭曲、畸形，筛管堵塞，韧皮部破坏，有机物运输受阻，从而破坏植物正常的生活能力，最终导致植物死亡。

2. 主要产品

【单剂】

2 甲 4 氯二甲胺盐：水剂：37.6%、48%、53%、60%、62%、65%、70%、75%；可溶液剂：53%。

2 甲 4 氯钠：可溶粉剂：56%、85%；可湿性粉剂：40%、56%；可溶液剂：37.6%；水剂：11.7%、13%。

2 甲 4 氯异辛酯：乳油：85%；微囊悬浮剂：45%。

【混剂】

2 甲·灭草松：2 甲 4 氯＋灭草松，38%、46% 可溶液剂，22%、25%、26%、37.5%、38%、44%、46%、48%、50% 水剂，登记在水稻田使用。

2 甲·氯氟吡：2 甲 4 氯＋氯氟吡氧乙酸，40%、42%、85% 乳油，42% 水乳剂，30%、36%、42%、65% 可湿性粉剂，43% 可分散油悬浮剂，登记在水稻、谷子田使用。

2甲·草铵膦：2甲4氯＋草铵膦，8％、13％、16％、28％水剂，13.6％、14.9％、20％、23.5％、27.3％可溶液剂，登记在非耕地使用。

2甲·草甘膦（草甘·2甲胺）：2甲4氯＋草甘膦，32％、33％、35％、36％、38％、44％、47％、49％、50％、51％水剂，80％可溶粒剂，38％、46％、50％、56％、68.1％、75％、84.5％、90％、93％可溶粉剂，32％、32.7％、33％、35％、36％、47.5％可溶液剂，登记在非耕地使用。

2甲·草·氯吡：2甲4氯＋草甘膦铵盐＋氯氟吡氧乙酸，60％可湿性粉剂，登记在桉树林使用。

草甘·甲·乙羧：草甘膦＋2甲4氯＋乙羧氟草醚，88％可溶粒剂，登记在非耕地使用。

2甲·炔草酯：2甲4氯＋炔草酯，45％可湿性粉剂，登记在小麦田使用。

2甲·苄：2甲4氯＋苄嘧磺隆，18％、38％可湿性粉剂，登记在水稻移栽田和冬小麦田使用。

2甲·莠灭净：2甲4氯＋莠灭净，48％、49％可湿性粉剂，登记在甘蔗田使用。

2甲·吡嘧（2甲4氯异辛酯·吡嘧磺隆）：2甲4氯＋吡嘧磺隆，18％可湿性粉剂，66％可分散油悬浮剂，登记在水稻田使用。

2甲·酰嘧：2甲4氯＋酰嘧磺隆，65％可湿性粉剂，登记在小麦田使用。

2甲·麦草畏：2甲4氯＋麦草畏，30％水剂，登记在小麦田使用。

2甲·莠去津：2甲4氯＋莠去津，45％悬浮剂，登记在玉米田使用。

2甲4氯酯·溴苯腈：2甲4氯异辛酯＋辛酰溴苯腈，56.3％乳油，登记在小麦田使用。

2甲·莠·烟嘧：2甲4氯异辛酯＋莠去津＋烟嘧磺隆，45％可湿性粉剂，36％可分散油悬浮剂，登记在玉米田使用。

甲·灭·敌草隆（2甲·灭·敌隆、2甲·莠·敌）：2甲4氯＋莠灭净＋敌草隆，30％、35％、48％、55％、62％、65％、68％、72％、73％、75％、77％、80％、81％、88％可湿性粉剂，登记在甘蔗田使用。

甲·莠·敌草隆：2甲4氯＋莠去津＋敌草隆，20％可湿性粉剂，登记在甘蔗田使用。

甲·灭·莠去津：2甲4氯＋莠灭净＋莠去津，35％可湿性粉剂，登记在甘蔗田使用。

甲·灭·氰草津：2甲4氯＋莠灭净＋氰草津，48％可湿性粉剂，登记在甘蔗田使用。

莠·唑·2甲钠：莠灭净＋唑草酮＋2甲4氯，73％可湿性粉剂，登记在甘蔗田使用。

吡·甲·唑草酮：吡嘧磺隆＋2甲4氯＋唑草酮，63％可湿性粉剂，登记在水稻田使用。

吡·甲·氯氟吡：吡嘧磺隆＋2 甲 4 氯＋氯氟吡氧乙酸，55％可湿性粉剂，登记在水稻田使用。

苯·唑·2 甲钠：苯磺隆＋唑草酮＋2 甲 4 氯钠，55％可湿性粉剂，登记在小麦田使用。

2 甲·苯磺隆：2 甲 4 氯＋苯磺隆，50.8％可湿性粉剂，登记在小麦田使用。

2 甲·二磺·双氟：2 甲 4 氯异辛酯＋甲基二磺隆＋双氟磺草胺，25％可分散油悬浮剂，登记在小麦田使用。

2 甲·双氟：2 甲 4 氯异辛酯＋双氟磺草胺，40％、43％、46％悬浮剂，42％、46％可湿性粉剂，登记在小麦田使用。

2 甲·氯·双氟：2 甲 4 氯异辛酯＋氯氟吡氧乙酸＋双氟磺草胺，48％悬浮剂，登记在小麦田使用。

2 甲·唑·双氟：2 甲 4 氯＋唑草酮＋双氟磺草胺，54％可湿性粉剂，登记在小麦田使用。

2 甲·异丙隆：2 甲 4 氯＋异丙隆，50％可湿性粉剂，登记在水稻田使用。

2 甲·唑草酮：2 甲 4 氯＋唑草酮，64％、70.5％可湿性粉剂，登记在水稻田使用。

2 甲 4 氯·硝磺·莠去津：2 甲 4 氯＋硝磺草酮＋莠去津，64％可湿性粉剂，登记在玉米田使用。

2 甲·乙·莠：2 甲 4 氯异辛酯＋乙草胺＋莠去津，58％、63％、75.6％悬浮剂，登记在玉米田使用。

2 甲 4 氯酯·嗪草酮·乙草胺：2 甲 4 氯异辛酯＋嗪草酮＋乙草胺，82％乳油，登记在大豆田使用。

硝·2 甲·莠灭：硝磺草酮＋2 甲 4 氯＋莠灭净，59％、60％、70％可湿性粉剂，登记在甘蔗田使用。

3. 应用

【适用作物】水稻、小麦、玉米、高粱、甘蔗等。

【防治对象】莎草科杂草和阔叶杂草。

【使用方法】茎叶喷雾。

水稻田	56％2 甲 4 氯钠可溶粉剂 54～107 克/亩喷雾处理。水稻秧田 4 叶至拔秧前 7 天期间施药，或者在水稻大田分蘖末期兑水茎叶喷雾施用，施药前排干田水，药后 1 天复水，并保持浅水层 5～7 天，施药后水层不能淹没水稻心叶。每个作物周期使用 1 次。
小麦田	56％2 甲 4 氯钠可溶粉剂 90～150 克/亩喷雾处理。小麦 4～5 叶至分蘖期、阔叶杂草 2～6 叶期，兑水茎叶喷雾施用。每个作物周期使用 1 次。
玉米田	56％2 甲 4 氯钠可溶粉剂 100～150 克/亩喷雾处理。玉米 3～5 叶期、杂草 2～4 叶期，兑水茎叶喷雾施用。每个作物周期使用 1 次。

甘蔗田	56% 2 甲 4 氯钠可湿性粉剂 90~100 克/亩喷雾处理。甘蔗 2~5 叶期，大多数杂草出齐，杂草株高 10~20 厘米时为最佳施药时期，兑水茎叶喷雾施用。每个作物周期使用 1 次。
高粱田	56% 2 甲 4 氯钠粉剂 107~143 克/亩喷雾处理。高粱 2~5 叶期、杂草 2~4 叶期，兑水茎叶喷雾施用。每个作物周期使用 1 次。

4. 注意事项

（1）与喷雾机接触部分的结合力很强，施药器具在使用前后要彻底清洗干净。

（2）气温在 20~25 ℃时除草效果最佳，气温低时速效性变差，但不影响最终防效。

（3）雾滴飘移对双子叶作物威胁极大，应在无风天气避开双子叶作物地块施药。大风天或预计 1 小时内有降雨不可使用。

（4）棉花、马铃薯、油菜、豆类、瓜类、果树等对 2 甲 4 氯极为敏感，用药时要防止雾滴飘移到上述植物上。小麦 3 叶期前及拔节开始后不可用药。

（5）生态毒性：鸟类中等毒，鱼类低毒，大型溞低毒，绿藻低毒，蜜蜂低毒，蚯蚓低毒，家蚕低毒。

（6）中毒症状有呕吐、恶心、肌肉纤维颤动、反射降低、瞳孔缩小、抽搐、昏迷、休克等。应立即送医院对症治疗，注意防止脑水肿和保护肝脏。

2,4 -滴

2,4 - D

1. 作用特点

苯氧羧酸类激素类内吸传导型低毒除草剂。具有较强的内吸传导性，主要用于苗后茎叶处理，能穿过角质层和细胞膜，最后传导到杂草各部位，在不同部位对核酸和蛋白质的合成产生不同影响。在植物顶端抑制核酸代谢和蛋白质的合成，使生长点停止生长，幼嫩叶片不能伸展，抑制光合作用的正常进行。传导到植株下部的药剂，使植物茎部组织核酸和蛋白质的合成增加，促进细胞异常分裂，根尖膨大，丧失吸收能力，造成茎秆扭曲、畸形、筛管堵塞，韧皮部破坏，有机物运输受阻，从而破坏植物正常的生活能力，最终导致植物死亡。

2. 主要产品

【单剂】

2,4 -滴二甲胺盐：水剂：50%、55%、60%、70%、720 克/升、860 克/升；可溶粒剂：40%、80.6%、96%。

2,4 -滴钠盐：可溶粉剂：85%。

2,4-滴异辛酯：乳油：50％、62％、77％、87.5％、90％；水乳剂：57％。

【混剂】

滴辛酯·炔草酯·双氟：2,4-滴异辛酯＋炔草酯＋双氟磺草胺，37％悬浮剂，登记在玉米田、小麦田使用。

二磺·滴辛酯：甲基二磺隆＋2,4-滴异辛酯，52％可分散油悬浮剂，登记在玉米田使用。

滴辛酯·噻吩隆·乙草胺：2,4-滴异辛酯＋噻吩磺隆＋乙草胺，81％、83％乳油，登记在春玉米田使用。

双氟·滴辛酯：双氟磺草胺＋2,4-滴异辛酯，42％、45.9％、55％悬浮剂，登记在小麦田使用。

滴辛酯·异甲胺·唑草胺：2,4-滴异辛酯＋异丙甲草胺＋唑嘧磺草胺，80％可分散油悬浮剂，登记在玉米田使用。

乙·莠·滴辛酯：乙草胺＋莠去津＋2,4-滴异辛酯，66％、68％、69％、70％、71％、73％、74％、76％悬浮剂，登记在玉米田使用。

乙·嗪·滴辛酯：乙草胺＋嗪草酮＋2,4-滴异辛酯，60％、82％乳油，登记在玉米田使用。

嗪·异·滴辛酯：嗪草酮＋异丙甲草胺＋2,4-滴异辛酯，81％乳油，登记在玉米田使用。

异甲胺·异噁松·滴辛酯：异丙甲草胺＋异噁草松＋2,4-滴异辛酯，70％乳油，登记在大豆田使用。

滴辛酯·乙草·异噁酮：2,4-滴异辛酯＋乙草胺＋异噁唑草酮，72％可分散油悬浮剂，登记在玉米田使用。

滴酸·草甘膦：2,4-滴钠盐＋草甘膦，31％、32.4％、35％、43％水剂，32％、32.4％可溶液剂，82.2％可溶粒剂，84.5％、90％可溶粉剂，登记在非耕地使用。

滴胺·草甘膦：2,4-滴二甲胺盐＋草甘膦，43％、50％水剂，登记在非耕地使用。

2,4-滴·草铵膦：2,4-滴钠盐＋草铵膦，20％、24％可溶液剂，登记在非耕地使用。

滴酸·二氯吡：2,4-滴＋二氯吡啶酸，24％水剂，登记在非耕地使用。

滴·氨氯：2,4-滴＋氨氯吡啶酸，26％、27％、30.4％水剂，登记在非耕地和春小麦田使用。

滴酸·麦草畏（滴胺·麦草畏）：2,4-滴＋麦草畏，40％、41％水剂，登记在小麦田使用。

烟·莠·滴辛酯：烟嘧磺隆＋莠去津＋2,4-滴异辛酯，31％、34％、35％、44％可分散油悬浮剂，登记在玉米田使用。

烟嘧·滴辛酯：烟嘧磺隆＋2,4-滴异辛酯，40％可分散油悬浮剂，登记在玉米田使用。

烟嘧·特丁津·滴异辛酯：烟嘧磺隆＋特丁津＋2,4-滴异辛酯，33%可分散油悬浮剂，登记在玉米田使用。

辛酰·烟·滴异：辛酰溴苯腈＋烟嘧磺隆＋2,4-滴异辛酯，30%可分散油悬浮剂，登记在玉米田使用。

丁草胺·滴辛酯·吡嘧隆：丁草胺＋2,4-滴异辛酯＋吡嘧磺隆，75%可分散油悬浮剂，登记在水稻田使用。

乙草胺·滴异辛酯：乙草胺＋2,4-滴异辛酯，78%乳油，登记在玉米田使用。

滴异·莠去津：2,4-滴异辛酯＋莠去津，51%悬浮剂，登记在玉米田使用。

3. 应用

【适用作物】水稻、小麦、玉米、大豆、非耕地等。

【防治对象】莎草科杂草和阔叶杂草。

【使用方法】土壤喷雾、茎叶喷雾。

水稻田	70% 2,4-滴二甲胺盐水剂 23～40 毫升/亩喷雾处理。移栽水稻在分蘖末期，杂草 3～5 叶期，兑水茎叶喷雾使用。每个作物周期使用 1 次。
小麦田	860 克/升 2,4-滴二甲胺盐水剂 50～70 毫升/亩喷雾处理。冬小麦返青至拔节前或春小麦 3～5 叶期，阔叶杂草 2～5 叶期，兑水茎叶喷雾施用。每个作物周期使用 1 次。
玉米田	于春玉米播后苗前采用 77% 2,4-滴异辛酯乳油 50～58 毫升/亩兑水土壤喷雾处理；或于玉米 4～6 叶期、阔叶杂草 2～4 叶期采用 20 克/升 2,4-滴二甲胺盐水剂 80～120 毫升/亩兑水茎叶喷雾处理，对杂草定向喷雾，勿接触玉米茎叶。每个作物周期使用 1 次。
大豆田	87.5% 2,4-滴异辛酯 40～44 毫升/亩，春大豆播后苗前兑水土壤喷雾处理。每个作物周期使用 1 次。
非耕地	70% 2,4-滴二甲胺盐水剂 185～280 毫升/亩喷雾处理。杂草生长旺盛期，兑水茎叶喷雾施用。

4. 注意事项

（1）气温较低时影响使用效果，一般应在 18 ℃以上时施用。

（2）禁止使用弥雾机或超低容量喷雾。

（3）小麦 4 叶前和拔节后严禁使用，小麦拔节后施药会导致减产。

（4）易飘移或挥发，大风天或预计 1 小时内有降雨不可使用，在周边 100 米以内种植阔叶作物或下风向有敏感作物时不得使用。棉花、油菜、豆类蔬菜、瓜类等作物，桃树、梨树、葡萄树、槐树等对该药剂敏感，施药时谨防飘移。

（5）不可与铜制剂、硫酸烟碱、乙烯利水剂等制剂混用，以免降低药效。

（6）2,4 -滴在大剂量下为除草剂，低剂量下为植物生长调节剂，因此使用时必须在规定的浓度范围内使用，以免造成药害而减产。

（7）严禁与食物、饲料、种子等混放，对金属容器有腐蚀作用，勿接触玉米茎、叶。

（8）安全间隔期为 21 天，留作种子用的农田禁用。

（9）生态毒性：鸟类中等毒，鱼类低毒，大型溞低毒，绿藻低毒，蜜蜂低毒，蚯蚓低毒，家蚕低毒。

二氯吡啶酸

Clopyralid

1. 作用特点

芳基羧酸类激素类内吸传导型低毒除草剂。可被植物的叶片或根部吸收，传导至整个植株，可促进植物核酸的形成，产生过量的核糖核酸，引起细胞分裂失控和无序生长，致使根部生长过量，茎、叶生长畸形，维管束疏导功能受阻，最后导致杂草死亡。能有效防除菊科、豆科、茄科和伞形科等阔叶杂草，在禾本科作物中有选择性，在多种阔叶作物，如甜菜、油菜、亚麻、草莓和葱属作物中也有同样的选择性。

2. 主要产品

【单剂】水剂：30％；可溶粒剂：63％、75％；可溶粉剂：75％；可溶液剂：30％。

【混剂】

二吡·烯草酮：二氯吡啶酸＋烯草酮，8％可分散油悬浮剂，油菜田登记使用。

二吡·烯·氨吡：二氯吡啶酸＋烯草酮＋氨氯吡啶酸，20％可分散油悬浮剂，油菜田登记使用。

二吡·烯·草灵：二氯吡啶酸＋烯草酮＋草除灵，16％可分散油悬浮剂，油菜田登记使用。

烟·莠·二氯吡：烟嘧磺隆＋莠去津＋二氯吡啶酸，40％可分散油悬浮剂。

氧氟·二氯吡：乙氧氟草醚＋二氯吡啶酸，27％悬浮剂，登记在苗圃（云杉）使用。

硝磺·二氯吡：硝磺草酮＋二氯吡啶酸，25％可分散油悬浮剂，登记在玉米田使用。

氨氯酸·草除灵·二氯吡：氨氯吡啶酸＋草除灵＋二氯吡啶酸，35％悬浮剂，登记在油菜田使用。

氨氯·二氯吡：氨氯吡啶酸＋二氯吡啶酸，28.6％、30％水剂，30％可溶液剂，登记在油菜田使用。

滴酸·二氯吡：2,4-滴＋二氯吡啶酸，24%水剂，登记在非耕地使用。

3. 应用

【适用作物】小麦、油菜、玉米、甜菜、非耕地。

【防治对象】主要用于防除菊科、豆科、茄科和伞形科等阔叶杂草，包括刺儿菜、苣荬菜、稻槎菜、鬼针草、大巢菜等。

【使用方法】茎叶喷雾。

小麦田	30%二氯吡啶酸水剂45～60毫升/亩喷雾处理。春小麦3～5叶期、阔叶杂草2～6叶期兑水茎叶喷雾使用。每个作物周期使用1次。
油菜田	30%二氯吡啶酸水剂35～60毫升/亩喷雾处理。于春油菜田阔叶杂草2～6叶期兑水茎叶喷雾使用。每个作物周期使用1次。
玉米田	30%二氯吡啶酸水剂30～40毫升/亩喷雾处理。于春玉米4～6叶期、阔叶杂草3～5叶期兑水茎叶喷雾使用。每个作物周期使用1次。
甜菜田	30%二氯吡啶酸水剂60～70毫升/亩喷雾处理。于甜菜4～6叶期、杂草2～5叶期兑水茎叶喷雾处理。每个作物周期使用1次。
非耕地	30%二氯吡啶酸水剂80～110毫升/亩喷雾处理。于杂草生长旺盛期兑水茎叶喷雾使用。

4. 注意事项

（1）仅能在甘蓝型、白菜型油菜田使用，在芥菜型油菜田使用易产生药害。

（2）二氯吡啶酸主要由微生物分解，降解速度受环境影响较大。正常推荐剂量下药后60天后茬可种植小麦、大麦、油菜、十字花科蔬菜，后茬种植大豆、花生等作物需间隔1年，后茬种植棉花、向日葵、西瓜、番茄、红豆、绿豆、甘薯需间隔18个月。如果种植其他后茬作物，须咨询当地植保部门或经过试验保证安全后方可种植。

（3）间、混或套种有阔叶作物的玉米田，不能使用。

（4）生态毒性：鸟类低毒，鱼类低毒，大型溞低毒，绿藻低毒，蜜蜂低毒，蚯蚓低毒，家蚕低毒。

氯氟吡氧乙酸

Fluroxypyr

1. 作用特点

吡啶氧乙酸类激素类内吸传导型低毒除草剂。药后很快被植物吸收，使敏感植物出现典型的激素类除草剂的反应，植株畸形、扭曲、死亡。在土壤中半衰期较短，不会对下茬阔叶作物产生影响。对禾本科和莎草科杂草无效。

2. 主要产品

氯氟吡氧乙酸异辛酯被植物吸收后会转化成氯氟吡氧乙酸起除草作用，288克/升的氯氟吡氧乙酸异辛酯相当于 200 克/升的氯氟吡氧乙酸。

【单剂】

氯氟吡氧乙酸异辛酯：乳油：20％、25％、288 克/升、480 克/升；可分散油悬浮剂：50％；悬浮剂：20％；水乳剂：20％。

氯氟吡氧乙酸：乳油：20％、200 克/升。

【混剂】

氯吡·炔草酯：氯氟吡氧乙酸＋炔草酯，18％悬浮剂，18％可湿性粉剂，登记在小麦田使用。

炔·唑·氯氟吡：炔草酯＋唑草酮＋氯氟吡氧乙酸，40％可湿性粉剂，登记在小麦田使用。

氯吡酯·唑啉草：氯氟吡氧乙酸＋唑啉草酯，11.6％乳油，登记在小麦田使用。

吡·甲·氯氟吡：吡嘧磺隆＋2 甲 4 氯＋氯氟吡氧乙酸，55％可湿性粉剂，登记在水稻田使用。

苯·唑·氯氟吡：苯磺隆＋唑草酮＋氯氟吡氧乙酸，29.5％可湿性粉剂，登记在小麦田使用。

二磺·氯吡酯·双氟草：甲基二磺隆＋氯氟吡氧乙酸＋双氟磺草胺，26％可分散油悬浮剂，登记在小麦田使用。

双氟·氯氟吡：双氟磺草胺＋氯氟吡氧乙酸，15％、16％悬浮剂，31％可分散油悬浮剂，登记在小麦田、高羊茅草坪、玉米田使用。

2甲·氯·双氟：2 甲 4 氯异辛酯＋氯氟吡氧乙酸＋双氟磺草胺，48％悬浮剂，登记在小麦田使用。

氯吡·唑·双氟：氯氟吡氧乙酸＋唑草酮＋双氟磺草胺，9.2％、16％悬浮剂，登记在小麦田使用。

五氟·氯氟吡：五氟磺草胺＋氯氟吡氧乙酸，16％、24％、29％可分散油悬浮剂，登记在水稻田使用。

五氟·氰·氯吡：五氟磺草胺＋氰氟草酯＋氯氟吡氧乙酸，28％可分散油悬浮剂，登记在水稻田使用。

氯吡·唑草酮：氯氟吡氧乙酸＋唑草酮，34％可湿性粉剂，登记在小麦田使用。

硝·莠·氯氟吡：硝磺草酮＋莠去津＋氯氟吡氧乙酸，29％、30％可分散油悬浮剂，登记在玉米田使用。

氯吡·硝·烟嘧：氯氟吡氧乙酸＋硝磺草酮＋烟嘧磺隆，22％、23％、28％可分散油悬浮剂，50％水分散粒剂，登记在玉米田使用。

砜·硝·氯氟吡：砜嘧磺隆＋硝磺草酮＋氯氟吡氧乙酸，32％可分散油悬浮剂，登记在玉米田使用。

氰氟·松·氯吡：氰氟草酯＋异噁草松＋氯氟吡氧乙酸，35％乳油，登记在水稻田使用。

乙·莠·氯氟吡：乙草胺＋莠去津＋氯氟吡氧乙酸，60％悬浮剂，登记在玉米田使用。

2甲·氯氟吡：2甲4氯＋氯氟吡氧乙酸，40％、42％、85％乳油，42％水乳剂，30％、36％、42％、65％可湿性粉剂，43％可分散油悬浮剂，登记在水稻、谷子田使用。

2甲·草·氯吡：2甲4氯＋草甘膦铵盐＋氯氟吡氧乙酸，60％可湿性粉剂，登记在桉树林使用。

二氯喹·莠去津·氯吡酯（氯吡酸·二氯喹·莠去津）：二氯喹啉酸＋莠去津＋氯氟吡氧乙酸，52％可湿性粉剂，39.8％悬浮剂，登记在高粱田使用。

辛·烟·氯氟吡：辛酰溴苯腈＋烟嘧磺隆＋氯氟吡氧乙酸，24％、30％可分散油悬浮剂，登记在玉米田使用。

烟嘧·氯氟吡：烟嘧磺隆＋氯氟吡氧乙酸，12％可分散油悬浮剂，登记在玉米田使用。

烟嘧·莠·氯吡：烟嘧磺隆＋莠去津＋氯氟吡氧乙酸，28％、33％、35％、37％、40％可分散油悬浮剂，登记在玉米田使用。

氨氯·氯氟吡：氨氯吡啶酸＋氯氟吡氧乙酸，15％水乳剂，登记在非耕地、狗牙根草坪使用。

氯嘧·烟·氯吡：氯吡嘧磺隆＋烟嘧磺隆＋氯氟吡氧乙酸，22％可分散油悬浮剂，登记在玉米田使用。

氯吡·麦·烟嘧：氯氟吡氧乙酸＋麦草畏＋烟嘧磺隆，24％可分散油悬浮剂，登记在玉米田使用。

草甘·氯氟吡（草甘膦·氯氟酯）：草甘膦＋氯氟吡氧乙酸，33％可分散油悬浮剂，35％、58％、61.5％可湿性粉剂，登记在非耕地使用。

氟吡·双唑酮：氯氟吡氧乙酸＋双唑草酮，22％可分散油悬浮剂，登记在小麦田使用。

噁唑草·氯吡酯·氰氟：噁唑酰草胺＋氯氟吡氧乙酸＋氰氟草酯，30％可分散油悬浮剂登记在水稻田使用。

3. 应用

【适用作物】水稻、小麦、玉米、禾本科草坪。

【防治对象】阔叶杂草。

【使用方法】茎叶喷雾。

| 水稻田 | 200克/升氯氟吡氧乙酸乳油65～75毫升/亩喷雾处理。稻田阔叶杂草2～5叶期，兑水茎叶喷雾施药。每个作物周期使用1次。 |

小麦田	20%氯氟吡氧乙酸乳油 50～70 毫升/亩喷雾处理。冬小麦返青至拔节前、杂草 2～5 叶期兑水茎叶喷雾施用。每个作物周期使用 1 次。
玉米田	20%氯氟吡氧乙酸乳油 50～70 毫升/亩喷雾处理。玉米 3～5 叶期、阔叶杂草 2～5 叶期兑水茎叶喷雾施药。每个作物周期使用 1 次。
高粱田	25%氯氟吡氧乙酸异辛酯乳油 50～60 毫升/亩喷雾处理。高粱 4～5 叶期、阔叶杂草 2～4 叶期，即杂草高度 10～15 厘米左右时，对准杂草顺垄兑水茎叶定向喷雾施用。每个作物周期使用 1 次。
狗牙根、高羊茅等禾本科草坪	200 克/升氯氟吡氧乙酸乳油 40～80 毫升/亩喷雾处理。阔叶杂草生长旺盛期兑水施药。

4. 注意事项

（1）大风天或预计 1 小时内降雨不可施药。

（2）施药时应避免药液飘移到大豆、花生、甘薯、甘蓝等阔叶作物上，以防产生药害。

（3）对鱼类等水生生物不安全，鱼和虾蟹套养稻田禁用。

氨氯吡啶酸

Picloram

1. 作用特点

吡啶羧酸类激素类低毒除草剂。具有内吸传导作用。主要作用于核酸代谢，可使叶绿体结构及其他细胞器发育畸形，干扰蛋白质合成，也作用于分生组织，引起细胞分裂失控和无序生长，导致维管束被破坏，最后致使植物死亡。主要用于防除森林、荒地等非耕地一年生和多年生阔叶杂草、灌木。可用于侧柏和樟子松等常绿针叶树种林地及造林前清场、开辟集材道、伐区贮木场、防火线、林区道路两侧等不需要植物生长的地方。

2. 主要产品

【单剂】水剂：21%、24%；可溶液剂：24%。

【混剂】

二吡·烯·氨吡：二氯吡啶酸＋烯草酮＋氨氯吡啶酸，20%可分散油悬浮剂，登记在油菜田使用。

氨氯酸·草除灵·二氯吡：氨氯吡啶酸＋草除灵＋二氯吡啶酸，35%悬浮剂，登记在油菜田使用。

氨氯·二氯吡：氨氯吡啶酸＋二氯吡啶酸，28.6%、30%水剂，30%可溶液剂，登记在油菜田使用。

氨氯·氯氟吡：氨氯吡啶酸＋氯氟吡氧乙酸，15%水乳剂，登记在非耕地、狗牙根草坪使用。

滴·氨氯：2,4-滴＋氨氯吡啶酸，26%、27%、30.4%水剂，登记在非耕地和春小麦田使用。

3. 应用

【适用作物】森林、非耕地、春油菜。

【防治对象】主要用于防除阔叶杂草和灌木，阔叶杂草包括紫茎泽兰、野豌豆、柳叶菊、铁线莲、黄花蒿、青蒿、兔儿伞、百合花、唐松草、毛茛、地榆、白屈菜、委陵菜、紫菀、牛蒡、苣荬菜、刺儿菜、苍耳、葎草、田旋花、反枝苋、刺苋、铁苋菜、水蓼、藜、繁缕、一年蓬、旋覆花、野枸杞、酸枣、黄荆等；灌木包括茅莓、胡枝子、紫穗槐、忍冬、叶底珠、胡桃楸、南蛇藤、山葡萄、蒙古栎、平榛、黄榆、紫椴、黄檗等。

【使用方法】茎叶喷雾。

森林	21%氨氯吡啶酸水剂 333～500 毫升/亩茎叶喷雾，杂草苗期至生长旺盛期、灌木展叶后至生长旺盛期均可施药，每亩兑水量 30～50 升，用于防除灌木可适当提高制剂用量至 1 000 毫升/亩。
非耕地	24%氨氯吡啶酸水剂 300～600 毫升/亩茎叶喷雾，杂草苗期至生长旺盛期、灌木展叶后至生长旺盛期均可施药，每亩兑水量 30～50 升。
油菜田	24%氨氯吡啶酸可溶液剂 7.5～10 毫升/亩茎叶喷雾。于春油菜 3～5 叶期、阔叶杂草 3～5 叶期兑水喷雾，可在甘蓝型油菜田使用，禁止在白菜型、芥菜型油菜田使用，每季最多用药 1 次。

4. 注意事项

（1）不可与呈碱性的农药等物质混合使用。

（2）杨、槐等阔叶树种对氨氯吡啶酸敏感，不宜使用；落叶松较敏感，幼树阶段不可使用，其他阶段慎用，应尽量避开根区施药，防止药剂随雨水大量渗入土壤，造成药害；也不宜在径流严重的地块施药。

（3）豆类、葡萄、蔬菜、棉花、果树、烟草、向日葵、甜菜、花卉、桑树、桉树等对氨氯吡啶酸敏感，故不宜在靠近这些作物地块的地方用该药剂作弥雾处理，尤其在有风的情况下。

（4）施药时，喷雾器喷头应戴保护罩，喷药时要避免药液飘移至临近的阔叶作物、蔬菜、果树和林木上。

（5）对蜜蜂、鱼类等水生生物、家蚕不安全，周围蜜源作物花期禁用，施药期间应密切注意对附近蜂群的影响，蚕室及桑园附近禁用。远离水产养殖区施药，禁止在河塘等水体中清洗施药器具。

三氯吡氧乙酸

Triclopyr

1. 作用特点

吡啶氧乙酸类激素类内吸传导型低毒除草剂。由植物的叶面和根系吸收，并在植物体内传导到全株，造成其根、茎、叶畸形，储藏物质耗尽，维管束被栓塞或破裂，植株逐渐死亡。并可使植物产生过量的核酸，使一些组织转变成分生组织。在土壤中能被土壤微生物分解，半衰期为30～46天，低温干燥条件下，半衰期可延长。用于非耕地防除阔叶杂草和木本植物，对禾本科杂草无效，也可用于水稻、小麦田防除阔叶杂草和部分莎草科杂草。

2. 主要产品

【单剂】

三氯吡氧乙酸：乳油：48％、480克/升。

三氯吡氧乙酸丁氧基乙酯：乳油：45％、62％。

三氯吡氧乙酸三乙胺盐：水剂：32％、44％。

【混剂】

草甘·三氯吡：草甘膦＋三氯吡氧乙酸，60％可湿性粉剂，70％可溶粉剂，39％水剂，登记在非耕地使用。

麦·草·三氯吡：麦草畏＋草甘膦＋三氯吡氧乙酸，62％可湿性粉剂，登记在非耕地使用。

3. 应用

【适用作物】小麦、非耕地、森林。

【防治对象】阔叶杂草、部分莎草和灌木，如榛、柞木、黑桦、椴树、槭树、山杨、稠李、金丝桃、山梅花、山刺玫、野山楂、刺榆、柳、珍珠梅、红丁香、玉竹、胡枝子、黄花蒿、茵陈蒿、柴胡、桔梗、地榆、白芷、铁线莲、草木樨、唐松草、蚊母草、婆婆纳等。

【使用方法】茎叶喷雾。

小麦田	48％三氯吡氧乙酸乳油30～50毫升/亩喷雾处理。冬小麦返青后至拔节前，阔叶杂草3～6叶期兑水茎叶喷雾施药一次。每个作物周期使用1次。
森林	森林杂草和灌木生长旺盛期，使用480克/升三氯吡氧乙酸乳油278～417毫升/亩兑水茎叶喷雾1次。

| 非耕地 | 45％三氯吡氧乙酸丁氧基乙酯乳油 200～400 毫升/亩喷雾处理。草本杂草、灌木生长旺盛期，兑水茎叶喷雾施用。 |

4. 注意事项

（1）不同小麦、水稻品种对三氯吡氧乙酸的敏感性可能存在较大差异。

（2）生态毒性：鸟类低毒，鱼类低毒，大型溞低毒，绿藻低毒，蜜蜂低毒，蚯蚓低毒，家蚕低毒。

氯氟吡啶酯

Florpyrauxifen‐benzyl

1. 作用特点

吡啶甲酸类激素类内吸传导型低毒除草剂。经由植物的茎、叶及根部吸收，通过与植物体内的激素受体结合，刺激植物细胞过度分裂，阻塞传导组织，最后导致植物营养耗尽死亡。

2. 主要产品

【单剂】乳油：3％。

【混剂】

氰氟·吡啶酯：氰氟草酯＋氯氟吡啶酯，13％乳油，登记在水稻田使用。

五氟·吡啶酯：五氟磺草胺＋氯氟吡啶酯，3％可分散油悬浮剂，登记在水稻田使用。

3. 应用

【适用作物】水稻。

【防治对象】对稗草、水竹叶、水苋、陌上菜、鸭舌草、异型莎草等具有较好防效，对千金子有一定抑制作用，对蓼科杂草如水蓼、酸模叶蓼、红蓼基本无效。

【使用方法】茎叶喷雾。

| 水稻田 | 3％氯氟吡啶酯乳油 40～80 毫升/亩喷雾处理。稻田禾本科杂草3～5 叶期，兑水茎叶喷雾施用。在水稻直播田应于秧苗 4.5 叶即 1 个分蘖可见时、稗草不超过 3 个分蘖时施药；移栽田应于秧苗充分返青后 1 个分蘖可见时，同时稗草不超过 3 个分蘖时期施药。施药时可以有浅水层，需确保杂草茎叶 2/3 以上露出水面，施药后 1～3 天内灌水，保持浅水层 5～7 天，水层勿浸没水稻心叶。每个作物周期使用 1 次。 |

4. 注意事项

（1）预计 2 小时内有降雨勿施药。

（2）任何会影响到作物健康的逆境或环境因素，如极端冷热天气、干旱、冰雹等，可能会影响到药效和作物耐药性，不推荐施用。

（3）某些情况下，如不利的天气、水稻不同品种敏感性差异，施药后水稻可能出现暂时性药物反应，如生长受到抑制或叶片畸形，通常水稻会逐步恢复正常生长。

（4）不宜在缺水田、漏水田及盐碱田使用。不推荐在秧田、制种田使用。缓苗期、秧苗长势弱时存在药害风险，不推荐使用。

（5）弥雾机常规剂量施药可能会造成严重药物反应，建议咨询当地植保部门或先试验后再施用。

（6）不能和敌稗、马拉硫磷等药剂混用，施用 7 天内不能再施马拉硫磷，与其他药剂和肥料混用需先进行测试确认。

（7）避免飘移到邻近敏感作物如棉花、大豆、葡萄、烟草、蔬菜、桑树、花卉、观赏植物及其他非靶标阔叶植物上。

二氯喹啉酸

Quinclorac

1. 作用特点

喹啉羧酸类激素类内吸传导型低毒除草剂。主要通过根吸收，也能被幼芽和叶吸收，中毒症状与生长素的作用症状相似，具有激素型除草剂的特点。

2. 主要产品

【单剂】可湿性粉剂：25％、50％、60％、75％；悬浮剂：25％、30％；可分散油悬浮剂：25％；水分散粒剂：50％、75％、90％；可溶粉剂：45％、50％；泡腾粒剂：25％。

【混剂】

噁唑草·二氯喹：噁唑酰草胺＋二氯喹啉酸，15％、20％可分散油悬浮剂，登记在水稻田使用。

二氯喹·噁唑胺·氰氟酯：二氯喹啉酸＋噁唑酰草胺＋氰氟草酯，30％、35％可分散油悬浮剂，登记在水稻田使用。

氰氟·二氯喹：氰氟草酯＋二氯喹啉酸，17％可分散油悬浮剂，20％、25％、40％、60％可湿性粉剂，登记在水稻田使用。

二氯喹·氰氟酯·五氟磺：二氯喹啉酸＋氰氟草酯＋五氟磺草胺，20％可分散油悬剂，登记在水稻田使用。

二氯·吡·氰氟：二氯喹啉酸＋吡嘧磺隆＋氰氟草酯，20％可分散油悬浮剂，登记在水稻田使用。

苯·苄·二氯：苯噻酰草胺＋苄嘧磺隆＋二氯喹啉酸，88％可湿性粉剂，登记在水稻田使用。

苄·乙·二氯喹：苄嘧磺隆＋乙草胺＋二氯喹啉酸，19.2％可湿性粉剂，登记在水稻田使用。

苄·二氯：苄嘧磺隆＋二氯喹啉酸，22％、27.5％、28％、32％、35％、36％、38％、38.5％、40％、44％可湿性粉剂，31％、36％泡腾粒剂，18％泡腾片剂，25％悬浮剂，40％水分散粒剂，0.3％、3％颗粒剂，登记在水稻田使用。

吡嘧·二氯喹：吡嘧磺隆＋二氯喹啉酸，20％、50％可湿性粉剂，登记在水稻田使用。

二氯·丙·吡嘧：二氯喹啉酸＋丙草胺＋吡嘧磺隆，6％颗粒剂，登记在水稻田使用。

吡·氯·双草醚：吡嘧磺隆＋二氯喹啉酸＋双草醚，60％可湿性粉剂，登记在水稻田使用。

二氯·唑·吡嘧：二氯喹啉酸＋唑草酮＋吡嘧磺隆，56％可湿性粉剂，登记在水稻田使用。

二氯·肟·吡嘧：二氯喹啉酸＋嘧啶肟草醚＋吡嘧磺隆，25％可分散油悬浮剂，登记在水稻田使用。

五氟·吡·二氯：五氟磺草胺＋吡嘧磺隆＋二氯喹啉酸，26％可分散油悬浮剂，登记在水稻田使用。

五氟·二氯喹：五氟磺草胺＋二氯喹啉酸，25％悬浮剂，24％、25％可分散油悬浮剂，登记在水稻田使用。

二氯·双·五氟：二氯喹啉酸＋双草醚＋五氟磺草胺，27％可分散油悬浮剂，登记在水稻田使用。

二氯·双草醚：二氯喹啉酸＋双草醚，25％、28％、35％悬浮剂，35％可湿性粉剂，登记在水稻田使用。

敌稗·二氯喹啉酸：敌稗＋二氯喹啉酸，40％可分散油悬浮剂，登记在水稻田使用。

二氯喹啉酸·特丁津：二氯喹啉酸＋特丁津，50％水分散粒剂，登记在高粱田使用。

二氯·灭松：二氯喹啉酸＋灭草松，60％水分散粒剂，登记在水稻、高粱田使用。

二氯·莠去津（二氯喹啉酸·莠去津）：二氯喹啉酸＋莠去津，40％悬浮剂，28％、30％、37％可分散油悬浮剂，登记在高粱田使用。

二氯喹·莠去津·氯吡酯：二氯喹啉酸＋莠去津＋氯氟吡氧乙酸，52％可湿性粉剂，登记在高粱田使用。

3. 应用

【适用作物】水稻、高粱。

【防治对象】对2叶期以后的水稻安全，主要防治一年生禾本科杂草，特别是对稗草高效。

【使用方法】茎叶喷雾、药土法。

水稻移栽田	50％二氯喹啉酸可湿性粉剂 30～40 克/亩药土法撒施或喷雾处理。移栽水稻缓苗后，稗草 2～4 叶期，通过药土法撒施，撒施时要求田间有 3～5 厘米水层，撒施后保水 4～5 天。稗草 4～7 叶期，兑水茎叶喷雾施用，施药前排干田水，施药后隔天上 2～3 厘米水层并保水 5～7 天。每个作物周期使用 1 次。
水稻直播田	50％二氯喹啉酸可湿性粉剂 30～40 克/亩喷雾处理。播后 10～20 天，稻苗 3～5 叶期，稗草 1～5 叶期，均可兑水茎叶喷雾，但以稗草 2.5～3.5 叶期施用最好，施药前一天排干水，施药 1～2 天后灌浅水，保持 2～3 厘米水层，施药后 5 天内不能排水、串水，以免降低药效。每个作物周期使用 1 次。
水稻抛秧田	50％二氯喹啉酸可湿性粉剂 35～40 克/亩喷雾处理。水稻抛秧后 5～15 天，兑水茎叶喷雾施用，稗草 2～3 叶期用药防效最佳，用药前排干田水，用药后 24 小时灌水，保水 2～3 厘米 5～7 天。每个作物周期使用 1 次。
高粱田	25％二氯喹啉酸可分散油悬浮剂 100～150 毫升/亩喷雾处理。高粱 3～5 叶期、一年生禾本科杂草 3～5 叶期，兑水茎叶喷雾施用。每个作物周期使用 1 次。

4. 注意事项

（1）避免在水稻播种早期胚根或根系暴露在外时使用，水稻 2.5 叶期前勿用。

（2）高温干旱时用药易产生药害，推荐傍晚时用药。

（3）不宜与杀虫剂、杀菌剂和植物生长调节剂混用。

（4）为避免二氯喹啉酸残留药害，下茬不宜种植茄科、伞形花科、藜科、锦葵科、葫芦科、豆科、菊科、旋花科作物，药后 8 个月避免种棉花、大豆等作物。

（5）茄科、伞形花科、藜科、锦葵科、葫芦科、豆科、菊科、旋花科等作物对二氯喹啉酸敏感，施药时注意避开。

（6）生态毒性：鸟类低毒，鱼类低毒，大型溞低毒，蜜蜂低毒，家蚕低毒。

灭 草 松

Bentazone

1. 作用特点

别名苯达松、排草丹，苯并噻二嗪酮类光合系统 IIB 位点抑制剂，触杀型低毒除草剂，轻微内吸。通过叶片接触而起作用。旱田使用，先通过叶面渗透传导到叶绿体内抑制光合作用。水田使用，既能通过叶面渗透又能通过根部吸收，传导到茎、叶，可强烈抑制杂草光合作用和水分代谢而致死。对禾本科杂草无效。

2. 主要产品

【单剂】

灭草松：水剂：25％、48％、56％、480 克/升；可溶液剂：48％；可溶粉剂：80％。

灭草松钠盐：可溶液剂：48％。

【混剂】

精喹·灭草松：精喹禾灵＋灭草松，30％乳油，大豆田和马铃薯田登记使用。

噁唑·灭草松：噁唑酰草胺＋灭草松，20％、24％微乳剂，登记在水稻田使用。

氰氟·肟·灭松：氰氟草酯＋嘧啶肟草醚＋灭草松，28％可分散油悬浮剂，登记在水稻田使用。

五氟·灭草松：五氟磺草胺＋灭草松，26％可分散油悬浮剂，登记在水稻田使用。

双醚·灭草松：双草醚＋灭草松，41％可湿性粉剂，登记在水稻田使用。

唑草·灭草松：唑草酮＋灭草松，40％水分散粒剂，登记在水稻田使用。

2 甲·灭草松：2 甲 4 氯＋灭草松，38％、46％可溶液剂，22％、25％、26％、37.5％、38％、44％、46％、48％、50％水剂，登记在水稻田使用。

二氯·灭松：二氯喹啉酸＋灭草松，60％水分散粒剂，登记在水稻、高粱田使用。

氟胺·灭草松：氟磺胺草醚＋灭草松，30％、40％、44.7％、50％水剂，55％可溶液剂，82％可溶粉剂，登记在大豆田使用。

氟醚·灭草松：三氟羧草醚＋灭草松，40％、44％、47％水剂，44％可溶液剂，登记在大豆田使用。

灭·喹·氟磺胺：灭草松＋精喹禾灵＋氟磺胺草醚，25％、38％、42％微乳剂，24％乳油，登记在大豆田使用。

氟·咪·灭草松：氟磺胺草醚＋咪唑乙烟酸＋灭草松，32％水剂，登记在大豆田使用。

烟·莠·灭草松：烟嘧磺隆＋莠去津＋灭草松，33％可分散油悬浮剂，登记在玉米田使用。

3. 应用

【适用作物】水稻、小麦、玉米、大豆、花生、马铃薯等。

【防治对象】阔叶杂草和莎草。

【使用方法】茎叶喷雾。

水稻移栽田	480 克/升灭草松水剂 150～200 毫升/亩喷雾处理。水稻移栽后 20～30 天，阔叶杂草 3～5 叶期，兑水茎叶喷雾施用。施药前应将田水排干，使杂草全部露出水面，然后喷药于杂草茎、叶上，用药后 1～2 天再灌水入田，恢复正常管理。每个作物周期使用 1 次。

水稻直播田	480 克/升灭草松水剂 150～200 毫升/亩喷雾处理。阔叶杂草和莎草 2～4 叶期，兑水茎叶喷雾施用。施药前应将田水排干，使杂草全部露出水面，然后喷药于杂草茎、叶上，用药后 1～2 天再灌水入田，恢复正常管理。每个作物周期使用 1 次。
小麦田	25％灭草松水剂 200 毫升/亩喷雾处理。杂草 2～4 叶期，兑水茎叶喷雾施用。每个作物周期使用 1 次。
大豆田	48％灭草松水剂 150～200 毫升/亩喷雾处理。大豆 1～3 片复叶，杂草出齐后 2～5 叶期，兑水茎叶喷雾施用。每个作物周期使用 1 次。
花生田	480 克/升灭草松水剂 150～200 毫升/亩喷雾处理。杂草出齐后 2～5 叶期，兑水茎叶喷雾施用。每个作物周期使用 1 次。
马铃薯田	480 克/升灭草松水剂 150～200 毫升/亩喷雾处理。在马铃薯 5～10 厘米高，杂草 2～5 叶期，兑水茎叶喷雾施用。每个作物周期使用 1 次。
玉米田	48％灭草松水剂 150～200 毫升/亩喷雾处理。玉米 3～5 叶期、杂草 2～5 叶期，兑水茎叶喷雾施用，高温干旱、低温、玉米生长弱小时慎用。每个作物周期使用 1 次。

4. 注意事项

（1）主要通过杂草绿色部分吸收，喷药时必须充分覆盖杂草的茎、叶。

（2）用药的最佳温度为 15～27 ℃，最佳湿度为≥65％。在高温天活性高，除草效果好。反之，阴天和低温时效果较差，施药后 8 小时内降雨可能影响药效。

（3）不能与强酸、强碱性物质混合使用。在极其干旱或水涝的田间不能使用，以防药害。

（4）对棉花、蔬菜等阔叶作物较为敏感，施药时注意避开。避免在直播水稻 4 叶期前施用。

（5）生态毒性：鸟类低毒，鱼类低毒，大型溞低毒，绿藻低毒，蜜蜂低毒，蚯蚓低毒，家蚕低毒。

（6）对眼睛和呼吸道有刺激性。若眼睛或皮肤接触，立即用清水冲洗至少 15 分钟；若不慎吸入，应移至空气流通处；如误服，需饮入食盐水冲洗肠胃，使之呕吐，避免服用含脂肪的物质（如牛奶、蓖麻油等）或酒等，可使用活性炭，严重时送医院对症治疗。

噁嗪草酮

Oxaziclomefone

1. 作用特点

有机杂环类内吸传导型低毒除草剂。作用机理不明，以抑制细胞分裂为主。主要由杂草的根部和茎、叶基部吸收，杂草接触药剂后茎叶部失绿、停止生长，直至枯死。有效成分使用量低、适宜施药期长、持效期长，对水稻安全性较高。

2. 主要产品

【单剂】悬浮剂：1%、10%、30%；大粒剂：2%；可分散油悬浮剂：15%、20%。

【混剂】

噁嗪草·五氟磺：噁嗪草酮＋五氟磺草胺，6%可分散油悬浮剂。

丙噁酮·丁草胺·噁嗪酮：丙炔噁草酮＋丁草胺＋噁嗪草酮，37%可分散油悬浮剂。

3. 应用

【适用作物】水稻。

【防治对象】稗草、沟繁缕、千金子、异型莎草、陌上菜等。对鳢肠、野慈姑、鸭舌草等阔叶杂草防治较差。

【使用方法】瓶甩、茎叶喷雾。

水稻移栽田	1%噁嗪草酮悬浮剂267～333毫升/亩瓶甩或喷雾处理。水稻移栽后5～7天兑水茎叶喷雾施用，施药时田间有水层3～5厘米，保水5～7天，此期间只能补水，不能排水，水深不能淹没水稻心叶。每个作物周期使用1次。
水稻直播田和秧田	水稻播种前1天或水稻1叶1心期兑水喷雾施用。施药后15天内保持田面湿润，不能有积水。水稻出苗后需灌水时，水深不能淹没水稻心叶。用量：1%噁嗪草酮悬浮剂水直播田267～333毫升/亩，秧田200～250毫升/亩。每个作物周期使用1次。

4. 注意事项

（1）需在稗草2叶期前喷雾。

（2）旱直播稻田不能使用。

（3）生态毒性：鸟类低毒，鱼类低毒，大型溞低毒，绿藻低毒，蜜蜂低毒，家蚕低毒，蚯蚓低毒。

麦 草 畏
Dicamba

1. 作用特点

安息香酸类苯甲酸类激素类内吸传导型低毒除草剂。能被杂草根、茎、叶吸收，集中在分生组织及代谢活动旺盛部位，阻碍植物激素的正常活动而使植物死亡。禾本科植物吸收药剂后能进行代谢分解使之失效，从而对其表现较强的抗药性。一般阔叶杂草在吸收药剂 24 小时内即出现畸形卷曲症状，15～20 天死亡。速度快，无残留，对后茬作物安全，对猪殃殃防效较好，缺点是适用期短，过量、低温对小麦有药害。

2. 主要产品

【单剂】

麦草畏：水剂：48％、480 克/升；水分散粒剂：70％；可溶液剂：48％；可溶粒剂：70％。

麦草畏二甲胺盐：水剂：48％。

麦草畏钠盐：可溶粒剂：70％。

【混剂】

麦畏·草甘膦：麦草畏＋草甘膦，33％、35％、38％、39％、40％、53％水剂，33％、35.8％、40％可溶液剂，64.5％、70％可溶粒剂，62％可湿性粉剂，70％可溶粉剂，登记在非耕地使用。

草铵膦·麦草畏：草铵膦＋麦草畏，33％可溶液剂，登记在非耕地使用。

烟嘧·麦草畏：烟嘧磺隆＋麦草畏，75％可溶粉剂，40％可湿性粉剂，登记在玉米田使用。

麦草畏·烟嘧隆·莠去津：麦草畏＋烟嘧磺隆＋莠去津，30％可分散油悬浮剂，登记在玉米田使用。

滴酸·麦草畏（滴胺·麦草畏）：2,4-滴＋麦草畏，40％、41％水剂，登记在小麦田使用。

2甲·麦草畏：2甲4氯＋麦草畏，30％水剂，登记在小麦田使用。

氯吡·麦·烟嘧：氯氟吡氧乙酸＋麦草畏＋烟嘧磺隆，24％可分散油悬浮剂，登记在玉米田使用。

麦·草·三氯吡：麦草畏＋草甘膦＋三氯吡氧乙酸，62％可湿性粉剂，登记在非耕地使用。

3. 应用

【适用作物】小麦、玉米、非耕地。

【防治对象】阔叶杂草，如播娘蒿、荠菜、藜、反枝苋、牛繁缕、大巢菜、鳢肠、荞麦蔓、薄蒴草、一年蓬、艾蒿、香薷、繁缕、田旋花、刺儿菜等，对苍耳、马齿苋、猪殃殃、米瓦罐、萹蓄也有一定的防效。

【使用方法】茎叶喷雾。

玉米田	480克/升麦草畏水剂30~50毫升/亩喷雾处理。玉米3~5叶期，一年生阔叶杂草2~5叶期，兑水茎叶喷雾施用。每个作物周期使用1次。
小麦田	480克/升麦草畏水剂20~27毫升/亩喷雾处理。春小麦3~5叶期、冬小麦返青后至拔节前，一年生阔叶杂草2~5叶期，兑水茎叶喷雾施用。每个作物周期使用1次。
非耕地	480克/升麦草畏水剂50~70毫升/亩喷雾处理。杂草生长旺盛期或生长初期，兑水茎叶喷雾施用。

4. 注意事项

（1）大风天或预计2小时内降雨勿施药。

（2）小麦2叶期之前、小麦越冬期及开始拔节之后勿使用。

（3）只适用于普通大田玉米品种，玉米新品种应先试验后使用。施用后个别玉米可能会出现匍匐、倾斜或弯曲现象，1周后可恢复，不影响生长和产量。

（4）不能与有机磷类农药混用，如使用有机磷类农药，间隔期须在7天以上。

（5）生态毒性：鸟类中等毒，鱼类低毒，大型溞低毒，绿藻低毒，蜜蜂低毒，蚯蚓低毒，家蚕低毒。

草 除 灵

Benazolin‑ethyl

1. 作用特点

噻唑羧酸类激素类内吸传导型低毒除草剂。可由杂草叶片或根吸收，并在体内传导，进入植物细胞后可能与细胞内的特异受体结合，进而引起植物偏上性反应，并能够根据浓度不同而抑制或促进植物生长，敏感植物受药后生长停滞，叶片僵绿、增厚反卷，新生叶扭曲，节间缩短，最后死亡。

2. 主要产品

【单剂】悬浮剂：30%、40%、52%；乳油：15%。

【混剂】

精喹·草除灵：精喹禾灵＋草除灵，14%、15%、17.5%、18%、20%乳油，38%悬浮剂。

氟吡·草除灵：高效氟吡甲禾灵＋草除灵，20%乳油。

烯酮·草除灵：烯草酮＋草除灵，12%乳油。

二吡·烯·草灵：二氯吡啶酸＋烯草酮＋草除灵，16%可分散油悬浮剂。

噁唑·草除灵：精噁唑禾草灵＋草除灵，18%乳油。

以上混剂登记在油菜田使用。

3. 应用

【适用作物】油菜。

【防治对象】阔叶杂草，如猪殃殃、牛繁缕、田芥菜、苋属、繁缕、雀舌草、荠菜、苍耳、大巢菜等，对鼠麴草、荞麦蔓、曼陀罗、地肤也有较好防效。对婆婆纳、稻槎菜、香薷、鼬瓣花防效差。

【使用方法】茎叶喷雾。

油菜田	50%草除灵悬浮剂 30～40 毫升/亩喷雾处理。直播油菜 6～8 叶期，移栽油菜返苗后至 2～3 个分枝，阔叶杂草 2～5 叶期，兑水茎叶喷雾施用。每个作物周期使用 1 次。

4. 注意事项

（1）冬前气温较高时或冬后气温回升油菜返青期作茎叶喷雾处理。

（2）大风天或预计 4 小时内降雨不可施药。

（3）直播油菜 2～3 叶期不宜使用。

（4）对白菜型油菜和芥菜型油菜敏感，禁止使用。

（5）对蜂类、鸟类均为低毒，对鱼类毒性较低，对蚕不安全。

植物生长调节剂

胺 鲜 酯
Diethyl aminoethyl hexanoate

1. 作用特点

胺鲜酯是一种低毒植物生长促进剂。可促进细胞分裂和伸长,加速生长点的生长、分化,促进种子发芽,促进分蘖和分枝;提高过氧化物酶及硝酸还原酶的活性,提高叶绿素、核酸的含量及光合速率,延缓植株衰老;提高氮、碳代谢能力,促进根系发育,促进茎、叶生长,花芽分化,提早现蕾开花,提高坐果率,促进作物成熟;激活优良基因,强化防御和抗逆机制,使作物在逆境中也能苗壮成长,大幅度提高产量,改善品质。

2. 主要产品

【单剂】可溶粉剂:8%;水剂:1.6%、2%、5%、8%;可溶液剂:1.6%、8%;可溶粒剂:10%。

【混剂】胺鲜·乙烯利、胺鲜·甲哌鎓、硝钠·胺鲜酯、赤霉·胺鲜酯、14-羟芸·胺鲜酯、24-表芸·胺鲜酯、胺鲜酯·苄氨基嘌呤。

3. 应用

【适用作物】玉米、棉花、番茄、白菜等。

【使用方法】喷雾。

玉米	2%胺鲜酯水剂20~30毫升/亩茎叶喷雾处理。在玉米拔节初期(玉米8~12叶期)施药,全株均匀喷雾。每季作物最多使用1次,增加玉米抗逆能力。
白菜	8%胺鲜酯水剂1 000~1 500倍液茎叶喷雾处理。在白菜移栽成活返青后进行第一次施药,10天后再喷施1次,共喷施两次,叶面(全株)均匀喷雾,可促进白菜生长,提高产量和不同程度改善品质。安全间隔期为10天,每季最多用药2次。

番茄	10%胺鲜酯可溶粒剂 5 000~6 000 倍液茎叶喷雾处理。在番茄苗期、花蕾期各施药 1 次，喷雾时应注意均匀、周到。具有延缓植物生长，增加植物抗逆性能，提高产量等效果。安全间隔期为收获期，每季最多用药 2 次。

4. 注意事项

（1）不能与强酸、强碱性农药及碱性化肥混用。喷药不能在强日光下进行。

（2）用量大时表现为抑制植物生长，故配制应准确，不可随意加大浓度。

（3）使用后的包装袋应妥善处理，不可随意丢弃、污染环境；水产养殖区、河塘等水体附近禁用；禁止将清洗施药器具的废水倒入河流、池塘等水源。

萘 乙 酸

1 – Naphthaleneacetic acid

1. 作用特点

萘乙酸是一种微毒植物生长促进剂，属于广谱性植物生长调节剂。具有内源生长素吲哚乙酸的作用特点和生理功能，如促进细胞分裂和扩大，诱导形成不定根，增加坐果，防止落果，改变雌雄花比率等。萘乙酸可经由叶片、树枝的嫩表皮、种子进入到植物体内，随营养流运输到起作用的部位。浓度低时刺激植物生长，浓度高时抑制植物生长。

2. 主要产品

【单剂】可溶粉剂：1%、40%；粉剂：20%；水剂：0.03%、0.1%、0.6%、1%、5%；可溶粒剂：10%；泡腾片剂：10%。

【混剂】氯胆·萘乙酸、萘乙·硝钠、萘乙·乙烯利、硝钠·萘乙酸、吲丁·萘乙酸、吲哚·萘乙酸、吲乙·萘乙酸。

3. 应用

【适用作物】水稻、小麦、棉花、葡萄、苹果、番茄等。

【使用方法】喷雾、浸插条等。

水稻	1%萘乙酸可溶粉剂 1 000~1 500 倍液喷施苗床。于稻苗 1 叶 1 心期或 3 叶期喷 1 次，喷雾均匀。可以调节水稻秧苗生长，使其快速生根，使根多根壮、茎叶茂盛，增强抗逆性，促进早熟，提高抗病能力。安全间隔期为 140~150 天。

小麦	1%萘乙酸水剂3 000～5 000倍液茎叶喷雾。在小麦扬花期前喷洒1次，扬花后（间隔30天）再喷1次。能调节生长，防倒伏，促进小麦的授粉、细胞分裂与扩大等，从而使穗粒数和千粒重均有不同程度的增加，有良好的增产作用。安全间隔期45天。
棉花	0.1%萘乙酸水剂750～1 000倍液喷雾。在棉花开花之前喷1次，结铃期喷2次，施药间隔期30天。具有保花、保铃、提高蕾铃率、促进果实肥厚、促进早熟增产等作用。每季最多使用3次。
葡萄	20%萘乙酸粉剂1 000～2 000倍液浸插条。在扦插前浸插条基部2厘米，浸2～3小时后扦插。可提高成活率。
苹果	20%萘乙酸粉剂8 000～10 000倍液喷雾。在苹果采收前40天左右喷第一次，间隔15天后再喷1次。可防止采前落果。安全间隔期为14天。
番茄	5%萘乙酸水剂4 000～5 000倍液喷雾。施药宜在番茄花完全开放时，用微型手动喷雾器喷花，或用毛笔蘸药液蘸花。可防止落花落果，提高坐果率，增大果实。

4. 注意事项

（1）禁止在河塘等水域内清洗施药器具或将清洗施药器具的废水倒入河流、池塘等水源。

（2）用过的容器应妥善处理，不可作他用，也不可随意丢弃。

（3）对蜂、鸟、鱼、蚕等低毒，在正常使用技术条件下，对其安全。

24-表芸苔素内酯

24-Epibrassinolide

1. 作用特点

24-表芸苔素内酯是一种微毒植物生长促进剂。具有使植物细胞分裂和延长的双重作用，促进作物根系发达，增强光合作用，提高叶绿素含量，促进作物对肥料的有效吸收，促进作物劣势部分良好生长。

2. 主要产品

【单剂】微囊悬浮剂：0.01%；可溶液剂：0.001 6%、0.004%、0.007 5%、0.01%；可溶粉剂：0.01%；水剂：0.01%；水分散粒剂：0.01%。

【混剂】24-表芸·嘌呤、24-表芸·赤霉酸、24-表芸苔素内酯·S-诱抗素、24-表芸·噻苯隆、24-表芸·甲哌鎓、24-表芸·氯化胆、24-表芸·三表芸、24-表芸·胺鲜酯、24-表芸·寡糖。

3. 应用

【适用作物】黄瓜、水稻、小白菜等。

【使用方法】喷雾。

黄瓜	在黄瓜生长苗期、盛花期和幼瓜期，使用0.01% 24-表芸苔素内酯可溶液剂2 000～3 300倍液喷雾施药各1次，共施药3次。每季最多使用3次。
水稻	在幼穗分化期到扬花期喷雾2次，使用0.01% 24-表芸苔素内酯可溶粉剂2 000～5 000倍液喷雾处理。
小白菜	在小白菜苗期，使用0.01% 24-表芸苔素内酯微囊悬浮剂1 500～2 500倍液喷雾处理，间隔1～2周再喷施1次，施药时注意均匀喷雾。安全间隔期为7天，每季最多施药2次。
花生	在花生苗期、花期、下针期，使用0.007 5% 24-表芸苔素内酯可溶液剂2 000～4 000倍液喷雾施药各1次，共施药3次。
小麦	在小麦分蘖期、拔节期、孕穗期，使用0.007 5% 24-表芸苔素内酯可溶液剂2 000～3 000倍液喷雾施药各1次，共施药3次。每季最多施用3次。
玉米	在玉米苗期、小喇叭口期、大喇叭口期，使用0.007 5% 24-表芸苔素内酯可溶液剂2 000～3 000倍液喷雾施药各1次，共施药3次。

4. 注意事项
（1）不能与碱性物质混用。
（2）禁止在河塘等水体内清洗施药器具，禁止在蚕室及桑园附近使用。
（3）用过的包装容器应妥善处理，不可作他用，也不可随意丢弃。

28-高芸苔素内酯
28 – Homobrassinolide

1. 作用特点
28-高芸苔素内酯属于甾醇类低毒植物生长调节剂。具有使植物细胞分裂和延长的双重作用，可促进根系发达，增强光合作用，提高作物叶绿素含量，促进作物对肥料的有效吸收，辅助作物劣势部分的良好生长。

2. 主要产品
【单剂】可溶粉剂：0.000 2%；可溶液剂：0.004%、0.01%；乳油：0.01%。
【混剂】28-高芸·寡糖、噻苯隆·28-高芸苔素内酯、28-高芸·氯化胆、28-高芸·吲哚乙、28-高芸·赤霉酸。

3. 应用
【适用作物】小麦、烟草、辣椒、黄瓜等。
【使用方法】喷雾。

小麦	于小麦孕穗期和灌浆期，使用 0.01%28 -高芸苔素内酯可溶液剂 1 300～4 000 倍液各喷雾处理 1 次。调节小麦生长。
烟草	烟草苗期、团棵期、旺长期，使用 0.01%28 -高芸苔素内酯可溶液剂 2 000～3 000 倍液各喷雾处理 1 次，共施药 3 次。调节烟草生长。
辣椒	辣椒苗期、旺长期、始花期或幼果期，使用 0.01%28 -高芸苔素内酯可溶液剂 2 000～4 000 倍液各喷雾处理 1 次，共施药 3 次。调节辣椒生长。
白菜	于白菜苗期、生长期，使用 0.004%28 -高芸苔素内酯可溶液剂 2 000～4 000 倍液各喷雾处理 1 次。
黄瓜	在黄瓜初花期、幼果期，使用 0.01%28 -高芸苔素内酯可溶液剂 2 000～3 000 倍液各喷雾处理 1 次。

4. 注意事项

（1）避免与氧化剂接触。

（2）施药期间应密切关注对附近蜂群的影响，周围开花植物花期禁用，蚕室和桑园附近禁用。远离水产养殖区施药，禁止在河塘等水域清洗施药器具，天敌放飞区域禁用。

14 -羟基芸苔素甾醇

14 - Hydroxylated brassinosteroid

1. 作用特点

14 -羟基芸苔素甾醇是一种低毒植物生长促进剂。可促进植物细胞的伸长和分裂，调节叶片形状，改变细胞膜电位和酶活性，增强光合作用，促进 DNA、RNA 和蛋白质的生物合成，提高植物对环境胁迫的耐受力等。

2. 主要产品

【单剂】水剂：0.004%、0.007 5%、0.01%；可溶液剂：0.01%；可溶粉剂：0.01%。

【混剂】14 -羟芸·噻苯隆、14 -羟芸·烯效唑、14 -羟芸·胺鲜酯、14 -羟芸·赤·吲乙、吲丁·14 -羟芸。

3. 应用

【适用作物】水稻、小麦、黄瓜、小白菜、柑橘、葡萄等。

【使用方法】喷雾。

水稻	0.01%14 -羟基芸苔素甾醇水剂 3 000～4 000 倍液喷雾处理。于水稻孕穗期、齐穗期各施药 1 次。

小麦	0.01％14-羟基芸苔素甾醇水剂 1 500～2 000 倍液喷雾处理。于小麦分蘖期、孕穗期、灌浆期各施药 1 次。
黄瓜	0.01％14-羟基芸苔素甾醇可溶液剂 2 000～3 300 倍液喷雾处理。于黄瓜苗期、花期各施药 1 次，每季作物最多使用 2 次。
小白菜	0.007 5％ 14-羟基芸苔素甾醇可溶液剂 1 500～3 000 倍液喷雾处理。在小白菜苗期和莲座期各施药 1 次。
柑橘	0.01％14-羟基芸苔素甾醇水剂 2 000～3 000 倍液喷雾处理。于柑橘初花期、幼果期、果实膨大期各施药 1 次。
葡萄	0.01％14-羟基芸苔素甾醇可溶液剂 2 500～5 000 倍液喷雾处理。于葡萄花蕾期、幼果期和果实膨大期各施药 1 次，喷施时避开花粉期。

4. 注意事项

（1）不可和碱性物质（波尔多液、石硫合剂等）混用。

（2）远离水产养殖区施药，禁止在河塘等水体中清洗施药器具。清洗施药器械等的污水不可污染地下水源、水田、湖泊、河流、池塘等水域，避免对环境中其他生物造成危害。

（3）对家蚕高毒，蚕室和桑园附近禁用，远离家蚕养殖区施药。

丙酰芸苔素内酯

Epocholeone

1. 作用特点

丙酰芸苔素内酯是一种低毒植物生长促进剂。可促进植物三羧酸循环，提高蛋白质合成能力。具有促进细胞生长和分裂，促进花芽分化，提高光合效率，改善作物品质，提高作物对低温、干旱、药害、病害及盐碱的抵抗力等作用。

2. 主要产品

【单剂】可溶液剂：0.003％、0.004％；水剂：0.003％。

【混剂】无。

3. 应用

【适用作物】黄瓜、葡萄、辣椒、柑橘、小麦、水稻等。

【使用方法】喷雾。

葡萄	0.003％丙酰芸苔素内酯水剂 3 000～5 000 倍液喷雾处理。于葡萄开花前 1 周、开花后 2 周，各施药 1 次。
黄瓜	0.003％丙酰芸苔素内酯水剂 3 000～5 000 倍液喷雾处理。于黄瓜开花前 1 周、开花后 2 周，各施药 1 次。

柑橘	0.003%丙酰芸苔素内酯水剂 2 000～3 000 倍液喷雾处理。于柑橘谢花 2/3 时使用 1 次，隔 2 周后再施药 1 次。
辣椒	0.003%丙酰芸苔素内酯水剂 2 000～3 000 倍液喷雾处理。于辣椒现蕾期开始使用，隔 1～2 周后进行第 2 次施药。
水稻	0.003%丙酰芸苔素内酯水剂 2 000～3 000 倍液喷雾处理。于水稻孕穗至破口期使用 1 次，间隔 10 天后进行第 2 次施药。
小麦	0.003%丙酰芸苔素内酯水剂 2 000～3 000 倍液喷雾处理。于小麦拔节返青期使用 1 次，间隔 7～10 天后再施药，每季施药 3 次。

4. 注意事项

（1）不可与碱性物质混用。

（2）现配现用，喷药 6 小时内遇雨需重喷。

（3）按照规定用量施药，严禁随意加大用量。

氯 吡 脲

Forchlorfenuron

1. 作用特点

氯吡脲是一种低毒植物生长促进剂。可经由植物的根、茎、叶、花、果吸收，然后运输到起作用的部位。促进细胞分裂，增加细胞数量，增大果实；促进组织分化和发育；打破侧芽休眠，促进萌发；延缓衰老，调节营养物质分配；提高花粉可孕性，诱导部分果树单性结实，促进坐果、改善果实品质。

2. 主要产品

【单剂】可溶液剂：0.1%、0.8%；可溶粉剂：0.1%。

【混剂】赤霉·氯吡脲。

3. 应用

【适用作物】黄瓜、甜瓜、西瓜、葡萄、脐橙、荔枝、猕猴桃、枇杷。

【使用方法】浸幼果、涂果柄、喷雾等。

黄瓜	0.1%氯吡脲可溶液剂 50～100 倍液浸瓜胎。于黄瓜雌花开花当天或花期 1～3 天浸瓜胎，每季只使用 1 次，安全间隔期 5 天。具有促进细胞分裂、分化和扩大的作用，能克服低温阴雨引起的坐瓜难和化瓜问题，可以提高坐瓜率，增大果实，改善果形。
甜瓜	0.1%氯吡脲可溶液剂 100～200 倍液浸或喷瓜胎。在雌花开放当天或前 1～2 天，均匀喷雾或浸瓜胎 1 次，每季只使用 1 次。薄皮瓜、易裂瓜、31 ℃以上高温禁用。

西瓜	0.1%氯吡脲可溶液剂 30～40 倍液浸或喷瓜胎。在雌花开放当天或前 1～2 天，均匀喷雾或浸瓜胎 1 次，每季只使用 1 次。薄皮瓜、易裂瓜、31 ℃以上高温禁用。可提高坐瓜率、含糖量。
葡萄	0.1%氯吡脲可溶液剂 50～100 倍液浸果穗。于谢花后 10～15 天左右浸幼果穗，每季只使用 1 次，安全间隔期 38 天。可以提高坐果率，增大果实，改善果形。
脐橙	0.1%氯吡脲可溶液剂 60～100 倍液涂抹幼果果柄蜜盘。在果实膨大期使用 1 次，每季只使用 1 次。具有保花保果、加速幼果生长发育、膨大果实、增加产量等作用。
荔枝	0.1%氯吡脲可溶液剂 1 500～2 500 倍液喷雾。谢花后第一次生理落果前和第二次生理落果前各喷雾施药 1 次，重点喷施幼果，在荔枝上最多用药 2 次，安全间隔期 25 天。具有保花保果、加速幼果生长发育、膨大果实、增加产量等作用。
猕猴桃	0.1%氯吡脲可溶液剂 50～200 倍液浸幼果。在谢花后 20～25 天，浸幼果 1 次，每季只使用 1 次。可使果实膨大，单果增重，不影响果实品质。
枇杷	0.1%氯吡脲可溶液剂 50～100 倍液浸幼果。于幼果 1～1.5 厘米时浸果 1 次，1 个月后可以再浸 1 次。具有保花保果、加速幼果生长发育、膨大果实、增加产量等作用。

4. 注意事项

（1）施药时应均匀、周到，不宜重复用药。若不按照推荐使用技术和使用方法施用，均可能会对作物造成药害。

（2）用药最适浓度因品种、气温、栽培管理措施而异，凡未用过此药的作物品种和地区，应先试后用，切忌滥用。初次使用宜先从低浓度用起，浓度过高可引起果实空心、畸形，僵果等不良现象。

（3）使用后能使发育不良的小瓜果、授粉不良的畸形果保留，应及时疏除，保留适当的坐瓜、载果量。

（4）不具备营养功能，主要靠调节养分分配及流向起作用，应结合科学良好的肥水管理、合理负载，并做好园区通风、培养强壮的树势等配套管理，以利于发挥药效。

（5）应现配现用，久置药效降低。

（6）应在阴天或晴天早晚使用，严禁高温烈日用药，施后 6 小时内遇雨应补施。

（7）对蜜蜂和家蚕低毒，蚕室附近禁用，周围蜜源植物花期禁用。

（8）对鱼、溞等水生生物中毒，水产养殖区附近慎用，使用时应避免污染河流、湖泊、池塘等。

赤 霉 酸

Gibberellic acid（GA3）

1. 作用特点

赤霉酸是一种低毒植物生长促进剂。是促进植物生长发育重要的内源激素之一，其原药主要采用微生物发酵生产，作用广谱，是多效唑、矮壮素等生长抑制剂的拮抗剂。主要经叶片、嫩枝、花、种子或果实进入植株体内，然后传导到生长活跃的部位起作用。可促进细胞伸长，茎伸长，叶片扩大，单性结实，果实生长，打破种子休眠，改变雌雄花比率，影响开花时间，减少花、果的脱落。作用机理为促进 DNA 和 RNA 的合成，提高 DNA 模板活性，增加 DNA、RNA 聚合酶的活性和染色体酸性蛋白质，诱导 α-淀粉酶、脂肪合成酶、肮酶等酶的合成，增加或活化 β 淀粉酶、转化酶、异柠檬酸分解酶、苯丙氨酸脱氨酶的活性，抑制过氧化酶、吲哚乙酸氧化酶，增加自由生长素含量，延缓叶绿体分解，提高细胞膜透性，促进细胞生长和伸长，加快同化物和贮藏物的流动。可促进坐果或无籽果的形成，促进营养体生长，延缓衰老及保鲜，提高三系杂交水稻制种的结实率。

2. 主要产品

【单剂】可溶片剂：10%、15%、20%；乳油：3%、4%；可溶粒剂：20%、40%、75%、80%；结晶粉：75%、85%；水剂：2%、4%；膏剂：2.7%。

【混剂】赤霉·氯吡脲、苄氨·赤霉酸、赤霉·诱抗素、赤霉·噻苯隆、赤霉·胺鲜酯、赤4+7·赤霉酸、14-羟芸·赤霉酸、24-表芸·赤霉酸、赤·吲乙·芸苔、14-羟芸·赤·吲乙、28-表高芸·赤·吲乙。

3. 应用

【适用作物】水稻、马铃薯、棉花、甘蔗、烟草、菠菜、芹菜、青花菜、葡萄、菠萝、柑橘、梨、苹果、荔枝、龙眼、芒果、杨梅、枣、杨树、花卉、平菇、人参、蒜薹。

【使用方法】喷雾、浸果、浸果穗、涂抹果梗、注干等。

水稻	①3%赤霉酸乳油 1 333～2 000 倍液喷雾。于水稻抽穗扬花始期至高峰期喷1～3次为宜。可增加千粒重。②3%赤霉酸乳油 130～160 毫升/亩（第1次），260～320 毫升/亩（第2次），130～160 毫升/亩（第3次）。在制种水稻母本抽穗10%～30%时喷雾施药第1次，之后第2天喷施第2次，第3天喷施第3次。水稻制种应掌握制种技术，使父、母本花期相遇，适期喷药后才有显著效果，否则效果不佳，影响产量。可提高三系杂交水稻制种结实率。

马铃薯	3%赤霉酸乳油 40 000～80 000 倍液浸薯块 10～30 分钟。具有齐苗、增产作用。
棉花	3%赤霉酸乳油 2 000～4 000 倍液点喷、点涂或喷雾。在棉花盛花期全株均匀喷雾。可提高结铃率，增产。
甘蔗	3%赤霉酸乳油 1 500～2 000 倍液喷雾。在甘蔗分蘖末期至拔节期第 1 次施药，间隔 15 天再施药 1～2 次。可使甘蔗茎秆伸长。
烟草	2%赤霉酸水剂 5 000～10 000 倍液茎叶喷雾。适宜于 50%左右烟株第一朵花开放时、打顶后进行。可使烟叶长度和宽度有所增加，提高烟叶的可用性和产量。
菠菜	3%赤霉酸乳油 1 600～4 000 倍液叶面处理。于菠菜收获前 20 天左右喷第 1 次药，隔 5～7 天喷第 2 次药，最多喷施 2 次。可增加鲜重。
芹菜	3%赤霉酸乳油 400～2 000 倍液叶面处理。于芹菜采收前 15～20 天初次施药，间隔 5～7 天再施 1 次药，共喷雾 2 次。可促进芹菜生长，增加产量。
青花菜	4%赤霉酸可溶液剂 400～800 倍液喷雾。在青花菜花球形成初期，均匀喷雾。
葡萄	3%赤霉酸乳油 200～800 倍液浸果穗。谢花后 1 周左右施药，将幼果果穗浸入药液中湿透后取出，用药次数为 1 次，可使葡萄无核，能提高坐果率，促进果实生长发育。
菠萝	3%赤霉酸乳油 500～1 000 倍液喷花。在花开 2～3 成和谢花封顶时喷花两次。可使果实增大、增重。
柑橘	3%赤霉酸乳油 1 000～2 000 倍液喷雾处理。分别在柑橘树谢花后 5～7 天第 1 次喷雾处理，施药后间隔 10～15 天进行第 2 次施药，主要喷施幼果。能提高坐果率，促进果实生长发育，增大增重。
梨	2.7%赤霉酸膏剂 25～35 毫克/果涂幼果柄。于梨树盛花后 10～20 天，果径 10 毫米左右时涂抹。可促进细胞生长肥大，减少裂果，促进早熟，改善果实的外观质量。
苹果	2.7%赤霉酸膏剂 20～25 毫克/果涂果柄。于苹果树盛花后 25～30 天，果径 15 毫米左右时涂抹。可促进细胞生长肥大，减少裂果，促进早熟，改善果实的外观质量。
荔枝	40%赤霉酸可溶粉剂 10 000～13 333 倍液茎叶喷雾。于荔枝幼果期（果核开始变黑时）施第 1 次药，间隔 10 天左右再施药，共施药 2 次，喷雾至叶片将要滴水为宜。具有促进作物生长发育、提高果实结实率、提高产量、改善品质等作用。

龙眼	40%赤霉酸可溶粉剂 10 000～13 333 倍液茎叶喷雾。于龙眼幼果期（果核开始变黑时）施第 1 次药，间隔 10 天再施药，共施药 2 次，喷雾至叶片将要滴水为宜。具有促进作物生长发育、提高果实结实率、提高产量、改善品质等作用。
芒果	3%赤霉酸乳油 1 000～2 000 倍液喷花。于芒果谢花后果实绿豆般大、幼果红枣般大、果实膨大期各喷施 1 次。可促使植物生长发育，提高坐果率，增大果实，调节生长。
枣	15%赤霉酸可溶片剂 7 500～10 000 倍液喷雾。在枣树开花 30%时第 1 次施药，间隔 7～10 天再施药 1 次。
杨树	20%赤霉酸可溶粒剂 1.5～2 克/孔注射树干。在杨树雌株花芽分化前或分化初期使用（当年杨絮基本飞完时）。当年使用，防止第二年开花飞絮。
花卉	3%赤霉酸乳油 57 倍液涂抹花芽。可提前开花。
平菇	15%赤霉酸可溶片剂 3 250～10 000 倍液喷雾。在平菇幼蕾期，均匀喷雾施药 1 次，喷至料面湿润，幼蕾表面有一层薄雾滴。
人参	3%赤霉酸乳油 2 000 倍液播前浸种 15 分钟。可增加发芽率。
蒜薹	40%赤霉酸可溶粉剂 8 000～10 000 倍液蘸梢。选取采收时间、蒜薹品种一致、长势均匀、健康、无伤、无病害的蒜薹，浸蘸蒜薹薹梢 30 秒至 1 分钟后捞出，沥干表面水分，放置于低温（0 ℃）环境，待蒜薹降低至贮藏温度，表面没有肉眼可见的水分后，用 0.04 毫米聚乙烯袋密封包装。可保鲜。

4. 注意事项

（1）现配现用，稀释用水宜用冷水，不可用热水，水温超过 50 ℃会失去活性。贮存在低温干燥处。掌握好使用剂量、时间。

（2）施用时气温在 18 ℃以上为好。

（3）对蜜蜂、鱼类等水生生物、家蚕有毒，施药期间应避免对周围蜂群的影响，蜜源植物花期、蚕室和桑园附近禁用。

赤霉酸 A4＋A7

Gibberellic acid A4＋A7

1. 作用特点

赤霉酸 A4＋A7 是一种低毒植物生长促进剂。是促进植物生长发育重要的内源激素之一。可促进坐果率或无核果实形成；改变雌雄花比例，影响开花时间；促进叶菜类蔬菜营养体生长；打破植物种子的休眠，促进种子发育。可经茎、叶、花、果实吸收，有良好的传导性。其生理作用与赤霉酸 A3 相仿，有些尚不明确。赤霉酸 A4 可促进植物的茎薹伸长，打破种子休眠，诱导某些作物的雄蕊增加，促进坐果和禾本科作物的结实率等。赤霉酸 A7 在诱导开花、坐果上比赤霉酸 A4 活性更高。

2. 主要产品

【单剂】脂膏/膏剂：2％；水分散粒剂：2％、10％；可溶粉剂：10％。

【混剂】苄氨·赤霉酸、28-高芸·赤霉酸、赤 A4＋A7·噻苯隆、24-表芸·赤霉酸。

3. 应用

【适用作物】黄瓜、梨、苹果。

【使用方法】喷雾、涂抹果梗。

黄瓜	3.6％苄氨·赤霉酸 A4＋A7（1.8％＋1.8％）可溶液剂 800～1 200 倍液喷雾。于黄瓜盛花期和谢花后幼果期各喷雾 1 次，施药时应注意喷雾均匀、周到。
梨	2％赤霉酸 A4＋A7 膏剂 20～25 毫克/果（约绿豆大小）涂抹果梗。于梨树落花后 20～40 天用指尖涂抹于果梗部，药剂不可触及果面，以免影响果形。每季果实只能涂抹 1 次。不同梨品种的耐药性不同，应先做少量试验，确认无药害发生再行使用。可用于调节梨树生长，涂抹能促进梨果实的生长，使果实膨大、增产，促进果实早熟和提早采收。
苹果	10％赤霉酸 A4＋A7 可溶粉剂 4 000～5 000 倍液喷雾处理。在苹果树幼果期、果实膨大期喷雾施药各 1 次，全株喷雾均匀、周到。可促进细胞伸长，增加苹果高桩率，提高果形指数，增加大型果比例。

4. 注意事项

（1）涂抹或滴落至果面会产生果锈，勿使药剂接触果面。

（2）当遇到 30 ℃以上晴朗高温天气时，有可能会烧伤果梗产生药害，应避开高温时使用。

（3）禁止在河塘等水体中清洗施药器具。废弃物应妥善处理，不可做他用，也不可随意丢弃。

噻 苯 隆

Thidiazuron

1. 作用特点

噻苯隆是一种脲类低毒植物生长促进剂。可促进细胞分裂，加速光合产物向果实高效转运。用于提高坐果率，促进瓜果快速生长，加快瓜果膨大，可促使叶柄与茎之间的分离组织自然形成而落叶。

2. 主要产品

【单剂】可湿性粉剂：0.5%、50%、80%；悬浮剂：50%；可溶液剂：0.1%、0.2%、0.5%；水分散粒剂：70%、80%；可分散油悬浮剂：30%。

【混剂】噻苯·敌草隆、24-表芸·噻苯隆、赤霉·噻苯隆、14-羟芸·噻苯隆、噻苯隆·28-高芸苔素内酯、赤 A4＋A7·噻苯隆。

3. 应用

【适用作物】棉花、水稻、小麦、玉米、番茄、黄瓜、甜瓜、辣椒、马铃薯、烟草、枣、葡萄、金橘、香蕉、樱桃、芒果、草莓、猕猴桃、苹果。

【使用方法】喷雾、浸瓜胎。

棉花	50%噻苯隆可湿性粉剂 30～40 克/亩茎叶喷雾。于棉花自然吐絮率达到 70%左右时，每亩兑水 30～40 千克全田茎叶喷雾处理，药后 10 天开始落叶，吐絮增加，15 天达到高峰。在温度较高，天气状况好的年份用低剂量；在温度低，阴雨天气较多的年份用高剂量。施药时应对棉花植株各部位的叶片均匀喷雾，使植株叶片充分触药，施药时期不宜早于棉桃开裂率低于 60%时，以免影响产量和质量。每季最多使用 1 次。药剂被棉花吸收后，可促使叶柄与茎之间的分离组织自然形成而落叶，有利于机械收棉花并可使棉花收获提前 10 天左右。
水稻	0.1%噻苯隆可溶液剂 30～60 毫升/亩茎叶喷雾处理。于水稻分蘖期和孕穗抽穗期各施药 1 次。
小麦	0.1%噻苯隆可溶液剂 40～80 毫升/亩茎叶喷雾处理。于小麦分蘖期和孕穗抽穗期各施药 1 次。
玉米	0.1%噻苯隆可溶液剂 30～60 毫升/亩茎叶喷雾处理。于玉米喇叭口期（8～10 叶期）施药 1 次。
番茄	0.5%噻苯隆可溶液剂 2 500～4 000 倍液茎叶喷雾处理。于番茄开花期和第一穗果膨果期各施药 1 次，注意喷雾均匀。安全间隔期为 21 天。
黄瓜	0.1%噻苯隆可溶液剂 200～250 倍液浸瓜胎处理。于开花前 1 天或当天浸瓜胎 1 次。每季最多使用 1 次。
甜瓜	0.1%噻苯隆可溶液剂 167～250 倍液浸瓜胎处理。于开花前 1 天或当天浸瓜胎 1 次。每季最多使用 1 次。
辣椒	0.2%噻苯隆可溶液剂 15～25 毫升/亩喷雾处理。于辣椒开花前和谢花后幼果期各施药 1 次。
马铃薯	0.2%噻苯隆可溶液剂 1 000～1 600 倍液喷雾处理。于马铃薯开花前、后各施药 1 次，施药间隔 15 天。
烟草	0.2%噻苯隆可溶液剂 20～25 毫升/亩喷雾处理。于烟草团棵期和旺长期各施药 1 次。

枣	0.1%噻苯隆可溶液剂 1 000 倍液茎叶喷雾处理。在枣树坐果后，幼果期喷施 1 次，施药方法为全株喷雾。
金橘	0.5%噻苯隆可溶液剂 1 700～2 500 倍液茎叶喷雾处理。于金橘第一批花谢花后及果实膨大期各施药 1 次，共施药 2 次，注意喷雾均匀。安全间隔期为 21 天。
葡萄	0.1%噻苯隆可溶液剂 167～500 倍液茎叶喷雾处理。于葡萄花期和果穗期各施药 1 次。安全间隔期 30 天，每季最多施药 2 次。
香蕉	0.2%噻苯隆可溶液剂 500～1 000 倍液喷雾处理。于香蕉花蕾期和幼果期各施药 1 次。
樱桃	0.2%噻苯隆可溶液剂 1 500～2 000 倍液喷雾处理。于樱桃初花期（20%）和谢花后（脱裤期）各施药 1 次。
芒果	0.2%噻苯隆可溶液剂 600～1 200 倍液喷雾处理。于芒果初花期和谢花稳果后各施药 1 次。
草莓	0.2%噻苯隆可溶液剂 15～25 毫升/亩喷雾处理。于草莓开花后 5 天左右茎叶喷雾，并于第 1 次施药后 15 天再喷雾 1 次。
猕猴桃	0.2%噻苯隆可溶液剂 800～1 000 倍液喷雾处理。于猕猴桃谢花后果实膨大期施药，共施药 2 次，施药间隔期 15 天。
苹果	0.1%噻苯隆可溶液剂 500～1 000 倍液茎叶喷雾处理。在苹果树中心开花 70%～90%时，喷花 1 次。具有促进幼果生长发育、膨大果实、增加产量等作用。

4. 注意事项

（1）不同品种和栽培环境对噻苯隆敏感程度不一致，使用时应根据品种、温度、植株长势、肥水管理等情况调整最适浓度和使用方法。

（2）对溞类等水生生物高毒，不得污染各类水域，禁止在河塘等水体中清洗施药用具。赤眼蜂等天敌放飞区域禁用。

（3）避免在桑蚕区施用。

（4）用过的容器应妥善处理，不可随意丢弃，不能作他用。

苄氨基嘌呤

6–Benzylaminopurine

1. 作用特点

苄氨基嘌呤是一种低毒植物生长促进剂，为带嘌呤环的合成细胞分裂素类植物生长调节剂。具有较高的细胞分裂素活性，主要促进细胞分裂、增大和伸长，可抑制植物叶绿素的降解，提高氨基酸的含量，延缓叶片衰老等，可用于发绿豆芽和黄豆芽，诱导芽的分化，促进侧芽生长，促进细胞分裂，具有抑制衰老、保绿作用。还可提高坐果率，形成无核果实。

2. 主要产品

【单剂】可溶液剂：1%、2%、5%；可溶粉剂：1%；水剂：5%；水分散粒剂：20%、70%；悬浮剂：20%、30%。

【混剂】苄氨·乙烯利、24-表芸·嘌呤、苄氨·赤霉酸、苄氨基嘌呤·氯化胆碱、苄氨·烷醇、苄氨·三十烷、胺鲜酯·苄氨基嘌呤。

3. 应用

【适用作物】白菜、芹菜、枣、柑橘、杨梅、樱桃、葡萄、月季等。

【使用方法】喷雾。

白菜	1%苄氨基嘌呤可溶粉剂250～500倍液喷雾处理。于白菜苗期、团棵期、莲座期、兑水叶面喷雾施药各1次，间隔期10～15天。
芹菜	30%苄氨基嘌呤悬浮剂4 000～6 000倍液喷雾处理。于芹菜移栽或定植后7天喷雾使用，间隔15～20天再喷1次，每季最多2次。
枣	1%苄氨基嘌呤可溶粉剂250～500倍液喷雾处理。在枣树谢花后，幼果花生米大小时喷雾1次。
葡萄	20%苄氨基嘌呤悬浮剂5 000～7 000倍液喷雾处理。于葡萄谢花后5～7天施药1次，每季最多使用1次。
柑橘	2%苄氨基嘌呤可溶液剂400～600倍液喷雾处理。于柑橘谢花后5～7天施第1次药，间隔15天左右施第2次药，全株喷雾，主要喷幼果。弱树不宜使用。安全间隔期为45天，每季最多施药2次。
杨梅	2%苄氨基嘌呤可溶液剂700～1 000倍液全株喷雾处理。于杨梅谢花期及幼果期各喷雾1次，每次间隔10～15天。
樱桃	2%苄氨基嘌呤可溶液剂500～800倍液喷雾处理。于樱桃盛花末期（轻抖枝条有个别花瓣掉落）时第1次用药，间隔7～12天第2次用药，再间隔7～8天第3次用药，全株喷雾，重点喷花果。
月季	2%苄氨基嘌呤可溶液剂600～800倍液全株喷雾处理。于月季修剪后全株喷雾1～2次。可促进侧芽萌发，促进分枝，增加月季成品枝数。

4. 注意事项

（1）用清洁水配制，不与强酸性药、肥混用。

（2）无使用经验或新作物、新品种应先试验成功后再扩大使用。

（3）不具备营养功能，主要靠调节养分分配及流向起作用，应结合科学良好的肥水管理、合理负载，并做好园区通风、培养强壮的树势等配套管理，以利于发挥药效。

（4）选阴天或晴天早晚喷施，喷后6小时内遇雨应补喷。高温、干旱期使用，应适当增加兑水量。

（5）蚕室附近禁用，桑园附近使用时以最外围一行桑树作为隔离带，从次外围桑树上开始采摘桑叶饲喂家蚕。

矮 壮 素
Chlormequat

1. 作用特点

矮壮素是一种中毒植物生长延缓剂。可由植株的叶、嫩枝、芽、根系和种子吸收，然后转移到起作用的部位，主要作用是抑制赤霉酸的生物合成。其作用机理是抑制玷巴焦磷酸生成贝壳杉烯，致使内源赤霉酸的生物合成受到阻抑，为赤霉素的拮抗剂。生理作用是控制植株徒长，使节间缩短，植株长得矮、壮、粗，根系发达，抗倒伏；使叶色加深，叶片增厚，叶绿素含量增多，光合作用增强，促进生殖生长，从而提高坐果率；改善某些作物果实、种子的品质，提高产量；提高某些作物的抗旱、抗倒伏、抗盐、抗寒及抗病虫害能力。

2. 主要产品

【单剂】水剂：50%；可溶粉剂：80%。

【混剂】矮壮·多效唑、矮壮·甲哌鎓。

3. 应用

【适用作物】小麦、玉米、棉花、番茄等。

【使用方法】茎叶喷雾、拌种。

小麦	①50%矮壮素水剂稀释成 3%～5%的药液拌种。浇在种子上，浇透拌匀，晾干即可播种。可培育壮苗，防止倒伏。②50%矮壮素水剂 100～400 倍液喷雾处理。于冬小麦返青拔节前或春小麦开始拔节前喷施，旺长田可间隔 20 天再喷一次。可抑制植株徒长，防止倒伏，提高产量。
玉米	50%矮壮素水剂稀释成 0.5%的药液浸种 0.5～1 小时，阴干后播种。可使植株矮化，结穗位低，无秃尖，穗大粒满，增产。
棉花	①50%矮壮素水剂稀释成 0.3%～0.5%的药液浸种。浸种 4～6 小时后捞出，再按常规方法处理后播种。可使植株紧凑。②50%矮壮素水剂 8 000～10 000 倍液喷雾。在有徒长现象或密度较高的棉田，分 2 次喷洒。第 1 次在盛蕾至初花期，有 6～7 个果枝时，着重喷洒顶部，每亩喷稀释药液 25～30 千克；第 2 次在盛花着铃、棉株开始封垄时，着重喷洒果实外围。可减轻荫蔽度，改善通风透光条件，多产伏桃、秋桃。前期无徒长现象的棉田，蕾期不可喷药，只在封垄前施药 1 次，可起到化学整枝的作用。
番茄	50%矮壮素水剂 750～1 000 倍液喷雾处理。于番茄开花前喷雾处理，促进坐果、增加产量。

4. 注意事项

喷施矮壮素的田块要加强田间管理，做好肥水调节，施药后棉花叶色深绿，但仍应适当追肥以免植株早衰。水肥条件好，群体有徒长趋势时使用效果好，长势不旺地块不能使用。

多 效 唑

Paclobutrazol

1. 作用特点

多效唑是一种低毒植物生长延缓剂，为三唑类广谱性植物生长调节剂。可由植物的根、茎、叶吸收，然后经木质部传导到幼嫩的分生组织部位，抑制赤霉酸的生物合成。具体作用部位：一是阻抑贝壳杉烯形成贝壳杉烯-19-醇；二是阻抑贝壳杉烯-19-醇形成贝壳杉烯-19-醛；三是阻抑贝壳杉烯-19-醛形成贝壳杉烯-19-酸。作用机理是抑制这3个部位酶促反应中酶的活性。具有矮化植株、促进花芽形成、增加分蘖、保花保果、促进根系发达、增加植株抗逆性、提高产量的作用。

2. 主要产品

【单剂】可湿性粉剂：10%、15%；悬浮剂：15%、25%、30%；乳油：5%。

【混剂】28-表芸·多效唑、矮壮·多效唑、多唑·甲哌鎓。

3. 应用

【适用作物】水稻、小麦、花生、油菜、荔枝、龙眼、芒果、苹果。

【使用方法】喷雾、沟施。

水稻	①15%多效唑可湿性粉剂500～750倍液茎叶喷雾。在秧苗1叶1心期施药，均匀茎叶喷雾，最多使用1次，施药的田块，收获后应耕翻，否则会影响后茬作物的生长。②5%多效唑乳油400～500倍液喷雾。于水稻移栽后7～10天内喷雾施药，水稻收获后必须翻耕，以防对后茬作物有抑制作用。
小麦	25%多效唑悬浮剂1 667～2 500倍液茎叶喷雾。于小麦拔节初期使用，每季最多使用1次。对小麦有较好的调节生长、增产作用。
花生	15%多效唑可湿性粉剂30～50克/亩茎叶喷雾处理。于花生盛花期至结荚期，茎叶喷雾，每季最多使用1次。
油菜	15%多效唑可湿性粉剂750～1 000倍液茎叶喷雾。于油菜3叶期和抽薹期时（叶薹伸长10厘米以内），各喷施1次。多效唑用量过高，油菜植株抑制过度时，可增施氮肥缓解症状。

荔枝	10％多效唑可湿性粉剂 250～500 倍液茎叶喷雾处理。于秋梢老熟冬梢未抽时施药 1 次，喷雾至荔枝秋梢枝叶滴药为宜。喷药后 15 天结合环割荔枝树主茎控梢促花效果更好，环割时深度应控制在树皮与韧皮部之间，不要损害木质部，预计 1 小时内有雨或大风天气不可施药。具有控梢促花、提高坐果率、改善品质的作用。
龙眼	10％多效唑可湿性粉剂 250～500 倍液茎叶喷雾处理。适用于营养生长过旺的幼年和成年树，在秋梢老熟后喷施第 1 次，20 天后再喷施 1 次，喷雾均匀。具有控梢促花、提高坐果率、改善品质的作用。
芒果	20％多效唑悬浮剂 6～12 克/株浇灌处理。于秋梢生长后期，在芒果树冠滴水线内开挖深度与宽度均为 15 厘米左右的环沟，兑水后施于环沟内，施后盖土，每季最多使用 1 次，幼龄树（小于 3 年）和衰老树不可施。具有控梢促花、提高坐果率、改善品质的作用。
苹果	25％多效唑悬浮剂 2 800～3 500 倍液沟施。于苹果树萌芽前，在树冠下方土壤开环行浅沟兑水施药，将药液均匀施入沟内，药液下渗后覆土。每季最多使用 1 次。能抑制根系和营养体的生长，使叶绿素含量增加，抑制顶芽生长，促进侧芽萌发和花芽的形成，提高着果率，改进果实品质，增加产量。

4. 注意事项

（1）在土壤中残留时间较长，拔秧后必须经过耕翻，最好翻晒 1～2 天后再种植其他作物，以防对后茬作物有抑制作用。若用量过高，秧苗抑制过度时，可增施氮肥促长。

（2）可使植物生长期有推迟趋势，注意上下茬播期应提前 2～3 天。

（3）施药时，防止药液飘移到其他作物上。施药期间应避免对周围蜂群的影响，开花植物花期、蚕室和桑园附近禁用。远离水产养殖区施药。

烯 效 唑
Uniconazole

1. 作用特点

烯效唑是一种三唑类低毒植物生长延缓剂。赤霉素合成抑制剂，可控制营养生长。主要生物学效应有抑制顶端生长优势，矮化植株，防止倒伏，促进根系生长，增强光合效率，抑制呼吸作用，提高作物抗逆能力。对后茬作物影响小，可通过种子、根、芽、叶吸收，并在器官间相互运转，但叶吸收向外运转较少，向顶性明显。

2. 主要产品

【单剂】悬浮剂：10％；可湿性粉剂：5％。

【混剂】调环酸钙·烯效唑、14-羟芸·烯效唑、甲戊·烯效唑、烯效·甲哌鎓、28-表芸·烯效唑。

3. 应用

【适用作物】柑橘、水稻、花生、油菜等。

【使用方法】茎叶喷雾、浸种。

柑橘	10％烯效唑悬浮剂1 000～1 500倍液茎叶喷雾处理。在春梢老熟夏梢未抽时施药，喷雾时务必均匀周到，不要漏喷和重复喷施。大风天或预计1小时内降雨不可施药，每季作物最多使用2次。主要作用为抑制顶端生长优势，控梢。
水稻	5％烯效唑可湿性粉剂333～500倍液浸种。浸种时间因水稻品种而有所差异，一般品种浸种时间为36～48小时，杂交水稻24小时，浸种过程中要搅拌两次，后用清水催芽48小时后播种。可调控水稻生长，使植株矮化，促进分蘖，根系发达，保护细胞膜和细胞器膜，提高抗逆能力。
花生	5％烯效唑可湿性粉剂400～800倍液茎叶喷雾处理。在花生盛花末期全株喷施1次，喷湿为宜，不重喷和漏喷，不随意增大使用浓度，一般每亩用药液30～40千克。能有效控制花生植株旺长，增加花生产量。在干旱期或植株长势弱时禁用。
油菜	5％烯效唑可湿性粉剂400～533倍液茎叶喷雾处理。在油菜抽薹初期至抽薹20厘米高时全株喷施1次，不重喷和漏喷，在干旱期或植株长势弱时禁用。一般每亩用药液30～40千克。每季最多用药1次。能降低株高，增强抗倒伏能力，增加产量。

4. 注意事项

（1）使用后应加强肥水管理。宜单独使用，不与其他农药混用。

（2）禁止在河塘等水域内清洗施药器具或将清洗施药器具的废水倒入河流、池塘等水源。用过的容器应妥善处理，不可作他用，也不可随意丢弃。

氟 节 胺

Flumetralin

1. 作用特点

氟节胺是一种低毒植物生长抑制剂。具有接触兼局部内吸的特点，属2,6-二硝基苯胺类化合物。可由芽尖、根和茎吸收，向上传导到活跃的分生组织。主要作用机理是与植物生长点细胞微管蛋白结合，使得动力分子马达无法运送微管蛋白，造成纺锤体微管丧失，影响细胞的正常分裂，使生长点停止生长，从而抑制侧芽生长，控制新梢萌发，同时促进营养生长向生殖生长转化。

2. 主要产品

【单剂】悬浮剂：25％、30％、40％；可分散油悬浮剂：25％；水分散粒剂：40％、50％；乳油：125 克/升、25％；水乳剂：12％。

【混剂】甲戊·氟节胺。

3. 应用

【适用作物】棉花、烟草、柑橘、荔枝、杨梅。

【使用方法】喷雾、杯淋法。

棉花	25％氟节胺悬浮剂 60~80 毫升/亩喷雾处理。在棉花蕾期和花铃期各使用 1 次，第 1 次施药宜在本地正常人工打顶时间前 5 天左右，间隔 20 天进行第 2 次施药。首次喷雾直喷顶心部分，第 2 次施药顶心和边心都应施到，以顶心为主。每季最多施药 2 次，安全间隔期为 25 天。可抑制棉花顶芽（顶端）生长，同时可塑造理想株型，促进早熟，提高棉花品质，增加棉花产量，替代人工打顶。
烟草	25％氟节胺乳油 0.04~0.048 毫升/株杯淋法处理。在烟草打顶后杯淋法施药 1 次，在花蕾伸长期至始花期及时打顶，在打顶后 24 小时内施药，施药时药液必须接触到每一个腋芽。施药前，应该抹去超过 2.5 厘米长的腋芽。每季最多使用 1 次。适用于各种烤烟及晾晒烟的抑芽。在烟草打顶时施药 1 次，可全季抑制腋芽生长，同时可明显提高烟草产量和质量。
柑橘	25％氟节胺悬浮剂 1000~2000 倍液喷雾处理。于柑橘树夏梢萌发初期喷雾施药 1 次，间隔 15 天左右再喷施 1 次，连续使用 2 次，均匀喷施柑橘树体外围枝梢。安全间隔期 120 天，每季最多施药 2 次。可抑制柑橘枝梢顶芽的生长，从而利于果实养分积累，促进柑橘保果，提升柑橘产量和品质。
荔枝	25％ 氟节胺悬浮剂 750~1000 倍液喷雾处理。于荔枝秋梢老熟而冬梢未出时使用，叶面均匀喷雾，每季最多使用 1 次。对荔枝秋梢生长抑制作用明显，且具有一定的增产效果。
杨梅	25％ 氟节胺悬浮剂 500~1000 倍液喷雾处理。于杨梅春梢老熟至夏梢发生前，喷雾施药 1 次。安全间隔期为 14 天，每季最多使用 1 次。可抑制杨梅树夏梢徒长，提高杨梅产量。

4. 注意事项

（1）施药时应注意避免药液飘移到邻近的作物上。

（2）对水生生物有毒，远离水产养殖区、河塘等水体附近施药；禁止在河塘等水体中清洗施药器具。勿将制剂及其废液弃于水和土壤中，以免污染池塘、河流、湖泊和土壤。

（3）施药 3 天前告知所在地及邻近 3 000 米以内的养蜂者，周围开花植物开花期间禁用，赤眼蜂（或其他代表性天敌）放飞区禁用。蚕室及桑园附近禁用。

甲 哌 鎓

Mepiquat chloride

1. 作用特点

甲哌鎓是一种低毒植物生长延缓剂，为哌啶类内吸性植物生长调节剂。能抑制细胞伸长，抑制赤霉素的生物合成。延缓营养体生长，使植株矮化，株型紧凑，能增加叶绿素含量，提高叶片同化能力，同时促进营养物质向块根、块茎转移，避免养分在茎叶上的无用消耗，从而达到加速块根、块茎生长发育的目的。提高根系数量和活力，让作物果实增重，提高果实品质。

2. 主要产品

【单剂】可溶液剂：3.8%；水剂：25%、250 克/升；泡腾片剂：40%；可溶粉剂：10%、98%。

【混剂】28 -表芸·甲哌鎓、胺鲜·甲哌鎓、24 -表芸·甲哌鎓、烯效·甲哌鎓、矮壮·甲哌鎓、多唑·甲哌鎓。

3. 应用

【适用作物】棉花、玉米、马铃薯、甘薯、丹参等。

【使用方法】喷雾。

棉花	250 克/升甲哌鎓水剂 12～16 克/亩茎叶喷雾处理。在棉花早花期或当植株约 60 厘米高时施用，兑水均匀喷雾。每季最多使用 2 次。可防止棉花徒长。
玉米	250 克/升甲哌鎓水剂 300～500 倍液喷雾处理。于玉米大喇叭口期施药，用药后如遇高温多雨，植物继续旺长，间隔 15 天左右，可再喷洒 1 次。
马铃薯	10%甲哌鎓可溶粉剂 40～80 克/亩喷雾处理。于马铃薯现蕾至初花期（块茎快速生长期）全株喷施 1 次，肥水好的地块可间隔 15～20 天再喷 1 次。安全间隔期 30 天。具有增产作用。
甘薯	10%甲哌鎓可溶粉剂 333～500 倍液喷雾处理。于薯块快速生长期（雨水多的地区藤长 1 米左右，雨水少的地区藤长 0.8 米左右）喷全株 1 次，肥水好的地块可间隔 15～20 天再喷 1 次。按推荐时期及推荐剂量使用，具有控制藤蔓、增产作用。
丹参	10%甲哌鎓可溶粉剂 150～300 倍液喷雾处理。于丹参现蕾至初花期和膨大期各全株喷施 1 次，共施 2 次。每季最多使用 2 次，安全间隔期为 60 天。具有增产作用。

4. 注意事项

（1）不能与碱性农药等物质混用。

（2）如施用后出现抑制过度现象，可浇水施肥促长。

（3）施药时喷高不喷低、喷壮不喷弱、喷涝不喷旱、喷肥不喷瘦。对土壤肥力条件差、水源不足、长势差的土块，不宜使用。

（4）不具备营养功能，主要靠调节养分分配及流向起作用，应结合科学良好的肥水管理，以利于发挥药效。钾素养分对促进块根、块茎的生长发育具有重要作用。

（5）易潮解，潮解后可在 100 ℃左右烘干或配制成 25% 的水剂保存，质量不变。

S-诱抗素

（十）—Abscisic acid

1. 作用特点

S-诱抗素是一种低毒植物生长抑制剂，俗称天然脱落酸，是一种天然植物生长调节剂。能抑制生长素、赤霉素、细胞分裂素所调节的生理功能。能促进种子发芽，缩短发芽时间，提高发芽率；促进秧苗根系发达，使移栽秧苗早生根、提早返青；防止果树生理落果，促进果实成熟；增加有效分蘖数，促进灌浆。能诱导并激活植物多种抗逆基因的表达，增强植物抵抗不良生长环境（逆境）的能力，诱导植物产生抗旱性、抗寒性、抗病性、耐盐性等，达到增产的目的。

2. 主要产品

【单剂】水剂：0.006%、0.03%、0.1%、0.25%、5%；可溶粒剂：5%；可溶液剂：0.1%、5%、10%；可溶粉剂：0.1%、1%、10%。

【混剂】24-表芸苔素内酯·S-诱抗素、氯化胆碱·S-诱抗素、吲丁·诱抗素、赤霉·诱抗素。

3. 应用

【适用作物】水稻、小麦、花生、棉花、烟草、番茄、葡萄、柑橘。

【使用方法】拌种、灌根、喷雾。

水稻	①0.006%S-诱抗素水剂 150～200 倍液浸种处理。每千克种子用 5 毫升药剂兑水 1 千克稀释后浸种 24～48 小时，清水冲洗后播种。具有增强发芽势、提高发芽率、促根壮苗、促进分蘖和增强植物抗逆性的作用。②0.1%S-诱抗素可溶粉剂 750～1 000 倍液喷雾处理。于水稻 1 叶 1 心到 2 叶 1 心期，喷雾施药 1 次，喷药时间以无风的清晨或傍晚为宜，喷药后 6 小时内降雨会影响药效。能促进幼苗根系发育，移栽后返青快、成活率高，且植物整个生长期的抗逆性增强。

小麦	①每 100 千克种子用 0.006%S-诱抗素水剂 50～100 毫升拌种处理。具有增强发芽势、提高发芽率、促根壮苗、促进分蘖和增强植物抗逆性的作用。②0.1%S-诱抗素可溶粉剂 500～1 000 倍液喷雾处理。幼苗阶段叶面喷施可增加分蘖。
花生	0.25%S-诱抗素水剂 1 000～2 000 倍液喷雾处理。于花生 3～4 复叶期第 1 次施药，间隔 15 天左右第 2 次施药，开花下针期第 3 次施药，注意喷雾均匀周到。能增强植物光合作用，促进根系发育和营养物质的合成与积累，对改善品质、提高产量有一定效果。
棉花	0.25%S-诱抗素水剂 1 000～1 500 倍液喷雾处理。于棉花苗期 3 片真叶、第 1 次施药 10 天后及初花期，茎叶均匀喷雾，注意喷雾均匀周到。能增强植物光合作用，促进根系发育和营养物质的合成与积累，对改善品质、提高产量有一定效果。
烟草	0.1%S-诱抗素水剂 286～370 倍液茎叶喷雾。于烟草移栽前 3 天和移栽后 10 天分别茎叶喷雾，用药 2 次。可诱导烟草产生对不良生长环境（逆境）的抗性。
番茄	0.1% S-诱抗素可溶液剂 200～400 倍液喷雾处理。在番茄幼苗期和移栽后 7～10 天喷雾施药各 1 次，叶面喷施，每季最多使用 2 次。能促进幼苗根系发育，移栽后返青快、成活率高，且植物整个生长期的抗逆性增强。
葡萄	①5%S-诱抗素可溶粒剂 170～250 倍液喷雾处理。直接溶于水，加水充分搅拌，在葡萄果实转色初期（转色前 5 天），果穗均匀喷雾，果粒均匀附着且不滴水。勿喷洒到葡萄叶片和枝干上。可协调植物生长，提高植物生长素质，增强植物光合作用，促进葡萄着色。②10%S-诱抗素可溶粉剂 5 000～10 000 倍液灌根处理。于葡萄绒球期（冬芽开始萌动，芽膨大似球，尚未见绿色）灌根。能增强植物光合作用，促进葡萄芽和新梢的生长，增加芽的横纵径，增加粒重和穗重，对葡萄生长有较好的促进作用。
柑橘	1%S-诱抗素可溶粉剂 3 000～4 000 倍液喷雾处理。在柑橘树初花期、幼果期和果实膨大期各施药 1 次，整株喷施。可调节生长、增产。

4. 注意事项

（1）严格按规定用药量和方法使用。

（2）不可与碱性农药等物质混用，建议与其他作用机制不同的植物生长调节剂轮换使用，以延缓抗性的产生。

（3）注意避光保存，开启包装后最好一次性用完，配制好的水溶液不易久存，现配现用，不可用热水，水温超过 50 ℃会失活。

氯苯胺灵

Chlorpropham

1. 作用特点

氯苯胺灵是一种低毒植物生长抑制剂。可由芽尖、根和茎吸收，向上传导到活跃的分生组织。通过抑制 β-淀粉酶活性，抑制植物 RNA、蛋白质合成，干扰氧化磷酸化和光合作用，破坏细胞分裂，最终抑制发芽。

2. 主要产品

【单剂】粉剂：2.5％；热雾剂：49.65％、50％、55％、99％；熏蒸剂：99％。

【混剂】无。

3. 应用

【适用作物】马铃薯。

【使用方法】熏蒸。

马铃薯	99％ 氯苯胺灵热雾剂 20～40 克/吨热雾机喷雾处理。一般于马铃薯收获 14 天后使用。马铃薯贮存于密闭空间的，借助装置（如热力发生器）以雾滴、烟雾或气态形式分散到马铃薯空间。施药时，强制库房内气体循环（如利用风扇），且在施药期保持库房封闭 48 小时以上，直到烟雾完全降落。保证药剂使用的均匀、周到。如果预计贮存时间长，可以使用高用量；预计贮存时间短，可以使用低用量。安全间隔期为 7 天，每季最多使用 1 次。

4. 注意事项

（1）受伤的马铃薯要有 2 周的愈合期，之后再使用马铃薯抑芽剂，所以一般在马铃薯收获 14 天后使用。

（2）使用前应注意不同马铃薯品种抑芽效果与安全性，不能用于种薯。处理后的商品薯要与种薯分开贮藏。

（3）施药时，应确保施药空间密闭，防止药剂溢出。

（4）不能用于采收前的大田（田间薯），包装打开后，应尽快用完。

（5）若不按照推荐使用技术和使用方法施用，均可能会对作物产生药害。

（6）清洗器具的废水不能排入河流、池塘等水源。

乙 烯 利

Ethephon

1. 主要特点

乙烯利是一种低毒乙烯释放剂，在酸介质中十分稳定，在 pH4 以下不会发生变化生成乙烯，可由植株的茎、叶、花、果吸收，然后传导到植物的细胞中。一般植物组织的 pH 为 5～6，乙烯利便分解生成乙烯，起植物内源乙烯的作用，如促进果实成熟及叶片、果实脱落，矮化植株，改变雌雄花比例，诱导某些作物雄性不育等。

2. 主要产品

【单剂】水剂：40％、54％、70％、75％；膏剂：1％、2.5％、5％；颗粒剂：20％；可溶粉剂：10％、20％、85％；可溶液剂：54％；超低容量液剂：4％。

【混剂】胺鲜·乙烯利、萘乙·乙烯利、芸苔·乙烯利、28-表芸·乙烯利、羟烯·乙烯利、噻苯·乙烯利、苄氨·乙烯利、敌·苯·乙烯利。

3. 应用

【适用作物】水稻、玉米、棉花、烟草、番茄、甘蔗、香蕉、柿、黄冠梨、芒果、橡胶树。

【使用方法】喷雾、浸渍、涂抹、密闭熏蒸。

水稻	40％乙烯利水剂 800 倍液喷雾。水稻分蘖期喷雾有增产作用；收获前半个月喷雾有催熟作用。
玉米	40％乙烯利水剂 10～15 毫升/亩喷雾。在玉米 6～12 叶时喷洒顶部可调节生长、增产。
棉花	40％乙烯利水剂 330～500 倍液茎叶喷雾处理。霜降前 10～15 天，棉花吐絮 80％以上，气温 20℃以上时，茎叶均匀喷雾。具有催熟、增产作用。
烟草	40％乙烯利水剂 1 000～2 000 倍液喷雾。于收获前进行全株喷雾，烟草有催熟作用。
番茄	40％乙烯利水剂 800～1 000 倍液喷雾或浸渍。当植株上的番茄果实转色后（发白显黄），用手动小喷雾器均匀喷于转色果面，注意不喷到枝叶上；或者在采摘后用配好的药液浸渍或喷雾。安全间隔期为 3 天，每季最多施用 1 次。具有催熟作用。
甘蔗	4％乙烯利超低容量液剂 350～450 毫升/亩超低容量喷雾处理。于甘蔗采收前 1～2 个月施药，避免在高温时段用药，大风天或雨天不要施药。安全间隔期为 20 天，每季最多使用 1 次。具有催熟作用。
香蕉	①20％乙烯利颗粒剂 50～70 毫克/千克对果实密闭熏蒸处理。在香蕉采收后密闭熏蒸处理 1 次，采用药包熏蒸法，在晴天采收果实成熟度为 70％～80％的无机械损伤的香蕉，去轴分梳，去除有伤的蕉指，用水将药包浸湿，然后将其放在装有香蕉的塑料袋中，注意塑料袋不可扎紧，应有少许空气进入袋中，并保证过多的二氧化碳释放出来，处理好的香蕉置于室内贮存。使用乙烯利后的香蕉应当贮存 3 天以后才能上市销售，每季最多使用 1 次。②40％乙烯利水剂 400～500 倍液浸渍。采收七至八成熟的香蕉，当天浸渍 10 秒取出晾干，密封贮存。具有催熟作用。

柿	40%乙烯利水剂 400 倍液喷雾或浸渍。于柿着色期施药。具有催熟和脱涩作用。
黄冠梨	20%乙烯利颗粒剂 2～6 毫克/千克对果实密闭熏蒸处理。采用药包熏蒸法，在晴天采收果实成熟度为 75%～85% 的无机械损伤的黄冠梨，每份重约 8 千克，用水将药包浸湿，然后将其放在装有黄冠梨的塑料袋中，常温放置7～8小时，然后置于 0℃冷库贮存。具有保鲜作用。
芒果	20%乙烯利颗粒剂 200～400 毫克/千克对果实密闭熏蒸处理。采用药包熏蒸法。采收成熟度为 80%～85% 的无机械伤的芒果放入包装箱，用水将催熟剂浸湿，然后将其放在装有芒果的塑料袋中，塑料袋不可扎紧，应有少许空气进入袋中，并保证过多的二氧化碳释放出来。全部处理好的芒果果实置于 20～25℃、相对湿度 95% 以上的室内催熟。
橡胶树	1%乙烯利膏剂 2～3 克/株涂抹处理。适用于第 2 至 3 割龄的橡胶树，在割后第二天橡胶树割口已干时，将药剂摇匀，用毛刷蘸药液涂到割线上方约 2 厘米宽的新割面上（不必拔胶线），每株 2 克，每树位（250 株）用量约 500 克，使用季节为每年 5～10 月，半个月涂 1 次，即每 5 刀为 1 个周期（3 天 1 刀），每月割 8～10 刀，全年割 65～75 刀，严禁多涂、加刀。如涂后 2 小时内遇暴雨冲刷，可适当补涂一半的用量。可使橡胶树增加乳汁分泌。

4. 注意事项

（1）现配现用，不可存放。

（2）施药后及时清洗药械。切不可将废液、清洗液倒入河塘等水源。禁止在河塘等水域清洗施药器具。用过的容器应妥善处理，不可做他用，也不可随意丢弃。

（3）有腐蚀性。使用时应戴防护手套、口罩，穿防护服；避免与皮肤、眼睛直接接触，防止由口、鼻吸入；不能吸烟、饮水等。施药后应及时用肥皂和清水清洗裸露的皮肤和衣服。

（4）对赤眼蜂中等风险，赤眼蜂等天敌放飞区域禁用。

1 -甲基环丙烯

1 - Methylcyclopropene（1 - MCP）

1. 作用特点

1-甲基环丙烯是一种低毒乙烯抑制剂。与乙烯分子结构相似，可以与乙烯受体蛋白结合，发生不可逆反应，阻碍受体与乙烯结合，从而阻碍引起成熟的生理生化反应，有效抑制或延缓植物生理老化反应的发生。可减缓水果衰老的速度，延长花卉的寿命，使水果和花卉在贮藏、运输和销售过程中保持新鲜状态。还能有效保持植物的抗病性，减轻微生物引起的腐烂和减轻生理病害，并可减少水分蒸发、防止萎蔫。

2. 主要产品

【单剂】片剂：2%；粉剂：0.03%、3.3%、4%；微囊粒剂：0.014%、0.03%、3.3%；颗粒剂：3.3%；可溶液剂：1%；水分散片剂：0.18%；发气剂：12%。

【混剂】无。

3. 应用

【适用作物】番茄、花椰菜、苹果、梨、李、香甜瓜、葡萄、柿、猕猴桃、兰花、玫瑰、康乃馨。

【使用方法】密闭熏蒸。

番茄	0.014%1-甲基环丙烯微囊粒剂 30～92.5 克/米³ 密闭熏蒸处理。于番茄采收后尽快使用，必须在密闭空间内使用。一旦番茄放置完毕，将定量的药剂投入已加水的水杯或其他容器。约 5 分钟后便会有 1-甲基环丙烯气体释出。投药后，操作者必须立即离开，并在气体释放之前密闭贮藏室。密闭 24 小时，在此期间，风机系统要保持运转，以保证室内良好的空气流通。上述处理过程结束后，建议将室内风机系统开至最大功率，开门通风至少 15 分钟以上，以消除任何可能的气体残留，每季最多使用 1 次。具有保鲜作用。
花椰菜	0.014%1-甲基环丙烯微囊粒剂 62.5～92.5 克/米³ 密闭熏蒸处理。于采后尽快处理。具有保鲜作用。
苹果	4%1-甲基环丙烯粉剂 60～80 毫克/米³ 密闭熏蒸处理。于苹果采摘后，尽快处理，室温条件下密闭熏蒸 24 小时，保鲜效果较好。对于即采即销的，建议预冷后运输或采用冷藏车运输。如需贮藏，应尽快按照冷藏管理流程入库。
梨	0.014%1-甲基环丙烯微囊粒剂 30～62.5 克/米³ 密闭熏蒸。于水果采收后尽快处理。具有保鲜作用。
李	0.014%1-甲基环丙烯微囊粒剂 30～92.5 克/米³ 密闭熏蒸。于水果采收后尽快处理。具有保鲜作用。
香甜瓜	0.014%1-甲基环丙烯微囊粒剂 30～62.5 克/米³ 密闭熏蒸。于水果采收后尽快处理。具有保鲜作用。
葡萄	0.03%1-甲基环丙烯粉剂 0.15～0.25 克/千克对果实密闭熏蒸。采用药包熏蒸法，水果装箱前对内衬袋进行检漏，要求无破损；水果装箱后，将药包放入内衬袋内中部，然后迅速将内衬袋袋口折叠，然后封箱。封箱后及时将包装好的水果入库进行正常贮藏管理。具有保鲜作用。
柿	12%1-甲基环丙烯发气剂 0.02～0.03 克/米³ 密闭熏蒸。于采收后尽快处理。处理前仔细检测储藏空间的密闭性，并测量储藏空间的容积，使用相应容积的产品量。打开室内空气循环系统，随后启动发生器，约 5 分钟后，产生 1-甲基环丙烯气体。16 小时密闭处理结束后，打开门窗，通风至少 30 分钟，操作人员再进入，随后对处理后的柿进行常规仓库管理。

猕猴桃	3.3%1-甲基环丙烯粉剂 17.5～35 毫克/米³ 密闭熏蒸处理。采用整库密闭熏蒸法。使用之前，确认贮藏环境能够及时和充分密闭，将采摘的水果放置完毕。根据冷库体积，称取适量的产品加入催化液中，搅拌 1～2 分钟，便会有 1-甲基环丙烯气体放出，然后关闭库门。处理的时间因果品种类和处理条件的不同而异，要求保持密闭达 12～24 小时。
兰花	0.18%1-甲基环丙烯水分散片剂 0.8～1.2 克/米³ 密闭熏蒸处理。于采收后尽快处理。具有保鲜作用。
玫瑰	3.3%1-甲基环丙烯微囊粒剂 31.25～93.75 毫克/米³ 密闭熏蒸处理。于采收后尽快处理。具有保鲜作用。
康乃馨	0.014%1-甲基环丙烯微囊粒剂 60～100 克/米³ 密闭熏蒸。将合适数量的药包在清水中蘸湿并迅速放入包装箱中，之后立即关闭包装盒盖。对于预冷的花卉，处理期间需尽量保持密闭。至少处理 4 小时，以确保效果。同种切花的不同品种对乙烯的敏感程度不同，因此建议在使用前先进行敏感性试验。

4. 注意事项

（1）处理空间内部需配置风扇以保证空气循环。

（2）依靠室内气体循环系统使室内气体循环至少 1 小时。

（3）如装备有乙烯脱除机、二氧化碳脱除机和臭氧发生器，处理期间应予以关闭。

（4）对于气调集装箱或气调库，需在非气调的条件下进行处理。

（5）将药片放入发生装置中的催化溶液中时，注意溶液不要洒出。避免药剂接触皮肤、眼睛，避免吸入气体。

（6）处理结束后，将室内风机系统开至最大功率，开门通风至少 30 分钟。

（7）施药过程中注意个人防护，不吸烟、不饮食。

（8）药剂或其包装不得污染水源，包装材料不得重复使用。

附录 禁止使用和部分范围禁止使用的农药名录

《农药管理条例》规定，农药生产应取得农药登记证和生产许可证，农药经营应取得经营许可证，农药使用应按照标签规定的使用范围、安全间隔期用药，不得超范围用药。剧毒、高毒农药不得用于防治卫生害虫，不得用于蔬菜、瓜果、茶叶、菌类、中草药材的生产，不得用于水生植物的病虫害防治。

一、禁止（停止）使用的农药（54 种）

六六六、滴滴涕、毒杀芬、二溴氯丙烷、杀虫脒、二溴乙烷、除草醚、艾氏剂、狄氏剂、汞制剂、砷类、铅类、敌枯双、氟乙酰胺、甘氟、毒鼠强、氟乙酸钠、毒鼠硅、甲胺磷、对硫磷、甲基对硫磷、久效磷、磷胺、苯线磷、地虫硫磷、甲基硫环磷、磷化钙、磷化镁、磷化锌、硫线磷、蝇毒磷、治螟磷、特丁硫磷、氯磺隆、胺苯磺隆、甲磺隆、福美胂、福美甲胂、三氯杀螨醇、林丹、硫丹、溴甲烷、氟虫胺、杀扑磷、百草枯、2,4-滴丁酯、甲拌磷、甲基异柳磷、水胺硫磷、灭线磷、氧乐果、克百威、灭多威、涕灭威。

注：溴甲烷可用于"检疫熏蒸处理"。杀扑磷已无制剂登记。甲拌磷、甲基异柳磷、水胺硫磷、灭线磷，自 2024 年 9 月 1 日起禁止销售和使用。自 2024 年 6 月 1 日起，撤销含氧乐果、克百威、灭多威、涕灭威制剂产品的登记，禁止生产，自 2026 年 6 月 1 日起禁止销售和使用。

二、在部分范围禁止使用的农药（12种）

通用名	禁止使用范围
内吸磷、硫环磷、氯唑磷	禁止在蔬菜、瓜果、茶叶、中草药材上使用
乙酰甲胺磷、丁硫克百威、乐果	禁止在蔬菜、瓜果、茶叶、菌类和中草药材上使用
毒死蜱、三唑磷	禁止在蔬菜上使用
丁酰肼（比久）	禁止在花生上使用
氰戊菊酯	禁止在茶叶上使用
氟虫腈	禁止在所有农作物上使用（卫生用、玉米等部分旱田种子包衣除外）
氟苯虫酰胺	禁止在水稻上使用

说明：禁止使用和部分范围禁止使用的农药名录为动态管理，此名录统计时间截止到 2023 年 12 月 26 日，名录更新以实际政策发布为准。

农 药 名 称 索 引

农药防治对象索引

图书在版编目（CIP）数据

安全高效新农药 300 种 / 农业农村部农药检定所组编
. —北京：中国农业出版社，2024.11
ISBN 978 - 7 - 109 - 31973 - 8

Ⅰ. ①安…　Ⅱ. ①农…　Ⅲ. ①农药—品种　Ⅳ.
①S482

中国国家版本馆 CIP 数据核字（2024）第 101473 号

中国农业出版社出版

地址：北京市朝阳区麦子店街 18 号楼
邮编：100125
责任编辑：阎莎莎
版式设计：王　晨　　责任校对：吴丽婷
印刷：中农印务有限公司
版次：2024 年 11 月第 1 版
印次：2024 年 11 月北京第 1 次印刷
发行：新华书店北京发行所
开本：700mm×1000mm　1/16
印张：26.5　　插页：10
字数：575 千字
定价：79.80 元

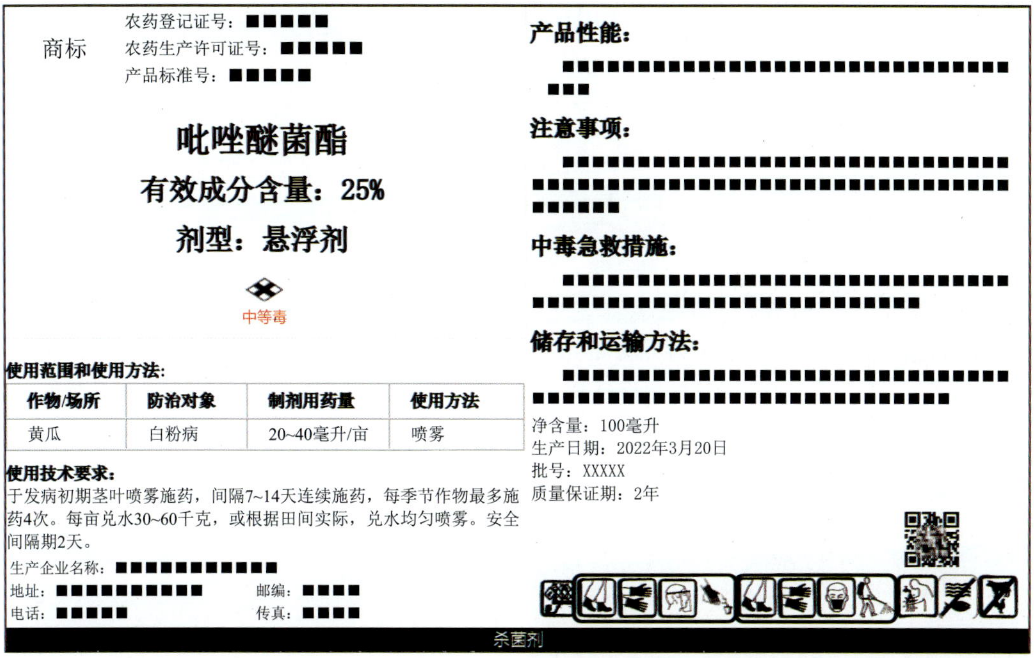

商标

农药登记证号：■■■■■
农药生产许可证号：■■■■■
产品标准号：■■■■■

吡唑醚菌酯

有效成分含量：25%

剂型：悬浮剂

◈
中等毒

使用范围和使用方法：

作物/场所	防治对象	制剂用药量	使用方法
黄瓜	白粉病	20~40毫升/亩	喷雾

使用技术要求：
于发病初期茎叶喷雾施药，间隔7~14天连续施药，每季节作物最多施药4次。每亩兑水30~60千克，或根据田间实际，兑水均匀喷雾。安全间隔期2天。

生产企业名称：■■■■■■■■■■
地址：■■■■■■■■   邮编：■■■■
电话：■■■■■   传真：■■■■

产品性能：

■■■■■■■■■■■■■■■■■■■■■■■■■■■■■■■■

注意事项：

■■■■■■■■■■■■■■■■■■■■■■■■■■■■■■■■
■■■■■

中毒急救措施：

■■■■■■■■■■■■■■■■■■■■■■■■■■■■■■■■
■■■■■■■■■■■■■■■■■■

储存和运输方法：

■■■■■■■■■■■■■■■■■■■■■■■■■■■■■■■■
■■■■■■■■■■■■■■■

净含量：100毫升
生产日期：2022年3月20日
批号：XXXXX
质量保证期：2年

杀菌剂

彩图 1　农药标签示例

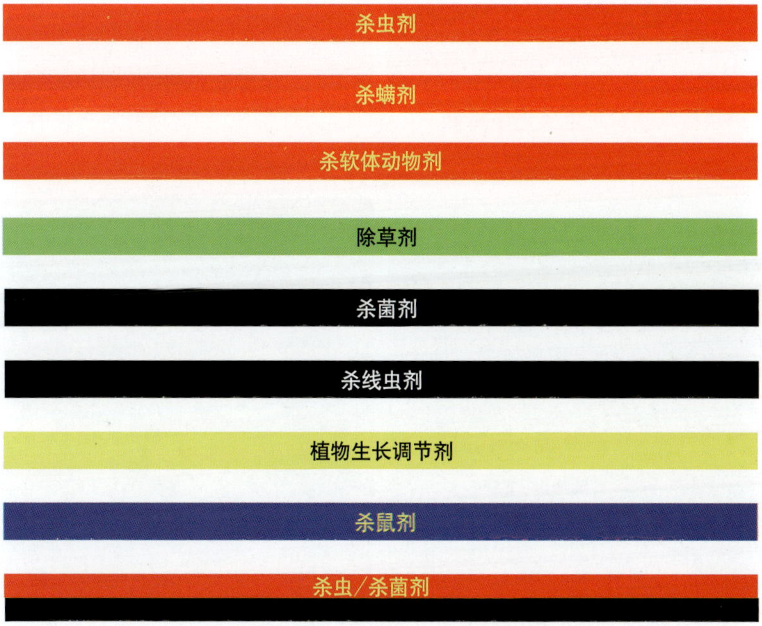

杀虫剂

杀螨剂

杀软体动物剂

除草剂

杀菌剂

杀线虫剂

植物生长调节剂

杀鼠剂

杀虫/杀菌剂

彩图 2　不同农药类别的标志带

彩图3　2,4-滴异辛酯对豇豆的飘移药害

彩图4　2甲4氯+氯氟吡氧乙酸药害导致
水稻叶片出现白色或黄色斑块

彩图5　丙炔氟草胺对花生的直接药害

彩图6　甲嘧磺隆对水稻的直接药害

彩图7　氰氟草酯对玉米的飘移药害

彩图8　三氟羧草醚对大豆的直接药害

彩图 9　硝磺草酮对春小麦的飘移药害

彩图 10　硝磺草酮对玉米的直接药害

彩图 11　乙草胺对玉米的直接药害

彩图 12　异噁草松对玉米的残留药害

彩图 13　莠去津对大豆的残留药害

彩图 14　水稻谷粒瘟症状

彩图 15　水稻叶瘟症状

彩图 16　稻曲病症状

彩图 17　水稻纹枯病症状

彩图 18　水稻白叶枯病症状

彩图 19　水稻细菌性条斑病症状

彩图 20　稻纵卷叶螟

彩图 21　水稻二化螟

彩图 22　水稻褐飞虱

彩图 23　小麦白粉病症状

彩图 24　小麦赤霉病症状

彩图 25　苹果树腐烂病症状

彩图 26　苹果树轮纹病症状

彩图 27　葡萄霜霉病症状

彩图 28　猕猴桃溃疡病症状

彩图 29　草莓白粉病症状

彩图 30　草莓白粉病病果

彩图 31　草莓灰霉病病果

彩图 32　草莓炭疽病症状

彩图 33　草莓红蜘蛛

彩图 34　草莓蚜虫

彩图 35　番茄根结线虫病症状

彩图 36　番茄灰霉病病叶

彩图 37　番茄灰霉病病果

彩图 38　番茄晚疫病症状

彩图 39　番茄叶霉病症状

彩图 40　番茄烟粉虱为害状

彩图 41　黄瓜白粉病症状

彩图 42　黄瓜根结线虫病症状

彩图 43　黄瓜根结线虫病地上部症状

彩图 44　黄瓜灰霉病症状

彩图 45　黄瓜枯萎病症状

彩图 46 黄瓜霜霉病症状

彩图 47 黄瓜细菌性角斑病症状

彩图 48 黄瓜蚜虫

彩图 49　油麦菜霜霉病症状

彩图 50　白菜软腐病症状

彩图 51　豇豆炭疽病症状

彩图 52　辣椒灰霉病症状

彩图 53　茄子黄萎病症状

彩图 54　茄子灰霉病症状

彩图 55　茄子炭疽病症状

彩图 56　芹菜叶斑病症状

彩图 57　生菜霜霉病症状

彩图 58　丝瓜灰霉病症状

彩图 59　丝瓜菌核病症状

彩图 60　甜瓜枯萎病症状

彩图 61　西瓜枯萎病症状

彩图 62　西葫芦白粉病症状

彩图 63　西葫芦灰霉病症状

彩图 64　斑潜蝇成虫

彩图 65　斑潜蝇为害状

彩图 66　斑潜蝇蛹

彩图 67　菜青虫

彩图 68　茶黄螨为害状

彩图 69　红蜘蛛为害状

彩图 70　蓟马为害状

彩图 71　芹菜蚜虫

彩图 72　斜纹夜蛾

彩图 73　稗草成株

彩图 74　稗草穗

彩图 75　光头稗穗

彩图 76　光头稗幼苗

彩图 77　苍耳成株

彩图 78　苍耳幼苗

彩图 79　刺儿菜

彩图 80　刺儿菜花

彩图 81　刺儿菜花序

彩图 82　刺儿菜种子

彩图 83　地肤花序

彩图 84　地肤幼苗

彩图 85　遏蓝菜成株

彩图 86　遏蓝菜花果

彩图 87　遏蓝菜幼苗

彩图 88　反枝苋成株

彩图 89　反枝苋幼苗

彩图 90　沼生蔊菜

彩图 91　狗尾草花序

彩图 92　狗尾草幼苗

彩图 93　鬼针草

彩图 94　鬼针草果实

彩图 95　黄花蒿花序

彩图 96　黄花蒿幼苗

彩图 97　卷茎蓼成株

彩图 98　狼杷草

彩图 99　狼杷草成株

彩图 100　藜成株

彩图 101　藜幼苗

彩图 102 龙葵果实

彩图 103 龙葵成株

彩图 104 龙葵花

彩图 105 龙葵幼苗

彩图 106 马齿苋

彩图 107 马齿苋花

彩图 108 马唐成株

彩图 109 马唐幼苗

彩图 110　牛筋草成株

彩图 111　牛筋草穗

彩图 112　牛筋草幼苗

彩图 113　千金子

彩图 114　荠菜成株

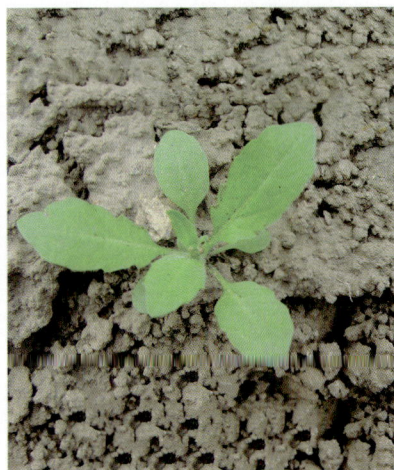

彩图 115　荠菜幼苗